全国中医药行业高等教育"十四五"规划教材

全国高等中医药院校规划教材（第十一版）

中药制药工程原理与设备

（新世纪第五版）

（供中药学、中药制药、制药工程、药物制剂等专业用）

主　编　周长征

U0364470

中国中医药出版社

·北　京·

图书在版编目（CIP）数据

中药制药工程原理与设备 / 周长征主编 . —5 版 . — 北京：
中国中医药出版社，2021.6（2023.6重印）
全国中医药行业高等教育"十四五"规划教材
ISBN 978-7-5132-6885-1

Ⅰ．①中⋯　Ⅱ．①周⋯　Ⅲ．①中成药—生产工艺—中医学院—教材
②中草药加工设备—中医学院—教材　Ⅳ．① TQ461-44 ② TH788-44

中国版本图书馆 CIP 数据核字（2021）第 053476 号

融合出版数字化资源服务说明

全国中医药行业高等教育"十四五"规划教材为融合教材，各教材相关数字化资源（电子教材、PPT 课件、
视频、复习思考题等）在全国中医药行业教育云平台"医开讲"发布。

资源访问说明

扫描右方二维码下载"医开讲 APP"或到"医开讲网站"（网址：www.e-lesson.cn）注
册登录，输入封底"序列号"进行账号绑定后即可访问相关数字化资源（注意：序列号
只可绑定一个账号，为避免不必要的损失，请您刮开序列号立即进行账号绑定激活）。

资源下载说明

本书有配套 PPT 课件，供教师下载使用，请到"医开讲网站"（网址：www.e-lesson.cn）认证教师身份后，
搜索书名进入具体图书页面实现下载。

中国中医药出版社出版

北京经济技术开发区科创十三街 31 号院二区 8 号楼
邮政编码　100176
传真　010-64405721
三河市同力彩印有限公司印刷
各地新华书店经销

开本 889×1194　1/16　印张 22.75　字数 605 千字
2021 年 6 月第 5 版　2023 年 6 月第 3 次印刷
书号　ISBN 978-7-5132-6885-1

定价　85.00 元
网址　www.cptcm.com

服 务 热 线　010-64405510　　微信服务号　zgzyycbs
购 书 热 线　010-89535836　　微商城网址　https://kdt.im/LIdUGr
维 权 打 假　010-64405753　　天猫旗舰店网址　https://zgzyycbs.tmall.com

如有印装质量问题请与本社出版部联系（010-64405510）
版权专有　侵权必究

全国中医药行业高等教育"十四五"规划教材
全国高等中医药院校规划教材（第十一版）

《中药制药工程原理与设备》
编 委 会

主 编

周长征（山东中医药大学）

副主编

王 锐（黑龙江中医药大学） 李传润（安徽中医药大学）

李朋伟（河南中医药大学） 张丽华（陕西中医药大学）

熊 阳（浙江中医药大学） 周 瑞（北京中医药大学）

编 委（以姓氏笔画为序）

于 波（长春中医药大学） 万新焕（山东中医药大学）

朱小勇（广西中医药大学） 李忠思（承德医学院）

李得堂（广州中医药大学） 吴 迪（黑龙江中医药大学佳木斯学院）

张 烨（内蒙古医科大学） 罗 佳（成都中医药大学）

周 莉（河北中医学院） 郑 琳（天津中医药大学）

贾永光（广东药科大学） 黄 莉（湖南中医药大学）

黄 潇（江西中医药大学） 景 明（甘肃中医药大学）

臧 娟（辽宁中医药大学） 潘林梅（南京中医药大学）

魏 莉（上海中医药大学）

谷晓红（教育部高等学校中医学类专业教学指导委员会主任委员、北京中医药大学党委书记）

冷向阳（长春中医药大学校长）

宋春生（中国中医药出版社有限公司董事长）

陈　忠（浙江中医药大学校长）

陈可冀（中国中医科学院研究员、中国科学院院士、国医大师）

金阿宁（国家中医药管理局中医师资格认证中心主任）

周仲瑛（南京中医药大学教授、国医大师）

胡　刚（南京中医药大学校长）

姚　春（广西中医药大学校长）

徐安龙（教育部高等学校中西医结合类专业教学指导委员会主任委员、北京中医药大学校长）

徐建光（上海中医药大学校长）

高秀梅（天津中医药大学校长）

高树中（山东中医药大学校长）

高维娟（河北中医学院院长）

郭宏伟（黑龙江中医药大学校长）

曹文富（重庆医科大学中医药学院院长）

彭代银（安徽中医药大学校长）

路志正（中国中医科学院研究员、国医大师）

熊　磊（云南中医药大学校长）

戴爱国（湖南中医药大学校长）

秘书长（兼）

卢国慧（国家中医药管理局人事教育司司长）

宋春生（中国中医药出版社有限公司董事长）

办公室主任

张欣霞（国家中医药管理局人事教育司副司长）

李秀明（中国中医药出版社有限公司副经理）

办公室成员

陈令轩（国家中医药管理局人事教育司综合协调处副处长）

李占永（中国中医药出版社有限公司副总编辑）

张峘宇（中国中医药出版社有限公司副经理）

沈承玲（中国中医药出版社有限公司教材中心主任）

前　言

为全面贯彻《中共中央 国务院关于促进中医药传承创新发展的意见》和全国中医药大会精神，落实《国务院办公厅关于加快医学教育创新发展的指导意见》《教育部 国家卫生健康委 国家中医药管理局关于深化医教协同进一步推动中医药教育改革与高质量发展的实施意见》，紧密对接新医科建设对中医药教育改革的新要求和中医药传承创新发展对人才培养的新需求，国家中医药管理局教材办公室（以下简称"教材办"）、中国中医药出版社在国家中医药管理局领导下，在教育部高等学校中医学类、中药学类、中西医结合类专业教学指导委员会及全国中医药行业高等教育规划教材专家指导委员会指导下，对全国中医药行业高等教育"十三五"规划教材进行综合评价，研究制定《全国中医药行业高等教育"十四五"规划教材建设方案》，并全面组织实施。鉴于全国中医药行业主管部门主持编写的全国高等中医药院校规划教材目前已出版十版，为体现其系统性和传承性，本套教材称为第十一版。

本套教材建设，坚持问题导向、目标导向、需求导向，结合"十三五"规划教材综合评价中发现的问题和收集的意见建议，对教材建设知识体系、结构安排等进行系统整体优化，进一步加强顶层设计和组织管理，坚持立德树人根本任务，力求构建适应中医药教育教学改革需求的教材体系，更好地服务院校人才培养和学科专业建设，促进中医药教育创新发展。

本套教材建设过程中，教材办聘请中医学、中药学、针灸推拿学三个专业的权威专家组成编审专家组，参与主编确定，提出指导意见，审查编写质量。特别是对核心示范教材建设加强了组织管理，成立了专门评价专家组，全程指导教材建设，确保教材质量。

本套教材具有以下特点：

1.坚持立德树人，融入课程思政内容

把立德树人贯穿教材建设全过程、各方面，体现课程思政建设新要求，发挥中医药文化育人优势，促进中医药人文教育与专业教育有机融合，指导学生树立正确世界观、人生观、价值观，帮助学生立大志、明大德、成大才、担大任，坚定信念信心，努力成为堪当民族复兴重任的时代新人。

2.优化知识结构，强化中医思维培养

在"十三五"规划教材知识架构基础上，进一步整合优化学科知识结构体系，减少不同学科教材间相同知识内容交叉重复，增强教材知识结构的系统性、完整性。强化中医思维培养，突出中医思维在教材编写中的主导作用，注重中医经典内容编写，在《内经》《伤寒论》等经典课程中更加突出重点，同时更加强化经典与临床的融合，增强中医经典的临床运用，帮助学生筑牢中医经典基础，逐步形成中医思维。

3.突出"三基五性",注重内容严谨准确

坚持"以本为本",更加突出教材的"三基五性",即基本知识、基本理论、基本技能,思想性、科学性、先进性、启发性、适用性。注重名词术语统一,概念准确,表述科学严谨,知识点结合完备,内容精炼完整。教材编写综合考虑学科的分化、交叉,既充分体现不同学科自身特点,又注意各学科之间的有机衔接;注重理论与临床实践结合,与医师规范化培训、医师资格考试接轨。

4.强化精品意识,建设行业示范教材

遴选行业权威专家,吸纳一线优秀教师,组建经验丰富、专业精湛、治学严谨、作风扎实的高水平编写团队,将精品意识和质量意识贯穿教材建设始终,严格编审把关,确保教材编写质量。特别是对32门核心示范教材建设,更加强调知识体系架构建设,紧密结合国家精品课程、一流学科、一流专业建设,提高编写标准和要求,着力推出一批高质量的核心示范教材。

5.加强数字化建设,丰富拓展教材内容

为适应新型出版业态,充分借助现代信息技术,在纸质教材基础上,强化数字化教材开发建设,对全国中医药行业教育云平台"医开讲"进行了升级改造,融入了更多更实用的数字化教学素材,如精品视频、复习思考题、AR/VR等,对纸质教材内容进行拓展和延伸,更好地服务教师线上教学和学生线下自主学习,满足中医药教育教学需要。

本套教材的建设,凝聚了全国中医药行业高等教育工作者的集体智慧,体现了中医药行业齐心协力、求真务实、精益求精的工作作风,谨此向有关单位和个人致以衷心的感谢!

尽管所有组织者与编写者竭尽心智,精益求精,本套教材仍有进一步提升空间,敬请广大师生提出宝贵意见和建议,以便不断修订完善。

国家中医药管理局教材办公室

中国中医药出版社有限公司

2021 年 5 月 25 日

编写说明

中药制药工程原理与设备是一门运用中药学、工程学、经济学及其他相关学科的理论和方法研究和探讨中药制药过程中原料、半成品和成品的生产原理与制药装备的应用性学科。它是中药学、中药制药、制药工程、药物制剂等专业的主干课程之一。

本教材是全国中医药行业高等教育"十四五"规划教材之一。以中药制药工艺过程为主线，以制药理论为基础，以单元操作为切入点，重点叙述各单元操作的工程原理和所涉及的设备。全书共分为十五章，主要介绍了中药制药生产过程中的典型单元操作与主要设备，其内容主要包括：中药饮片生产和提取设备；粉碎、筛分、混合等单元操作原理及设备；动量传递的基本原理和设备，包括非均相混合物的分离原理与设备、药物输送原理与输送机械等；热量传递过程的基本原理和设备，包括加热、冷却、蒸发、冷凝以及换热器和蒸发器等；质量传递过程的基本原理和设备，如液体精馏、干燥及其设备等；中药成型设备，包括固体制剂生产设备、液体制剂生产设备和其他制剂设备；药品的包装原则及常用的包装机械等。此外，本教材还介绍了中药制剂工程设计的内容。

本教材绪论由周长征编写，中药饮片生产和提取设备由张烨编写，干燥原理与设备由黄潇、周莉编写，粉碎原理与设备由魏莉、李忠思编写，筛分、混合原理与设备由李朋伟、郑琳编写，分离原理与设备由熊阳、罗佳编写，传热原理与设备由李传润编写，蒸发原理与设备由周瑞编写，蒸馏原理与设备由张丽华、臧娟编写，输送机械由黄莉、于波编写，中药固体制剂成型设备由吴迪、朱小勇编写，液体制剂生产过程与设备由潘林梅、万新焕编写，其他制剂生产设备由贾永光编写，药品包装与包装机械由王锐、景明编写，中药制剂工程设计由李得堂、周长征编写。

本教材还融入了课程思政内容，既可以满足教学需要，还可以供教师、学生进行教学、科研参考。为了配合读者自学，本教材也配套了数字化内容，包括每章的教学PPT、教学大纲、复习思考题，以及部分章节的教学视频、知识点的讲解等。

本教材主要供中药学、中药制药、制药工程、药物制剂等专业以及相关专业教学使用，也可供制药行业从事研究、设计和生产工作的工程技术人员参考，也可作为医药行业考试与培训的参考用书。

本教材是在王沛主编的全国中医药行业高等教育"十三五"规划教材《中药制药工程原理与设备》基础上修订而成，在编写过程中得到了中国中医药出版社及各参编院校的大力支持，在此我们深表感谢。由于水平所限，教材中可能存在一些不足之处，希望读者多提宝贵意见，我们深表感谢并将不断修订完善。

《中药制药工程原理与设备》编委会

2021 年 4 月

目　录

扫一扫，查阅
本书数字资源

第一章

绪 论

扫一扫，查阅本章数字资源，含PPT、音视频、图片等

中医药学是中国古代科学的瑰宝，是融预防、治疗、康复为一体的整体医学，历史源远流长。传统的中药制药多以手工为主，后来发展为"前店后厂"的制药模式，但是都没有形成规模化、工程化生产。

中华人民共和国成立以来，我国中药制药生产技术发生了巨大变化，经历了20世纪六七十年代的中药生产"机械化"、80年代的中药制药"工业化"和90年代提出的以"现代化"为目标的三个阶段，特别是中药制药企业全面实施《药品生产质量管理规范》（Good Manufacture Practice of Medical Products，GMP）以来，中药制药技术、工艺、管理和设备等得到了突飞猛进的发展，中药制药产业化程度和中成药质量显著提高，为中药现代化进程发挥了重要作用。

2020年暴发的新型冠状病毒肺炎疫情在早期没有特效药、没有疫苗的情况下，我国医药工作者总结中医药治疗病毒性传染病的规律和经验，深入发掘古代经典名方，结合临床实践，形成了中医药和中西医结合治疗新型冠状病毒肺炎的诊疗方案，成为中国方案的重要特色和优势，并筛选出金花清感颗粒、连花清瘟胶囊、血必净注射液等中成药和清肺排毒汤、化湿败毒方、宣肺败毒方等有明显疗效的"三药三方"。

2021年3月，国家药品监督管理局通过特别审批程序应急批准清肺排毒颗粒、化湿败毒颗粒、宣肺败毒颗粒"三方"上市。这是习近平总书记强调的"要遵循中医药发展规律，传承精华，守正创新，加快推进中医药现代化、产业化"的具体落实。

中成药的工业化生产是在符合GMP要求的车间内完成中药材的前处理，中药饮片的提取、精制、浓缩、干燥，制剂的生产，药品的内外包装，成品检验等过程。也就是说要完成由原料、半成品到成品的整个生产过程，才能生产出合格的中成药。本教材运用中药学、工程学、经济学等学科的理论和方法研究和探讨中药制药过程中原料、半成品和成品的生产原理与制药装备。

一、制药生产过程与单元操作

制药生产过程通常分为两大类。一类是以化学处理为主的过程，在反应釜内进行反应，其制造方法、工艺流程、操作原理及反应装置均有很大差别。另一类生产过程是以没有发生化学反应的纯物理过程的加工处理为主，为了使制药过程能经济、有效地进行，以获得合乎要求的产品，在各种加工过程中，除了化学反应外，还有很多基本的物理过程，称为单元操作。例如中药饮片的制备，原料的粉碎、筛分、混合等前处理过程，中药饮片的提取纯化、精制等提取加工过程所采用提取、沉降、分离、蒸发、蒸馏和干燥等是典型的单元操作。

单元操作按其遵循的基本规律可分为遵循流体动力学基本规律的单元操作、遵循热量传递基本规律的单元操作和遵循质量传递基本规律的单元操作；机械过程是研究以机械力学为主要理论

基础的过程，如粉碎、筛分、混合、固体输送、成型等。

单元操作具有下列共同的特点：单元操作纯属物理性的操作，只能改变物料的状态或物理性质，其化学性质保持不变；同类单元操作其基本原理相同，操作设备往往可以通用；不同生产过程可以由共有的单元操作组合而成。

一个工艺制造过程从原料到成品，是由若干个单元操作串联而成的。而每一个单元操作都是在一定的设备内进行的。不同的工艺过程存在较多的单元操作的共性，如操作原理、方法及设备等。这些单元操作在理论上和技术上均可相互沟通，相互借鉴。

例如，中药制药过程中的喷雾干燥与食品工业、化学工业中的喷雾干燥都是应用干燥这一单元操作来实现的；中药生产中乙醇的回收与酿造工业中的乙醇的提纯都是通过蒸馏方法来完成的。从工业角度来看，这是两个截然不同的过程，各有其独特的工艺条件。但是从所采用的单元操作角度来看，无论是干燥操作还是蒸馏操作，它们在基本原理、设备类型、设计方法、过程放大、操作控制等方面均具有共同的规律，即工程原理与所使用的机械和设备相似。

二、制药设备在制药工业中的地位

利用劳动工具改变劳动对象的形状、大小、成分、性质、位置或表面形状，使之成为预期产品的过程称为工艺过程。实现工艺过程的装备分为设备和机械。

就制药装备而言，所实现的过程是靠反应进行，或者用某种力场（热场、电场、重力场等）作用于被加工对象，而与机械能的消耗无关（或仅作用于物料输送和强化过程），统称为设备，如反应器、提取罐、蒸发器、干燥器等。

用机械功来改变劳动对象的外形、状态等的装备称为机械，如压片机、制粒机等。

制药设备是制药工业生产中非常重要的组成部分，制药工业属于大批量、规模化生产，规模化生产离不开设备这一重要的生产工具，所以制药设备在整个工业化生产中起着举足轻重的作用。

中药制药工程原理与设备这门学科所研究的正是在中药制药理论指导下对制药过程所涉及的设备的设计、选型、使用、保养、维修等项内容，它是运用工程学的原理和方法，研究和探讨没有化学反应的纯物理的中药制药过程，即是指中药从原料、辅料、半成品到成品以及包装的生产工艺过程所涉及的工程原理及设备。

三、制药工程原理与设备研究的内容

中药制药工程原理与设备这门学科是以制药工艺过程为主线，以制药理论为基础，以单元操作为基本内容，重点研究各单元操作的工程原理和所涉及的设备，其中包括设备的原理、使用、维修、保养等一系列技术参数和实践操作。

中药制药工程原理与设备这门学科研究的内容主要包括：原料药处理设备，中药材清洗设备，饮片加工设备，炮制设备；粉碎、筛分、分离等单元操作原理及采用的具体设备的使用、维修、保养等；药物输送原理与输送机械的分类、选型、使用、保养等；传热、传质、蒸发、冷冻、液体蒸馏、溶剂萃取、固体干燥等的原理及其涉及设备的构造、使用、维修、保养等；固体制剂生产设备、液体制剂生产设备、制剂分装机械设备等；制剂辅助工艺设备，诸如洗瓶机、蒸煮罐等的具体动力设备配备原则，设备构造原理、技术参数、生产能力、使用注意事项等；药品包装原则、包装材料分类、包装材料的选取，各种包装材料的特点，常用的包装设备等。

四、制药机械设备分类

制药设备是实施药物制剂生产操作的关键因素，制药设备的密闭性、先进性、自动化程度的高低，直接影响药品的质量。不同剂型药品的生产操作及制药设备大多不同，同一操作单元的设备选择也往往是多类型、多规格的，所以对制药机械设备进行合理的归纳分类，是十分必要的。制药机械设备的生产制造从属性上应属于机械工业的子行业之一，为区别制药机械设备的生产制造和其他机械的生产制造，从行业角度将完成制药工艺的生产设备统称为制药机械，从广义上说制药设备和制药机械所包含的内容是相近的，可按 GB/T15692 标准分为八类，包括 3000 多个品种规格。具体分类如下。

1. 原料药机械及设备 原料药机械及设备是实现生物、化学物质转化，利用动物、植物、矿物制取医药原料的工艺设备及机械。包括摇瓶机、发酵罐、搪玻璃设备、结晶机、离心机、分离机、过滤设备、提取设备、蒸发器、回收设备、换热器、干燥设备、筛分设备、沉淀设备等。

2. 制剂机械及设备 制剂机械及设备是将药物制成各种剂型的机械与设备。包括打片机械、针剂机械（包括小容量注射剂、大容量注射）、粉针剂机械、硬胶囊剂机械、软胶囊剂机械、丸剂机械、软膏剂机械、栓剂机械、口服液机械、滴眼剂机械、颗粒剂机械等。

3. 药用粉碎机械及设备 药用粉碎机械及设备是用于药物粉碎（含研磨）并使其符合药品生产要求的机械。包括万能粉碎机、微粉碎机、锤式粉碎机、气流粉碎机、齿式粉碎机、超低温粉碎机、粗碎机、组合式粉碎机、针形磨、球磨机等。

4. 饮片机械及设备 饮片机械及设备是对天然药用动、植物进行选取、洗、润、切、烘等方法制备中药饮片的机械。包括选药机、洗药机、烘干机、润药机、炒药机等。

5. 制备工艺用水设备 制备工艺用水设备是采用各种方法制取药用纯水（含蒸馏水）的设备。包括多效蒸馏水机、热压式蒸馏水机、电渗析设备、反渗透设备、离子交换纯水设备、纯水蒸气发生器、水处理设备等。

6. 药品包装机械及设备 药品包装机械及设备是完成药品包装过程以及与包装相关的机械与设备。包括小袋包装机、泡罩包装机、瓶装机、印字机、贴标签机、装盒机、捆扎机、拉管机、安瓿制造机、制瓶机、吹瓶机、铝管冲挤机、硬胶囊壳机生产自动线等。

7. 药物检测设备 药物检测设备是检测各种药物制品或半成品的机械与设备。包括测定仪、崩解仪、溶出试验仪、融变仪、脆碎度仪、冻力仪等。

8. 辅助制药机械及设备 辅助制药机械及设备包括空调净化设备、局部层流罩、送料传输装置、提升加料设备、管道弯头卡箍及阀门、不锈钢卫生泵、冲头冲模等。

制剂机械按剂型分为 14 类。

（1）片剂机械 将中西原料药与辅料药经混合、造粒、压片、包衣等工序制成各种形状片剂的机械与设备。

（2）水针剂机械 将灭菌或无菌药液灌封于安瓿等容器内，制成注射针剂的机械与设备。

（3）西林瓶粉、水针剂机械 将无菌生物制剂药液或粉末灌封于西林瓶内，制成注射针剂的机械与设备。

（4）大输液剂机械 将无菌药液灌封于输液容器内，制成大剂量注射剂的机械与设备。

（5）硬胶囊剂机械 将药物充填于空心吸囊内的制剂机械设备。

（6）软胶囊剂机械 将药液包裹于明胶膜内的制剂机械设备。

（7）丸剂机械 将药物细粉或浸膏与赋形剂混合，制成丸剂的机械与设备。

（8）软膏剂机械　将药物与基质混匀，配成软膏，定量灌装于软管内的制剂机械与设备。

（9）栓剂机械　将药物与基质混合，制成栓剂的机械与设备。

（10）合剂机械　将药液灌封于口服液瓶内的制剂机械与设备。

（11）药膜剂机械　将药物溶解于或分散于多聚物质薄膜内的制剂机械与设备。

（12）气雾剂机械　将药物和抛射剂灌注于耐压容器中，使药物以雾状喷出的制剂机械与设备。

（13）滴眼剂机械　将无菌的药液灌封于容器内，制成滴眼药剂的制剂机械与设备。

（14）糖浆剂机械　将药物与糖浆混合后制成口服糖浆剂的机械与设备。

五、制药机械设备常用材料

设备材料可分为金属材料和非金属材料两大类，其中金属材料可分为黑色金属材料和有色金属材料，非金属材料可分为陶瓷材料、高分子材料和复合材料。

（一）金属材料

金属材料包括金属材料和金属合金材料。

1. 黑色金属　黑色金属包括铸铁、钢、合金钢、不锈耐酸铜，其性能优越、价格低廉、应用广泛。

（1）铸铁　铸铁是含碳量大于 2.11% 的铁碳合金，有灰口铸铁、白口铸铁、可锻铸铁、球墨铸铁等，其中灰口铸铁具有良好的铸造性、减摩性、减震性、切削加工性等，在制剂设备中应用最广泛，但其也有机械强度低、塑性和韧性差的缺点，多做机床床身、底座、箱体、箱盖等受压但不易受冲击的部件。

（2）钢　钢是含碳量小于 2.11% 的铁碳合金。按组成可分为碳素钢和合金钢，按用途可分为结构钢、工具钢和特殊钢，按所含有害杂质（硫、磷等）的多少可分为普通钢、优质钢和高级优质钢。这类材料使用非常广泛，根据其强度、塑性、韧性、硬度等性能特点，可分别用于制作铁钉、铁丝、薄板、钢管、容器、紧固件、轴类、弹簧、连杆、齿轮、刃具、模具、量具等。

（3）合金钢　为了改善金属材料的性能，在铁碳合金中特意加入一些合金元素即为合金钢。用于制造加工工具、各种工程结构和机器零件等。特意加入的合金元素对铁碳合金性能会发生很大的影响，诸如降低原有材料的临界淬火速度，可使大尺寸的重要零件通过淬火及回火来改善材料的机械性能，同时又可使零件的淬火易于进行，由于不需要很大的冷却速度，因而大大减少了淬火过程中的应力与变形；增加铁碳合金组织的分散度，不需经特殊热处理就可以得到具有耐冲击的细而均匀的组织，因而适于制作那些不经特殊热处理就具有较高机械性能的构件；提高铁素体的强度，铁素体的晶格中溶入镍、铬、锰、硅及其他合金元素后，会因晶格发生扭曲而使之强化，这对提高低合金钢的强度极有意义；提高铁碳合金材料的高温强度及抗氧化性能，这是由于加入的金属形成了阻止氧通过的膜层（氧化铝、氧化硅、氧化铬等）。

目前常用的合金元素有铬、锰、镍、硅、铝、钼、钒、钛等。

铬是合金钢中的主加元素之一，在化学性能方面它不仅能提高金属耐腐蚀性能，也能提高抗高温氧化性能。

锰可提高钢的强度。增加锰的含量对低温冲击韧性有好处。

镍很少单独使用，通常要和铬配合在一起。铬钢中加入镍以后，能提高耐腐蚀性能与低温冲击韧性，并改善工艺性能。

硅可提高强度、高温疲劳强度、耐热性和耐 H_2S 等介质的腐蚀性。硅含量增高,可降低钢的塑性和冲击韧性。

铝是强脱氧剂,能显著细化晶粒,提高冲击韧性,降低冷脆性。还能提高钢的抗氧化性和耐热性,对抵抗 H_2S 等介质腐蚀有良好作用。

钼可提高钢的高温强度、高温硬度,细化晶粒,防止回火脆性。钼能抗氢腐蚀。

钒可提高钢的高温强度,细化晶粒,提高淬硬性。

钛为强脱氧剂,可提高钢的强度,细化晶粒,提高韧性,提高耐热性。

(4)不锈耐酸钢 不锈耐酸钢是不锈钢和耐酸钢的总称。严格讲不锈钢是指能够抵抗空气等弱腐蚀介质腐蚀的钢;耐酸钢是指能抵抗酸和其他强烈腐蚀性介质的钢。而耐酸钢一般都具有不锈的性能。根据所含主要合金元素的不同,不锈钢分为以铬为主的铬不锈钢和以铬、镍为主的铬镍不锈钢,目前还发展了节镍或无镍不锈钢。

① 铬不锈钢:在铬不锈钢中,起耐腐蚀作用的主要元素是铬,铬能固溶于铁的晶格中形成固溶体。在氧化性介质中,铬能生成一层稳定而致密的氧化膜,对钢材起保护作用而且耐腐蚀。铬钢中铬含量越高,钢材的耐腐蚀性也就越好。

② 铬镍不锈钢:为了改变钢材的组织结构,并扩大铬钢的耐腐蚀范围,可在铬钢中加入镍构成铬镍不锈钢。铬镍不锈钢的典型钢号是 1Cr18Ni9,其中含 C ≤ 0.14%,Cr 17%~19%,Ni 8%~11%,具有较高的强度极限、极好的塑性和韧性,它的焊接性能和冷弯成型等工艺性也很好,是目前用来制造设备的最广泛的一类不锈钢。

③ 节镍或无镍不锈钢:为了适应我国镍资源较缺的情况,我国生产了多种节镍或无镍不锈钢。节镍的办法是保持以铬为主要耐腐蚀元素,以稳定的元素锰和氮代替全部或部分镍。

2. 有色金属 有色金属是指黑色金属以外的金属及其合金,为重要的特殊用途材料,其种类繁多,制剂设备中常用铝和铝合金、铜和铜合金。此处仅介绍铜和铜合金。

铜和铜合金:工业纯铜(紫铜)一般只作导电和导热材料,特殊黄铜有较好的强度、耐腐蚀性、可加工性,在机器制造中应用较多;青铜有较好的耐磨减磨性能、耐腐蚀性、塑性,在机器制造中应用也较多。

(二)非金属材料

非金属材料是指金属材料以外的其他材料。

1. 高分子材料 高分子材料包括塑料、橡胶、合成纤维等。其中工程塑料运用最广,它包括热塑性塑料和热固性塑料。

热塑性塑料 热塑性塑料受热软化,能塑造成型,冷后变硬,此过程有可逆性,能反复进行。具有加工成型简便、机械性能较好的优点。氟塑料、聚酰亚胺还有耐腐蚀性、耐热性、耐磨性、绝缘性等特殊性能,是优良的高级工程材料,但聚乙烯、聚丙烯、聚苯乙烯等的耐热性、刚性却较差。

热固性塑料 热固性塑料包括酚醛塑料、环氧树脂、氨基塑料、聚苯二甲酸二丙烯树脂等。此类塑料在一定条件下加入添加剂能发生化学反应而致固化,此后受热不软化,加溶剂不溶解。其耐热和耐压性好,但机械性能较差。

2. 陶瓷材料

(1)传统工业陶瓷 传统工业陶瓷主要有绝缘瓷、化工瓷、多孔过滤陶瓷。绝缘瓷一般作绝缘器件,化工瓷作重要器件、耐腐蚀的容器和管道及设备等。

（2）特种陶瓷　　特种陶瓷亦称新型陶瓷，是很好的高温耐火结构材料。一般用作耐火坩埚及高速切削工具等，还可作耐高温涂料、磨料和砂轮。

（3）金属陶瓷　　金属陶瓷是既有金属的高强度和高韧性，又有陶瓷的高硬度、高耐火度、高耐腐蚀性的优良工程材料，可用作高速工具、模具、刃具。

3. 复合材料　　复合材料中最常用的是玻璃钢（玻璃纤维增强工程塑料），它是以玻璃纤维为增强剂，以热塑性或热固性树脂为黏结剂分别制成的热塑性玻璃钢和热固性玻璃钢。热塑性玻璃钢的机械性能超过了某些金属，可代替一些有色金属制造轴承（架）、齿轮等精密机件。热固性玻璃钢既有质量轻、比强度高及介电性能、耐腐蚀性、成型性好的优点，也有刚度和耐热性较差、易老化和蠕变的缺点，一般用作形状复杂的机器构件和护罩。

六、设备管理与验证

设备管理与验证分现有设备和新设备的管理与验证。管理与验证内容主要包括新处方、新工艺和新拟的操作规程的适应性，在设计运行参数范围内，能否始终如一地制造出合格产品。另外，事先须进行设备清洗验证。新设备的验证工作包括审查设计、安装确认、运行测试等。

（一）设备的设计和选型

设备是药品加工的主体，代表着制药工程的技术水平。设备类型发展很快，型号多，在设计和选型的审查时必须结合已确认的项目范围和工艺流程，借助制造商提供的设备说明书，从实际出发，结合 GMP 要求对生产线进行综合评估。

1. 与生产的产品和工艺流程相适应，全线配套且能满足生产规模的需要。

2. 设备材质（与药接触的部位）的性质稳定，不与所制药品中的药物发生化学反应，不吸附物料，不释放微粒。消毒、灭菌不变形、不变质。

3. 结构简单，易清洗、消毒，便于生产操作和维护保养。

4. 要考虑设备零件、计量仪表的通用性和标准化程度。仪器、仪表、衡器的适用范围和精密度应符合生产和检验要求。

5. 粉碎、过筛、制粒、压片等工序粉尘量大，设备的设计和选型应注意密封性和除尘能力。

6. 药品生产过程中用的压缩空气、惰性气体应有除油、除水、过滤等净化处理设施。尾气应有防止空气倒灌装置。

7. 压力容器、防爆装置等应符合国家有关规定。

8. 注意设备制造商的信誉、技术水平、培训能力以及是否符合 GMP 的要求。

药品的剂型不同，加工的设备类型不同。同一品种设计的工艺流程不同，生产用设备也有所不同。制剂辅助设备（如空气净化设备、制水设备），在制药工程中发挥着重要作用。不同设备的设计选型审查内容是不同的。

（二）设备的安装

设备到货后，首先要开箱验收设备，查看制造商提供的有关技术资料（合格证书、使用说明书），应符合设计要求。然后要按如下程序验收并安装。

1. 确认安装房间、安装位置和安装人员。

2. 安装设备的通道，设备如何进入车间就应考虑如何出车间。有时应考虑采用装配式壁板或专门设置可拆卸的轻质门洞，以便不能通过标准门（道）的设备的进出。

3. 安装程序按工艺流程顺序排布,以便操作,防止遗漏出差错。或按工程进度安装,从安排在主框架就位之后开始到安排在墙上的最后一道漆完成后结束,或介于两者之间。这完全取决于设备是如何与结构发生关系的和如何运进房间而定。

4. 设备就位,制剂室设备应尽可能采用无基础设备。必须设置设备基础的,可采用移动或表面光洁的水磨石基础块,不影响地面光洁,且易清洁。安装设备的支架、紧固件能起到紧固、稳定、密封作用,且易清洁。其材质与设备应一致。

5. 接通动力系统、辅助系统。其中物料传送装置安装时应注意:①A级、B级洁净室使用的传动装置不得穿越较低级别区域;非无菌药品生产使用的传动装置,穿越不同洁净室时,应有防止污染措施。②传动装置的安装应加避震、消声装置。

6. 其他。阀门安装要方便操作。监测仪器、仪表安装要方便观察和使用。

(三)安装确认

安装确认是由设备制造商、安装单位、制药企业中工程、生产、质量方面派人员参加,对安装的设备进行试运行评估,以确保工艺设备、辅助设备在设计运行范围内和承受能力下能正常持续运行。设备安装结束,一般应做以下检查工作。

1. 审查竣工图纸,能否准确地反映生产线的情况,与设计图纸是否一致。如果有改动,应附有改动的依据和批准改动的文件。

2. 仔细查看确认设备就位和管线连接情况。

3. 生产监控和检验用的仪器和仪表的准确性和精确度。

4. 设备与提供的工程服务系统是否匹配。

5. 检查并确认设备调试记录和标准操作规程。

(四)运行测试

先单机试运行,检查记录影响生产的关键部位的性能参数。再联动试车,将所有的开关都设定好,所有的保护措施都到位,所有的设备空转能按照要求运行,协调运行。试车期间尽可能地查出问题,并针对存在的问题,提供现场解决方法。将检验的全过程编成文件。参考试车的结果制订维护保养和操作规程。

生产设备的性能测试是根据草拟并经审阅的操作规程对设备或系统进行足够的空载试验和模拟生产负载试验来确保该设备(系统)在设计范围内能准确运行,并达到规定的技术指标和使用要求。测试一般是先空白后药物。如果对测试的设备性能有相当把握,可以直接采用批生产验证。测试过程中除检查单机加工的中间品外,还有必要根据《中国药典》及有关标准检测最终制剂的质量。与此同时完善操作规程、原始记录和其他与生产有关的文件,以保证被验证过的设备在监控情况下生产的制剂产品具有一致性和重现性。

不同的制剂,不同的工艺路线装配不同的设备。口服固体制剂(片剂、胶囊剂、颗粒剂)主要生产设备有粉碎机、混合机、制粒机、干燥机、压片机、胶囊填充机、包衣机。灭菌制剂(小容量注射剂、输液、粉针剂)主要设备有洗瓶机、洗塞机、配料罐、注射用水系统、灭菌设备、过滤系统、灌封机、压塞机、冻干机。外用制剂(洗剂、软膏剂、栓剂、凝胶剂)生产设备主要包括制备罐、熔化罐、贮罐、灌装机、包装机。公用系统主要有空气净化系统、工艺用水系统、压缩空气系统、真空系统、排水系统等。不同的设备,测试内容不同。

[**测试举例 1**]　自动包衣机

测试项目：包衣锅旋转速度，进/排风量，进/排风温度，风量与温度的关系，锅内外压力差，喷雾均匀度、幅度、雾滴粒径及喷雾计量，进风过滤器的效率，振动和噪声。

样品检查：包衣时按设定的时间间隔取样，包薄膜衣前 1 小时每 15 分钟取样一次，第二小时每 30 分钟取样一次，每次 3~6 个样品，查看外观、重量变化及重量差异，最后还要检测溶出度（崩解时限）。

综合标准：制剂成品符合质量标准。

设备运行参数：① 不超出设计上限。噪声小于 85dB；过滤效率，大于 5μm 滤除率大于 95%；轴承温度小于 70℃。② 在调整范围内可调。风温、风量、压差、喷雾计量、转速不仅可调而且能满足工艺需要，就是设计极限运行也能保证产品质量。

[**测试举例 2**]　小容量注射剂拉丝灌封机

测试项目：灌装工位，进料压力、灌装速度、灌装有无溅洒、传动系统平稳度、缺瓶及缺瓶止灌；封口工位，火焰、安瓿转动、有无焦头和泄漏；灌封过程，容器损坏、成品率、生产能力、可见微粒和噪声。

样品检查：验证过程中，定期（每隔 15 分钟）取系列样品建立数据库。取样数量及频率依灌封设备的速度而定，通常要求每次从每个灌封头处取 3 个单元以上的样品，完成下述检验。① 测定装量，1~2mL，每次取不少于 5 支；5~10mL，每次取不少于 3 支，用于注射器转移至量筒测量。② 检漏，常用真空染色法、高压消毒锅染色法检查 P 值。日本 Densok 公司发明一种安瓿针孔检出机，利用静电容抗，能检出 0.5μm 大的孔隙。③ 检查微粒，通常是全检，方法包括肉眼检查和自动化检查。

综合标准：产品，应符合质量标准。设备运行参数，运转平稳，噪声小于 80dB；进瓿斗落瓿碎瓿率小于 0.1%，缺瓿率小于 0.5%，无瓿止灌率大于 99%（人为缺瓶 200 支）；封口工序安瓿转动每次不小于 4 转；安瓿出口处倾倒率小于 0.1%；封口成品合格率不小于 98%。生产能力不小于设计要求。

[**测试举例 3**]　软膏自动灌装封口机

测试项目：装量、灌装速度、杯盘到位率、封尾宽度和密封、批号打印、泄漏和泵体保温、噪声。

样品检查：设备运行处于稳态情况下，每隔 15 分钟取 5 个样品，持续时间 300 分钟，按《中国药典》方法检查。

合格标准：产品最低装量应符合质量标准。封尾宽度一致、平整、无泄漏，打印批号清楚；杯盘轴线与料嘴对位不小于 99%；柱塞泵无泄漏，泵体温度、真空、压力可调；灌装速度，生产能力不小于设计能力的 92%；运行平稳，噪声小于 85dB。

注意事项：设备运行试验至少 3 个批次，每批各试验结果均合规定，便确认本设备通过了验证，可报告建议生产使用。

七、制药工程设计简介

无论是基本建设工程，还是技术改造工程，以及其他固定资产投资工程，国家规定都必须严格按照相应的建设程序进行。制药厂的基本建设和技术改造项目都涉及车间设计问题。设计质量关系到项目投资、建设速度和使用效果，是一项政策性很强的工作，由工艺设计和非工艺设计（包括土建、设备、安装、采暖通风、电气、给排水、动力、自控、概预算、经济分析等专业）

所组成。设计工作应委托经过资格认证并获得由主管部门颁发的设计证书从事医药专业设计的设计单位进行。作为制药企业从事工艺生产的工程技术人员需要了解设计程序和标准规范，并具有丰富的生产实践经验和相关专业知识，才能提供必要的设计条件和设计基础资料，协同设计单位完成符合标准规范要求并满足药品生产要求的设计工作。

设计工作仅仅是工程建设程序中诸多阶段性工作中的一个阶段，与其他各阶段有密切关系，要搞好设计阶段工作必须了解全部建设程序，特别是设计阶段之前各阶段的内容和深度要求。作为建设单位的医药企业工程技术人员在整个工程建设程序中，特别是各阶段的转换、衔接以及后期工作中，起到积极的协调与组织作用。

中药厂除了具有制药厂的共性外还具有自身的特点，例如从原药材前处理、提取、蒸发、干燥，直至各种制剂都是中药生产所特有的。在中药生产车间工艺设计时，应该根据具体生产情况及特点进行合理设计。

中药饮片生产和提取设备

制药原料药通常分为化学合成原料药和天然原料药，尤其是天然来源的原料药，品种繁多，来源复杂，诸如植物、动物和矿物来源的原料药等，并且具有一药多效等特点，在进行制剂生产前需要根据医疗、调剂、制剂的不同需要，结合药物自身的性质，进行必要的净选清洗和炮制加工等前处理，只有经过处理后的原料药才能用于制药，药物加工是否得当，对安全用药、保证药效和制剂质量都有着十分重要的意义。中药材经过前处理加工一般来说具有以下作用：

1. 消除或降低药物的毒性和副作用　一些毒性较强的中药，生用内服易导致中毒，加工炮制可降低其毒副作用，保证用药安全。如巴豆去油取霜，缓和峻猛的泻下作用；酒炒常山减缓催吐的副作用；甘遂、大戟醋煮，马钱子砂烫，斑蝥米炒，生天南星姜制后毒性都明显降低。

2. 改变药物性能，增强药物疗效　如醋制延胡索加强止痛之效；酒制丹参增强活血功能；蜜炙紫菀和款冬花增强润肺止咳之功；醋制柴胡加强疏肝解郁作用；生地黄苦寒，长于清热凉血，制成熟地黄则味甘微温，功专补益，养血滋阴，益精填髓；何首乌生用能截疟，解毒，润肠通便，制何首乌则补肝肾，益精血；生天南星药性辛温燥烈，具有燥湿化痰、祛风解痉的功效，经牛、羊或猪胆汁炮制为胆南星，性由温燥变为寒凉，偏于清化热痰，产生了新的功能。

3. 便于调剂、制剂、煎服和贮存　中药材按一定规格制成"饮片"，便于按处方调剂，宜于有效成分的煎出和制剂。矿物介壳类药物，经煅淬后便于粉碎，有效成分易溶出。药材经干燥处理后，利于保存。如鹿茸切薄片，决明子炒黄捣碎，珍珠、羚羊角研粉，龟甲、鳖甲用砂炒醋淬等。

4. 去除杂质和非药用部分　原药材经挑拣等去除杂质和非药用部分，可使药材纯净，称量准确；如矿物药去泥沙，一些植物药去皮、核、瓤等。同出一源的药物，入药部位不同，需分捡入药，如麻黄（茎）与麻黄根，桑叶与桑枝等。

5. 矫味、矫臭，引药归经或改变药物作用趋向　某些药物具有特殊的气味，炮制可以改善不良气味而利于服用；还能引药归经，如醋制引药入肝，盐制引药下行入肾，提高药物的治疗效果；或通过加入炮制辅料改变药物作用趋向，使药力直达病所，或因势利导祛邪外出。如生大黄苦寒沉降，泻下攻积力强；经酒制后，借酒的升腾作用，可清上焦无形火邪。

中药饮片的生产通常包括了修制、水制、火制、水火共制、其他制法以及包装等加工过程。

鉴于药物的质地、性状不同，临床用药的目的不同，选择的前处理方法有所不同，所采用的设备也不同。一般前处理工艺流程为：净选→清洗（有时还需要闷润）→切制→干燥→炮制（包括炒制、蒸制、煮制等）。所采用的前处理设备主要有净选设备、洗药设备、润药设备、饮片切制设备、炒药设备、蒸制设备、煮制设备、煅制设备等。

经过处理的中药材及饮片是中药制剂生产的原料，传统的中药制剂多采用中药全粉入药，而现代化中药制剂则多以药材中有效成分提取物作为入药形式。中药材的提取在现代化的中药制剂生产中作为一个重要的操作单元，根据提取方法的不同，常用的设备包括煎煮设备、渗漉设备、超临界流体萃取设备、超声提取设备、微波提取设备等。

第一节　中药净选设备

净选是天然来源原料药处理的第一道工序，主要是解决原料药物纯净度问题，便于进一步加工操作。

汉代医学家张仲景在《金匮玉函经》中指出药材"或须皮去肉，或须根去茎，或须花去实，依方拣采，治削，极令净洁"。原料药物中的杂质主要包括有瓦砾、泥块、砂石、铁钉及籽实类药材中的无用空壳和籽粒、秕粒、异物等，此外，每味原料药物都有特定的药用部位，入药时需去除非药用部位，如牡丹皮、远志去心，山茱萸去核，使君子等果实去果壳，一些昆虫和动物药去除头、尾、足、翅等；还有去除霉变品、虫蛀品等。归纳起来就是除杂质、除质次部位、除毒副作用部位，以利于切制和炮制从而保证用药安全有效。除采用传统的人工挑选办法外，还可根据原料药物与杂质在比重、粒径、磁性、溶解性等物理性质方面的差异，通常采用筛选、风选、磁选等方法去除，以达净选药物的目的。

一、挑选机械

人工挑选是一种建立在人工操作基础上的净选方法的统称。在需要去除的杂质缠绕夹杂在药材中，分离不同药用部位，或将药材按大小、粗细、软硬、颜色等不同档次分类挑选等情况下，一般的机械方法难以完成，这时需要进行人工挑选。人工挑选在工作台上完成，一般为 1m×2m 的不锈钢工作台，台面有平面、凹面、带落料孔三种形式。凹面工作台可防止药材撒落，带落料孔工作台可及时收集被拣出的物料。工作台可配以输送机传送带，能够自动上料至台面，传送带前端的上料机使药材均匀地分散在正向输送带上，挑选人员坐在挑选传送带边上，挑拣出的杂物放在反向输送带上，传送带的速度可根据挑选难易程度进行调节。纯净药材由出料口装入料筐，杂物进入杂物收集箱。

二、筛药机

筛选是根据药物和杂质的体积大小不同，用不同规格的筛或箩，除去药物中的砂石等杂质；或者利用不同孔径的筛分离大小不等的药材和粗细粉末，使其规格趋于一致，以便于进一步加工处理。如半夏、白附子、延胡索、浙贝母等，经过筛选，既可以除去泥土、砾石，又可以大小分等，便于后续的浸泡和煮制；穿山甲、鸡内金等药物，须按大小区分，分别处理，使其达到均匀一致的目的。

传统的筛选多用竹筛、铁丝筛、铜筛、麻筛、马尾筛、绢筛等工具，手工操作，效率低，劳动强度较大，少量加工时仍有采用，目前工业批量生产

图 2-1　振荡式筛药机
1——偏心轮；2——筛子主体；3——电动机；
4——玻璃纤维板弹簧；5——底座；
6——实心刨铁；7——倾斜角度

采用的是筛药机。

振荡式筛药机如图 2-1 所示，主要结构部件有筛网、筛框、弹性支架、偏心轮和电动机等。筛网固定在筛框上，根据药物的大小不同选用不同孔径的筛网，筛框与弹性支架连接。偏心轮通过连杆结构与一弹性支架相连。当电动机带动偏心轮转动时，筛子开始做往复运动。操作时，将待筛选的药材放入振动筛内，启动电机，即可使杂质与药材分离，达到净选的目的。

该机具有结构简单，效率高，噪声小的优点；但粉尘散落空气中，对环境会造成一定的影响。

三、风选机

风选是利用药物与杂质的密度、形状等不同，在气流中的悬浮速度不一，借助风力将药物与杂质分开。如车前子、紫苏子、莱菔子等可采用风选除去杂质，有些药物通过风选还可以将果柄、花梗、干瘪之物等非药用部位去除。目前生产中使用的风选机种类较多，结构不一，但工作原理基本相同。

如图 2-2 所示，为两级铅垂式风选机。该机的结构主要由风机和两级分离器所组成，装置在负压下工作，负压气流由风机产生。

操作时，用离心抛掷器把药材从第一分离器的抛射口沿圆周切线方向抛入。在第一级分离器中，药材与从下面出药口进入的气流相遇。控制第一级分离器中的平均气流速度，使大于轻杂质和尘土的悬浮速度，而小于药材的悬浮速度，则药材沉降，从出药口进入集药箱中，轻杂质和尘土等则进入第二级分离器。由于风料分离器和上、下挡料器等的阻碍作用，使部分杂质沉降至排杂口；剩余的杂质随气流沿第二分离器的内外筒之间上升，这时，由于圆筒的横截面积增大，气流速度下降；当气流速度大于尘土的悬浮速度，而小于杂质的悬浮速度时，杂质沉降，落入集尘桶中；尘土等粉尘则经风机的吸风管道被抽出。

图 2-2 两级铅垂式风选机
1——集药箱；2——风机；3——药材抛入口；
4——第二分离器；5——第一分离器；
6——排杂口；7——出药口；8——进风口；
9——集尘桶
图注：→空气流方向；⊙药材；
·灰尘；○杂质

该风选机具有结构简单，两级分离效率较高，性能稳定可靠等特点。

四、磁选机

磁选是利用高强磁性材料除去药材中的铁屑等可被吸引的金属杂物、含有原磁体（能够被磁性材料吸引）的砂石等杂物以净制药材或饮片，保护切制、粉碎等后续加工机械和操作人员。

磁选机目前多选用带式磁选机，结构如图 2-3 所示，由振动送料和磁选两部分组成。振动送料部分将物料输送到传送带末端的强磁性轧辊处，物料经过强磁性辊轴的过程中铁屑等金属物以及含原磁体的杂质受磁力作用被吸附在强磁性轧辊处的传送

图 2-3 带式磁选机结构图
1——振动匀料器；2——电机；3——主动辊轴；
4——传送带；5——强磁性轧辊；
6——磁性杂物出料口；7——出料口

带上，沿着辊轴圆周继续旋转，当远离磁性辊轴时，便脱离传送带，下落在杂物出料口排出，而不被吸附的物料在传送带末端在重力作用下就落入出料口排出，实现分离。

五、干洗机

干洗是使药材表皮脱落或对药材表面进行机械摩擦、挤压，使吸附、嵌入或夹杂在药材表面、缝隙的杂物分离的一种方法。这种药材清洗方式不用水，避免了有效成分随清洗用水的流失。

转筒式干洗机，结构如图2-4所示，主要由转筒、电机、风管、除尘器组成。将药材投入进料口，转筒正向旋转时，内壁装的螺旋板将药材向前推进，控制转筒

图2-4　转筒式干洗机
1——除尘器；2——风管；3——传动轮；
4——电机；5——转筒；6——进料口；7——出料口

旋转速度，使药材在转筒内翻滚，翻滚时药材与药材间、药材与筒壁间发生挤压、摩擦等作用，使药材自身表皮及吸附、嵌入、夹杂在药材表面和缝隙的杂物剥离、脱落。而转筒做反向旋转便将药材和杂物一起推到出料口处排出，最后再经筛选得到净制药材。风管及转筒尾部安装的除尘器，用于除去灰尘、净化作业环境。

第二节　中药洗药设备

药材经净选后，除少数药材可鲜用或趁鲜进行下道工序的操作外，多数干燥的药材需要进行适当清洗或软化处理，才能进行下道工序的操作。因此在制药生产中，绝大多数干燥的药材均需要洗涤，以清除附着在药物表面的泥沙或杂质等，有些药物在清洗的同时还可起到润湿药材的作用，以便于后续的加工处理。如水洗菟丝子、蝉蜕、瓦楞子等；有些药物表面附着有盐分，如海藻、昆布等，水洗可去除盐分。酸枣仁等亦可利用果仁和核壳的比重不同，用浸漂法除去核壳。

洗药机是用清水通过翻滚、碰撞、喷射等方法对药材进行清洗的机械，目前洗药机以滚筒式和籽实类药材清洗机为主，其他还有履带式、刮板式等。

一、喷淋式滚筒洗药机

喷淋式滚筒洗药机，如图2-5所示，其主要结构部件由带有筛孔的回转滚筒、冲洗管、水泵、电动传送装置等构成。

操作时将药材放入筒内，打开阀门，启动机器。电动机通过传动装置驱动滚筒以一定速度转动；滚筒上面有喷淋水管，利用圆筒在回转时与水产生相对运动，对药材进行清洗。药材随滚筒转动而翻动，受到充分的冲洗，使泥沙等杂质与药材分离，随水排出，沉降至水箱底部。药材洗净后，打开滚筒尾部后盖，将清洗干净的药材取出。

图2-5　喷淋式滚筒洗药机
1——滚筒；2——冲洗管；3——二次冲洗管；4——防护罩；
5——导轮；6——水泵；7——水泥基座；8——水箱

本机结构简单，操作方便，使用较广泛，药材清洗洁净度高。圆筒内有内螺旋导板推进物料，实现连续加料。洗用水经泵循环加压，直接喷淋于药材，适用于直径 5~240mm 或长度短于 300mm 的大多数药材的洗涤。

二、籽实类洗药机

籽实类洗药机，如图 2-6 所示。主机分为两部分，左半部是洗槽部分，清洗药材表面污物和分离药材中所含的杂质均在洗槽内进行，见图 2-7；右半部分用于甩干，分离药材表面的水分。辅助部件有进料装置、传动机构及供水系统等。

图 2-6　籽实类药材清洗机

1——药材进口；2——喷嘴；3——重杂质出口；

4——重杂质；5——药材运动方向；6——药材出口

注：→药材流向　┈┈重杂质流向

图 2-7　籽实类药材清洗机
洗槽部分示意图

1——药材进口；3——重杂质出口；

4——重杂质

操作时，药材经进料斗落入洗槽内，进料斗沿洗槽左右移动，以便调节药材在洗槽中停留的时间。洗槽中有两根洗药绞龙和两根除杂质绞龙，当药材落到洗槽中时，借助绞龙的转动，搅动水，使药材不易立即下沉而呈悬浮状，并将药材从左到右推送至甩干机的底部。而密度较大的杂质在水中则迅速沉降到杂质绞龙中，沿相反的方向从右至左被冲入杂质箱内，定时取出。

药材由绞龙输送到甩干机底部后，借助于甩板圆筒的转动，其上面的叶片一方面将药材甩到鱼鳞板筛筒上，并将附着在药材表面的水分甩出；另一方面，由于叶片呈螺旋状排列，药材由底部向上推送至甩干机顶部时，由刮板送至出料口。从鱼鳞筛孔甩出的污水则流回水箱内，由排水孔排出。

该机用于洗涤籽实类药材，便于分离石块等密度较大的杂质。

第三节　中药润药设备

药材切制前，对干燥的原料药材需软化处理，药材软化得当，既便于切割，又可减少有效成分损耗，保证饮片质量，故有"七分润工，三分切工"之说。能浸润药材，使其软化的设备称为润药机。一般根据药材的质地情况，采用冷浸软化或蒸煮软化的方法。多数药材可采用冷浸软化，分为水泡润和水湿润软化，后者根据药材吸水性还可分为洗润法、淋润法及浸润法等。蒸煮软化则是用热水焯或经蒸煮处理药材。目前润药的机械常用的有真空加温润药机、真空气相置换式润药机、减压冷浸罐、加压冷浸罐等。

一、真空加温润药机

真空加温润药机，如图 2-8 所示，主要由真空泵、保温真空筒、冷水管及暖气管等部件组成。真空筒一般为 3~4 个，每个可容纳 150~200kg 药材，筒内可通热蒸汽及水。

操作时，将在洗药机洗净后的药材，投入真空筒内，待水沥干，密封上下两端端盖，打开真空泵，抽真空至规定的负压值，4~5 分钟后，开始通入蒸汽，此时筒内真空度逐渐下降，当温度上升到规定范围，保温 15~20 分钟（物料软化时间），关闭蒸汽，放汽、停机，完成润药。该机根据蒸汽具有强有力的穿透性的特点，将处于高真空下的药材通入水蒸气，水分即刻充满箱内空间，使药材在低含水量的情况下，快速均匀软化。从润药机取出的药材可输送到下一工序，或进行切制。真空润药机与洗药机、切药机配套使用，效率高，完成洗药、蒸润至切片约需 40 分钟。

图 2-8　真空加温润药机
1——洗药机；2——加水管；3——减速器；
4——通真空泵；5——蒸汽管；6——水银温度计；
7——定位钉；8——保温筒；9——输送带；
10——放水阀门；11——顶盖；12——底盖

二、真空气相置换式润药机

真空气相置换式润药机，结构如图 2-9 所示。润药机前部为润药箱，容积根据需要一般制成 2~6m³。润药箱前端为箱门，箱门与箱体之间为由密封条、空气压缩泵和充放气电磁阀组成充气式密封机构，需软化的药材放在带通气孔的料筐中通过此门送入润药箱，箱上面装有的安全阀，确保箱内压力低于大气压，箱底面装有排污阀。润药箱后部装有蒸汽阀、压力控制器、真空泵、放空阀、集水箱、冷凝设备、出水阀、控制面板等。通过设定和控制润药的真空度、温度和时间达到药透水尽、软硬适度的药材软化目的。

采用气相置换法软化药材是将装有药材的密闭箱体抽成真空，使药材内部空隙也成真空状

（a）真空气相置换式润药机外观图

（b）真空气相置换式润药机工作原理图

图 2-9　真空气相置换式润药机

1——真空泵；2——出水阀；3——集水箱；4——冷凝设备；5——放空阀；6——真空阀；
7——压力控制器；8——蒸汽阀；9——安全阀；10——真空润药箱；11——密封条；12——箱门；
13——充放气电磁阀；14——空气压缩泵；15——排污阀；16——真空表

态，而形成空穴，当有水蒸气注入时，水蒸气进入药材内部的空隙，药材的亲水物质便吸水而软化。在软化过程中，水蒸气被吸收后药材内部空隙的压力小于外部水蒸气的压力，外部水蒸气就会不断补充空隙，直到水分饱和。采用气相置换法软化药材，润药箱内的空气几乎为真空，注入的水蒸气必定全部占据药材内部原先被空气占据的空间，使药材与水的接触面积达到最大值。任何残留的空气都会影响药材与水的接触，因此较高的真空度是用气相置换法软化药材的前提条件，对于不同的药材具有不同的真空度，一般为≤-0.07MPa，理论上真空度越高气相置换润药效果越好。

三、减压冷浸罐

　　减压冷浸罐，如图 2-10 所示，由耐压的罐体、支架、加水管、加压和减压装置及动力部分组成。罐体可密封，既可减压浸润，又能常压或加压浸润药材，罐体两端均可装药和出药。若采用减压法浸润药材，将药材装入罐内后，先抽出罐内空气，随后于罐中注入冷水，再使之恢复常压，此时水分即可进入药材组织起到软化作用。若采用加压法浸润时，药材装罐封严后，先加水后加压，视药材的质地，将罐内的压力保持相应的时间，然后恢复常压，药材即

图 2-10　减压冷浸罐

1——罐体；2——罐盖；3——移位架；4——机架；5——管线架；
6——开关箱；7——梯子；8——工作台；9——扶手架；
10——缓冲罐；11——减速机；12——液压动力机；
13——真空泵；14——罐体定位螺栓；15——减震胶管

可润透。在浸润药材过程中，罐体可在动力部件的传动下，上下翻动，加快浸润速度，使药材浸润均匀。水由罐端出口放出，药材晾晒后切片。

四、加压冷浸罐

加压冷浸罐作为润药机使用，是将水分强行压入植物药材组织内，达到软化药材的目的。其主要组成部分为空气压缩机、密闭浸渍罐等。

操作时，将药材放入冷浸罐内，药材放入量一般约为罐体的2/3。注入冷水，浸没药材，严密封口，将水压泵开启，加压至规定值，并保持一定时间，减压后将水放出，取出药材，稍晾，即可进行切片。

由于中药材种类繁多，药材间质地差别很大，加压浸润的时间需要根据具体药材进行调节，一般块大、质地坚硬者浸润时间长，块小、质地松泡的药材所需浸润时间较短。

第四节　中药切制设备

在制药生产过程中，为了便于将药材中的有效成分浸出，或进一步加工，需要对药材进行切制处理。切制是将净选后的药材软化后，再进一步加工成一定规格的片、段、丝等。切制品一般通称饮片。对根、茎、块、皮等药材进行均匀切制的设备称为切药机。

切药机由于生产厂家、规格型号不同，种类较多，按刀具运动的方向划分，大致分为以下几种类型：往复式切药机，刀具呈上下运动；旋转式切药机，又称为转盘式切药机，刀具圆周运动；旋料式切药机，物料做旋转运动。

一、往复式切药机

往复式切药机，如图2-11所示，亦称为剁刀式切药机。图2-11（a）是工作原理图。该设备由电机、传动系统、台面、输送带、切药刀等部分组成。刀架通过连杆与曲轴相连，并由连杆带动做上下往复运动，特制的输送带和压料机构按物料设定的距离做步进移动，做往复式运动的切刀机构在输送带上切断物料。

图2-11　往复式切药机

1——台面；2——输送带；3——机身；4——导轨；5——压片刀；6——刀片；7——出料口；8——偏心轮；
9——减速器；10——偏心调节部分；11——出料口；12——切刀；13——曲轴连杆机构；14——进料口

操作时，将药材堆放在机器台面上，启动切药机，药材经输送带送入刀床处被压紧并连续传送至切刀部位，皮带轮旋转时带动曲轴旋转，曲轴再带动连杆和切刀做上下往复运动，药材通过刀床送出时即受到刀片的截切，把药材加工为片、段、丝等形状。切段长度由传送带的给进速度调节，切片的厚薄由偏心调节部分调节。

往复式切药机结构简单，适应性强，范围广，效率较高。适合截切长条形的根、根茎及全草类等药材，不适于团块、球形等颗粒状药材的切制。

二、转盘式切药机

转盘式切药机，如图 2-12 所示，该机由动力部分、药材的送料推进部分、切药部分和调节片子厚薄的调节部分等组成。在其旋转的圆形刀盘的内侧固定有三片切刀，切刀的前侧有一固定

图 2-12　转盘式切药机

1——手板轮；2——出料口；3——撑牙齿轮轴；4——撑牙齿轮；5——安全罩；6——偏心轮（三套）；7——皮带轮；
8——电动机；9——架子；10——刀床；11——刀；12——输送滚轮齿轮；13——输送滚轮轴；
14——输送带松紧调节器；15——套轴；16——机身进退手轮；17——偏心轮；18——弹簧；19——撑牙

于机架的方形开口的刀门，药材的给进由上下两条履带完成，当药材由下履带输送至上下两履带间，药材被压紧送入刀门，当药材通过刀门送出时，被切刀切削成薄片状，成品落入护罩由底部出料。饮片的厚薄可根据需要用调节器来调节。操作时，将药材装入固定器，铺平，压紧，以保证推进速度一致，均匀切片。其切制颗粒状药材原理如图 2-13 所示。

转盘式切药机的特点是切片均匀，适应性强，可连续进行切制；使用范围较广，主要适用于切制颗粒状、团块状及果实类药材，也可用于硬质根茎类药材的切制。具有运转平稳，噪声低，维修方便等优点，符合 GMP 要求。

图 2-13　转盘式切药机颗粒状药材切片原理示意图

1——刀；2——装药盒；3——固定器；4——开关；5——原动轴；6——刀；
7——推进器；8——套管；9——齿轮；10——螺旋杆

三、旋料式切药机

　　旋料式切药机与上述切药机不同，采用的是切刀固定不动，物料相对切刀作圆周切向运动，类似于人手持水果用刀削片的原理。旋料式切药机由投料装置、切片装置、出料装置及机架、动力传动系统组成。其中，切片装置结构如图 2-14 所示，定子外圈为一内圆外方的不锈钢机匣，固定于机身上，上面装有切刀片、压刀块及压紧螺母，刀片处于定子内圆的切线方向，刀刃处于内圆柱母线上。厚度调节块一头与刀刃靠平，另一头以铰链与定子外圈铰接，旋转调节螺母可控制切口的大小，从而调节物料切片厚度。2~4 块推料块均匀分布在与电动机相连的转盘上，推料块为角铁状，起推料作用。盖板为中空圆环，中空部分为切片机入料口，进入转盘的物料受自身离心力作用将贴向四周定子内圆柱壁上，转盘上的推料块将物料推向定子上的切刀口，物料就被"削"去一片。被切下的片状物料飞出定子外进入出料口。

（a）旋料式切药机外观图　　　　　（b）旋料式切药机切片装置结构示意图

图 2-14　旋料式切药机

1——压力块；2——压紧螺丝；3——刀片；4——定子外圈；5——推料块；
6——调节螺母；7——厚度调节块；8——盖板

　　适用于切制根茎、果实、种子类物料，如川芎、生姜、半夏、天麻、生（熟）地黄等或类似的药材，生产率高。

第五节　中药炮制设备

　　中药炮制是按照中医药理论，根据药材自身性质，以及调剂、制剂和临床应用的需要，所采取的一项独特的制药技术。大多数药材在净选、浸润、切制后，尚需进行炒、炙、蒸、煮、煅、煨等炮炙处理，可更好地适应中医临床用药的实际需要。炒制是将待炮炙品放在锅内加热或加入固体辅料共炒至一定程度取出；炙法是将待炮炙品与液体辅料共同拌润，并炒至一定程度，使辅料渗入饮片内，如蜜炙、酒炙、醋炙、盐炙、姜炙等；煅制一般分明煅和暗煅法等。中药炮制后应用是为了提高饮片质量，保证用药安全，提高药物在临床上的治疗效果。

一、炒制设备

炒药机有卧式滚筒炒药机平锅式炒药机和中药微机程控炒药机，用于饮片的炒黄、炒炭、砂炒、麸炒、盐炒、醋炒、蜜炙等。用炒药机炒制饮片，药材翻动均匀，色泽等质量容易控制，节省人力，适合工业化生产使用。

1. 卧式滚筒式炒药机　卧式滚筒式炒药机，如图2-15所示。该设备由炒药滚筒、动力系统、热源等部件组成。热源用炉火、电炉或天然气等均可，可用于多种药材的炒焦、炒黄、炒炭、土炒、麸炒、蜜炙、砂烫等炒制。

操作时，将药材从上料口投入炒药筒，盖好盖板，加热后，借动力装置使炒药滚筒顺时针旋转。炒毕，启动卸料开关，反向旋转炒药筒，卸出药材。

滚筒式炒药机由于炒药滚筒匀速转动，药物受热均匀，饮片色泽一致。该设备结构简单，操作方便，劳动强度小。炒药温度可据药材及炒制方法的不同调节，应用范围较广。

2. 平锅式炒药机　平锅式炒药机，如图2-16所示，由平底炒锅、加热装置、活动炒板及电动机、吸风罩及机架组成。炒锅体为一带平锅底的圆柱体，锅体侧面开有卸料活门，便于物料从锅内排出。炒锅锅底下为炉膛内置加热装置，根据加热方式不同可以用煤加热、电加热或燃气加热。在平底锅内装有可旋转的有2~4个叶片的活动炒板，叶片带有一定旋向，底部贴着平锅底，活动炒板旋转的动力来自装在机架上的炒板电动机。锅体的上方，炒板电动机下的机架上，还装有方形的吸风罩，用来吸除炒药中产生的油烟废气。上述各个部件都装在机架上，机架的两侧置有两块挡板，可减少对周围的热辐射，并具有较整洁的外观。

图2-15　卧式滚筒式炒药机
1——导轮；2——盖板；3——上料口；4——炒药筒；
5——减速器；6——天然气管道；7——出料气旋转方向；
8——炒药旋转方向

图2-16　平锅式炒药机
1——电机；2——吸风罩；3——转轴；4——机架；
5——平底炒锅；6——活动炒板；7——加热装置

3. 中药微机程控炒药机　中药微机程控炒药机，见图2-17所示，是近年来采用微机程控方式研制出的新式炒药机，该机既能手工炒制，也可以自动操作，采用烘烤与锅底双给热方式炒制，使药材上下均匀受热，缩短炒制时间，工作效率高。

图 2-17 中药微机程控炒药机

1——电子秤；2——料斗；3——料斗提升架；4——进料槽；5——进料推动杆；6——进料门；7——炒药锅；
8——烘烤加热器；9——液体辅料喷嘴；10——炒药机顶盖；11——搅拌电机；12——观察灯；13——取样口；
14——锅体前门；15——排烟装置；16——犁式搅拌叶片；17——出药喷水管；18——出药门；19——出药滑道；
20——测温电偶；21——桨式搅拌叶片；22——锅底加热器；23——锅体机架；
24——料斗提升电机；25——液体辅料供给装置

二、炙制设备

炙制是将净选或切制后的药材加入一定量的液体辅料，加热拌炒，使液体辅料逐渐渗入药材内部的炮制方法。炙制与加辅料炒制的操作方法上相似，不同之处在于炒制使用固体辅料，而炙制则使用液体辅料；炒制所用温度高，通常为武火，而炙制所用温度较低，通常为文火，并且翻炒时间较长，以炒干为宜。根据所加液体辅料不同，可分为酒炙、醋炙、盐炙、姜炙、蜜炙、油炙等。

ZGD 系列鼓式炙药机的主体结构与炒药机相似，不同的是配有液体辅料喷淋装置，热源的热能强度及转筒转速低于炒药机。可用于饮片的酒炙、醋炙、盐炙、姜炙、油炙等。

三、蒸制设备

目前工业生产中使用的蒸制设备一般由不同规格的蒸罐、上药滑车、药盘、蒸汽管、压力表、温度表、放气阀、底座等部件组成，蒸罐安装在底座上，罐上装有可启闭的门。图 2-18 为蒸罐结构示意图。操作时，将净制后的药材或用辅料浸润的药材装入药盘里，将药盘分层放在可滑动的药车上，再把药车推到蒸罐内密封后加热。

图 2-18 蒸罐内部结构示意图

1——上药滑车；2——装药盘；3——蒸汽进口；
4——气压表；5——密闭盖；6——放气阀；7——滑车轨道；
8——排污排水口；9——底座；10——温度表

四、煮制设备

传统的煮制操作一般在锅内进行。由于锅煮药材火力和温度很难控制，且加工容量不足，因此仅限于少量加工时使用。目前，工业生产中多采用夹层罐进行煮制。

夹层罐是由内胆与外壳构成的罐体，以及蒸汽阀、压力表、温度表、安全阀、减压阀、排液阀等部件组成，见图2-19所示。罐体材料多选用不锈钢或搪瓷材料。操作时，一般先将水或液体辅料加入夹层罐内，然后开通蒸汽阀，使加热罐内的水或液体辅料至所需温度或使沸腾，投入药材后加热到规定温度。不同药材由于煮制时要求的温度不同，故操作时可调节进气阀门及加热蒸汽压力予以控制。

图2-19 夹层罐示意图
1——罐体；2——气压表；3——温度表；
4——进气阀；5——放气阀；
6——安全阀；7——排液管

五、煅药设备

1. 温控式煅药炉 温控式煅药炉如图2-20所示，主要由炉体、煅药池、炉盖及鼓风机等部分组成。主要用于煅制矿物类药材，如石膏、赭石及贝壳类药材，煅制达到红透、酥脆，或用于煅制明矾及硼砂，去除药物中的结晶水。

操作时，先将药材砸成小块倒入煅药池中，均匀铺平，装量一般占药池容量约2/3，然后利用电热管加热，在密封性与耐高温性较好的炉膛内发热，将温度迅速升高到可以把锅内的矿物类药材加热和煅制到所要求的程度，使药池内的药物均匀受热。

以温控式煅药炉代替传统的铁锅煅制，提高了煅制药材的质量，具有自动控温，加温速度快，耐热温度高，煅制效果好，设备的维护性好和使用成本低等优点。符合GMP要求。

2. 高温反射炉 高温反射炉，如图2-21所示。主要由炉体、火焰反射管、煅药室、鼓风机及除尘引风装置等部分组成。

图2-20 温控式煅药炉示意图
1——炉体；2——鼓风机；3——煅药池；4——炉盖

图2-21 高温反射炉示意图
1——炉体；2——鼓风机；3——煅药室；
4——除尘引风罩；5——火焰反射管；6——炉盖

该设备由耐火材料砌成并密封，以防热量散失。为了获取足够的热量，保证药材煅后色泽均匀一致，一般使用优质无烟煤。操作时，先点燃炉火，加足煤，待烟冒尽后将炉体封严。然后开启鼓风机，强制炉内的火焰通过火焰反射管，喷射到煅药室内装放的药材上煅烧。为了保证煅制温度，防止火焰外喷，在煅药室设有炉盖板。当药材煅至需要的程度时，即可铲出。煅制时为防灰尘飞扬，在煅药室的上方还装有除尘引风装置。

高温反射炉煅制药材效率较高，适用范围较广，能人为控制煅药温度，最高可达1000℃以上。适用于非含水矿物药及贝壳、化石类药煅制，对含结晶水的矿物药及易燃烧灰化的药材不宜用。

第六节　中药提取流程与设备

中药饮片主要来源于植物、动物和矿物类，其化学成分多，结构复杂，如生物碱、苷类、黄酮类、蒽醌类、木质素、挥发油、氨基酸、蛋白质、多糖、鞣质、黏液质、油脂、色素及无机盐等成分，其中除了各种有效成分外，还含有很多无效成分及杂质。除了以饮片直接粉碎后入药制成的中药制剂（包括部分丸剂、散剂、全粉末压片剂等）外，绝大部分都是使用适宜的溶剂将中药饮片进行提取，并分离纯化，再根据给药途径，制成给药方便、疗效确切的中药制剂。

中药饮片的提取以固液萃取技术为基础，选用适宜的溶剂和适当的提取方法使中药饮片中所含的有效成分或有效部位尽可能浸出的单元操作，是中药制剂生产的重要环节，为后续的分离和精制、浓缩等过程奠定了基础。近年来，一些新的提取分离纯化技术受到青睐，多学科交叉融合，使中药提取既符合传统的中医药理论，又提高了有效成分的提取率。

一、概述

青蒿素是我国研制成功的一种抗疟新药。我国科研工作者在研究初期发现青蒿的水提物对疟原虫无效，乙醇提取物对疟原虫有 30%~80% 的抑制率，但效果不太稳定。屠呦呦对青蒿的提取方法进行了关键性的改进，改用乙醚低温提取青蒿，最终分离纯化出了青蒿素晶体。由此可见，溶剂、温度等对中药饮片的提取起着非常大的影响。

中药饮片的提取，根据溶剂种类、药物性质、剂型及生产规模等选择不同的提取方法。按照溶剂的种类可分为水提取、醇提取和有机溶剂提取（三氯甲烷、乙酸乙酯、丙酮和乙醚等）。按提取的温度可分为冷浸（常温）、温浸（40~50℃）和热回流（沸腾）。按溶剂和中药饮片接触方式可分为单罐浸出（平衡接触）、多罐串联（多级接触）、渗漉（微分接触）。按中药饮片在设备内加入方式可分为间歇式、半连续式和连续式。按中药饮片在设备内处理方式可分为静态（固定床）、动态（分散接触式）和移动床（连续浸出）。

中药饮片的主要提取方法有：煎煮法、渗漉法、浸渍法、加热回流法、水蒸气蒸馏法等。药厂以重浸渍与多级逆流常用，如静态提取、冷浸、温浸、热回流及罐组串联等。

（一）重浸渍

将中药饮片投入提取罐内，加入溶剂，用间接蒸汽（或同时用直接蒸汽）加热至沸，保持回流一定时间，而后排出浸出液，再加溶剂重复上述操作，这种在静态罐内数次加入溶剂进行浸渍以提高有效成分浸出率的方法称为重浸渍，只加入一次溶剂称为单次浸渍。

浸出是可溶解物质与溶剂相互作用及扩散的过程，一般中药饮片浸出过程包括：浸润和渗透阶段，即溶剂湿润药材表面，然后通过毛细管和细胞间隙向药材内部渗透浸润。解吸和溶解阶段，即溶剂与浸出物质强的亲和力使浸出物质与组织细胞的吸附解除，解吸后溶剂溶解药材浸出物质。扩散阶段，即浸出物质顺着细胞内外浓度差和渗透压差，向细胞外和溶液中扩散。平衡阶段，即浸出物质自药材中扩散入溶液的量与自溶液扩散至药材的量相平衡，此时溶液的浓度即为平衡浓度。

浸出率 $\overline{E}$ 表示固体药材中可溶物质被浸出的百分率，可用药材被浸渍后所放出的浸出液中所含浸出物质量与药材中所含浸出物质总量的比值表示。如浸渍后药材中所含溶液剂量设为 1，此时所加入浸渍设备中溶剂量设为 M，则所放出的浸出液的溶剂量为 $a=M-1$。在平衡条件下浸渍

一次的浸出率 $\overline{E_1}$ 为：

$$\overline{E_1} = \frac{M-1}{M}$$

由浸出定义可知：$(1-\overline{E_1})$ 为浸渍一次后药材中所剩浸出物质的百分率。

如以重浸渍法对该药材浸渍第二次，则第二次浸渍后所放出浸出液中被浸出物质的浸出率 $\overline{E_2}$ 为：

$$\overline{E_2} = \frac{M-1}{M}(1-\overline{E_1}) = \frac{M-1}{M^2}$$

浸渍两次后，两次浸出液中总浸出率 $\overline{E}$ 为：

$$\overline{E} = \overline{E_1} + \overline{E_2} = \frac{M^2-1}{M^2}$$

依此类推，经 n 次浸渍后总浸出率为：

$$\overline{E} = \frac{M^n-1}{M^n} \tag{2-1}$$

第 n 次浸渍的单次浸出率 $\overline{E_n}$ 为：

$$\overline{E_n} = \frac{M-1}{M^n} \tag{2-2}$$

由式 2-1 和式 2-2 可以看出，每次浸渍的单次浸出率与浸渍次数指数成反比关系。$M<2$ 时，溶剂量的少许变化对总浸出率影响较大。一般 $M>5$ 时，经三次浸渍即可将绝大部分溶质浸出。过多增加浸渍次数，单次浸出率增加很少，浸出液量增加很多，后部的蒸发浓缩能量消耗可能超过提高单次浸出率的经济效益。一般重浸渍次数是 4~5 次，若溶剂量较大，浸渍次数可在 3~4 次。

（二）多级逆流浸出

以罐组串联进行的半连续提取，纯溶剂加入一级浸出灌中，最大限度地将溶质浸出，最后的溶剂对原料进行浸出，以得到溶质较浓的浸出液。这种数罐串联称为多级逆流浸出。新鲜溶剂加入的罐称第一级，最末级罐是原药材。如图 2-22 所示为多级逆流浸出流程示意图。

图 2-22　多级逆流浸出流程示意图

（三）提取工艺参数

1. 药材粉碎度　被提取中药饮片粉碎度越高，与溶剂的接触面积越大，其溶质从药物内部扩散到表面所通过距离越短，提取速率越快。实际生产中粉碎过细，则阻碍溶剂润湿和向内部扩散的速度，增加提取液分离难度。同时细胞破碎，细胞黏液和高分子物质的溶出，增加无效成分溶出，影响提取液质量。

2. 提取温度　大多数溶质在溶剂中的溶解度随温度升高而增加，同时扩散系数亦随温度升高而增大,使提取速率和提取收率均提高。但温度升高,热敏性成分分解破坏,易挥发性成分损失加大,提取液中杂质混入增多,因此应根据实际情况控制提取操作的温度。

3. 溶剂的用量、提取次数和 pH 值 不同中药饮片的溶剂用量和提取次数都需通过试验来确定。一般溶剂用量为原料的 6~10 倍,溶剂用量和提取次数直接影响到提取效果,若其他操作条件不变,溶剂量越大,提取次数减少,提取速率快。但加大溶剂用量使提取液变稀,这将给提取液中溶质的回收带来困难。所以溶剂用量要适宜。

在中药提取过程中,调节溶剂 pH 值可改变某些有效成分在溶剂中的存在状态,改变其极性,有利于该成分的提取,例如用酸性溶剂提取生物碱,用碱性溶剂提取皂苷等。

4. 浸提时间 在一定条件下,提取时间越长,有效成分的提取率越高,直到中药饮片细胞内外有效成分浓度达到平衡。但是提取时间过长会浪费能源同时使无效成分增加,影响产品纯度。

5. 浓度差 中药饮片内部与其外周溶液中溶质的浓度差是影响药材提取效率的关键。浓度差越大,提取速率越快。因此在优选提取工艺和设备时,运用和扩大浓度差有助于提高提取效率。在浸出过程中,搅拌、更换溶剂或连续逆流提取,能保持浓度差,有利于提取。

6. 压力 对于质地坚实、难浸润的中药饮片,提高提取压力有利于加速浸润过程。提高压力可使中药饮片组织内更快地充满溶剂和形成浓溶液,从而使开始发生溶质扩散过程所需时间缩短。但是提取压力的提高,对有效成分的影响需要进行试验。

7. 新技术的应用 目前采用一些提取新技术如超声协助提取、微波辅助提取、电场强化浸出和脉冲强化浸出等,可提高有效成分的提取率,减少提取时间和溶剂用量。

综合上述,各类参数的相互影响比较复杂,同时各影响参数并不独立,而是互相联系的,因此在实际试验和生产中,不但要考查各因素单独的影响,更要考虑各因素交互作用的影响,如此才能确定出最佳的参数组合。

二、提取流程及设备

(一)提取流程

中药的提取流程与饮片在设备内处理方式(静态、动态)、溶剂种类(极性)、操作参数(温度、压力)、产物性质(浸出物、挥发油、油脂等)、溶剂与药材接触方式(浸渍、渗漉)等条件有关。

1. 多功能提取流程 多功能提取流程如图 2-23 所示,由提取罐、冷凝器、冷却器、油水分离器、滤渣器、循环泵等组成。由提取罐夹套中通入蒸汽加热。提取罐中的蒸汽经冷凝、冷却、油水分离器可分离挥发油,溶剂直接回流入罐,进行浸渍、温浸、热回流等操作。还可采用循环泵进行循环提取。该流程可进行水提、醇提(不用油水分离器)。一般用于固体口服制剂或外用药的提取。

2. 渗漉流程 渗漉是一种最常用的动态浸出有效成分的提取方法,其工艺流程如图 2-24 所示,将饮片粉碎至一定程度并浸润后,装入提取罐中,加入乙醇,浸渍一定时间后定速放出渗漉液,同时缓慢加入乙醇,使罐中保持一定液位,当规定量乙醇加完,渗漉液也全部漉出。

渗漉常在常温下操作,所得浸出液澄明度好,但周期长。为缩短渗漉时间,常采用温浸法,即将提取温度控制在 40~50℃,此时罐上部需设冷凝器回流,但药液澄明度和醇耗不及常温渗漉。

图 2-23　多功能提取流程

1——冷凝器；2——冷却器；3——放空；4——气液分离器；5——至浓缩工段；6——管道过滤器；7——水泵；
8——排液口；9——提取罐；10——放水口；11——油水分离器；12——芳香水出口；13——泡沫分离器

　　此法对饮片的粒度及工艺条件的要求比较高，操作不当可影响渗漉效率，甚至影响正常操作。为减少渗漉时间，提高渗漉液浓度，流程可采用循环渗漉、加压渗漉、超声或震动渗漉及逆流渗漉等强化装置。

图 2-24　渗漉流程图

1——水泵；2——排液口；3——缓冲罐；
4——渗漉罐；5——冷凝器；6——计量罐

图 2-25　索氏提取流程

1——泡沫分离器；2——提取罐；3——过滤器；4——泵；
5——浓缩加热器；6——浓缩蒸发器；7——油水分离器；
8——提取罐冷却器；9——提取罐冷凝器；10——浓缩冷凝器；
11——浓缩冷却器；12——蒸发液料罐

　　3. 索氏提取流程　　索氏提取也称热回流循环提取。如图 2-25 所示，将中药饮片置于提取罐内，加饮片 5~10 倍的适宜溶剂。开启提取罐和夹套的蒸汽阀，加热至沸腾 20~30 分钟后，用泵将浸出液不断泵入浓缩蒸发器。关闭提取罐和夹套的蒸汽阀，开启浓缩加热器蒸汽阀使浸出液进行浓缩。浓缩时产生的二次蒸汽，通过浓缩蒸发器经冷凝后直接送入提取罐作为提取的溶剂。

索氏提取的优点是中药饮片不断与新鲜溶剂接触，从而加快浸出速率和提高浸出率，但中药饮片和浸出液受热时间很长，使得非有效成分浸出量增加，所得浸出液澄明度较差，也不适于热敏性物料的浸出。

4. 加压提取流程 提高浸取压力可加速中药饮片的浸润过程，对坚实难润药材可加速浸取过程。加压方法有两种：一种是用泵加压，另一种是用蒸汽升温升压。

5. 罐组逆流提取流程 罐组逆流提取是套用溶剂，对饮片进行多次提取的技术。溶剂从第1罐流向最末罐，第1罐经过多次浸出后排出药渣，再装入新料成为最末罐，原第2罐成为第1罐，依此类推，整个提取过程一般由5~10个罐组成。浸出液从最后罐流出达到最大浓度。浸出液澄明度较好，并具有节省溶剂、减少后续蒸发浓缩能耗、提取条件温和等优点，特别适合大批量中药饮片的提取。

6. 动态提取流程 动态提取是将中药饮片粉碎成粗粉，加入动态提取罐中，按料液比1∶10加入溶剂，通过加热搅拌的提取过程。由于中药粒径较小，搅拌使液固接触良好，大大缩短了提取时间。动态提取一般对中药饮片提取1次，由于提取得比较完全，且药渣中含液量很少，对有效成分的浸出率相当于3次左右的重浸渍。

（二）提取设备

1. 多功能提取罐 多功能提取罐是最通用的中药浸出设备，如图2-26所示，由罐体、出渣门、提升气缸、加料口、夹套、出渣门、气缸等组成。多功能提取罐规格为0.5~10m³。小容积罐的下部采用正锥形，大容积罐采用斜锥形以利出渣。多功能提取罐具有水提、醇提、热回流提取、循环提取、提挥发油、回收药渣中有机溶剂等一罐多用的特点。多功能提取罐的另一特色是它的密闭设计和冷凝系统可以在提取的同时回收饮片中的挥发油。

多功能提取罐的罐内操作压力为0.15MPa左右，夹层为0.3MPa左右，属于压力容器。为防止误操作快开门引起跑料和出于人身安全考虑，对快开门需设安全保险装置，提取罐设有可显示各动作操作和报警功能的装置。

2. 直筒形和微倒锥形多能提取罐 直筒形多能提取罐，如图2-27所示，罐体较高，一般在

图2-26 多功能提取罐

1——上气动装置；2——盖；3——加料口；4——罐体；
5——上下移动轴；6——料叉；7——夹层；
8——下气动装置；9——带滤板的活底；10——出渣门

2.5m以上，罐体内容积为0.5~2m³，常用于渗漉、罐组逆流提取、醇提、药酒等，也可用于水提取。

微倒锥形提取罐，如图2-28所示，其下部筒身为具有0°23′的倒锥形筒体。微倒锥形提取罐可有效提高根、枝、茎和叶类中药的出渣速率，缩短出渣时间。

图 2-27 直筒形多能提取罐

图 2-28 微倒锥形多能提取罐

1——加料门；2——夹套；3——启闭气缸；4——排渣门；5——假底；
6——锁紧气缸；7——倒锥形筒体；8——圆柱筒体；9——加料门气缸

3. 翻转式提取罐　翻转式提取罐如图 2-29 所示，罐身通过齿条、齿轮机构可倾斜125°，罐盖利用液压升降，可加压煎煮。翻转式提取罐可用于中药饮片的煎煮、热回流提取和挥发油提取等。本设备特点是罐口直径大，容易加料与出料，适合于质轻、权多、块大、品种杂和批量较小的饮片提取。

4. 动态提取罐　动态提取罐由带搅拌和加热夹套构成的一个集煎煮、回流、水蒸气蒸馏为一体的提取罐。常用容积 2m³、3m³、5m³ 等。提取过程中，因固液接触面积大，搅拌提供扩散推动力，加热增加溶解度、降低黏度、增大扩散系数等，动态提取罐促进浸提速度，缩短提取时间，具有生产效率高、节能、工艺设计更加合理、饮片资源得到最大化利用等特点，但提取液后处理较复杂。

图 2-29　翻转式提取罐

1——冷凝器；2——液压缸；3——油水分离器；
4——分离器；5——提取罐；6——支座；7——滤渣器

图 2-30　U 形螺旋推进式提取器示意图

1——进料管；2——水平管；
3——出料管；4——螺旋输送器

5. 移动床连续提取器　　移动床连续提取器一般有浸渍式、喷淋渗漉式和混合式 3 种，其特点是提取过程包括加料和排渣都是连续进行的。连续提取器适用于大批量生产，在其他工业中使用广泛。

U 形螺旋式提取器属于浸渍式连续逆流提取器的一种，如图 2-30 所示。其主要结构由进料管、出料管、水平管及螺旋输送器组成；各管均有蒸汽夹层。固体药材自左侧螺旋器上部加料斗进入进料管，由水平螺旋输送器经水平管推向出料管，溶剂由右侧螺旋器上部加入，并沿相反方向逆流。U 形螺旋式提取器属于密闭系统，适用于易挥发性物质及有机溶剂的提取操作。

平转式连续提取器属于喷淋渗漉式连续提取器的一种，如图 2-31 所示。其结构为在旋转的圆环形容器内间隔有 12~18 个回转料格，每个扇形格的底为带孔的活底，借活底下的滚轮支承在轨道上。中药饮片从提取器上部加入料格内，每格由喷淋管将循环溶剂喷淋到药材上以进行提取。淋下的浸出液用泵打入前一格内，如此反复逆流浸出，最后收集的是浓度很高的浸出液。

（1）结构图　　　　　　　　　　　　　　（2）工作过程

图 2-31　平转式连续提取器示意图

三、中药提取新技术

（一）超临界流体提取设备

超临界流体提取法是利用超临界流体提取分离药材中有效成分或有效部位的新技术。

1. 超临界流体　　如图 2-32 所示，当物质温度和压力超过临界点 C 时，物质的存在形式将不是气相、液相或固相中的任何一种，而是以一种称为"超临界流体"的形式存在，其性质介于气体和液体之间，密度与液体相近，黏度与气体相近，并同时具有气体的扩散能力和液体的溶解能力。常用来制备超临界流体的

图 2-32　单组分物质相图

有二氧化碳、乙烯、氨、丙烷、丙烯、水等。其中中药提取常用的超临界流体为二氧化碳，因为其临界点的温度和压力条件温和，分别为304.41K、7.2MPa，有利于保护中药有效成分。在提取过程中，还可根据物质的性质，在二氧化碳超临界流体中加入夹带剂，提高提取效率。

2. 超临界流体提取基本原理 超临界流体兼具气体的低黏度、强扩散力和液体的高密度、高溶解性特性，使其能够迅速渗透进入物质的孔隙，提取速率大大超过液体，并且其溶解能力还可通过改变物质的温度和压力进行调整，调整范围可达1000倍。提取完成后，再通过改变物质温度和压力使超临界流体恢复为气体形式，从而与提取物进行分离。

3. 超临界流体提取设备 超临界流体提取设备包括萃取釜、高压泵、分离釜、CO$_2$贮罐、冷凝器、换热器及控制系统等，如图2-33所示。装置主要部件为萃取釜，必须耐高压、耐腐蚀、密封可靠。高压泵承担CO$_2$流体的升压和输送任务，其工作压力可达50MPa以上，工作流量可根据不同的柱塞类型达到20~400L/h。操作时，先将中药粗颗粒装入萃取釜中，CO$_2$气体经过冷凝器冷凝成液体，再用高压泵把气体压力升高至工艺所需的压力（高于临界压力），同时调节温度（高于临界温度），使其达到超临界流体状态。将CO$_2$超临界流体通过管道从萃取釜底部输入，流体迅速扩散，与填装在萃取釜中的药材颗粒充分接触，选择性地溶解其中

图2-33 超临界CO$_2$流体提取装置示意图
1——冷凝器；2——CO$_2$贮罐；3——高压泵；4——换热器；
5——萃取釜；6——分离釜；7——提取液

的化学成分。溶解有溶质的二氧化碳流体进行节流减压，其后在换热器中通过调节温度变为气体，此时溶质的溶解度降低析出，析出的溶质和气体一同进入分离釜，溶质与气体分离而沉降于分离釜底部排出，气体回流至冷凝器冷凝液化，然后经高压泵升压重新达到超临界状态，进入萃取釜中再次进行提取。由于整个系统一直处于高压状态，对整个管路和设备的密封和耐压能力要求较高。

（二）超声提取设备

超声波提取法是利用频率高于17kHz的声波具有的空化、机械及热效应，通过加快提取溶剂分子运动的频率和速度，增大介质的穿透力以提取药材中有效成分的方法。利用超声波技术提取中药有效成分时，由于空化效应提取溶剂中不断产生许多内部压力达上千个大气压的微小气泡，并不断"爆破"，产生强烈的微观冲击波作用于中药材上，使中药材细胞壁破裂，此时溶剂易于渗透到细胞内部提取其中有效成分。超声波产生的机械效应能使提取溶剂质点产生振动而获得巨大的加速度和动能，强化提取溶剂的扩散、传质能力。另外，超声波和其他物理波一样，在振动过程中产生热能，能提高提取溶剂和药材的温度，增加溶解度。

超声提取设备主要由超声波发生器、提取罐、超声波振荡器、冷凝器、冷却器、油水分离器、高频电缆等组成，如图2-34所示。超声波发生器通过高频电缆将产生的超声波传至超声波振荡器，超声波振荡器沿罐体中轴线浸入并安装于提取罐中，当超声波传播到提取液中，在提取液中疏密相间地向前辐射，通过强烈的空化、机械及热效应等促使物料中所含有效成分快速、高

效率溶出。提取时常用的超声频率在 20~80kHz。超声提取时不需加热，适用于热敏物质的提取。

（三）微波提取设备

微波提取法是指利用频率在 300MHz~300GHz 微波的强烈热效应提取药材中有效成分的方法，常用的微波频率为 2450MHz。微波通过提取溶剂介质到达药材内部，药材内部偶极水分子在 2450MHz 的电磁场中瞬间极化，并以高达 2.45 亿次/秒频率做极性变换运动，平均动能迅速增加，同时伴随摩擦、碰撞，导致细胞内温度迅

图 2-34　超声提取设备装置示意图
1——超声波发生器；2——提取罐；3——冷凝器；
4　冷却器；5——油水分离器；6——超声波振荡器

速上升，压力增加。当压力超过细胞承受的范围后，细胞破裂，提取溶剂进入细胞内部溶解出有效成分。目前国内常用设备包括：普通微波萃取设备、微波低温萃取设备、微波真空萃取设备、连续式微波提取设备、微波逆流提取设备等。

微波提取设备结构主要包括微波提取罐、微波发生器、微波抑制器、泡沫捕集器、冷凝器、冷却器、气液分离器、油水分离器、控制与检测系统等。

第三章
干燥原理与设备

扫一扫，查阅本章数字资源，含PPT、音视频、图片等

干燥泛指从湿物料中除去湿分（水或其他液体）的各种操作。就制药工业而言，无论是原料药生产的精制、干燥、包装环节，还是制剂生产的固体造粒，其物料中都含有一定量的湿分，需要依据加工、储存和运输等工艺要求除去其中部分湿分以达到工艺规定的湿分含量。工程上将除去物料中湿分超过工艺规定部分的操作称为去湿。常用的去湿方法有机械去湿法和加热去湿法等。

加热去湿法是通过加热使湿物料中的湿分汽化逸出，以获得规定湿分含量的固体物料。这种方法处理量大，去湿程度高，普遍为生产所采用，但能量消耗大。制药工业中，将加热去湿法称为供热干燥，简称为干燥。

由于干燥是利用热能去湿的操作，有湿分的相变化，能量消耗多，因此制药生产中湿物料一般都先用沉降、压滤或离心分离等机械方法除去其中的部分湿分，然后再用干燥法去除剩余的湿分而制成合格的产品。

我国"十四五"规划的主要目标中提出"单位国内生产总值能源消耗和二氧化碳排放分别降低13.5%、18%，主要污染物排放总量持续减少"。合理高效地使用能源直接关系到我国的可持续发展战略。干燥是一个高能耗的单元操作过程，涉及中药饮片和浸膏的加工，以及制剂生产等环节。干燥过程的控制、干燥后尾气处理和余热回收，对于保证药品质量、减轻环境污染、提高能源利用率具有重要意义。

第一节 湿空气的性质与焓-湿图

在工业生产中，干燥物料时干燥介质多为热空气，热空气充当干燥载体并带走湿分。所以热空气既是热载体，又是载湿体。我们在研究干燥前，首先要了解空气，尤其是湿空气的各种性质和参数，以及空气与它们之间的关系。

一、空气中水蒸气含量的表示法

空气中含有水蒸气的量就是空气中水分的含量，通常我们用水蒸气分压来表示水蒸气在空气中的含量。

1. 水蒸气分压 湿空气的总压力等于绝干空气的分压力 p_g 与水蒸气分压 p_v 之和，用 p 表示，单位为 Pa，则有：

$$p = p_g + p_v \tag{3-1}$$

$$\frac{p_v}{p_g} = \frac{n_v}{n_g} = \frac{p_v}{p - p_v} \tag{3-2}$$

式中：p_g——绝干空气分压，单位：Pa；

$\quad\quad p_v$——水蒸气分压，单位：Pa；

$\quad\quad p$——总压，单位：Pa；

$\quad\quad n_v$——水蒸气千摩尔数，单位：kmol；

$\quad\quad n_g$——绝干空气千摩尔数，单位：kmol。

干燥时，无论空气中水分如何变化，绝干空气量始终为常数，故讨论其性质时多以绝干空气量为基准。

2. 空气湿含量　空气湿含量简称湿度或绝对湿度。它表示湿空气中所含水蒸气的质量与绝干空气的质量之比，用符号 H 表示，单位为 kg 水蒸气/kg 绝干空气。根据这一定义，结合式 3-2 有：

$$H = \frac{湿空气中水分质量}{湿空气中绝干空气质量} = \frac{18 \cdot n_v}{29 \cdot n_g} = 0.622 \frac{n_v}{n_g} = 0.622 \frac{p_v}{p - p_v} \tag{3-3}$$

干燥时，空气吸湿，但总的绝干空气量始终不变，仅空气湿含量增加，湿空气含水量增加。当总压力 p 一定时，湿度仅与水蒸气分压 p_v 有关，即 p_v 影响空气中湿度的变化。所谓饱和空气指在一定温度压力下含有最大量水蒸气的空气。此时，水蒸气分压就叫饱和蒸气压 p_s；饱和空气特点是不能再容纳水分，干燥过程不能再进行；当 $p_v = p_s$ 时，此时的湿度为湿空气处于饱和状态的湿度，用 H_s 表示，单位 kg 水蒸气/kg 绝干空气，即：

$$H_s = 0.622 \frac{p_s}{p - p_s} \tag{3-4}$$

3. 空气的相对湿度　在一定总压力下，湿空气的水蒸气分压 p_v 与同温度下的饱和水蒸气压 p_s 之比的百分数，称为相对湿度，又称水蒸气饱和度，用符号 φ 表示，即：

$$\varphi = \frac{p_v}{p_s} \times 100\% \tag{3-5}$$

相对湿度所表明的是在一定温度和总压下，湿空气中的水蒸气分压偏离饱和的程度，反映的是湿空气作为干燥介质时的吸湿能力。相对湿度值越低，湿空气作为干燥介质时的吸湿能力越高；反之则越低。当 $\varphi = 100\%$ 时，表明该湿空气中的水蒸气分压已经达到饱和水蒸气气压，不再具有吸湿能力，不能作为干燥介质。相对湿度 φ 值是衡量空气水蒸气饱和程度的一个参数，湿度则仅仅表示空气中水分的绝对含量，由湿度值不能分辨湿空气的吸湿能力。它们之间的关系可由式 3-3 和式 3-5 得到：

$$H = 0.622 \frac{\varphi p_s}{p - \varphi p_s} \tag{3-6}$$

《药品生产质量管理规范（GMP）2010》规定，企业可根据药品生产工艺要求和人员舒适度来确定洁净厂房的湿度，通常控制相对湿度在 45% ~ 60%。在洁净厂房中，相同的温度条件下，相对湿度越小，细菌的繁殖越能够得到抑制，但会引起粉尘颗粒增多，出现粉尘颗粒悬浮和依附现象，影响药品质量。相对湿度越大，当超过 70% 时，室内工作人员就会出现出汗、心跳加快、疲劳等身体状况以及烦躁等负面情绪，影响工作状态。因此，对湿度的控制必须及时、准确。洁净厂房通常配有湿度监控和调节系统，以加湿器、除湿机以及空调系统对湿度进行控制。

二、湿空气的比焓和比热容

湿空气的比焓是指 1kg 绝干空气的焓值和所含水蒸气的焓值之和，用符号 h 表示，单位 kJ/kg 绝干空气，即

$$h = h_g + Hh_v \tag{3-7}$$

式中：h_g——绝干空气比焓，单位：kJ/kg 绝干空气；

h_v——水蒸气比焓，单位：kJ/kg 水蒸气。

由于焓值的绝对值是无法知道的，为便于计算，工程中统一设定了基准状态和基准温度，规定 0℃时绝干空气和液态水的起始值都为零。这样，h_g 就是 1kg 绝干空气在 0℃ 以上所吸收的显热；h_v 则包括了 1kg 水在 0℃ 时所吸收的汽化潜热和水蒸气在 0℃ 以上所吸收的显热。则有：

$$h_v = C_v \cdot t + r_0 \tag{3-8}$$

式中：r_0——水在 0℃时汽化潜热，约为 2491kJ/kg；

C_v——水蒸气比热容。取 1.88kJ/kg 水蒸气℃。

而 $h_g = C_g \cdot t$；带入式 3-7 有：

$$h = C_g t + (C_v t + r_0)H = (C_g + HC_v)t + Hr_0 \tag{3-9}$$

令 $C_H = C_g + C_v H$ \tag{3-10}

则 $C_H = 1.01 + 1.88H$ \tag{3-11}

式中：C_g——绝干空气比热容，取 1.01kJ/kg 水蒸气℃；

C_H——湿空气比热容，单位：kJ/kg 绝干空气℃。

综上，式 3-9 又可以写成：

$$h = (1.01 + 1.88H)t + 2491H \tag{3-12}$$

式 3-12 表明，湿空气比焓 h 是湿空气的温度 t 和湿度 H 的函数。

三、湿空气的比体积

一定温度压力下，湿空气中，单位质量绝干空气中所含湿空气的总体积称为湿空气的比体积，又称为湿容积，用 v_H 表示，单位：m^3 湿空气/kg 绝干空气。即

$$v_H = \frac{\text{湿空气体积}(m^3)}{\text{湿空气中绝干空气质量}(kg)}$$

当压力为 p，温度为 t 时，湿空气的比体积为：

$$v_H = 1m^3 \text{ 绝干空气} + 1m^3 \text{ 水汽（以 1kg 绝干空气为基准，按理想气体计）}$$

$$= \left(\frac{1}{29} + \frac{H}{18}\right) \times 22.4 \times \frac{273 + t}{273} \times \frac{1.0133 \times 10^5}{p}$$

$$= (0.772 + 1.244H)\frac{273 + t}{273} \times \frac{1.0133 \times 10^5}{p} \tag{3-13}$$

式中：t——湿空气温度，单位：℃；

p——湿空气总压力，单位：Pa；

H——湿空气湿度，单位：kg 水汽/kg 绝干空气。

四、干球温度和湿球温度

在湿空气中，用普通温度计测得的温度称为湿空气的干球温度，也就是湿空气的真实温度，

简称温度，用 t 表示。

　　用被水润湿的湿纱布将温度计的感温球包住，使湿纱布始终保持湿润，并将其暴露在空气中，最终湿纱布将达到某一稳定的温度，该温度即为空气的湿球温度，以 t_w 表示，如图 3-1 所示。

　　为了便于说明湿球温度形成的机理，假设测量开始时湿纱布中水分的温度与空气的温度相同。当温度为 t、湿度为 H 的大量的不饱和湿空气流过湿球温度计的湿纱布表面时，由于湿空气是不饱和的，即湿纱布表面的水蒸气分压比空气中水蒸气分压高，水分必然从湿纱布表面向空气中汽化，并通过气膜扩散到空气主体中去。湿纱布表面水分因汽化而被冷却，当水温下降到低于空气温度时，空气便向湿纱布的水中传递热量，而传热速率随着温度差的增加

图 3-1　干、湿球温度计原理

而加大，直到由空气至湿纱布的传热速率等于自湿纱布表面汽化水分所需的传热速率时，湿纱布中水温就保持恒定，此时湿球温度计所指示的温度就是该空气的湿球温度 t_w。因湿空气的流量大，自湿纱布表面向空气汽化的水分量对湿空气的影响可以忽略不计，故可认为湿空气的 t 和 H 均不发生变化。

　　湿球温度是表明空气状态或性质的一个参数。它实质上是纱布中水的温度，而不是空气的真实温度。两者的差值由空气干球温度和湿度所决定，其差值越小，表明空气的湿度越大；对于饱和湿空气而言，湿球温度与干球温度相等。

　　设空气温度为 t，湿球温度为 t_w，则空气向湿纱布表面的热流量为：

$$\Phi = \alpha A(t - t_w) \tag{3-14}$$

式中：Φ——热流量，单位：kW；

　　　　α——传热系数，单位：kW/（m² · K）；

　　　　A——空气与湿纱布的接触面积，单位：m²。

湿纱布表面水蒸气向空气中的质量流量为：

$$N = k_H A(H_w - H) \tag{3-15}$$

式中：N——质量流量，单位：kg/s；

　　　　k_H——以湿度差为推动力的传质系数，单位：kg/（m² · s · ΔH）；

　　　　H_w——t_w 时饱和空气湿度，单位：kg/kg 绝干空气。

当空气和湿纱布中的水分的传热、传质达到平衡状态，有：

$$\Phi = N r_{t_w} \tag{3-16}$$

式中：r_{t_w}——t_w 时水的汽化潜热，单位：kJ/kg。

将式 3-14、式 3-15 带入式 3-16 整理得：

$$t_w = t - \frac{k_H}{\alpha} r_{t_w}(H_w - H) \tag{3-17}$$

当气流为水-空气系统，温度不太高，流速>5m/s 时，α/k_H 约为 1.09kJ/（kg · ℃），绝干空气，则有：

$$t_w = t - \frac{r_w}{1.09}(H_w - H) \tag{3-18}$$

$$H = H_w - \frac{1.09}{r_{t_w}}(t - t_w) \tag{3-19}$$

五、露点温度

不饱和的湿空气在总压和湿度保持不变的条件下，逐渐降温而使之达到饱和状态时的温度称为露点，用 t_d 表示。相对应的湿度为饱和湿度 H。

露点形成过程的特点是湿空气的湿度 H 为常数，由于温度逐渐下降，相对湿度 φ 则随之逐渐升高而达到饱和状态，即 $\varphi = 100\%$，此时空气中刚刚出现露水，所以将该点温度称为湿空气的露点。此时的湿度则可由式 3-6 求得，即

$$H_s = 0.622 \frac{p_s}{p - p_s} \tag{3-20}$$

应用时，可由公式 3-20 求出 p_s，再查饱和水蒸气表得出的温度即为 t_d。

【例 3-1】 已知湿空气干球温度 60℃，湿度为 0.054kg 水/kg 绝干空气，若总压为 100kPa，试用解析法求：（1）水蒸气分压；（2）相对湿度；（3）湿比体积；（4）湿空气的比焓；（5）露点。

解：（1）由 $H = 0.622 \dfrac{p_v}{p - p_v}$

$$p_v = \frac{Hp}{0.622 + H} = \frac{0.054 \times 100}{0.622 + 0.054} = 7.988 \,(\text{kPa})$$

（2）由 $t = 60℃$ 查表 $p_s = 19.92\text{kPa}$

则 $\varphi = \dfrac{p_v}{p_s} \times 100\% = \dfrac{7.988}{19.92} \times 100\% = 40.1\%$

（3）$V_H = (0.772 + 1.244H)\dfrac{273 + t}{273} \cdot \dfrac{1.0133 \times 10^5}{p}$

$$= (0.772 + 1.244 \times 0.054) \times \frac{273 + 60}{273} \times \frac{1.013 \times 10^5}{1 \times 10^5}$$

$$= 0.977 (\text{m}^3 \text{ 湿空气/kg 绝干空气})$$

（4）$h = (1.01 + 1.88H)t + 2491H$

$$= (1.01 + 1.88 \times 0.054) \times 60 + 2491 \times 0.054$$

$$= 201.1 (\text{KJ/kg 绝干空气})$$

（5）露点 t_d：t_d 为 p_v 下的饱和温度；查表

$p_v = 7.988\text{kPa}$ 时，$t_d = 41.3℃$。

六、绝热饱和温度

当一定流量的不饱和湿空气（温度 t，湿度 H）连续流过绝热饱和器，与温度为 t 的大量循环喷洒水充分接触，如图 3-2 所示。由于水滴表面的水汽分压高于空气中水汽分压，水向空气中汽化，水温开始下降，水温和空气之间产生温度差，则空气中热量开始向水中传递。因传递的热量不够水汽化所需热量，则水温将继续下降，直到水温降低到稳定值 t_{as}，其数值低于湿空气进口温度 t。同时，空气也将由初始温度 t 降至和水相同的温度 t_{as}，湿度由原来的 H 增大到 t_{as} 下的饱和湿度 H_{as}。在 t_{as} 下水汽传递和热量传递将不再进行，空气与水之间达到了静态平衡而排出饱和

器。温度 t_{as} 称为湿空气的绝热饱和温度。

图 3-2　绝热饱和过程
1——空气；2——补充水；3——绝热隔墙

后来进入绝热饱和器的湿空气都将与温度为 t_{as} 的大量循环水充分接触，在绝热条件下降温增湿，而水向空气净化。空气降温所放出的热量全部供水汽化所需热量，又回到空气中。空气从进口到出口的绝热降温增湿过程（绝热饱和过程）中，其焓值基本上没有变化，可视为等焓过程。

实验测定证明，对于空气水系统，$t_{as} \approx t_{w}$。

需注意的是，上述湿球温度 t_{w} 和绝热饱和温度 t_{as} 都是湿空气的 t 与 H 的函数，并且对于空气-水系统来说，二者数值近似相等，但它们分别由两个完全不同的概念求得。湿球温度 t_{w} 是大量空气与少量水接触，水的稳定温度；而绝热饱和温度 t_{as} 是大量水与少量空气接触，空气达到饱和状态时的稳定温度与大量水的饱和温度 t_{as} 相同。少量水达到湿球温度 t_{w} 时，空气与水之间处于热量传递和水汽传递的动态平衡状态；而少量空气达到绝热饱和温度 t_{as} 时，空气温度与水的温度相同，处于静态平衡状态。

七、焓-湿图

工程上为了简便起见，将一些湿空气参数的关系用曲线图直观地表达出来，比如焓-湿度图、温度-湿度图等。这样可以很方便地运用已知的参数在图上直接读取相应的未知参数。本处仅介绍应用较为广泛的湿空气的比焓-湿度图，简称为 h-H 图。

图 3-3 是在总压为标准大气压时绘制的湿空气的 h-H 图。综合了湿度、比焓值、温度和相对湿度等五种湿空气参数之间的关系曲线。为了避免多种曲线挤在一起而难以读取数据，两坐标轴采用了其夹角为 135° 的坐标系，考虑图的幅面和读数方便，将斜轴（图中未将斜轴全部画出）投影于与纵轴正交的辅助水平轴上。

1. h-H 图构成　h-H 图是由等湿线 H、等比焓线 h、等温线 t、等相对湿度线 φ、水蒸气分压线等组成。

（1）等湿线 H　这是一组与纵轴平行的直线，每根直线上的任何一点，所对应状态的空气的湿度 H 都相等，其值可沿等湿线向下在辅助水平轴上读取。因空气的露点 t_{d} 只与湿度有关，故处于等湿线上的空气的露点也相等；再根据式 3-9 可知，等湿度线上的比热容 C_{H} 亦相等。

（2）等比焓线 h　所有与斜轴平行的直线均为等比焓线。每一条等比焓线上不同位置，代表着湿空气的不同状态，但比焓值都相等，其值可以从纵轴上读出。

（3）等温线 t　根据式 3-12，可以得到如下的关系式

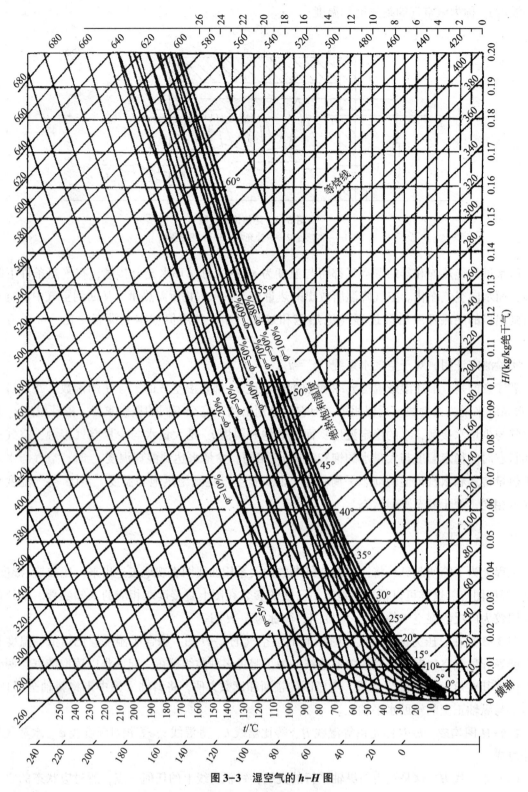

图 3-3 湿空气的 h-H 图

$$h = (1.88t + 2491)H + 1.01t \tag{3-21}$$

上式说明，当温度 t 不变时，h 与 H 呈线性关系，其斜率为 $(1.88t + 2491)$，截距为 $1.01t$，温度越高，斜率越大。对应不同的温度，有不同的 $h-H$ 等温直线，各等温直线互不平行。

（4）等相对湿度线 φ　变换式 3-6，可得

$$\varphi = \frac{Hp}{(0.622 + H)p_s} \tag{3-22}$$

当总压为定值时，相对湿度是 H 与 p_s 的函数，而 p_s 只与温度 t 有关，故相对湿度仅为 H 与 t 的函数。

由图可见，当空气湿度 H 为定值时，温度 t 越高，其相对湿度 φ 值越低，用作干燥介质时，其吸收水蒸气的能力越强。在生产中，湿空气进入干燥器都要加热，目的之一是提高湿空气的焓值，使其作载热体用；目的之二是降低其相对湿度而作湿载体用。

图中 $\varphi = 100\%$ 的曲线称为饱和空气线，此线上为不饱和区，$\varphi < 100\%$，处于该区域的空气可作为干燥介质；饱和空气线以下则为过饱和区，处于此区的湿空气会使物料增湿，不可作为干燥介质，实际干燥操作中应避开此区。

（5）水蒸气分压线　根据式 3-3 可得

$$p_v = \frac{Hp}{0.622 + H} \tag{3-23}$$

上式表示湿空气中水蒸气分压 p_v 与湿度 H 之间的关系，按此式即可做出水蒸气分压线。为使 h–H 图分布合理，水蒸气分压标注在右边的纵轴上，水蒸气分压线标绘在饱和空气线的下方。

2. 焓–湿图使用说明　不用计算，只要使用湿空气的 h–H 图（图 3-3）就可以确定湿空气状态点和确定湿空气状态参数。

（1）确定湿空气状态点　已知湿空气的干球温度 t 和湿球温度 t_w：在 h–H 图上找出与湿球温度 t_w 对应的等温线，沿等温线右移至与饱和空气线的交点 A。找出过 A 点的等比焓线和与干球温度 t 对应的等温线，两线的交点就是湿空气的状态点 S，见图 3-4（a）。

已知湿空气的干球温度 t 和露点 t_d：如图 3-4（b），沿 1、2、3 的顺序和箭头方向即可确定湿空气的状态点 S。注意步骤 2 所对应的线是等湿线。

已知湿空气的干球温度 t 和相对湿度 φ：如图 3-4（c）所示，找出与 t 和 φ 对应的等温线和等相对湿度线，按 1、2 次序和箭头方向，即可确定湿空气的状态点 S。

图 3-4　湿空气状态点的确定

（2）查找湿空气状态参数　通过 h–H 图确定湿空气的状态点 S 之后，再查取湿空气的各项状态参数。下面以图 3-5 为例来说明如何利用 h–H 图查取湿空气的各项状态参数。

湿度 H　由状态点 S 沿等湿线垂直向下，至与辅助水平轴的交点 A，即可在 A 点读取湿空气在 S 点的湿度值。

比焓值 h　作过 S 点的等比焓线，向左纵轴推移至与纵轴的交点 B，即可查出 S 点的比焓值。

图 3-5　h–H 图的用法

水蒸气分压 p_v　由状态点 S 沿等湿线垂直向下，至与水蒸气分压线的交点 C, 再由 C 点向右作水平线与右纵轴交于 D 点, 此点的值即为湿空气中水蒸气的分压值。

露点 t_d　由状态点 S 沿等湿线垂直向下, 至与等相对湿度线 $\varphi = 100\%$ 的交点 E, 再作过 E 点的等温线, 向左推移至与左纵轴的交点 F, 即可读取露点值。

湿球温度 t_w　作过 S 点的等比焓线, 向右推移到与等相对湿度线 $\varphi = 100\%$ 的交点 G, 再过 G 点作等温线与左纵轴相交于 J, 于 J 点即可读取 S 点的湿球温度值。

第二节　干燥过程的物料衡算及热量衡算

利用热空气作为干燥介质的干燥过程, 先将空气预热到适当温度, 然后送入干燥器, 在干燥器中热空气供给湿物料中水分汽化所需的热量而本身温度降低, 湿含量增加, 干燥过程结束后, 废气从干燥器的另一端排出。因此, 应通过干燥器的物料衡算和热量衡算计算出湿物料中水分汽化量、空气用量和所需热量, 为合理而又经济地设计干燥工艺及选择空气输送设备、加热设备、干燥器及其他辅助设备提供相应的科学依据。

一、物料含水量表示方法

自然界中的物料都含有一定量的水分, 含水量通常有湿基含水量和干基含水量两种表示方法。

1. 湿基含水量　湿基含水量 (w) 是指水分在湿物料中的质量分数或质量百分数, 单位 kg 水/kg 湿物料, 简记为 kg/kg, 即

$$w = \frac{湿物料中水分的质量}{湿物料的总质量} \tag{3-24}$$

2. 干基含水量　干基含水量 (x) 是指以绝干物料 (不含水分的物料称为绝干物料) 为基准的湿物料中的含水量。单位 kg 水/kg 绝干物料, 亦简记为 kg/kg, 即:

$$x = \frac{湿物料中水分的质量}{湿基中绝干物料的质量} \tag{3-25}$$

湿基含水量的表示方法在生产中采用较多, 但是由于湿物料的质量在干燥过程中失去水分而逐渐减少, 因此不方便计算。绝干物料的质量在干燥过程中是不变的, 工程计算时常用干基含水量。二者的换算关系为:

$$x = \frac{w}{1-w} \tag{3-26}$$

或

$$w = \frac{x}{1+x} \tag{3-27}$$

二、物料衡算

对于干燥器的物料衡算, 通常已知的条件是单位时间 (或每批) 物料的质量、物料在干燥前后的含水量、进入干燥器湿空气的状态 (主要指湿度、温度等) 等。

1. 水分蒸发量　图 3-6 是连续逆流干燥器的

图 3-6　连续逆流干燥器的物料参数

物料参数示意图，以秒为计算基准。图中，q_{mdg} 为绝干空气消耗量，单位：kg 绝干空气/s；q_{md} 为绝干物料流量，单位：kg 绝干物料/s；H_i、H_o 为进出干燥器热空气的湿度，单位：kg 水/kg 绝干空气；x_i、x_o 为进出干燥器物料的干基含水量，单位：kg 水/kg 绝干物料。

对干燥器进行物料衡算（对水分进行衡算）

则

$$q_{mdg}H_i + q_{md}x_i = q_{mdg}H_o + q_{md}x_o \tag{3-28}$$

设干燥过程中水分的蒸发量为 q_{mw}，单位：kg 水/s，则：

$$q_{mw} = q_{mdg}(H_o - H_i) = q_{md}(x_i - x_o) \tag{3-29}$$

此外

$$q_{mw} = q_{mi} - q_{mo} \tag{3-30}$$

2. 空气消耗量　湿空气进出干燥器前、后，其中绝干空气质量是恒定的，由于湿物料中蒸发出来的水分被热空气带走，故空气中水蒸气的增加量等于物料中水分的减少量，即：

$$q_{mdg} = \frac{q_{mw}}{H_o - H_i} \tag{3-31}$$

湿空气消耗量 q_{mg}，单位：kg 绝干空气/s

$$q_{mg} = q_{mdg}(1 + H_i) \tag{3-32}$$

单位水分绝干空气消耗量 q'_{mdg}，单位：kg 绝干空气/kg 水分

$$q'_{mdg} = \frac{q_{mdg}}{q_{mw}} = \frac{1}{H_o - H_i} \tag{3-33}$$

上式表明，单位空气消耗量仅与空气的 H_i 和 H_o 有关，而与干燥过程无关。由于 H 为温度和相对湿度的函数，对同一种类，相同质量物料干燥来说，夏季的温度、湿度均比冬季高，故夏季的空气消耗量比冬季大。因此，选择输送空气的风机设备室，需按全年中最大空气消耗量作为依据。

3. 干燥产品流量　干燥产品流量 q_{mo}，单位：kg 物料/s，可根据如下公式计算：

$$q_{mi}(1 - w_i) = q_{mo}(1 - w_o) = q_{md} \tag{3-34}$$

故

$$q_{mo} = q_{mi}\frac{1 - w_i}{1 - w_0} \tag{3-35}$$

其中，w_i、w_o 为进出干燥器的湿基含水量。

三、热量衡算

干燥过程通常包括空气预热和湿物料干燥两部分。通过对干燥器的热量衡算可以确定物料干燥时所消耗的热量及空气的进出状态，为选择空气预热器、干燥器和计算热效率等提供数据。

下面以图 3-7 所示的连续干燥系统进行热量衡算。图中各符号意义如下：

图 3-7　连续干燥过程的热量衡算参数

q_{mdg}——绝干空气流量，单位：kg/s；

t_{gi}、t_g——空气进、出预热器的温度，单位：℃；

h_i、h——空气进、出预热器的比焓，单位：kJ/kg；

t_g、t_{go}——空气进、出干燥器的温度，单位：℃；

h、h_o——空气进、出干燥器的比焓，单位：kJ/kg；

H_i、H_o——空气进、出干燥器的湿度，单位：kg/kg；

x_i、x_o——物料进、出干燥器时的干基含水量，单位：kg/kg；

t_{mi}、t_{mo}——物料进、出干燥器时的温度，单位：℃；

Φ_p——空气在预热器中获得的热流量，单位：kJ/s；

Φ_a——向干燥器中补充的热流量，单位：kJ/s；

Φ_L——干燥器的热流量损失，单位：kJ/s；

q_{md}——绝干物料的流量，单位：kg/s。

1. 对预热器进行热量衡算 由图 3-7 所示参数可知，预热器将空气从 t_{gi} 加热到 t_g 所需的热流量 Φ_p 为：

$$\Phi_p = q_{mdg}(h - h_i) = q_{mdg}(1.01 + 1.88H_i)(t_g - t_{gi}) \tag{3-36}$$

2. 对干燥器进行热量衡算 带入干燥器的热量来自两部分：一是预热后的热空气在干燥器中放出的热流量 Φ_e，二是干燥器内加热器提供的补充热流量 Φ_a。干燥器所消耗的热量有三个方面：加热物料消耗的热流量 Φ_m；蒸发水分消耗的热流量 Φ_w；干燥器的热流量损失 Φ_L。根据能量守恒定律，有：

$$\Phi_e + \Phi_a = \Phi_m + \Phi_w + \Phi_L \tag{3-37}$$

其中

$$\Phi_e = \Phi_p - q_{mdg}(h_o - h_i) = q_{mdg}(h - h_i) - q_{mdg}(h_o - h_i) = q_{mdg}(h - h_o) \tag{3-38}$$

$$\Phi_a = q_{mdg}(h_o - h) + q_{md}(h_{mo} - h_{mi}) + \Phi_L \tag{3-39}$$

3. 干燥系统总的热量衡算 干燥系统消耗的总热量由 Φ_a 和 Φ_p 两部分组成。

$$\Phi = \Phi_a + \Phi_p = q_{mdg}(h_o - h_i) + q_{md}(h_{mo} - h_{mi}) + \Phi_L \tag{3-40}$$

四、干燥器的热效率

干燥器的热效率 η 通常被定义为：

$$\eta = \frac{\text{干燥系统中汽化水分所消耗的热量}}{\text{向干燥系统加入的总热量}} \times 100\% \tag{3-41}$$

即

$$\eta = \frac{\Phi_w}{\Phi_a + \Phi_p} \times 100\% \tag{3-42}$$

干燥系统的热效率越高表示热利用率越好。若空气离开干燥器的温度较低而湿度较高，则可提高干燥操作的热效率。但是空气湿度增加，使物料与空气间的推动力减小。一般来说，对于吸水性物料的干燥，空气离开干燥器的温度应高些，而湿度则应低些，即相对湿度要低些。在实际干燥操作中，空气离开干燥器的温度应比进入干燥器时的绝热饱和温度高 20~30℃，这样才能保证在干燥系统后面的设备内不致析出液滴，否则可能使干燥产品返潮，且易造成管路的堵塞和设备材料的腐蚀。在干燥操作中，废气中热量的回收利用对提高干燥操作热效率有实际意义，故生产中常利用废气预热冷空气或冷物料。此外还应注意干燥设备和管路的保温，以减少干燥系统的热损失。

五、等焓干燥与非等焓干燥

以连续干燥为例，若空气进入预热器的温度为 t_i，比焓为 h_i，湿度为 H_i，相对湿度为 φ_i；离开干燥器的温度为 t_o，比焓值为 h_o，湿度为 H_o，相对湿度为 φ_o。从理论上说，干燥过程中空气状态变化可分为两个阶段：

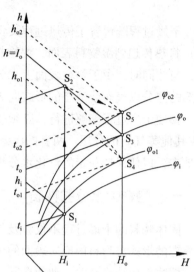

第一阶段是预热器将空气加热，空气温度由 t_i 升高至 t，比焓由 h_i 升至 h，绝对湿度 H_i 保持不变。在图 3-8 中，直线 S_1S_2 即表示该过程。

第二阶段是在干燥器中，空气将热传给物料中的水分，并使之汽化进入空气中，空气温度冷却至出口温度 t_o，湿度由 H_i 升至 H_o，相对湿度为 φ_o。理论上讲这是一个等焓过程，空气的焓值保持不变，在图 3-8 中，可由直线 S_2S_3 表示。

实际干燥过程中，若干燥器内不另设辅助加热器，由于在干燥过程中物料也被加热，加上干燥过程中的热损失，空气离开干燥器的温度 t_{o1} 比理论值 t_o 要低，比焓 h_{o1} 比理论值 h_o 也要低，相对湿度为 φ_{o1}，空气状态变化的轨迹应为虚线 S_2S_4。

图 3-8　焓-湿图上干燥过程的表示

若干燥器内另设辅助加热器，在干燥过程中有热量加入，则空气出干燥器时的温度 t_{o2} 将比无辅助加热器时的理论温度 t_o 还要高，比焓亦将升至 h_{o2}，相对湿度为 φ_{o2}，空气状态变化的轨迹应为虚线 S_2S_4。

【例 3-2】　在一连续干燥器中，将 1000kg 湿物料由湿基含水量 0.1kg 水/kg 湿物料干燥到 0.02kg 水/kg 湿物料，湿度为 0.008kg 水/kg 绝干空气，温度为 20℃的空气经预热器预热后进入干燥器，出干燥器时空气的湿度为 0.05kg 水/kg 绝干空气，设物料无损失，大气压为 1.013×10^5Pa，求：（1）水分蒸发量；（2）绝干空气消耗量及鼓风机送风量；（3）干燥产品质量。

解：（1）干基含水量

$$x_i = \frac{w_i}{1-w_i} = \frac{0.1}{1-0.1} = 0.1111 \text{（kg 水/kg 绝干物料）}$$

$$x_o = \frac{w_o}{1-w_o} = \frac{0.02}{1-0.02} = 0.0204 \text{（kg 水/kg 绝干物料）}$$

绝干物料量　$q_{md} = q_{mi}(1-w_i) = 1000 \times (1-0.1) = 900 \text{（kg 绝干物料/h）}$

水分蒸发量　$q_{mw} = q_{md}(x_i - x_o) = 900 \times (0.1111 - 0.0204) = 81.6 \text{（kg/h）}$

（2）绝干空气消耗量

$$q_{mdg} = \frac{q_{mw}}{H_o - h_i} = \frac{81.6}{0.05 - 0.008} = 1943 \text{（kg 绝干空气/h）}$$

湿空气的比体积

$$V_H = (0.772 + 1.244H_i)\frac{273 + t_{gi}}{273} = (0.772 + 1.244H_i)\frac{273 + 20}{273}$$

$$= 0.8392 \text{（m}^3 \text{ 湿空气/kg 绝干空气）}$$

鼓风机鼓风量　$q_v = V_H \times q_{mdg} = 1943 \times 0.8392 = 1630.64 \text{（m}^3 \text{ 湿空气/h）}$

（3）干燥产品质量　$q_{mo} = q_{mi} - q_{mw} = 1000 - 81.6 = 918.4$（kg/h）

第三节　干燥过程的物质交换

干燥过程既包含了传热过程又含有传质过程。比如，在对流干燥过程中，干燥介质（如热空气）将热传递到湿物料表面，湿物料表面上的水分即行汽化，并通过表面处的气膜向气流主体扩散；与此同时，由于物料表面上水分汽化的结果，使物料内部和表面之间产生水分差，因此物料内部的湿分以气态或液态的形式向表面扩散，进而在表面汽化、扩散，达到干燥的目的。

要使干燥过程能够进行，必须使物料表面的水汽（或其他蒸气）的分压大于干燥介质中水汽（或其他蒸气）的分压：两者的压差愈大，干燥进行得愈快，所以干燥介质应及时地将汽化的水汽带走，以便保持一定的汽化水分推动力。若压差为零，则无水汽传递，干燥操作也就停止了。

一、物料中水分的性质

固体物料的干燥过程不仅涉及气、固两相间的传热和传质，而且还涉及物料中的水分以气态或液态的形式自物料内部向表面的传递问题。湿分在物料内部的传递主要和水分与物料的结合方式，即物料的结构有关，即使在同一种物料中，有时所含水分的性质也不尽相同。因此，用干燥方法从物料中除去水分的难易程度因物料结构不同即物料中水分的性质不同而不同。

（一）结合水分和非结合水分

根据物料与水分结合力的不同，可将物料中所含水分分为结合水分与非结合水分。

1. 结合水分　这种水分是借化学力或物理化学力与固体相结合的。由于这类水分结合力强，其蒸气压低于同温度下纯水的饱和蒸气压，从而使干燥过程的传质推动力较小，除去这种水分较难。它包括：物料中的结晶水、吸附结合水分、毛细管结构中的水分等。

（1）物料中的结晶水　这部分水与物料分子间有准确的数量关系，靠化学力相结合，属于用干燥方法不可以去除的水分。

（2）吸附结合水分　这部分水分与物料分子间无严格的数量关系，靠范德华力相结合。一般的干燥方法只能去除部分吸附结合水分。

（3）毛细管结构中的水分　当物料为多孔性或纤维状结构，或为粉状颗粒等结构时，其间的水分受毛细管力的作用，用干燥和机械方法可以除去一部分这类水分。

（4）以溶液形式存在于物料中的水分　固体物料为可溶物时，水分可以以溶液形式存在。干燥方法可以除去大部分这种水分。

2. 非结合水分　非结合水分通常包括物料表面的水分，颗粒堆积层中较大空隙中的水分等，这些水分与物料是机械结合。物料中非结合水分与物料的结合力弱，其蒸气压与同温度下纯水的饱和蒸气压相同，因此非结合水分的汽化与纯水的汽化相同，在干燥过程中较易除去。

物料中结合水和非结合水的划分可参见图 3-9。物料含水量在相对湿度接近 100% 时，结合水分与非结合水分的测定比较困难。根据它们的特点，可将平衡曲线外推至相对湿度为 100% 处，间接得出物料中结合水的含量 X'，如图 3-9 所示。物料的总含水量 X 为结合水分与非结合水分之和。

（二）自由水分与平衡水分

根据物料在一定干燥操作条件下，物料中所含水分能否被除去来划分，可将物料中的水分分为自由水分和平衡水分。

1. 自由水分 在干燥操作条件下，物料中能够被去除的水分称为自由水分。由图3-9可知，自由水分包括了物料中的全部非结合水分和部分结合水分。

2. 平衡水分 当某物料与一定温度和相对湿度的不饱和湿空气接触时，由于湿物料表面水的蒸气压大于空气中水蒸气分压，湿物料的水分向空气中汽化，直到物料表面水的蒸气压与空气中水蒸气分压相等为止。此时，物料中的水分与空气处于动平衡状态，即物料中的水分不再因与空气接触时间的延长而增减，此时物料中所含的水分称为该空气状态下物料的平衡水分。

图 3-9　固体物料中水分性质示意图
1——非结合水；　2——总水分；
3——结合水；　4——自由水；　5——平衡水分

这里所讨论的平衡水分是指在干燥操作条件下的平衡水分，即在实际干燥操作过程中，干燥后物料的最终含水量一般都会高于或趋近平衡水分值，即平衡水分是干燥操作条件下物料中剩余的最小极限水分量。图3-9表明，平衡水分属于物料中的结合水分。

自由水分和平衡水分的划分与物料的性质有很大的关系，也与空气的状态密切相关。同一干燥条件下，不同物料的平衡曲线不同；同一种物料，空气温度 t 和湿度 H 不同时，自由水分值和平衡水分值亦不相同，它们都可以用实验的方法测得。物料的总含水量 X 也为自由水分与平衡水分之和。

研究一定条件下药物的平衡含水量，对药物的干燥工艺参数选择、贮藏和保质都具有指导性意义。

综上所述，结合水分与非结合水分、自由水分与平衡水分是对物料含水量的两种不同的划分方法。结合水分与非结合水分只与物料特性有关而与空气状态无关；自由水分与平衡水分不仅与物料特性有关，而且还与干燥介质的状况有关。图3-9表示的是在等温下，固体物料中这些水分之间的关系。

二、干燥特性曲线

干燥过程的核算内容除了确定干燥的操作条件外，还需要确定干燥器的尺寸、干燥时间等，因此，必须知道干燥过程的干燥速率。干燥机理和干燥过程比较复杂，通常干燥速率是从实验测得的干燥曲线中求得。根据物料在生产中的干燥条件，干燥可分为恒定条件的干燥与非恒定条件的干燥。所谓恒定条件的干燥是指在干燥过程中，各干燥条件的工艺参数（不包括物料）不随时间变化而变化。为了简化影响因素，干燥实验往往是选在恒定条件下进行的。

1. 干燥曲线 运用实验的方法，在恒定的干燥条件下，测出物料的含水量 x 或水分蒸发量 q_{mw}、物料的表面温度 t 随干燥时间 τ 的变化数据。测定时，干燥介质（热空气）的温度、湿度、流速及物料的接触方式在整个干燥过程中均保持恒定不变。随着干燥时间的延续，水分不断被汽化，湿物料质量逐渐减少，直至物料质量不再变化，物料中所含水分基本为平衡水分。整理不同时间测取的数据即可绘制成图3-10所示的曲线，称为干燥曲线。

2. 干燥速率曲线　在单位时间内、单位干燥面积上汽化的水分质量称为干燥速率，用 U 表示，即

$$U = \frac{dW}{Ad\tau} \qquad (3-43)$$

式中 U 表示干燥速率，kg 水／（m² · s）；W 表示物料实验操作中汽化的水分，单位：kg；A 表示干燥面积（即物料与空气的接触面积），单位：m²；τ 表示干燥时间，单位：s。

由于 $dW = -m_d dx$　　故：

$$U = \frac{dW}{Ad\tau} = \frac{-m_d dx}{Ad\tau} \qquad (3-44)$$

式中，m_d 为干燥操作中湿物料中绝干物料的质量，单位：kg。

上式中的负号表示 x 随干燥时间的增加而减小，$dx/d\tau$ 即为图 3-10 中干燥曲线上任意一点的斜率。因此由图 3-10 中的干燥曲线及其各点的斜率和式 3-43 可得到干燥速率 U 随物料含水量 x 变化的干燥速率曲线，如图 3-11 所示。

图 3-10　恒定干燥条件下的干燥曲线示意图
1——x-τ 曲线；2——t-τ 曲线

三、干燥过程及影响因素

图 3-10 和图 3-11 表明，湿物料在干燥过程中，可分为几个不同的干燥阶段：预热阶段、恒速阶段和降速阶段。各阶段物料的含水量随时间变化的趋势明显不同，因此，每个阶段也表现出各自的特点。

1. 物料预热阶段　图 3-11 中 A 点表示物料进入干燥器时的含水量 x_i、温度 t_{mi}。在恒定的干燥条件下，热空气温度为 t_g，湿度为 H_i，物料被加热，水分开始汽化，气固两相间进行

图 3-11　恒定干燥条件下的干燥速率曲线
1——预热阶段；2——恒速干燥阶段；
3——第一降速阶段；4——第二降速阶段

热量、质量传递，到达 B 点前，物料表面温度随时间增加而升高，干燥速率也随时间而增加。AB 段称为干燥预热阶段。

2. 恒速干燥阶段　到达 B 点时，物料含水量降至 x_B，此时物料表面充满非结合水分，物料表面蒸气压等于同温度下纯水的蒸气压，空气传给物料的热量，全部用于汽化这些水分，物料表面温度始终保持空气的湿球温度 t_w（不计湿物料受辐射传热的影响），传热速率保持不变，直至曲线上的 C 点。一般来说，到达 C 点前，汽化的水分为非结合水分。BC（包括 C 点）段称为恒速干燥阶段。

在恒速干燥阶段中，汽化的水分应为非结合水分，因此干燥速率的大小主要取决于空气的性质，即取决于物料表面水分的汽化速率，所以恒速干燥阶段又称为表面汽化控制阶段。

3. 降速干燥阶段　干燥操作中，当干燥速率开始减小时，干燥速率曲线上出现一转折点，即图 3-11 曲线上的 C 点，该点称之为临界点，该点对应的湿物料的含水量降到 x_C，称为临界含水量。随后物料表面出现局部结合水分被去除，物料内部的水分不能及时扩散传递到表面的情况，致使物料表面不能继续维持全部湿润。干燥过程进行到 C 点后，水分汽化量减少，干燥速率逐渐减小，物料表面温度稍有上升，到达 D 点时，全部物料表面都不含非结合水。CD 段称为第一降速干燥阶段。

过了 D 点后，物料表面温度开始升高，物料中结合水分及剩余非结合水分的汽化则由表面开始向内部移动，空气传递的热量必须达到物料内部才能使物料内部的水分汽化，干燥过程的传热、传质途径增加，阻力加大，水分由内部向表面传递的速率越来越小，干燥速率进一步下降，到达 E 点时速率降为零，物料的含水量降至该空气状态下的平衡含水量 x^*，再继续干燥已不可能降低物料的含水量。DE 段称为第二降速阶段。

需要说明的是，以上干燥过程是为取得干燥数据而制定的，干燥时间可以延续至物料干燥到平衡含水量 x^*。但在实际干燥时，干燥时间不可能如上述那样长，因此，物料的含水量 x 也不可能达到平衡含水量 x^*，只能接近平衡含水量，因此，最终物料的干燥速率也不等于零。

由以上讨论可知，在干燥过程中，物料一般都要经历预热阶段、恒速干燥阶段和降速干燥阶段。在恒速干燥阶段，干燥速率不仅与物料的性质、状态、内部结构、物料厚度等物料因素有关，还与热空气的参数有关，此时物料温度低，干燥速率最大；在降速干燥阶段，干燥速率主要取决于物料的性质、状态、内部结构、物料厚度等，而与热空气的参数关系不大，干燥过程又称为内部扩散控制阶段，此时，空气传给湿物料的热量大于汽化所需的热量，故物料表面温度不断升高，干燥的速率越来越小，蒸发同样量的水分所需的时间加长。

干燥过程阶段的划分是由物料的临界含水量 x_C 确定的，x_C 是一项影响物料干燥速率和干燥时间的重要特性参数。x_C 值越大，则干燥进入降速阶段越早，蒸发同样的水分量时间越长。临界含水量 x_C 值的大小，因物料性质、厚度和干燥速率的不同而异。在一定干燥速率下，物料愈厚，x_C 愈高。由固体内水分扩散的理论推导表明，扩散速率与物料厚度的平方成反比。因此，减薄物料厚度可有效地提高干燥速率。了解影响 x_C 值的因素，有助于选择强化干燥的措施、开发新型的高效干燥设备、提高干燥速率。物料临界含水量值通常由实验测定或查阅有关手册来获取。

四、干燥时间的计算

在恒定干燥条件下，物料从初始含水量 x_i 干燥至最终含水量 x_0，经与实际条件相同的实验测得干燥特性曲线后，干燥时间 τ 可直接从图中查得。若缺少干燥特性曲线图，可采用计算方法求得。求算干燥时间 τ 分恒速干燥阶段和降速干燥阶段进行。其中干燥预热阶段的时间很短，一般将其并入恒速干燥阶段考虑；第一降速干燥阶段和第二降速干燥阶段一并作为降速干燥阶段考虑。

1. 恒速干燥时间 τ_1　因恒速干燥阶段的干燥速率等于临界干燥速率 U_C，则式 3-44 可写为

$$U_C = -\frac{m_d \mathrm{d}x}{A \mathrm{d}\tau} \tag{3-45}$$

分离变量积分得

$$\int_0^{\tau_1} \mathrm{d}\tau = \int_{x_i}^{x_C} -\frac{m_d}{U_C A}\mathrm{d}x \tag{3-46}$$

则
$$\tau_1 = \frac{m_d}{U_c A}(x_i - x_c) \tag{3-47}$$

2. 降速干燥时间 τ_2 物料在降速阶段的干燥速率 U 不是常数，它随着物料含水量 x 变化。对式 3-44 变量分离积分得

$$\tau_2 = \int_{x_C}^{x_0} - \frac{m_d}{A}\frac{dx}{U} \tag{3-48}$$

当通过与实际条件相同的实验获得干燥速率 U 与物料干基含水量 x 的数量关系后，式 3-48 中积分项可以采用图解积分法求取。具体方法是：以 x 为横坐标，$1/U$ 为纵坐标，在直角坐标系上绘制出曲线，如图 3-12 所示，用图解法求出阴影部分的面积即为积分项的值，代入式 3-48 就可以求出降速阶段的干燥时间 τ_2。

图 3-12 图解积分法

用图解积分法求得的干燥时间，结果较为准确，但必须知道干燥速率 U 与物料干基含水量 x 的数量关系，当缺乏这一关系的完整数据，而仅通过部分实验知道一些关键点的数据时，可以用解析方法，近似求算 τ_2 值。这种方法是假定在降速阶段，物料干燥速率 U 与干基含水量 x 呈线性关系，这样 U 和 x 的关系可写成：$U = ax + b$，微分得：$dU = \alpha dx$，带入式 3-48 得：

$$\tau_2 = \frac{m_d}{\alpha A}\int_{U_0}^{U_C} \frac{dU}{U} = \frac{m_d}{\alpha A}\ln\frac{U_C}{U_0}$$

式中：U_0——物料的干燥速率，单位：$kg/(m^2 \cdot s)$；

  α——干燥曲线降速干燥阶段的斜率。

根据图 3-11 干燥曲线中的 CE 段，可得：

$$\alpha = \frac{U_C}{x_C - x^*} \quad \text{或} \quad \alpha = \frac{U_0}{x_0 - x^*}$$

将上述式子变换带入，得：

$$\tau_2 = \frac{m_d}{A} \cdot \frac{x_C - x^*}{U_C}\ln\frac{x_C - x^*}{x_0 - x^*} \tag{3-49}$$

物料在干燥器中的停留时间为：

$$\tau = \tau_1 + \tau_2 \tag{3-50}$$

对于间歇式干燥，若每批卸料时间为 τ_3，则每批物料干燥操作时间为：

$$\tau = \tau_1 + \tau_2 + \tau_3 \tag{3-51}$$

【例 3-3】 已知某物料在恒定空气条件下，将含水量从 0.1kg 水/kg 绝干物料干燥至 0.04kg 水/kg 绝干物料共需 5 小时，问将此物料继续干燥至 0.01kg 水/kg 绝干物料还需多长时间。（该物料 $x_C = 0.05$kg 水/kg 绝干物料，$x^* = 0.005$kg 水/kg 绝干物料）

解：干燥包括恒速与降速两阶段，干燥时间分别设为 τ_1 和 τ_2。

由题意知：$\tau_1 + \tau_2 = 5$ 小时，$x_i = 0.1$kg 水/kg 绝干物料，$x_0 = 0.04$kg 水/kg 绝干物料。

$$\frac{\tau_2}{\tau_1} = \frac{x_C - x^*}{x_i - x_C}\ln\frac{x_C - x^*}{x_0 - x^*} = \frac{0.05 - 0.005}{0.1 - 0.05}\ln\frac{0.05 - 0.005}{0.04 - 0.005} = \frac{0.045}{0.05}\ln\frac{0.045}{0.035} = 0.226$$

由 $\tau_1 + \tau_2 = 5$，$\tau_2 = 0.226\tau_1$

解得：

$$\tau_1 = 4.08 \text{ 小时}, \quad \tau_2 = 0.92 \text{ 小时}$$

设继续干燥至 0.01kg 水/kg 绝干物料时间为 τ_3，则此时 $x'_o = 0.01$kg 水/kg 绝干物料，有：

$$\frac{\tau_3}{\tau_2} = \frac{\ln \dfrac{x_C - x^*}{x'_o - x^*}}{\ln \dfrac{x_C - x^*}{x_o - x^*}} = \frac{\ln \dfrac{0.05 - 0.005}{0.01 - 0.005}}{\ln \dfrac{0.05 - 0.005}{0.04 - 0.005}} = \frac{2.197}{0.251} = 8.742$$

则 $\tau_3 = 8.742\tau_2 = 8.742 \times 0.92 = 8.04$（小时）

因此，将此物料继续干燥至 0.01kg 水/kg 绝干物料还需 8.04 - 0.92 = 7.12（小时）。

第四节 干燥器的选择

生产中的干燥方法多种多样，相应的干燥设备也是种类繁多。制药生产中的干燥与其他行业的干燥相比，尽管干燥机理基本相同，但由于其行业的特殊性，有其自身的特殊要求和限制。因此，实际生产中如何根据物料的特性和工艺要求正确地选择干燥设备就显得尤为重要。

一、干燥分类

日常生活中的物料成千上万，需要干燥的物质种类繁多，所以生产中的干燥方法亦是多种多样，从不同角度考虑也有不同的分类方法。

按操作压力的不同，干燥可分为常压干燥和减压（真空）干燥。常压干燥适合对干燥没有特殊要求的物料干燥；减压（真空）干燥适合于特殊物料的干燥，如热敏性、易氧化和易燃易爆物料的干燥。

按操作方式可分为连续式干燥和间歇式干燥。连续式的特点是生产能力大，干燥质量均匀，热效率高，劳动条件好；间歇式的特点是品种适应性广，设备投资少，操作控制方便，但干燥时间长，生产能力小，劳动强度大。

按供给热能的方式，干燥可分为对流干燥、传导干燥、辐射干燥和介电干燥等。干燥设备通常就是根据这种分类方法进行设计制造的。

1. 对流干燥 对流干燥是利用加热后的干燥介质（常用热空气）将热量带入干燥器内并传给物料，使物料中的水分汽化，形成的湿气同时被空气带走。这种干燥是利用对流传热的方式向湿物料供热，又以对流方式带走水分，空气既是载热体，也是载湿体。此类干燥目前应用最为广泛，其优点是干燥温度易于控制，物料不易过热变质，处理量大；缺点是热能利用程度低。典型的如气流干燥、流化干燥、喷雾干燥等都属于这类干燥方法。

2. 传导干燥 传导干燥是让湿物料与设备的加热表面相接触，将热能直接传导给湿物料，使物料中水分汽化，同时用空气将湿气带走。干燥时设备的加热面是载热体，空气是载湿体。传导干燥的优点是热能利用程度高，水分蒸发量大，干燥速度快；缺点是当温度较高时易使物料过热而变质。典型干燥设备有转鼓干燥、真空干燥、冷冻干燥等。

3. 辐射干燥 辐射干燥是利用远红外线辐射作为热源，向湿物料辐射供热，使水分汽化而被带走。这种方式是用电磁辐射波作热源，空气作载湿体，其优点是安全、卫生、效率高；缺点是耗电量较大，设备投入高。这类干燥设备有红外线辐射干燥器。

4. 介电干燥 介电干燥是超高频交变电磁场在微波或高频电磁场的作用下，湿物料中的极性分子（如水分子）及离子产生偶极子转动和离子传导等为主的能量转换效应，辐射能转化为热能，水分汽化，同时用空气带走汽化的湿分，最终达到干燥的目的。其加热方式不是由外而内，而是内外同时加热，可以加快水分的汽化，缩短干燥时间。这类干燥设备有微波干燥器。

二、干燥器的分类

将上述这些干燥方式应用在实际生产中，结合被干燥物料的特点，机械制造厂家就研发了许多不同种类适合于干燥各种物料的干燥设备。以下分别按不同的类别加以叙述。

1. 按操作压力　按操作压力可分为常压干燥和减压（真空）干燥。减压（真空）干燥可降低水分汽化温度，提高干燥速度，尤其适用于热敏性、易氧化、易燃、易爆或终态含水量极低物料的干燥。

2. 按操作方式　按操作方式可分为连续操作和间歇操作。前者适用于大规模生产，后者适合小批量、多品种的间歇生产，是药品干燥过程经常采用的形式。

3. 按被干燥物料的形态　按被干燥物料的形态可分为块状、片状、带状、粒状、粉状、溶液膏糊状或浆状物料干燥器等。

4. 按结构形式　可分为厢式、隧道式、转筒式、气流式干燥器等。

5. 按传热方式　按传热方式分为传导干燥器、对流干燥器、辐射干燥器和介电加热干燥器以及由上述两种或三种方式组成的联合干燥器。

（1）热传导干燥器　热量经加热壁以热传导方式传给湿物料，使其中的水分汽化，再将产生的蒸汽排出。该法的优点是热效率较高，可达 70%~80%，但物料容易在加热壁面因过热而焦化、变质。如常用的厢式真空干燥器、真空耙式干燥器等均属于热传导型干燥器。此外，制药工业中应用较多的冷冻干燥器也属于热传导型干燥器，它是将待干燥物料快速冻结后，再在真空状态下将其中的水分直接升华为水蒸气而除去，由于物料处于冷冻状态下干燥，可以很好地保持物料的色香味，更好地保留物料的有效成分，适合于热敏性物料的干燥，干燥产品重量轻、体积小，包装费用低，储存、运输方便，可作为酶、维生素和抗生素等各种药剂的制备工序，用于将中药原料制成针剂等。

（2）对流干燥器　利用载热体以对流传热的方式将热量传递给湿物料，使其中的水分汽化并扩散至载热体中而被带走。在对流干燥过程中，干燥介质既是载热体，又是载湿体。此法的优点是容易调控干燥介质的温度，防止物料过热。但因为有大量的热会随干燥废气排走而导致热效率较低（30%~50%）。

（3）辐射干燥器　利用辐射装置发射电磁波，湿物料因吸收电磁波而升温发热，致使其中的水分汽化并加以排出。干燥过程中，由于电磁波将能量直接传递给湿物料，所以传热效率较高。辐射干燥具有干燥速度快、使用灵活等特点，但在干燥过程中，物料摊铺不宜过厚。

以上三种方法的共同点在于：传热与传质的方向相反。干燥中，热量均由湿物料表面向内部传递，而水分均由湿物料内部向表面传递。由于物料的表面温度较高，此处的水分也将首先汽化，并在物料表面形成蒸汽层，增大了传热和传质的阻力，所以干燥时间较长。

（4）介电干燥器　介电干燥又称为高频干燥，是将被干燥物料置于高频电场内，在高频电场的交变作用下，物料内部极性分子的运动振幅增大，其振动能量使物料发热，从而使水分汽化而达到干燥的目的。一般情况下，物料内部的含湿量比表面高，而水的介电常数比固体的介电常数大，因此，物料内部的吸热量较多，从而使物料内部的温度高于其表面温度。此时，传热与传质的方向一致，因此，干燥速度较快。

通常将电场频率低于 300MHz 的介电加热称为高频加热，在 300MHz～300GHz 的介电加热称为超高频加热，又称为微波加热。由于设备投资大，能耗高，故大规模工业化生产应用较少。目前，介电加热常用于科研和日常生活中，如家用微波炉等。

三、干燥器的基本要求与选用原则

干燥是制药生产过程中不可或缺的基本单元操作，不同的品种、剂型、设备、环境以及操作方法，干燥情况往往有很大差别，因而干燥器的选择十分重要。干燥器的选择受多种因素影响和制约，制药干燥设备不仅要满足化工设备强度、精度、表面粗糙度及运转可靠性等要求，还要从结构考虑可拆卸、易清洗、无死角、避免污染物渗入，不仅要满足干燥操作要求，还要满足 GMP 的要求，以确保药品本身质量。正确的步骤必须从被干燥物料的性质和产量，生产工艺要求和特点，设备的结构、型号及规格，环境保护等方面综合考虑，进行优化选择。根据物料中水分的结合性质，选择干燥方式；依据生产工艺要求，在实验基础上进行热量衡算，为选择预热器和干燥器的型号、规格及确定空气消耗量、干燥热效率等提供依据；计算得出物料在干燥器内的停留时间，确定干燥器的工艺尺寸。

（一）干燥器的基本要求

保证产品质量要求，如湿含量、粒度分布、外表形状及光泽等；干燥速率要大，以缩短干燥时间，减小设备体积，提高设备的生产能力；干燥器热效率要高，干燥是能量消耗较大的单元操作之一，在干燥操作中热能的利用率是技术经济的一个重要指标；干燥系统的流体阻力要小，以降低流体输送机械的能耗；环境污染小，劳动条件好；操作简便、安全、可靠，对于易燃、易爆、有毒物料，要采取特殊的技术措施。

数字化、智能化、绿色化是未来中药制药设备升级和研发的重要方向。对于干燥设备，应在进一步深入研究干燥机理和中药物料特性的基础上，提高能源利用率，加强设备与自动化智能控制系统的结合，并充分考虑设备的安全性和人性化设计，以适应中药生产行业对药品质量不断提高的要求。

（二）干燥器的选用原则

选择干燥器前首先要了解被干燥物料的性质特点，因此必须采用与工业设备相似的试验设备来做试验，以提供物料干燥特性的关键数据，并探测物料的干燥机制，为选择干燥器提供理论依据。通过经验和有针对性的试验，应了解以下内容：工艺流程参数，原料是否经预脱水，物料供给方式，干燥器的型号，原料的化学性质，干燥产品的规格和性质等。

1. 物料形态影响　根据被干燥物料的物理形态，可以将物料分为液态物料、滤饼物料、固态可流动物料和原药材等。表 3-1 列出了物料形态和部分常用干燥器的对应选择关系，可供参考。

表 3-1　物料的选择与干燥器的适配关系

干燥器	物料形态									原药材
	液态料			滤饼料		固态可流动物料				
	溶液	浆料	膏状物	离心滤饼	过滤滤饼	粉料	颗粒	结晶	散料	
厢式干燥器	×	×	×	√	√	√	√	√		√
带式干燥器	×	×	×	×	×	×	√	√		√

续表

| 干燥器 | 物料形态 | | | | | | | | | 原药材 |
| | 液态料 | | | 滤饼料 | | 固态可流动物料 | | | | |
	溶液	浆料	膏状物	离心滤饼	过滤滤饼	粉料	颗粒	结晶	散料	
隧道干燥器	×	×	×	×	×	×	√	√	√	√
流化床干燥器	×	×	×	√	√	×	√	√	√	×
喷雾干燥器	√	√	√	×	×	×	×	×	×	×
闪蒸干燥器	×	×	×	√	√	√	√	×	×	×
转鼓干燥器	√	√	√	×	×	×	×	×	×	×
真空干燥器	×	×	×	√	√	×	√	√	√	√
冷冻干燥器	×	×	×	√	√	√	×	×	√	√

注：√表示物料形态与干燥器适配；×表示物料形态与干燥器不适配。

2. 物料处理方法　在制定药品生产工艺时，被干燥物料的处理方法对干燥器的选择是一个关键的因素。有些物料需要经过预处理或预成型，才能使其适合于在某种干燥器中干燥。

如使用喷雾干燥就必须要将物料预先液态化，使用流化床干燥则最好将物料进行制粒处理；液态或膏状物料不必处理即可使用转鼓干燥器进行干燥；对温度敏感的生物制品则应设法使其保持活性状态，采用冷冻干燥。

3. 温度与时间　药物的有效成分大多数是有机物以及有生物活性的物质，它们的一个显著特点就是对温度比较敏感。高温会使有效成分发生分解、降活乃至完全失活；但低温又不利于干燥。所以，药品生产中的干燥温度和时间与干燥设备的选用关系密切。一般来说，对温度敏感的物料可以采用快速干燥、真空或真空冷冻干燥、低温慢速干燥、化学吸附干燥等。表3-2列出了一些干燥器中物料的停留时间。

表3-2　干燥器中物料的停留时间

| 干燥器 | 干燥器内的典型停留时间 | | | | |
	1~6s	0~10s	10~30s	1~10min	10~60min
厢式干燥器	–	–	–	√	√
带式干燥器	–	–	–	√	√
隧道干燥器	–	–	–	√	–
流化床干燥器	–	–	√	√	–
喷雾干燥器	√	√	–	–	–
闪蒸干燥器	√	–	–	–	–
转鼓干燥器	–	–	√	–	–
真空干燥器	–	–	–	–	√
冷冻干燥器	–	–	–	–	√

注：√表示物料在该干燥器内的典型停留时间。

4. 生产方式　若干燥前后的工艺均为连续操作，或虽不连续，但处理量大时，则应选择连续式的干燥器；对数量少、品种多、连续加卸料有困难的物料干燥，则应选用间歇式干燥器。

5. 干燥量　干燥量包括干燥物料总量和水分蒸发量，它们都是重要的生产指标，主要用于确定干燥设备的规格、型号。但若多种类型的干燥器都能适用时，则可根据干燥器的生产能力来选择相应的干燥器。

干燥设备的最终确定通常是对设备价格、操作费用、产品质量、安全、环保、节能及便于控制、安装、维修等因素综合考虑后，提出一个合理的方案，选择最佳的干燥器。

第五节　干燥设备

在制药工业中，由于被干燥物料的形状、性质的不同，生产规模和产品要求各异，所以实际生产中采用的干燥方法和干燥器的形式也各不相同。干燥器的种类较多，本节重点介绍制药生产中常用的几种干燥设备。

一、厢式干燥器

厢式干燥器是一种间歇、对流式干燥器，一般小型的称为烘箱，大型的称为烘房。根据物料的性质、形状和操作方式，厢式干燥器又分为以下几种。

（一）水平气流厢式干燥器

图 3-13 为制药生产中常用的水平气流厢式干燥器。它主要由许多长方形的浅盘、箱壳、通风系统（包括风机、分风板和风管等）等组成。干燥的热源多为蒸汽加热管道，干燥介质为自然空气及部分循环热风，小车上的烘盘装载被干燥物料，料层厚度一般为 10~100mm。新鲜空气由风机吸入，经加热器预热后沿挡板均匀地进入各层挡板之间，在物料上方掠过而起干燥作用；部分废气经排出管排出，余下的循环使用，以提高热利用率。废气循环量可以用吸入口及排出口的挡板进行调节。空气的速度由物料的粒度而定，应使物料不被带走为宜。这种干燥器结构简单，热效率低，干燥时间长。

图 3-13　水平气流厢式干燥器

1, 13——冷凝水；2——干燥器门；3, 8——加热蒸汽；
4——空气；5——循环风扇；6——尾气；7——上部加热管；
9——气流导向板；10——隔热器壁；11——下部加热管；
12——干燥物料；14——载料小车

（二）穿流气流厢式干燥器

对于颗粒状物料的干燥，可将物料放在多孔的浅盘（网）上，铺成一薄层，气流垂直地通过物料层，以提高干燥速率。这种结构称为穿流厢式干燥器，如图 3-14 所示。从图中可看出两层物料之间有倾斜的挡板，从一层物料中吹出的湿空气被挡住而不致再吹入另一层。这种干燥对粉状物料适当造粒后也可应用。气流穿过网盘的流速一般为 0.3~1.2m/s。实验表明，穿流气流干燥速度比水平气流干燥速度快 2~4 倍。

厢式干燥器主要缺点是物料不能很好地分散，产品质量不稳定，热效率和生产效率低，干燥时间长，不能连续操作，劳动强度大，物料在装卸、翻动时易扬尘，环境污染严重。

图 3-14　穿流气流厢式干燥器

1——干燥物料；2——网状料盘；
3——气流挡板；4——尾气排放口；5——空气进口；
6——加热器；7——风机

图 3-15　真空厢式干燥器

1——冷凝水；2——真空隔板；3——真空表；
4——加强筋；5——加热蒸汽；6，8——冷却剂；
7——冷凝器；9——抽真空；10——气水分离器
11——被干燥物料细粉末

（三）真空厢式干燥器

若所干燥的物料热敏性强、易氧化及易燃烧，或排出的尾气需要回收以防污染环境，则在生产中往往使用真空厢式干燥器（图 3-15）。其干燥室为钢制外壳，内部安装有多层空心隔板，承载被干燥药料。干燥时用真空泵抽走由物料中汽化的水汽或其他蒸气，从而维持干燥器中的真空度，使物料在一定的真空度下达到干燥。真空厢式干燥器的热源为低压蒸汽或热水，热效率高，被干燥药物不受污染；设备结构和生产操作都较为复杂，相应的费用也较高。

二、带式干燥器

带式干燥器，在制药生产中是一类最常用的连续式干燥设备，简称带干机。其基本工作原理是将湿物料置于连续传动的运送带上，用红外线、热空气、微波辐射对运动的物料加热，使物料温度升高，其中的水分汽化而被干燥。根据带干机的结构，可分为单级带式干燥机、多级带式干燥机、多层带式干燥机等。制药行业中主要使用的是单级带式干燥机和多层带式干燥机。

（一）单级带式干燥器

图 3-16 是典型的单级带式干燥器示意图。一定粒度的湿物料从进料端由加料装置被连续均匀地分布到传送带上，传送带具有用不锈钢丝网或穿孔不锈钢薄板制成网目结构，以一定速度传动；空气经过滤、加热后，垂直穿过物料和传送带，完成传热传质过程，物料被干燥后传送至卸料端，循环运行的传送带将干燥料自动卸下。整个干燥过程是连续的。

由于干燥有不同阶段，干燥室往往被分隔成几个区间，这样每个区间可以独立控制温度、风速、风向等运行参数。例如，在进料口湿含量较高区间，可选用温度、气流速度都较高的操作参数；中段可适当降低温度、气流速度；末端气流不加热，用于冷却物料。这样不但能使干燥有效均衡地进行，而且还能节约能源，降低设备运行费用。

图 3-16　单级带式干燥器
1——加热器；2——上吹；3　下吹；4——冷却；5——传送网带；
6——加料端；7——摆动加料装置；8——隔离段；9——卸料端

（二）多层带式干燥器

多层带式干燥器的传送带层数通常为 3~5 层，多的可达 15 层，上下相邻两层的传送方向相反。传送带的运行速度由物料性质、空气参数和生产要求决定，上下层可以速度相同，也可以不相同，许多情况是最后一层或几层的传送带运行速度适当降低，这样可以调节物料层厚度，达到更合理地利用热能。

多层带式干燥器工作时，热空气是以穿流流动的方式进入干燥室。简单结构的多层带式机，只有单一流的热空气由下而上依次通过各层，物料自上而下依次由各层传送带传送，并在传送中被热空气干燥，见图 3-17。

图 3-17　多层带式干燥器结构图及断面图
1——加料端；2——卸料端；3——加热器；4——断面图

多层带式干燥器的优点是物料与传送带一起传动，同一带上物料的相对位置固定，都具有相同的干燥时间；物料在传送带上转动时，可以使物料翻动，而受振动或冲击不大，物料形状基本不受影响，却能更新物料与热空气的接触表面，保证物料干燥质量的均衡，因此特别适合于具有一定粒度的成品药物干燥；设备结构可根据干燥过程的特点分段进行设计，既能优化操作环境，又能使干燥过程更加合理；可以使用多种能源进行加热干燥，如红外线辐射和微波辐射、电加热器、燃气等，进一步改装甚至可以进行焙烤加工。带干机的缺点是被干燥物料状态的选择性范围较窄，只适合干燥具有一定粒度，没有黏性的固态物料，且生产效率和热效率较低，占地面积较大，噪声也较大。带式干燥器适用于干燥颗粒状、块状和纤维状的物料。

三、气流干燥器

气流干燥是将湿态时为泥状、粉粒状或块状的物料，在热气流中分散成粉粒状，一边随热气流输送，一边进行干燥。对于能在气体中自由流动的颗粒物料，均可采用气流干燥方法除去其中单位水分。可见，气流干燥是一种热空气与湿物料直接接触进行干燥的方法。气流干燥器是工业上常用的对流干燥器。

（一）气流干燥装置及其流程

一级直管式气流干燥器是气流干燥器最常用的一种。干燥管下部有笼式破碎机，其作用是使加料器送来的滤饼等泥状物料等软质物料进行破碎，同时使物料与热空气剧烈搅拌，可除去总含水量的 50%~80%。当物料含水量较多，加料有困难时，可送回一部分干燥产品粉末与湿物料混合；对于散状湿物料则不必使用破碎机。湿物料通过螺旋加料器进入干燥器，经加热器加热的热空气，与湿物料在干燥管内相接触，物料在干燥管内被上升的热气流分散并呈悬浮状，热空气将热能传递给湿物料表面，直至湿物料内部，

图 3-18　一级直管式气流干燥器
1——湿料；2——风机；3——加热器；4——干燥管；
5——螺旋加料器；6——旋风除尘器；7——储料斗；
8——螺旋出料器；9——袋式除尘器

与此同时，湿物料中的水分从湿物料内部以液态或气态扩散到湿物料表面，并扩散到热空气中，达到干燥目的。干燥后的物料经旋风除尘器和袋式除尘器回收，见图 3-18。

（二）气流干燥器的特点

气流干燥器适用于干燥非结合水分及结团不严重又不怕磨损的颗粒状物料，尤其适用于干燥热敏性物料或临界含水量低的细粒或粉末物料。

1. 干燥效率高、生产能力强　首先，气流干燥器中气体的流速较高，通常为 20~40m/s，被干燥的物料颗粒被高速气流吹起并悬浮其中，因此气固间的传热系数和传热面积都很大。其次，由于气流干燥器中的物料被气流吹散，同时在干燥过程中被高速气流进一步粉碎，颗粒的直径较小，物料的临界含水量可以降得很低，从而缩短了干燥时间。对大多数物料而言，在气流干燥器中的停留时间只需 0.5~2s，最长不超过 5s。所以可采用较高的气体温度，以提高气固间的传热温度差。由此可见，气流干燥器的传热速率很高、干燥速率很大，所以干燥器的体积也可小些。

2. 热损失小、热效率高　由于气流干燥器的散热面积较小，热损失低，一般热效率较高，干燥非结合水分时，热效率可达 60% 左右。

3. 结构简单、造价低　活动部件少，易于建造和维修，操作稳定，便于控制。

气流干燥器有许多优点，但也存在着一些缺点：由于气速高以及物料在输送过程中与壁面的碰撞及物料之间的相互摩擦，整个干燥系统的流体阻力很大，因此动力消耗大。干燥器的主体较高，约在 10m 以上。此外，对粉尘回收装置的要求也较高，且不宜于干燥有毒的物质。尽管如此，气流干燥器还是目前制药工业中应用最广泛的一种干燥设备。

四、流化床干燥器

流化床干燥又称沸腾床干燥，是固体流态化技术在干燥过程中的应用。流化床干燥器的基本工作原理是利用加热的空气向上流动，穿过干燥室底部的分布床板，床板上面加有湿物料；当气流速度被控制在某一区间值时，床板上的湿物料颗粒就会被吹起，但又不会被吹走，处于似沸腾的悬浮状态，即流化状态，这种床层称之为流化床或沸腾床。气流速度区间的下限值称为临界流化速度，上限值称为带出速度。处于流化状态时，颗粒在热气流中上下翻动互相混合、碰撞，与热气流进行传热和传质，达到干燥的目的。流化床干燥器适用于粉粒状物料的干燥。

各种流化干燥器的基本结构都由原料输入系统、热空气供给系统、干燥室及空气分布板、气-固分离系统、产品回收系统和控制系统等几部分组成。

流化床干燥器的优点有：①由于物料和干燥介质接触面积大，同时物料在床层中不断地进行激烈搅动，表面更新机会多，所以传热传质效果好，体积传热系数很大，通常可达 $2.3 \sim 7.0 \mathrm{kW/}$ $(\mathrm{m}^3 \cdot \mathrm{K})$。设备生产能力高，可以实现小设备大生产的要求。②流化床内纵向返混激烈，流化床层温度分布均匀，对含表面水分的物料，可以使用比较高的热风温度。③流化干燥器内物料干燥速度大，物料在设备中停留时间短，适用于某些热敏性物料的干燥。④在同一个设备中，可以进行连续操作，也可以进行间歇操作。⑤物料在干燥器内的停留时间，可以按需要进行调整。对产品含水量要求有变化或物料含水量有波动的情况更适用。⑥设备简单，投资费用较低，操作和维修方便。

流化床干燥器的缺点有：①对被干燥的物料颗粒度有一定的限制，一般要求不小于 $30\mu\mathrm{m}$，不大于 6mm；②当物料的湿含量高而且黏度大时，一般不适用；③对易粘壁和结块的物料，容易发生设备的结壁和堵床现象；④流化干燥器的物料纵向返混剧烈，对单级连续式流化床干燥器，物料在设备中停留时间不均匀，有可能未经干燥的物料随着产品一起排出。

制药行业使用的流化床干燥装置，从其类型来看，主要分为单层流化床干燥器、多层流化床干燥器、卧式多室流化床干燥器、塞流式流化床干燥器、振动流化床干燥器、机械搅拌流化床干燥器等。

（一）单层圆筒流化床干燥器

该干燥器的基本结构如图 3-19 所示。其结构简单，干燥器工作时，空气经空气过滤器过滤，由鼓风机送入加热器加热至所需温度，经气体分布板喷入流化干燥室，将由螺旋加料器抛在气体

图 3-19　单层流化床干燥器

1——空气；2——空气过滤器；3——鼓风机；4——加热蒸汽；5——加热器；6——冷凝水；
7——加料斗；8——流化干燥室；9——气体分布板；10——旋风分离器；11——粗粉回收；
12——袋滤器；13——细粉回收；14——抽风机；15——尾气；16——干燥产品

分布板上的物料吹起，形成流化工作状态。物料悬浮在流化干燥室经过一定时间的停留而被干燥，大部分干燥后的物料从干燥室旁侧卸料口排出，部分随尾气从干燥室顶部排出，经旋风分离器和袋滤器回收。

　　该干燥器操作方便，生产能力大。但由于流化床层内粒子接近于完全混合，物料在流化床停留时间不均匀，所以干燥后所得产品湿度也不均匀。如果限制未干燥颗粒由出料口带出，则须延长颗粒在床内的平均停留时间，解决办法是提高流化层高度，但是压力损失也随之增大。因此，单层圆筒流化床干燥器适用于处理量大、较易干燥或干燥程度要求不高的粒状物料。

（二）多层圆筒流化床干燥器

　　多层流化床可改善单层流化床的操作状况，如图 3-20 所示。湿物料从顶部加入，逐渐向下移动，干燥后由底部排出。热气流由底部送入，向上通过各层，从顶部排出。物料与气体逆向流动，虽然层与层之间的颗粒没有混合，但每一层内的颗粒可以互相混合，所以停留时间分布均匀，可实现物料的均匀干燥。气体与物料的多次逆流接触，提高了废气中水蒸气的饱和度，因此热利用率较高。

　　多层圆筒流化床干燥器适合于对产品含水量及湿度均匀有很高要求的情况。其缺点为：结构复杂，操作不易控制，难以保证各层流化稳定及定量地将物料送入下层。此外，由于床层阻力较大所导致的高能耗也是其缺点。

图 3-20　多层流化床干燥器

1——热空气；2——第二层；
3——第一层；4——床内分离器；
5——气体出口；6——加料口；
7——出料口

（三）卧式多室流化床干燥器

　　在制药生产中应用较多的还有卧式多室流化床干燥器，如图 3-21 所示。工作时，在终端抽风机作用下，空气被抽进系统，经过滤后，用高效列管式空气加热器加热，再进入干燥器，经由支管分别送入各相邻的分配小室，各小室可对热空气流量、温度按物料在不同位置的干燥要求通过可调风门进行适当调节。另外，在负压的作用下，导入一定量的冷空气，过滤后送入最后一室，用于冷却产品，部分冷空气用于其他小室调节温度和湿度。进入各小室的热、冷空气向上穿

图 3-21　卧式多室流化床干燥器

1——空气；2——空气过滤器；3——鼓风机；4——加热蒸汽；5——空气加热器；6——冷凝水；7——加料器；
8——多室流化干燥室；9——空间挡板；10——流化床；11——干燥物料；12——冷空气；13——旋风分离器；
14——粗粉回收；15——细粉回收室；16——抽风机；17——尾气；
18——气体分布板；19——可调风门；20——热空气分配管

过气体分布板，物料从干燥室的入料口进入流化干燥室，在穿过分布板的热、冷空气吹动下，形成流化床，以沸腾状横向移至干燥室的另一端，完成传热、传质的干燥过程，最后由出料口排出。

由于干燥的不同阶段对热空气的流量和温度要求不同，为使物料在干燥过程中能合理地利用热空气来干燥物料以及物料颗粒能均匀通过流化床，在干燥室内，通常用垂直室间挡板将流化床分隔成多个小室（一般4~8室），挡板下端与分布板之间的距离可以调节，使物料能逐室通过。干燥室的上部有扩大段，流化沸腾床若向上延伸到这部分，则截面扩大，空气流速降低，物料不能被吹起，大部分物料得以和空气分离，部分细小物料随分离的空气被抽离干燥室，用旋风分离器进行回收，极少量的细小粉尘由细粉回收室回收。

卧式多室流化床干燥器结构简单，操作方便，易于控制，且适应性广。不但可用于各种难以干燥的粒状物料和热敏性物料，也可用于粉状及片状物料的干燥。干燥产品湿度均匀，压力损失也比多层床小。不足的是热效率要比多层床低。

（四）振动流化床干燥器

为避免普通流化床的沟流、死区和团聚等情况的发生，人们将机械振动施加于流化床上，形成振动流化床干燥器，如图3-22所示。振动能使物料流化形成振动流化态，可以降低临界流化气速，使流化床层的压降减小。调整振动参数，可以使普通流化床的返混基本消除，形成较理想的定向塞流。振动流化床干燥器的不足是噪声大，设备磨损较大，对湿含量大、团聚性较大的物料干燥不很理想。

图3-22 振动流化床干燥器

1,16——空气；2,17——空气过滤器；3,18——送风机；4——阀门；5——加热蒸汽；6——加热器；7——冷凝水；
8——加料机；9——观察窗；10——挡板；11——旋风分离器；12——抽风机；13——尾气；
14——粉尘回收；15——干燥物料；19——隔振簧；20——震动电机；21——空气进口

五、喷雾干燥器

喷雾干燥器是将流化技术应用于液态物料干燥的一种有效设备，近几十年来发展迅速，在制药工业中得到了广泛的应用。

喷雾干燥器的基本原理是利用雾化器将悬浮液、乳浊液等液态物料分散成粒径为 $10\sim60\mu m$ 的雾滴，将雾滴抛掷于温度为 $120\sim300℃$ 的热气流中，由于高度分散，这些雾滴具有很大的比表面积和表面自由能，其表面的湿分蒸气压比相同条件下平面液态水分的蒸气压要大。热气流与物料以逆流、并流或混合流的方式相互接触，通过快速的热量交换和质量交换，使湿物料中的水分迅速汽化而达到干燥的目的。干燥后产品的粒度一般为30~50μm。图3-23为喷雾干燥装置的示意图。喷雾干燥的物料可以是溶液、乳浊液、混悬液或是黏糊状的浓稠液。干燥产品可根据工艺要求制成粉状、颗粒状、团粒状甚至空心球状。由于喷雾干燥时间短，通常为5~30s，所以特别适用于热敏性物料的干燥。

图3-23　喷雾干燥装置示意图

1——空气；2——空气过滤器；3——送风机；4——加热蒸汽；5——加热器；6——冷凝水；7——热空气分布器；
8——压力喷嘴；9——高压液泵；10——无菌过滤器；11——贮液罐；12——尾气；13——抽风机；
14——旋风分离器；15——粉尘回收；16——星形卸料器；17——干燥成品；18——喷雾干燥室

喷雾干燥的设备有多种结构和型号，但工艺流程基本相同，通常经过四个过程，即：①溶液喷雾；②空气与雾滴混合；③雾滴干燥；④产品的分离和收集。喷雾干燥器主要由空气加热系统、物料雾化系统、干燥系统、气固分离系统和控制系统组成。不同型号的设备，其空气加热系统、气固分离系统和控制系统区别不大，但雾化系统和干燥系统则有多种配置，雾化器是喷雾干燥器的重要部件，喷雾优劣将影响产品质量。对雾化器的一般要求为：结构简单，操作容易，所产生的雾滴均匀，生产能力大，能量消耗低等。常用的雾化器有三种基本形式。

（一）压力式雾化器

压力式雾化器是用泵将液浆在高压（3000~20000kPa）下通入喷嘴，液体在喷嘴内的螺旋室中高速旋转，然后从出口的小孔处呈雾状喷出。压力式雾化器适用于一般黏度的液体，动力消耗较少，大约每千克溶液消耗4~10W能量，但必须有高压液泵，由于喷孔小，易被堵塞及磨损而影响正常雾化，喷嘴往往要用耐磨材料制作，压力式雾化器操作弹性小，产量可调节范围较窄。

（二）离心式雾化器

将料液从高速旋转的离心盘中部输入，圆盘上有放射形叶片，一般圆盘转速为4000~20000r/min，圆周速度为100~160m/s。液体在离心力的作用下而被加速，到达周边时被高速甩出，形成薄膜、细丝或液滴，并即刻受周围热气流的摩擦、阻碍与撕裂等作用而形成雾滴。离心式雾化器操作简单，适用范围广，由于转盘没有小孔，因此适用于高黏度或含固体的料液干燥而不易堵塞，操作弹性大，动力消耗小，多用于大型喷雾干燥；但离心式雾化器的结构复杂，机械加工费用高，制作和安装技术要求高，雾滴较粗，喷距（喷滴飞行的径向距离）较大，因此干燥器的直径较大，常用于中药提取液的干燥。

（三）气流式雾化器

气流式雾化器是用表压为100~700kPa的压缩空气压缩料液，使其以200~300m/s甚至更高的速度从喷嘴喷出，靠气液两相间的速度差所产生的摩擦力使料液分成雾滴。气流式雾化器动能消耗大，每千克料液需要消耗 0.4~0.8kg 的压缩空气（100~700kPa 表压），但其结构简单，制造容易，磨损小，对高、低黏度的物料，甚至含少量杂质的物料均可雾化，且操作弹性大。

中药浸膏的喷雾干燥常采用离心式雾化器和气流式雾化器。其中气流式雾化器能产生出粒度小且均匀的雾滴，对溶液黏度的变化不敏感，但其压缩空气费用高、效率低，故多用于中小型规模的喷雾干燥。离心式雾化器操作可靠，进料量变化时不影响其操作，雾化的液滴直径可由其转速调节，操作具有较大灵活性，干燥器直径较大。

喷雾干燥器的最大特点是能将液态物料直接干燥成固态产品，简化了传统所需的蒸发、结晶、分离、粉碎等一系列单元操作，不仅缩短了工艺流程，而且容易实现机械化、连续化、自动化生产；物料的温度不超过热空气的湿球温度，不会产生过热现象，物料有效成分损失少，且干燥的时间很短，一般为几秒到几十秒，故特别适合于热敏性物料的干燥（逆流式除外）；干燥的产品疏松、易溶，可通过改变操作条件控制或调节产品指标，如颗粒直径、粒度分布、物料最终湿含量等，根据工艺要求，可将产品制成粉末状或空心球形等；操作环境粉尘少，控制方便，可减轻劳动强度，改善劳动条件；缺点是单位产品耗能大，热效率和体积传热系数都较低，设备体积大，结构较为复杂，一次性投资较大，经常发生粘壁现象而影响产品质量等。

六、冷冻干燥器

冷冻干燥器俗称冻干机，是将待干燥物料快速冻结，然后再在高真空条件下将其中的冰升华为水蒸气而除去。具体干燥步骤为：首先将湿物料冷冻至冰点以下，使其中的水分冻结为固态的冰，然后再将物料中的水分（冰）在较高的真空度下加热，使冰不经过液态直接升华为水蒸气排出，留下的固体即是得到的干燥产品，冷冻干燥使产品内水分减少到使其在长时间内无法维持生物学或化学反应的水平。干燥产品在使用前加水即可复原，冷冻干燥又称冷冰干燥、升华干燥、真空冷冻干燥等。

冷冻干燥机中物料处于冷冻状态下被干燥，能较好地保存物质的有效成分，适合于热敏性物料的干燥，干燥后产品重量轻、体积小，便于储存、包装、运输等，制药行业中常用作粉针剂的干燥。由于是在高真空和低温条件下干燥，需要配备获得高真空和低温制冷设备，故冻干机设备投资高，冻干产品价格贵，比一般热烘干燥和喷雾干燥的产品要贵一至数倍。

图 3-24　冷冻干燥装置示意图

1——冷凝器；2——制冷压缩机；3——热交换器；4——膨胀阀；5——低温冷凝器；6——真空泵；7——冷冻干燥室

七、双锥回转真空干燥器

双锥回转真空干燥器是间歇式干燥设备。其主体结构是一个带有双锥的圆筒，圆筒直径一般为 600~2200mm，以转速 3~12r/min 绕轴旋转。

干燥器内放入待干燥物料，在真空状态下，干燥器做回转运动，物料不断翻动，从接触的器壁内表面获得热量，由于器壁内表面不断更新，加快了物料的干燥。与真空干燥箱相比，能节省三分之一的干燥时间，提高了生产能力。双锥回转真空干燥器适用于热敏性物料、易氧化及有毒物料、需回收有机溶剂物料的干燥，在制药行业应用较广泛。

图 3-25　双锥回转真空干燥机示意图
1——温度计；2——机械密封；3——变速马达；4——回转接管

八、红外线辐射干燥器

红外线辐射干燥器是利用红外线辐射器产生的电磁波被湿物料表面吸收后转变为热量，使物料中的水分受热汽化而干燥的一种方法。红外线辐射加热器的品种较多，主要由涂层、热源和机体三部分组成，这里不再详述。

红外线干燥器结构简单，操作灵活，易于实现自动化，干燥速度快、时间短，由于物料内外均能吸收红外线辐射，故适合多种形态物料的干燥，且产品质量好，但红外线辐射加热器多使用电能，能耗较高。见图 3-26。

图 3-26　带式红外线干燥器示意图
1——出料端；2——排风罩；3——尾气；4——红外辐射热器；5——进料端；6——物料；7——驱动链轮；8——网状链带

九、微波干燥器

微波干燥属于介电加热干燥，微波干燥设备主要由直流电源、微波发生器、波导装置、微波加热器、传动系统、安全保护系统及控制系统组成，常见的有箱式微波干燥器和连续式谐振腔微波干燥器。干燥温度低、干燥时间短、产品质地结构好，设备体积小，且具有灭菌功能，但设备投入大，微波对人体有一定伤害作用，故应用受到一定限制。见图3-27。

图3-27　箱式微波干燥器

A：结构示意图　1——带屏蔽网视窗；2——波导入口；3——波导管；4——非金属料盘

B：干燥工作原理图　1——金属反射腔体；2——金属模式搅拌器；3——微波输入；4——辐射微波；
5——排湿风扇；6——排湿孔；7——干燥物料；8——非金属旋转盘

第四章

粉碎原理与设备

扫一扫，查阅本章数字资源，含PPT、音视频、图片等

在制剂生产中常需将固体物料适度粉碎，以便后期生产。粉碎是中药前处理的重要操作单元，粉碎质量的好坏直接影响产品的质量和性能，粉碎设备的选择是粉碎质量的重要保证。

粉碎过程中，粉碎设备对大块固体药物作用以不同的作用力（如剪切、挤压、撞击、劈裂、研磨等），使药物在一种或几种力的联合作用下，克服物质分子间的内聚力，碎裂成一定粒度的小颗粒或细粉。药物粉碎的难易，主要取决于药物的结构和性质，如硬度、脆性、弹性、水分、重聚性等。中药以植物、动物及矿物质为主体，其来源较为复杂，不同的中药有不同的组织结构和形状，它们所含的成分不同，比重不同，生产加工工艺对粉碎度的要求也不同。根据药物的性质、生产要求及粉碎设备的性能，可选用不同的粉碎方法，如干法或湿法粉碎、单独或混合粉碎、低温粉碎、超微粉碎等。

超微粉碎是利用机械或流体动力把原药材加工成微米甚至纳米级的微粉。药物微粉化后，可增加有效成分的溶出，利于吸收，提高生物利用度；可整体保留生物活性成分，增强药效；可减少服用量，节约资源等。目前，药物超微粉碎已广泛应用于制药生产。

粉碎设备的种类很多，不同的粉碎设备粉碎出的产品粒度不同，适用范围也不同。在生产过程中，按被粉碎物料的特性和生产所需的粉碎度要求，选择适宜的粉碎设备。同时，注重粉碎设备日常的使用保养，也是保证粉碎质量，以便后期生产的重要条件。

第一节　概述

粉碎是用机械方法借助外力将大块固体物料制成适宜程度的碎块或粉末的操作过程，也可是借助其他方法将固体物料碎成粉末的操作。

粉碎的目的：①降低固体药物的粒径，增大药物的表面积，有利于药物的溶解与吸收，提高药物的生物利用度；②便于饮片中有效成分的浸出或溶出；③便于药物制剂的制备，如散剂、颗粒剂、丸剂、片剂等；④便于调剂和服用，以适应各种给药途径；⑤对多种饮片便于干燥和贮存等。

一、固体物料的物理特性

一般固体呈块状、粒状、结晶或无定形存在，主要的物理性质如下：

1. 硬度　硬度即物料的坚硬程度，越硬的物质越难破碎。通常以摩氏硬度为标准来表示，从软到硬规定：滑石的硬度为1，金刚石的硬度为10。通常硬质物料的硬度为7~10，中等硬质物料的硬度为4~6，软质物料的硬度为1~3。中药饮片的硬度多属软质，但也有一些骨甲类饮片

较硬而韧，要经过砂烫或炒制加工以利粉碎。

2. 脆性　脆性指物料受外力冲击易于碎裂成细小颗粒的性质。晶体物料具有一定的晶格，易于粉碎，一般沿晶体的结合面碎裂成小晶体，如生石膏、硼砂等多数矿物类物料均具有一定的脆性，比较容易粉碎。非极性晶体物料如樟脑、冰片等较晶体物料的脆性弱，受外力产生变形而阻碍粉碎，通常加入少量液体渗入固体分子间隙以降低分子间的内聚力，使晶体易从裂隙处开裂，从而有助于粉碎。

3. 弹性　固体受力后其内部质点之间产生相对运动，即质点的相对位置发生改变，固体因此而发生变形，若外加载荷消除后，变形随之消失，则称这种特性为弹性。非晶体药物其分子呈不规则的排列，如树脂、树胶、乳香、没药等具有一定的弹性，粉碎时部分机械能消耗于弹性变形而使粉碎效率降低。可采取降低温度的方法，减小弹性变形，增加脆性，促其粉碎。

4. 水分　一般认为物料所含水分越小越易于粉碎，如水分控制在 3.3%～4% 时，粉碎比较容易进行，也不易于引起粉尘飞扬。水分超过 4% 时，常因黏着而堵塞设备。植物药含有一定水分（一般为 9%～16%），具有韧性，脆性减弱难以粉碎，需适当干燥后进行粉碎。

5. 温度　粉碎过程中有部分机械能转变为热能，造成某些物料的损失，如有的有效成分受热而分解；有的中药变软、变黏，影响粉碎的正常进行。发生此类现象时，可采用低温粉碎。

6. 重聚性　粉碎引起表面能的增加，形成不稳定状态。由于表面能有趋于稳定的特性，因此已粉碎的粉末有重新结聚的现象，称为重聚性。可通过混合粉碎，使分子内聚力减小，以阻止再聚结现象发生。

二、粉碎度

物料粉碎前后颗粒的平均直径之比称为粉碎度，又称粉碎比，即

$$i = D_1/D_2$$

式中：i——粉碎度或粉碎比；

　　　D_1——粉碎前物料颗粒的平均直径；

　　　D_2——粉碎后物料颗粒的平均直径。

常用粉碎度衡量物料粉碎的程度，它是检查粉碎操作效果的一个重要指标。

根据粉碎度 i 的大小，将粉碎大致分成粗碎、中碎、细碎和超细碎四个等级。粗碎的粉碎度 i 为 3～7，粉碎后物料颗粒的平均直径 D_2 在数十毫米至数毫米之间；中碎的粉碎度 i 为 20～60，平均直径 D_2 在数毫米至数百微米之间；细碎的粉碎度 i 在 100 以上，平均直径 D_2 在数百微米至数十微米之间；超细碎的粉碎度 i 可达 200～1000，平均直径 D_2 在数十微米至数微米。

三、粉碎机理

物体的形成依赖于分子之间的吸引力即内聚力，其内聚力的不同显示出不同的硬度和性能。固体药物的粉碎就是借助外加机械力，部分地破坏物质分子之间的内聚力，使药物粒径减小、表面积增大。固体药物被粉碎的过程实际就是一个机械能转变成表面能的过程，这种能量转变的程度，直接影响粉碎的效率。

粉碎时，粉碎机对物料作用以不同的机械力包括截切、挤压、研磨、撞击和劈裂等。粗碎以撞击和挤压力为主，细碎以截切和研磨力为主，一般情况下，实际应用的粉碎机械是几种作用力综合作用的效果。

为使机械能有效地用于粉碎，将已达到要求细度的粉末随时分离移去，使粗粒有充分机会接

受机械能，这种粉碎法称为自由粉碎。反之，若细粉始终保留，在粗粒间起缓冲作用，消耗大量机械能，影响粉碎效率，并产生大量不需要的过细粉末，称缓冲粉碎。所以在粉碎过程中必须将达到要求的部分及时分离出来，以便使粉碎能顺利进行。

药物粉碎的难易与药物本身的结构和性质有关，固体分子因排列结构不同，可分为晶体和非晶体。晶体药物具有一定的晶格，如生石膏具有脆性，粉碎时沿晶体结合面碎裂，较易粉碎；非极性晶体如樟脑、冰片脆性差，粉碎时易变形，可加入少量挥发性液体，降低分子间内聚力，使晶体易从裂隙处分开。分子排列不规则的非晶体药物，如树脂、树胶等具有弹性，粉碎时一部分机械能用于引起弹性变形，最后变成热能，因而降低粉碎效率，可对其采用低温粉碎。植物药材由多种组织和成分所组成，性质较复杂：薄壁组织饮片，如花、叶易于粉碎；木质及角质结构药材则不易粉碎；含黏性或油性饮片需适当处理（脱脂或混合粉碎）才能粉碎；对于不溶于水的药物如珍珠、朱砂、雄黄等，在水中研磨，并利用粉粒的重量不同，细粒悬浮而粗粒下沉分离，可得极细粉，称为水飞。

药物粉碎后，表面积增大，引起表面能增加，故不稳定，粉末有重新结聚的倾向，可采用部分药料混合粉碎，或湿法粉碎，以阻止粉粒结聚。

四、粉碎原则与方法

在生产过程中，根据粉碎的一般原则，考虑物料的性质，选用不同的粉碎方法；根据生产情况的不同，结合物料的性质，考虑粉碎的作用力，选择不同的粉碎流程。

（一）粉碎原则

首先，粉碎后应保持药物的组成和药理作用不变；根据应用目的和药物剂型控制适当的粉碎程度；粉碎过程应注意及时过筛，以免部分药物过度粉碎并可提高工效；较难粉碎部分（叶脉、纤维等）不应随意丢掉，以免成分的含量相对减少或增高；粉碎毒性或刺激性的药物，应严格注意防护，采取安全措施。

（二）粉碎方法

制剂生产中根据药料的性质、产品粒度的要求不同以及粉碎机械的性能，粉碎采用以下几种不同的方法。

1. 单独粉碎　单独粉碎系指将一味药料单独进行粉碎处理。该方法既可按欲粉碎药料的性质选择合适的粉碎机械，也可避免粉碎时不同药料损耗不同导致含量不准确的现象发生。在生产中需单独粉碎的有：氧化性药物与还原性药物，混合可引起爆炸，必须单独粉碎；贵重、毒性、刺激性药物，为了减少损耗和便于劳动保护亦应单独粉碎；含有树胶、树脂药物，如乳香、没药，应单独低温粉碎等。

2. 混合粉碎　混合粉碎系指将数种药料掺合同时进行粉碎的方法。两种或两种以上性质及硬度相似的药物相互掺一起粉碎，既可降低黏性药物、热塑性药物或油性药物单独粉碎的难度，又可使混合和粉碎操作同时进行，提高生产效率。在混合粉碎中遇有特殊药物时，需进行特殊处理：①有低共熔成分时混合粉碎可能产生潮湿或液化现象，此时需根据制剂要求，或单独粉碎，或混合粉碎。②串料：处方中含糖类等黏性药物，如熟地黄、桂圆肉、麦冬等，吸湿性强，可先将处方中其他药物粉碎成粗粉，将其陆续掺入黏性药物，再行粉碎一次。黏性药物及时被粗末分散并吸附，使粉碎和过筛得以顺利进行。③串油：处方中含脂肪油较多的药物，如核桃仁、黑芝麻不易粉碎和过筛，须先捣成稠糊状或不捣，再与已粉碎的其他药物细粉掺研粉碎，这样因药粉及时将油吸收，不互相吸附和黏附筛孔。④蒸罐：处方中含新鲜动物药，如鹿肉，以及一些需蒸制的植物药，如地黄、何首乌等，须加黄酒及其他药汁，隔水或夹层蒸汽加热蒸煮，目的是使药料变熟，便于粉碎，蒸煮后药料再与处方中其他药物掺合后干燥，进行粉碎。

3. 干法粉碎 干法粉碎指将药料经适当干燥，使药料中的水分降低到一定程度（一般使含水量降至5%以下）再进行粉碎的方法。干法粉碎时可根据药料的性质，如脆性、硬度等的不同，分别采用单独粉碎或混合粉碎及特殊处理后粉碎。在一般的制剂生产中，大多数药料采用干法粉碎。

4. 湿法粉碎 湿法粉碎指在粉碎过程中药料中加入适量水或其他液体的粉碎方法，又称为加液研磨法。如樟脑、薄荷脑等常加入少量液体（如乙醇、水）研磨；朱砂、珍珠、炉甘石等采用传统的水飞法，在水中研磨，当有部分细粉研成时，使其混悬并倾泻出来，余下的药物再加水反复研磨、倾泻，直至全部研匀，再将湿粉干燥。此法可减少粉尘飞扬，同时液体也可防止粒子的凝聚，提高粉碎的效果。通常选用的液体以药物遇湿不膨胀，两者不起变化，不妨碍药效为原则。湿法粉碎适宜有刺激性或毒性药料以及产品细度要求较高的药物粉碎。目前，生产中多用电动研钵或球磨机进行湿法粉碎。

5. 开路粉碎 开路粉碎是药料只通过粉碎设备一次即得到粉碎产品的粉碎，见图4-1（a）。此法适用于粗碎或为进一步细碎做预粉碎。

图4-1 开路粉碎与循环粉碎
1——物料；2——粉碎机；3——筛分；4——产品

6. 循环粉碎 循环粉碎是粉碎机和筛分设备联合使用，粉碎产品经筛分设备将达到要求的细颗粒和尚未达到粉碎粒径的粗颗粒分离，使粗颗粒再返回粉碎设备中继续粉碎，至其达到要求为止，又称闭路粉碎，见图4-1（b）。循环粉碎可以达到产品所要求的粒度，适用于细碎或粒度要求较高的粉碎。

7. 低温粉碎 低温粉碎是利用低温时物料脆性增加，韧性和延伸性降低易于粉碎的特性进行粉碎的方法。低温粉碎常用的方法：①物料先行冷却或在低气温条件下，迅速通过粉碎机粉碎；②粉碎机壳通入低温冷却水，在循环冷却下进行粉碎；③物料与干冰或液化氮气混合后进行粉碎；④组合应用上述冷却法进行粉碎。

低温粉碎的特点：适用于常温下粉碎困难的物料，即软化点、熔点低及热可塑性物料，如树脂、树胶等；富含糖分黏性的药物；能获得更细的粉末；能保留挥发性成分。

五、粉碎过程中的能耗假说

粉碎过程中所消耗的能量很大，但因粉碎时发热、噪声、机械振动等所消耗的能量并非粉碎所需的有效能量，故其能量利用率很低。在生产中需要知道粉碎操作所需的最低能耗，而准确计算最低能耗是非常困难的。关于粉碎能耗，迄今已提出多种理论和假说，其中下面介绍的三个能量学说一直被认为是研究粉碎能量定律的理论基础。

Rittinger "表面积假说"（1867年，雷廷格尔定律）认为："碎磨过程中所消耗的有用功与物料新产生的表面积有关，与粉碎后平均粒径的倒数和粉碎前平均粒径的倒数差成正比。"

Kick "体积假说"（1885 年，基克定律）认为："外力作用于物体时，物体首先发生弹性变形，当外力超过该物体的强度极限时该物体就发生破裂，故破碎物料所需的功与它的体积大小有关。粉碎的能量与粒子体积的减小成对数比例，即能量与粉碎前后平均粒径之比的对数成正比。"

Bond "裂纹假说"（1952 年，邦德定律）认为："物料在破碎时外力首先使其在局部发生变形，一旦局部变形超过临界点时则产生裂口，裂口的形成释放了物料内的变形能，使裂纹扩展为新的表面。输入的能量一部分转化为新生表面积的表面能，与表面积成正比；另一部分变形能因分子摩擦转化为热能而耗散，与体积成正比。两者综合起来，将物料粉碎所需要的有效能量设定为与体积和表面积的几何平均值成正比。"

以上三个假设可统一地用如下数学模型来表述，式中 E 为粉碎所需功耗，X 为粒径，n 为指数：

$$\mathrm{d}E/\mathrm{d}x \propto X^{-n} \tag{4-1}$$

当 $n=2$ 时，其积分式 $\Delta E \propto (x_2^{-1}-x_1^{-1})$ 为 Rittinger 的表面积假说模型；

当 $n=1.5$ 时，其积分式 $\Delta E \propto (x_2^{-0.5}-x_1^{-0.5})$ 为 Bond 的裂纹假说模型；

当 $n=1$ 时，其积分式 $\Delta E \propto (\ln x_1-\ln x_2)$ 为 Kick 的体积假说模型。

在实践中，粉碎能耗模型最具实际应用价值和理论意义的是 Bond 的裂缝学说。将上述功耗模型经定积分后可得 Bond 的实用式：

$$W = \frac{10w_i}{\sqrt{P}} - \frac{10w_i}{\sqrt{F}} = w_i\left(\frac{10}{\sqrt{P}} - \frac{10}{\sqrt{F}}\right) \tag{4-2}$$

式中：F、P——给料及产品中 80% 通过方形筛孔的宽度（微米）；

W——将 907kg 给料粒度为 F 的物料粉碎到产品粒度为 P 时所消耗的功；

w_i——功指数，即将"理论上无限大的粒度"粉碎到 80% 通过 0.01mm 筛孔宽（或 65% 通过 0.075mm 筛孔宽）时所需的功。

Bond 公式可运用于以下几个方面：①在测出功指数 w_i 的情况下可以计算各种粒度范围内的粉碎功耗；②测出被粉碎物料的功指数 w_i，可以计算设计条件下的需要功率，根据需用功率的容量，选择粉碎机械；③可以比较不同粉碎设备的工作效率，如两台磨机消耗的功率相同，但产品粒度不同，分别算出两台磨机的操作功指数，就可确定哪台效率高。

六、影响粉碎的因素

粉碎时，除不同的粉碎设备、物料的性质（如硬度、脆性、水分等）影响粉碎的效果外，粉碎的方法、粉碎时间的长短、药料进料粒度及速度也是影响粉碎效果的重要因素。

1. 粉碎的方法 生产中不同的粉碎方法所获得产品的粒度不同。研究表明，在相同条件下，采用湿法粉碎获得的产品较干法粉碎的产品粒度更细。若最终产品以湿态使用，则可采用湿法粉碎；若最终产品以干态使用，则采用湿法粉碎需干燥处理，干燥过程中细粉易再次聚结，导致产品粒度增加。

2. 粉碎时间 一般来说，粉碎时间越长，产品越细。但粉碎一定时间后，产品细度改变甚小，因此对于一定的产品及条件，粉碎时间要适宜。

3. 药料的性质、进料粒度及进料速度 药料的性质及进料粒度、速度对粉碎效果有明显影响。脆性药料、较韧性药料易被粉碎。进料粒度太大，不易粉碎，导致生产能力下降；粒度太小，粉碎比减少，生产效率降低。进料速度过快，粉碎室内颗粒间的碰撞机会增多，使粉碎机械力作用减弱，药料在粉碎室内的滞留时间缩短，导致产品粒径增大。

第二节 常规粉碎机械

粉碎机械的种类很多，不同的粉碎机械作用方式不同，粉碎出的产品粒度不同，适用范围也不同。在生产过程中，为达到良好的粉碎效果，应按被粉碎物料的特性和生产所需的粉碎度要求，选择适宜的粉碎机械。表4-1列出了制药工业常用的粉碎机及其性能。

表4-1 常用粉碎机械的一般性能

粉碎机	作用方式	产品粒度（μm）	适用范围
截切式粉碎机	剪切	180~850	纤维状植物药材
万能磨粉机	撞击和研磨	75~850	几乎所有药物
球磨机	研磨	75~425	脆性和中等硬度药物
流能磨	剪切、撞击和摩擦	1~30	低熔点或对热敏感药物
胶体磨	剪切、撞击和摩擦	≤5	可湿法粉碎药物

一、腭式破碎机

腭式破碎机是一种粗碎和中碎设备。如图4-2所示，主要由固定腭板、活动腭板及传动机构组成。固定腭板被固定在机架上，活动腭板通过轴悬挂在机架上，偏心轴通过轴承座置于机架上，套在偏心轴上的连杆机构用以带动腭板往复摆动。破碎工作同时，药物由上部进入两腭板间的空隙，这时活动腭板做周期性往复运动，时而靠近，时而离开，靠近时药物被压碎，离开时被压碎的药物由重力卸下。

图4-2 腭式破碎机的工作原理及结构示意图

1——固定腭板；2——活动腭板；3——轴；4——飞轮；
5——偏心轮；6——连杆机构；7——弹簧；8——连接杆

腭式破碎机的优点是处理物料块度的范围较大，结构简单，维修方便，运转工作时间长；缺点是摆动的惯性力大，零件承受负载较大，对机械的基础要求高，操作有间断性，粉碎度不大。主要用于坚硬的药物，如中药的雄黄、滑石矿等。

二、双辊破碎机

如图4-3所示，图4-3（a）为双辊破碎机工作原理图，图4-3（b）为结构示意图。其主要部件为两个平行的辊子，辊面可以是光滑的也可是带齿的。一个辊子安装在固定轴承上，另一个在活动轴承上，活动轴承和辊子通过弹簧与挡板相连。两个辊子由电动机带动且运动速度相同但方向相反。物料进入两个辊子之间，物料被辊子夹住受挤压而破碎，破碎的物料由下部排出。两个辊子之间的最小间隙为排料口宽度，排料口宽度的调节是通过改变挡板位置，从而调节活动轴承的极限位置及排料口宽度的方法达到的。

活动轴承的作用是当硬杂质进入两辊之间时，活动辊子受力增加，迫使活动轴承压迫弹簧向

（a）　　　　　　　　（b）

图 4-3　双辊破碎机的工作原理及结构示意图

1，2——辊子；3——物料；4——固定轴承；5——活动轴承；6——弹簧；7——机架

右移动，使排料口间隙增加，排出杂物，可以起到保险装置的作用。

光滑辊面磨损低，适于坚硬的磨蚀性强和软质物料，破碎比为 6~8，且粒度较小；根据物料性质、粒度要求以及工作条件可以设计选择不同齿形和排列位置的辊面，破碎效果好但抗磨损性差，不适于破碎磨蚀性强的物料，破碎比为 10~15，可破碎颗粒大的黏性物料。

三、球磨机

球磨机（ball mill），如图 4-4 所示，系在不锈钢或陶瓷制成的圆形罐体内装有一定数量的钢球或瓷球构成。当罐体转动时，研磨体（钢球或瓷球）之间及研磨体与罐体之间产生相互摩擦作用，球体随罐壁上升一定高度后呈抛物线下落产生撞击作用，药料受球体的研磨和撞击作用而被粉碎。球磨机要有适宜的转速，才能获得良好的粉碎效果。图 4-5 中（a）（b）（c）分别表示球磨机内球的运动情况。当罐体转速过慢时，见图 4-5（c），圆球随罐体上升到一定高度后往下滑落，其主要为研磨作用，效果较差。当罐体转速过快时，见图 4-5（b），圆球与物料依靠离心力作用随罐体旋转，失去物料和圆球的相对运动。当罐体转速适宜时，见图 4-5

图 4-4　球磨机

1——进料；2——转筒；3——筛板；
4——圆球；5——出料口

（a），除一小部分圆球下落外，大部分圆球随罐体上升至一定高度后，在重力和惯性的作用下呈抛物线抛落，此时粉碎主要靠撞击和研磨共同作用，粉碎效果最佳。

（a）　　　　　　　　（b）　　　　　　　　（c）

图 4-5　球磨机中物料与球的运动状态

1——球；2——物料；3——罐体

球体开始随罐体做整周旋转时的转速称为球磨机的临界转速，它与罐体直径的关系为

$$n_{临} = \frac{42.3}{\sqrt{D}}(\text{r/min}) \tag{4-3}$$

式中：$n_{临}$——罐体临界转速，r/min。

　　　　D——罐体最大内径，m。

临界转速时，圆球已失去研磨作用，故实际生产中，球磨机的转速一般取临界转速的75%~88%。

球磨机粉碎效果的主要影响因素有：

① 圆筒的转速：适宜的转速为临界转速的 0.5~0.8 倍，此时粉碎主要靠撞击和研磨共同作用，粉碎效果最佳。

② 圆球的大小与密度：圆球的直径越小、密度越大，粉碎的粒径越小。生产中，应根据药料的粉碎要求选择适宜大小和密度的圆球。一般来说，圆球的直径不应小于 65mm，应大于被粉碎药料直径的 4~9 倍。

③ 圆球和药料的总装量：一般情况下，罐体内圆球的体积约占罐体总容积的 30%~35%，被粉碎的药料装量不超过罐体总容积的 50%。

球磨机适于结晶性药物及易熔化树脂、树胶类药物和非组织的脆性药物的粉碎。此外，球磨机可密闭操作，对具有较大吸湿性的浸膏可防止吸潮，对刺激性的药物可防止粉尘飞扬，对挥发性及细粉药料也适用。如药料易与铁起反应，可用瓷制球磨机进行粉碎。球磨机广泛应用于干法粉碎、湿法粉碎及无菌粉碎，必要时可充入惰性气体防止氧化。

四、锤击式粉碎机

锤击式粉碎机如图 4-6 所示，是一种中碎和细碎设备。它由钢制壳体、钢锤、内齿形衬板、筛板等组成，利用高速旋转的钢锤借撞击及锤击作用而粉碎的一种粉碎机。

物料从顶部或中央的加料口加入，经螺旋加料器进入粉碎室，粉碎室上部装有内齿形衬板，下部装有筛板，圆盘高速旋转，带动其上活动的钢锤对物料进行强烈撞击，物料由于离心力作用被锤击碎，或与沿圆筒形外壳装置的内齿形衬板撞击而被破碎，粉碎

图 4-6　锤击式粉碎机

1——圆盘；2——钢锤；3——内齿形衬板；4——筛板；

5——螺旋加料器；6——加料口；7——壳体

到一定程度的粉体由粉碎室底部安装的筛网中漏出，粉末的细度可通过更换不同孔径的筛板加以调节。

锤击式粉碎机的优点是粉碎能耗小，粉碎度较大，设备结构紧凑，操作比较安全，生产能力较大。其缺点是锤头磨损较快，筛板易于堵塞，过度粉碎的粉尘较多。此种粉碎机适于干燥、性脆易碎药料的粉碎或作粗粉碎。因黏性药物易堵塞筛板、黏附于粉碎室内，此种粉碎机不适于黏性药料的粉碎。

五、万能磨粉机

万能磨粉机粉碎作用是由撞击伴以撕裂、研磨等作用而构成，如图 4-7 所示，主要由两个带

钢齿圆盘、环形筛板组成。两个钢齿盘分别为定子和转子，相互交错，高速旋转时，药料在钢齿间被粉碎。应用时，先打开机器空转，待高速转动稳定后，再加入药料，以免药料阻塞于钢齿间而增加电动机启动时的负荷。依靠齿盘（转子）与齿圈（室盖）之间的高速相对运动产生离心力，经撞击、剪切、摩擦以及物料之间的冲击等联合作用将物料粉碎，借转子产生的气流过筛分出。

图 4-7　万能磨粉机

1——加料斗；2——抖动装置；3——加料口；4、8——带钢齿
圆盘；5——出粉口；6——筛板；7——水平轴

图 4-8　柴田式粉碎机

1——动力轴；2——打板；3——出粉风管；4——电动机；
5——风机；6——挡板；7——机壳内壁钢齿

万能磨粉机适用范围广泛，宜用于粉碎干燥的非组织性药物，中药的根、茎、皮及干浸膏等，不宜用于腐蚀性药、毒剧药及贵重药。由于在粉碎过程中发热，故也不宜于粉碎含有大量挥发性成分和软化点低且黏性较高的药物。

六、柴田式粉碎机

柴田式粉碎机，如图 4-8 所示，机器主轴上装有打板、挡板、风叶三部分，由电动机带动旋转。打板和嵌在外壳上的边牙板、弯牙板构成粉碎室，通过其间的快速相对运动，形成对被粉碎物的多次打击和互相撞击，达到粉碎目的。全机主要由优质钢与铸铁材料制成。

柴田式粉碎机工作时，主要由甩盘打板进行粉碎，挡板可调节以控制粉碎粒度和速度，也有一定粉碎作用，并经风扇将细粉吹出。该设备粉碎能力大，效率高，细粉率高，粉碎后不需过筛，可得通过七号筛细粉。适用于粉碎较黏软、纤维多及坚硬的药料，但油性过多的药料不适用。

七、粉碎机组

粉碎机组一般由粉碎机、风选器、旋风分离器、料仓、电控柜等组成。图 4-9 为粉碎机组示意图。粉碎机为内置风选器，粗料重回加料口，细粒至旋风分离器分出为产品。粉碎机组是生产中药丸剂等常用的设备。

图 4-9 粉碎机组示意图

1——斗式提升机；2——储料斗；3——电磁振动给料器；4——粉碎机；5——圆盘筛；6——旋风分离器；
7——脉冲布袋除尘器；8——混合槽；9——电磁振动卸料器；10——引风机

第三节 超微粉碎技术与设备

超微粉碎是近几十年发展起来的一项新技术，能把原材料加工成微米甚至纳米级的微粉，已经在各行业得到了广泛的应用。鉴于粉碎是中药生产及应用中的基本加工技术，超微粉碎已愈来愈引起人们的关注，虽然该项技术起步较晚，开发研制的品种相对较少，但已显露出特有的优势和广阔的应用前景。

超微粉碎技术是粉体工程中的一项重要内容，包括对粉体原料的超微粉碎，高精度的分级和表面活性改变等内容。按照原料和成品颗粒的大小或粒度，粉碎可分为粗粉碎、细粉碎、微粉碎和超微粉碎，这是一个大概的分类。值得注意的是，各国各行业由于超微粉体的用途、制备方法和技术水平的差别，对超微粉体的粒度有不同的划分。中药微粉目前比较公认的粒径范围是 $0.1 \sim 75\mu m$，粒度分布中心 D_{50}（中心粒径）在 $10 \sim 15\mu m$，将粒径范围 $0.1 \sim 10\mu m$ 的微粉称为超微粉。

超微粉碎通过对物料的冲击、碰撞、剪切、研磨、分散等手段而实现。传统粉碎中的挤压粉碎方法不能用于超微粉碎，否则会产生造粒效果。选择粉碎方法时，须视粉碎物料的性质和所要求的粉碎比而定，尤其是被粉碎物料的物理和化学性能具有很大的决定作用，而其中物料的硬度和破裂性更居首要地位。对于坚硬和脆性的物料，冲击很有效；而对中药材用研磨和剪切方法则较好。实际上，任何一种粉碎机器都不是单纯的某一种粉碎机理，一般都是由两种或两种以上粉碎机理联合起来进行粉碎，如气流粉碎机是以物料的相互冲击和碰撞进行粉碎；高速冲击式粉碎机是冲击和剪切起粉碎作用；振动磨、搅拌磨和球磨机的粉碎机理则主要是研磨、冲击和剪切；而胶体磨的工作过程主要通过高速旋转的磨体与固定磨体的相对运动所产生的强烈剪切、摩擦、冲击等等。

一、超微粉碎原理

超微粉碎原理与普通粉碎原理相同，只是粉碎的粒径（细度）要求更高，主要利用外加机械力，部分地破坏物质分子间的内聚力达到超微粉碎的目的。固体药物的机械粉碎过程就是用机械方法来增加药物的表面积，使机械能转变成表面能的过程，这种转变是否完全，直接影响超微粉碎的效率。

物料经超微粉碎，表面积增加，引起表面能增加，微粉有重新结聚倾向。因此，在超微粉碎过程中，应采取措施，阻止其聚集，以使超微粉碎顺利进行。

二、超微粉碎应用于中药饮片加工的目的

采用现代粉体技术，将中药饮片、中药提取物、有效部位、有效成分制成微粉称为超微粉碎。超微粉碎的目的是利用微粉的一些有益特征，如药物微粉化后，增加有效成分的溶出、利于吸收、提高生物利用度；同时，可整体保留生物活性成分，增强药效；减少服用量，节约资源；避免污染、提高卫生学质量等。

（一）增加溶出，利于吸收，提高生物利用度

药物溶出速度与其粒径大小有关，相同重量的药物粉末，其比表面积随粉末粒子直径的减小而增加，即药物颗粒的比表面积与颗粒直径成反比。药物粒径越小，则在体液中的比表面积越大，与体液接触越充分，药物的溶出速度增加，吸收加快。药物粉末的比表面积、溶解速度会直接影响药物的疗效，药物微粉化，会使药物的疗效明显提高。

超微粉碎得到的微粉可增加某些难溶性药物的溶出速度和吸收，从而达到提高生物利用度的目的。目前，溶出速率和生物利用度关系的系统研究表明：以临界粒径作为难溶性药物的质量控制标准，粒径大于临界粒径的药物就会显著影响其血药浓度。药材经细胞级粉碎后，表面积大大增加，有效成分溶出加快，同时能很好地与胃肠黏膜接触，更易吸收，从而大大提高药物的生物利用度。

（二）可整体保留生物活性成分，增强药效

传统的中医药理论是古代医药家长期医疗实践的结晶，是我国传统医药学的特色。与成分单一、疗效确定的化学药相比，中药成分复杂。很多中药的有效成分及作用机理还在不断地研究被发现中，有效成分种类日益增多，几乎不能轻易说哪种成分是无效的。因此，中药以药粉入药有其独特的应用价值，采用超微粉化技术处理药材或饮片，既可整体保留中药材的生物活性成分，加工成超微粉，又可增强药效，更能体现中药特色。超微粉碎速度快，所耗时间相对较短，甚至可以在低温下进行超微粉碎，避免有效成分的破坏，从而提高药效。

（三）减少服用量，节约资源

药物超微粉碎后，表面积成倍增加，表面结构和晶体结构也均发生明显变化，使超微粉末活性提高，吸附性能、表面黏附力等发生显著变化。运用微粉进一步制成的各种剂型，由于微粉生物利用度有了极大提高，使得药物在使用少于原处方剂量的情况下，即可获得相同疗效，因此可减少服用量。

采用一般的机械粉碎，有些中药饮片难于粉碎成细粉，如纤维性强的甘草、黄芪等，粉碎得到大量的纤维"头子"，采用超微粉碎可大大提高药材利用率，节约中药资源；花粉、灵芝孢子体难于破壁，采用超微粉碎，得粒径 $5 \sim 10 \mu m$ 以下超细粉，一般饮片细胞破壁率大于95%，孢子类破壁迎刃而解；有些中药饮片采用超微粉碎技术可提高中药有效成分的提取率。总体上，超微粉碎可充分利用资源，有利于提高中药饮片利用率，节约中药资源，保护贵重药材，实现可持续发展的目标。

（四）避免污染，提高卫生学质量

中药饮片的超微粉碎一般是在封闭条件下完成的，因此既不会对环境造成污染，又可以避免药材被外界污染。部分中药超微粉碎结果表明，在超微粉碎的同时可以进行杀虫、灭菌，从而提高中药微粉的卫生学质量。

三、超微粉碎方法与要求

超微粉碎主要是利用机械或流体动力的方法克服物料内部的内聚力，将一定粒径的物料粉碎至微米或纳米级的粉碎操作。常用的超微粉碎方法有以下几种：

（一）机械粉碎法

通过超细粉碎机使物料粉碎，适用于大多数物料的粉碎，产品粒径在 $1\sim500\mu m$。超细粉碎机分为介质磨与冲击磨两大类。介质磨包括搅拌磨、振动磨、行星磨等，主要是基于介质研磨作用使物料粉碎；冲击磨包括胶体磨与高速机械冲击式磨，主要是基于定子与转子之间的冲击作用使物料粉碎。

（二）气流粉碎法

通过气流粉碎机使物料粉碎，适用于脆性物料，一般入料粒径要求在 3mm 以下，成品的粒径可达 $1\sim10\mu m$。气流粉碎机一般是粉碎机与分级机的组合体，是以压缩空气或过热蒸汽通过喷嘴产生的超音速高湍流气流作为颗粒的载体，颗粒与颗粒之间或颗粒与固定板之间发生冲击性挤压、摩擦和剪切等作用，从而达到粉碎的目的。与普通机械冲击式粉碎机相比，气流粉碎机可将产品粉碎得很细，粒度分布范围更窄，即粒度更均匀；又因为气体在喷嘴处膨胀可降温，粉碎过程没有伴生热量，所以粉碎温度上升幅度很小，这一特性有利于低熔点和热敏性物料的超微粉碎。

（三）低温超微粉碎法

低温超微粉碎法是采用深度冷冻技术，利用物料在不同温度下具有不同性质的特征，将物料冷冻至脆化点或玻璃态温度之下使其成为脆性状态，然后再利用机械粉碎或气流粉碎法使其超微粉化。

低温超微粉碎法的特点是利用低温时物料脆性增加，可粉碎在常温下难以粉碎的物料如纤维类物料、热敏性以及受热易变质的物料如蛋白质、血液制品及酶等；对易燃、易爆的物料进行粉碎时可提高其安全性；对含挥发性成分的药材，可避免有效成分的损失；低温环境下细菌繁殖受到抑制，可避免药品的污染；同时低温粉碎有利于改善物料的流动性。

四、超微粉碎设备

超微粉碎主要分为两大类：干法超微粉碎、湿法超微粉碎。干法超微粉碎的设备主要有机械冲击式粉碎机、球磨机、振动磨及气流磨等；湿法超微粉碎的设备主要有搅拌磨、胶体磨、均质机等。

（一）机械冲击式粉碎机

机械冲击式粉碎效率高、粉碎比大、结构简单、运转稳定、动力消耗低，适合于中、软硬度物料的粉碎。这种粉碎机利用围绕水平轴或垂直轴高速旋转的转子对物料进行强烈冲击、碰撞和剪切，不仅具有冲击和摩擦两种粉碎作用，而且还具有气流粉碎作用。国内的高速冲击粉碎机如图 4-10 所示，用于超细粉碎取得了理想效果：入料粒度 3~5mm，产品粒度 10~40μm。冲击式粉碎机进行超微粉碎时，由于粉碎机高速运转，内部构件可能产生磨损，此外随着时间的加长，机械产生大量的热量，对热敏性物质进行粉碎时要注意采取适宜的措施。

图 4-10　冲击式粉碎机结构示意图
1——粉碎部分；2——分级部分；3——锤头；
4——进料口；5——转子；6——导锥筒；
7——二次风入口；8——升降管；9——输料管；
10——涡轮转子；11——出料口；12——粉碎电机；
13——一次风入口；14——回料风入口

(二) 气流粉碎机

气流粉碎机又称为气流磨、流能磨，是以压缩空气或过热蒸汽通过喷嘴产生的超音速高湍流气流作为颗粒的载体，利用高速弹性气流喷出时形成的强烈多相紊流场，使其中的固体颗粒在相互的自撞中或与冲击板、器壁撞击中发生冲击性挤压、摩擦和剪切等作用，从而达到粉碎的目的。粉碎由压缩空气完成，整个机器无活动部件，粉碎效率高。与普通机械冲击式超微粉碎机相比，气流粉碎机可将产品粉碎得很细，粒径可以达到 5μm 以下，并具有粒度分布窄、颗粒表面光滑、形状规整、纯度高、活性大、分散性好等特点；又因为压缩空气在喷嘴处膨胀可使温度降低，粉碎过程没有伴生热量，所以粉碎温升较低，这一特性有利于低熔点和热敏性物料的超微粉碎。

气流粉碎机的类型有多种，有扁平式气流磨（即圆盘形流能磨）、循环管式气流磨、对喷式气流磨、流化床对射磨等，在中药超微粉碎中较重要的是扁平式（圆盘形）与流化床式。扁平式（圆盘形）是经典的类型，操作简单，易于清洗，适用于药物的粉碎；流化床式是较先进的类型，将传统气流粉碎机的线、面粉碎变为空间立体冲击粉碎，避免了粉碎室内壁受高速料流的冲击而产生磨蚀作用，适用于高硬物料和防污染物料的超微粉碎。

1. 扁平式气流磨　扁平式气流磨的结构如图 4-11 所示，高压气体经入口进入高压气体分配室中。高压气体分配室与粉碎分级室之间，由若干个气流喷嘴相连通，气体在自身高压作用下，强行通过喷嘴时，产生高达每秒几百米甚至上千米的气流速度。这种通过喷嘴产生的高速强劲气流称为喷气流。待粉碎物料经过文丘里喷射式加料器，进入粉碎分级室的粉碎区时，在高速喷气流作用下发生粉碎。由于喷嘴与粉碎分级室的相应半径成一锐角 α，所以气流夹带着被粉碎的

图 4-11　扁平式气流磨工作原理示意图
1——高压气体分配室；2——粉碎分级室；
3——气流喷嘴；4——喷射式加料器；
5——高压气体入口；6——废气流排出管；
7——成品收集器；8——粗粒；9——细粒；
10——压缩空气；11——物料

颗粒做回转运动,把粉碎合格的颗粒推到粉碎分级室中心处,进入成品收集器,较粗的颗粒由于离心力强于流动曳力,将继续停留在粉碎区。收集器实际上是一个旋风分离器,与普通旋风分离器不同的是夹带颗粒的气流是由其上口进入。物料颗粒沿着成品收集器的内壁,螺旋形地下降到成品料斗中,而废气流夹带着5%~15%的细颗粒,经排出管排出,做进一步捕集回收。

研究结果表明,80%以上的颗粒是依靠颗粒之间的相互冲击碰撞而粉碎,只有不到20%的颗粒是与粉碎室内壁形成冲击和摩擦而粉碎的。气流粉碎的喷气流不但是粉碎的动力,也是实现分级的动力。高速旋转的主气流,形成强大的离心力场,能将已粉碎的物料颗粒,按其粒度大小进行分级,不仅保证产品具有狭窄的粒度分布,而且效率很高。

扁平式气流磨(圆盘形流能磨)工作系统除主机外,还有加料斗、螺旋推进机、旋风捕集器和袋式捕集器。当采用压缩空气作动力时,进入气流磨的压缩空气,需要经过净化、冷却、干燥处理,以保证粉碎产品的纯净。图4-12所示为扁平式气流磨工艺流程。

图4-12　扁平式气流磨工艺流程示意图

1——空压机；2——贮气罐；3——空气冷冻干燥机；4——气流磨；5——料仓；
6——电磁振动加料器；7——旋风捕集器；8——星形回转阀；9——布袋捕集器；10——引风机

2. 循环管式气流磨　循环管式气流磨又称为跑道式气流粉碎机,由进料管、加料喷射器、混合室、文丘里管、粉碎喷嘴、粉碎腔、一次及二次分级腔、上升管、回料通道及出料口组成。其结构如图4-13所示。循环管式气流磨的粉碎在O形管路内进行。压缩空气通过加料喷射器产生的射流,使物料由进料口被吸入混合室,并经文丘里管射入O形环道下端的粉碎腔,在粉碎腔的外围有一系列喷嘴,喷嘴射流的流速很高,但各层断面射流的流速不等,物料随各层射流运动,物料之间的流速也不等,从而产生互相碰撞和研磨作用进行粉碎。射流可粗略分为外、中、内三层。外层射流的路程最长,在该处物料产生碰撞和研磨的作用最强。喷嘴射入的射流,也首先作用于外层物料,使其粉碎,粉碎的微粉随气流经上升管导入一次分级腔。粗粒有较大离心力,经回料通道(下降管)返回粉碎腔进一步粉碎,细粒随气流进入二次分级腔,质量很小的微粉从分级旋流中分出,由中心出口进入捕集系统收集。

图4-13　循环管式气流磨结构示意图

1——给料斗；2——加料喷射器；3——文丘里喷嘴；
4——粉碎喷嘴；5——排气孔；6——导向阀；
7——粉碎腔；8——分级区域；9——压缩空气

循环管式气流磨的特点:①产品较细,通过两次分级,粒度分布范围较窄;②采用防磨内衬,提高了气流磨的使用寿命,适用于较硬物料的粉碎;③在同一气耗条件下，处理能力较扁平式气流磨（圆盘形流能磨）大；④压缩空气绝热膨胀，产生降温效应，使粉碎在低温下进行，因此尤其适用于低熔点、热敏性物料的粉碎；⑤粉碎流程在密闭的管路中进行，无粉尘飞扬；⑥能实现连续生产和自动化操作，在粉碎过程中还可起到混合和分散的效果。改变粉碎工艺条件和局部结构，能实现粉碎和干燥、粉碎和包覆、活化等组合过程。

3. 对喷式气流磨 对喷式气流磨，工作原理如图4-14所示。两束或三束载粒气流（或蒸汽流）在粉碎室中心附近正面相撞，碰撞角为180°或120°，颗粒在相互激烈的冲击碰撞中实现自磨而粉碎，随后在气流带动下向上运动，并进入上部的旋流分级区中。细粒物料通过分级器中心排出，进入与之相连的旋风分离器中进行收集；粗粒物料仍受较强离心力制约，沿分级器边缘向下运动，并进入垂直管路，与喷入的气流汇合，再次在粉碎室中心与给料射流相冲击碰撞，从而再次粉碎。如此反复，直至达到产品粒度要求为止。对喷式气流磨结构示意图如4-15所示。

图4-14 对喷式气流磨工作原理
1、2、3——气料进入口

图4-15 对喷式气流磨结构示意
1——产品出口；2——分级室；3——衬里；4——料斗；
5——加料喷嘴；6——粉碎室；7——粉碎喷嘴

4. 流化床对射磨 流化床对射磨是利用多束超声速喷射气流在粉碎室下部形成向心逆喷射流场，在压差作用下使粉碎腔底部的物料呈现流化状态，被加速的物料在多喷嘴的交汇点处汇合，产生剧烈的冲击碰撞、研磨而达到粉碎的效果。其结构如图4-16所示。料仓内的物料经由螺旋加料器进入粉碎腔，由喷嘴进入的多束气流使粉碎腔中的物料成流化状态，形成三股高速的两相流体，并在粉碎腔中心点附近交汇，产生激烈的冲击碰撞、摩擦研磨而粉碎，然后在对接中

图4-16 流化床对射磨结构示意
1——料仓；2——螺旋加料器；3——物料床；4——喷嘴；5——粉碎腔；6——分级转子；7——旋风分离器；
8——布袋收集器；9——压力平衡管；10——细粉

心上方形成一种喷射状的向上运动的多相流体柱，把粉碎后的小颗粒送入位于上部的分级转子中，细粒从出口进入旋风分离器和过滤器收集；粗粒在重力作用下又返回粉碎腔中，再次进行粉碎。

与机械式粉碎相比，气流粉碎有如下优点：①粉碎强度大，产品粒度微细，可达数微米甚至亚微米，颗粒规整、表面光滑；②颗粒在高速旋转中分级，产品粒度分布窄，单一颗粒成分多；③产品纯度高，由于粉碎室内无转动部件，靠物料间的相互撞击而粉碎，室壁采用硬度极高的耐磨性衬里，使得物料对室壁磨损极微，可进一步防止产品污染；④设备结构简单，易于清理，还可进行无菌作业；⑤可以粉碎质地坚硬的物料；⑥适用于粉碎热敏性物料，通入惰性气体，亦适用于粉碎易燃易爆物料；⑦可以在机内实现粉碎与干燥、粉碎与混合、粉碎与化学反应等联合作业；⑧能量利用率高，气流磨可达2%~10%，而普通球磨机仅为0.6%。

尽管气流粉碎有上述许多优点，但也存在着一些缺点：①辅助设备多，一次性投资大；②影响运行的因素多，不易调整，操作不稳定；③粉碎成本较高；④噪声较大；⑤粉碎系统堵塞时会发生倒料现象，喷出大量粉尘，恶化操作环境。

这些缺点正随着设备结构的改进，装置的大型化、自动化，逐步得到克服。

（三）振动磨

振动磨是一种利用振动原理将固体物料进行粉碎的设备，能有效地进行超微粉碎。振动磨的主要组成部分有研磨介质、槽形或圆筒形筒体、装在磨体上的激振器（偏心重体）、支撑弹簧和驱动电机等。驱动电机通过挠性联轴器带动激振器中的偏心重块旋转，从而产生周期性的激振力，使筒体在支撑弹簧上产生高频振动，机体获得近似于圆的椭圆形运动轨迹。随着筒体的振动，筒体内的研磨介质可进行三种运动：①强烈抛射运动，可将大块物料迅速破碎；②高速同向自转运动，对物料起研磨作用；③慢速公转运动，起均匀物料作用。筒体振动时，进入筒体的物料在研磨介质的冲击和研磨作用下被粉碎，并随着物料面的平衡逐渐向出料口运动，最后排出筒体成为微粉产品。

振动磨是用弹簧支撑磨机体，由带有偏心块的主轴使其振动，运转时通过介质和物料一起振动，研磨介质为钢球、钢棒、钢段、氧化铝球、瓷球或其他材料的球体，研磨介质的直径一般为10~50mm，将物料进行粉碎。其特点是介质填充率高，磨机体装有占容积65%上的研磨介质，最高可达85%；单位时间内的作用次数高（冲击次数为球磨机的4~5倍），振动磨的振动频率在1000~1500次/分钟，其振幅为3~20mm；因而其效率比普通球磨机高10~20倍，而能耗比其低数倍。

振动磨按其振动特点分为惯性式和偏旋式振动磨两种。惯性式振动磨，如图4-17所示，是在主轴上装有不平衡物，当轴旋转时，由于不平衡所产生的惯性离心力使筒体发生振动；偏旋式振动磨，如图4-18所示，是将筒体安装在偏心轴上，因偏心轴旋转而产生振动。按振动磨的筒体数目，可分为单筒式、多筒式振动磨；若按操作方式，振动磨又可分为间歇式和连续式振动磨。

图4-17 惯性式振动磨

图4-18 偏旋式振动磨

1——筒体；2——主轴；3——弹簧；4——轴承

振动磨的特点：①振动磨振动频率高，采用直径小的研磨介质，具有较高的研磨介质装填系数，粉碎效率高；②粉碎产品粒径细，平均粒径可达 2~3μm 以下，粒径均匀，可以得到较窄的粒度分布；③可以粉碎工序连续化，并且可以采用完全封闭式操作，改善操作环境，或充以惰性气体用于易燃、易爆、易于氧化的固体物料的粉碎；④粉碎温度易调节，磨筒外壁的夹套可通入冷却水，通过调节冷却水的温度和流量控制粉碎温度，如需低温粉碎可通入特殊冷却液；⑤外形尺寸比球磨机小，占地面积小，操作方便，维修管理容易。但振动磨运转时产生的噪声大，需要采取隔音和消音等措施保护生产环境。

振动磨的应用范围是相当广泛的，除可用于脆性物料的粉碎外，对于一些纤维状、高韧性、高硬度或有一定含水率的物料均可粉碎，对花粉及其他孢子植物等要求细胞破壁的，其破壁率高于 95%；适于粒径为 5μm 的粉碎要求，使用特殊工艺时，可达 0.3μm；同时适于干法和湿法粉碎。通过调节振动的振幅、振动频率及介质类型，振动磨产品的平均粒径可达 2~3μm 以下，对于脆性较大的药物还可达到亚微米级。近年来随着研究的深入，振动磨对某些物料产品粒度可达到亚微米级，同时有较强的机械化学效应，结构简单，能耗较低，粉碎效率高，易于工业大规模生产，使振动磨日益受到重视。

（四）搅拌磨

搅拌磨如图 4-19 所示，其主要构件是一个静置的内填小直径研磨介质的研磨筒和一个旋转搅拌器。搅拌磨不仅有研磨粉碎作用，还有搅拌和分散的作用，是一种具有多元性功能的超微粉碎机械。搅拌磨是在球磨机的基础上发展起来的，与普通球磨机相比，搅拌磨具有高转速、高介质充填率和小介质尺寸，可获得较高功率密度的特点，使物料粉碎的时间大大缩短，是超微粉碎机中能量利用率最高，很有发展前途的一种设备。搅拌磨在加工小于 20μm 的物料时效率会大大提高，成品的平均粒度最小可达到数微米。高转速（高功率密度）搅拌磨可用于最大粒度小于微米以下产品，在多领域中获得成功。目前高转速搅拌磨在工业上的大规模应用有处理量小和磨损成本高两大难题。随着高性能耐磨材料的出现，相信这些问题都能得到解决。

图 4-19　搅拌球磨机
1——气体密封；2——夹层；
3——介质磨球；4——搅拌杆

超微粉碎设备总的发展趋势：开发生产效率高，成本低，产物粒度、比表面积、晶体形状、表面形态等可控性好，分散性好，产品质量稳定的设备。

第四节　粉碎机械的选择、使用与养护

中药粉碎质量的好坏，除与药物自身的性质、粉碎方法等有关外，粉碎设备的选型也是能否达到粉碎要求的重要影响因素之一，故粉碎机械的选择是非常重要的。同时粉碎设备日常的使用保养对于延长设备的使用时间、保证产品质量也是很重要的。

一、粉碎机械分类

生产中使用的粉碎机械种类很多，通常按粉碎作用力的不同进行分类：①以截切作用力为主的粉碎设备：切药机、切片机、截切机等；②以撞击作用力为主的粉碎设备：锤击式粉碎机、柴田式粉碎机、万能粉碎机等；③以研磨作用为主的粉碎设备：铁研船、球磨机等；④以锉削作用为主的粉碎设备：羚羊角粉碎机，主要用于羚羊角等角质类药物的粉碎。

可按粉碎机械作用件的运动方式来分，分为旋转、振动、搅拌、滚动式以及由流体引起的加速等。按操作方式不同亦可分为干磨、湿磨、间歇和连续操作。实际应用时，也常按破碎机、磨碎机和超细粉碎机三大类来分类。破碎机包括粗碎、中碎和细碎，粉碎后的粒径达数厘米至数毫米以下；磨碎机包括粗磨和细磨，粉碎后的粒径到数百微米至数十微米以下；超细粉碎机能将1mm 以下的颗粒粉碎至数微米以下。

二、粉碎机械的选择

在生产过程中，我们应根据被粉碎物料的性质，明确粉碎度的要求，了解粉碎设备的原理，合理地设计粉碎流程和选择适宜的粉碎设备，以保证粉碎产品的质量，供后期生产使用。

（一）掌握药料性质和对粉碎的要求

应明确粉碎目的，了解粉碎机原理，根据被粉碎物料的特性选择粉碎机。包括粉碎物料的原始形状、大小、硬度、韧脆性、可磨性和磨蚀性等有关数据。同时对粉碎产品的粒度大小及分布，对粉碎机的生产速率、预期产量、能量消耗、磨损程度及占地面积等要求有全面的了解。

1. 粉碎机的选择、使用。如锤击式粉碎机，其原理是物料借撞击及锤击作用而粉碎，粉碎后的粉末较细；另一种是万能粉碎机，其原理是物料以撞击伴撕裂研磨而粉碎，更换不同规格的筛板网，能得到粗细不同的粉末，且相对均匀，不适用于粉碎强黏性的浸膏、结晶性物料等，如蜂蜡、阿胶、冰片。然后根据应用目的和欲制备的药物剂型控制适当的粉碎度。

为了提高粉碎效率，保护粉碎机械，降低能耗，在粉碎操作前应注意对粉碎物料进行前处理：如按有关规定，进行净选加工；药材必须先经干燥至一定程度，控制水分等。并应在粉碎机的进料口设置磁石，吸附混入药料中的铁屑和铁丝，严防金属物进入机内，以免发生事故；粉碎机启动必须无负荷，待机器全面启动，并正常运行后，再进药。停机时，应待机内物料全部出完后，2~3 分钟，再断电源。

粉碎前和粉碎过程中，应注意及时过筛，以免部分药物过度粉碎，并可提高工效；在粉碎过程中应注意减少细粉飞扬，并防止异物掺入。尤其在粉碎毒药或刺激性强的药物时，应注意防护，做到操作安全；植物药材必须全部粉碎应用，较难粉碎部分（叶脉、纤维等）不应随意丢掉，以免损失药物的有效成分，使药物的含量相对减少或增高。

2. 各类中药材因其本身结构和性质不同，粉碎的难易程度也不同。因此，粉碎时应采用不同的方法。

对于黏性强的中药材粉碎：如含糖类和黏液质多的药材天冬、麦冬、生地黄、熟地黄、牛膝、玄参、龙眼肉、肉苁蓉、黄精、玉竹、白及、党参等，粉碎时易黏结在机器上；处方中有大量含黏液质、糖分或胶类、树脂等成分的"黏性"药料，如与方中其他药料一齐粉碎，亦常发生黏机和难过筛现象，故应采用"串料"的方法。另外，也可先将黏性大的药材冷却或烘干后，立即用粉碎机不加筛片打成粗粉，将此粗粉与粉碎好的其他药材的粗粉混合均匀，上适宜的筛片再粉碎一遍，其效果有可能比"串料"更好。上述各种方法可在粉碎操作中，根据具体的处方组成、药料特性选用。

对于纤维性强的中药材粉碎：含纤维较多的药材，如黄柏、甘草、葛根、檀香等，如果直接用细筛网粉碎，药材中的纤维部分往往难于顺利通过筛片，保留在粉碎系统中，不但粗粉在粉碎过程中起缓冲作用，而且浪费大量的机械能，即所谓的"缓冲粉碎"。况且，这些纤维与高速旋转的粉碎机圆盘上的钢齿不断撞击而发热，时间长了容易着火。对这类药材可先用 10 目筛片粉碎一遍，分拣出粗粉中的纤维后，再用 40 目筛片粉碎，这样就避免了纤维阻滞于机器内造成的发热现象。这里要注意的是：不能因纤维部分较难粉碎而随意丢掉，应将分拣出的纤维"头子"用于煎煮，以避免药物的有效成分损失或使药粉的相对含量增高。

对于含纤维较多的叶花类药材：如菊花、金银花、红花、艾叶、大青叶、薄荷、荆芥等质地较轻，粉碎成粗粉容易，一般加 5~10 目筛片，有时不加筛片也可以，但粉碎成细粉相对较难，如果直接用细筛网粉碎，药材中的纤维部分往往难于顺利通过筛片。若要粉碎成细粉，可先粉碎过筛，得部分细粉，余下的纤维"头子"可加热再度适当干燥，降低水分使其质地变脆，就易进一步粉碎成细粉。

当然，纤维性强的药材，可先采用一般机械粉碎、过筛，得所需药粉后，余下的纤维"头子"，若用振动磨超细粉碎，实验操作简捷，节省药材资源。其依据是利用磨机（磨筒）的高频振动对物料作冲击、摩擦、剪切等作用而粉碎，提高了粉碎效率。

对于质地坚硬中药材的粉碎：对于质地坚硬的矿物类、贝壳化石类药材，如磁石、赭石、龙骨、牡蛎、珍珠母、龟甲等，因药材硬度大，粉碎时破坏分子间的内聚力所需外力也大，所以药材被粉碎时对筛片的打击也大，易使筛片变形或被击穿。对这类药材可不加筛片或加 5 目筛。

（二）合理设计和选择粉碎流程和粉碎机械

粉碎流程和粉碎机械的选择及设计是完成粉碎操作的重要环节。如采用粉碎级数、开式或闭式、干法或湿法等，需根据粉碎要求对其做出正确选择。例如处理磨蚀性很大的物料时，不宜采用高速冲击的粉碎机，以免采用昂贵的耐磨材料；而对于处理非磨蚀性物料、粉碎粒径要求又不是特别细（大于 100μm）时，就不必采用能耗较高的气流磨，而选用能耗较低的机械磨，若能配置高效分级器，则不仅可避免过粉碎而且可提高产量。

（三）周密的系统设计

一个完善的粉碎工序设计必须对整套工程进行系统考虑。除了粉碎机主体结构外，其他配套设施如加料装置及计量、分级装置，粉尘及产品收集，计量包装，消声措施等都必须充分注意。需要特别指出的是，粉碎操作常常是厂区产生粉尘的污染源，整个过程需做除尘处理，有条件的话，最好在微负压下操作。

三、粉碎机械的使用与养护

各种粉碎机械的性能不同，结合被粉碎药料的性质和粉碎度的要求，选用不同的粉碎机械进行粉碎，在粉碎的过程中粉碎机械的使用与保养需要注意以下几点：

1. 一般高速运转的粉碎机先开机空转，使机械转速稳定后再逐渐加入被粉碎物料，否则会使电动机负荷增加，易于发热，甚至烧毁。加料应均匀，当粉碎机过载或转速降低时，必须停止加料，待运转正常后再继续加料。

2. 药物中不应夹杂硬物，特别是铁钉、铁块，以免卡塞，引起电动机发热或烧坏。药物粉碎前，需进行净化加工处理，先剔除或在加料斗内壁上装置电磁铁进行吸除处理。

3. 运转时禁止进行任何调整、清理或检查等工作；运转时严禁打开活动门，以免发生危险和损坏机件。

4. 粉碎机停机前，首先要停止加料，待粉碎腔内物料完全粉碎，并被排出机外，方可切断电源停机。

5. 各种传动机构如轴承、伞形齿轮等，必须保持良好的润滑性，以保证机件的完好与正常运动。

6. 电动机及传动机构等应用防护罩，以保证安全，同时注意除尘、清洁等。电动机不得超负荷运行，否则容易启动困难、停机或烧毁。

7. 各种粉碎机每次使用后，应检查机件是否完整，各紧固螺栓是否松动，轴承温度是否正常，注油器是否有润滑油，清洁内外部件，添加润滑油后罩好。若发现故障，应及时检修后再行使用。

8. 粉碎机要按要求进行验证。

9. 粉碎刺激性和毒性药物时，必须按照 GMP 的要求，特别注意劳动保护，严格按照安全操作规范进行操作。

第五章

筛分、混合原理与设备

扫一扫，查阅本章数字资源，含PPT、音视频、图片等

在中药固体剂型的制备过程中，需要先将药物进行粉碎、筛分、混合后，才能加工成各种适宜剂型。如，筛分后药物与其他组分混合均匀直接分装，可得散剂；将混合均匀的药物和其他组分进行造粒、干燥后分装，可得颗粒剂；将上述制备的颗粒压缩成形，可制备成片剂；将混合后的粉末或颗粒分装入胶囊中，可制备成胶囊剂等。

中药大部分为固体，在制药前往往需要经过粉碎、筛分和混合单元操作，通过粉碎增加粉末的比表面积以提高其分散度和药物溶出速率，通过筛分将物料分成不同的粒度级别便于除杂、提取、混合、配料和制剂，通过混合将两种或多种物料相互分散达到均匀状态便于制剂质量控制及物料可加工性，确保和改进中药和产品的使用性能、安全性能或降低成本。

第一节 筛分操作

筛分是借助于筛网工具将粒径大小不同的物料分离为粒径较为均匀的两部分或两部分以上的操作。通过筛分，粒径小于筛孔的细粒物料经筛孔透过筛网，粒径大于筛孔的粗粒物料留在筛网上，实现按粒径大小分离固体混合物，操作简单，经济而且分级精度较高。制药生产过程中使用筛分操作通常有三种情况：①在净选工序中使用，其目的是为了使药材和杂质分开。②在粉碎工序中使用，其目的是将粉碎好的颗粒或粉末按粒度大小加以分等，以供制备各种剂型的需要；药材中各部分硬度不一，粉碎的难易不同，出粉有先有后，通过筛网后可使粗细的不均匀的药粉得以混匀，粗渣得到分离，以利于再次粉碎。但应注意，由于较硬部分最后出筛，较易粉碎部分先行粉碎而率先出筛，所以过筛后的粉末应适当加以搅拌，以保证药粉的均匀度，保证用药的效果。③在制剂筛选中使用，其目的是将半成品或成品（如颗粒剂）按外形尺寸的大小进行分类，以便于进一步加工或得到均一大小尺寸的产品。

一、筛分原理

（一）筛分过程

粒度不同、粗细混杂的散碎物料进入筛网，只有一部分物料与筛网直接接触，而接触的这部分物料不全是小于筛孔的细粒，大部分小于筛孔的细粒分散在整个物料层中。物料和筛网之间做相对运动，使物料呈现松散状态。大颗粒之间的间隙被扩大，小颗粒穿过间隙转移到下层，大颗粒在运动中位置不断升高，原来杂乱无章排列的颗粒群发生析离。到达筛网的细粒物料经过与筛孔大小进行比较，小于筛孔者透过筛孔，与筛上物分离。析离和透筛两个过程相互交错同时

进行。

通过孔径为 D 的筛网将物料分成粒径大于 D 及小于 D 的两部分，理想分离情况下两部分物料中的粒径各不相混。但由于固体粒子形态不规则，表面状态、密度等各不相同，实际上粒径较大的物料中残留有小粒子，粒径较小的物料中混有大粒子，如图 5-1 所示。

图 5-1　分离程度示意图

某物料过筛前的单峰型粒度分布曲线经过筛后，分为细粒度分布曲线 A 和粗粒度分布曲线 B，如图 5-2（a）所示。图中横轴为粒径，纵轴为质量。在粒径 D 及 $D+\Delta D$ 范围内，A、B 两份物料质量之和应等于分级前该粒径范围的质量。设某一粒径范围颗粒在物料 A 中的质量为 a，在物料 B 中的质量为 b，则在较粗物料 B 中该粒径范围颗粒的质量分数为 $b/(a+b)$。如仍以粒径为横轴，以物料 B 中各粒径范围颗粒的质量分数为纵轴作图，可得图 5-2（b）的曲线，该曲线称为部分分级效率曲线，$b/(a+b)$ 值称为部分分级效率。该曲线斜率越大，表明该分级设备的分离效果越高。理想分离情况下，该曲线为一垂直横轴的直线。

图 5-2　粒子粒径分布示意图

（二）透筛概率

物料颗粒透过筛孔的可能性或机会的大小，称为透筛概率。透筛概率从理论上反映了物料颗粒透筛的难易程度。实际的筛分过程是颗粒群在筛网上运动，透筛行为非常复杂，为了探讨物料透筛的基本原理，仅针对单个颗粒的情况进行分析。假定筛孔为金属丝所组成的正方形孔，筛孔边长为 D，筛丝直径为 a，被筛分的颗粒设为球形，其直径为 d。

图 5-3　颗粒垂直于筛网运动

1. 颗粒垂直于筛网运动时的透筛情况　颗粒垂直于筛网运动时如图 5-3 所示，就筛孔而言颗粒中心的运动范围应为 $(D+a)^2$。颗粒若不与筛丝碰撞，能够毫无阻碍地透过筛孔，其球心位置则应在 $(D-d)^2$ 范围内。

颗粒透过筛孔的概率 P 为：

$$P = \frac{(D-d)^2}{(D+a)^2} = \frac{D^2}{(D+a)^2}\left(1-\frac{d}{D}\right)^2 \tag{5-1}$$

式中，$D^2/(D+a)^2$ 称为筛面的开孔率，d/D 称为颗粒的相对粒度。因此透筛概率与筛面开孔率成正比，与颗粒的相对粒度成反比。

实际上物料与筛丝的碰撞是不可避免的，会有一部分物料碰撞后又折射落入筛孔中，如果考虑这部分颗粒，则式 5-1 可写为

$$P = \frac{(D-d+\psi a)^2}{(D+a)^2} = \frac{\left(1-\dfrac{d}{D}+\psi\dfrac{a}{D}\right)^2}{\left(1-\dfrac{a}{D}\right)^2} \quad (5\text{-}2)$$

式中 ψ 为颗粒碰上筛丝后弹跳起来仍能落入筛孔时的系数，亦称碰撞系数。引入碰撞系数后，同样粒径颗粒的透筛概率增大。

2. 颗粒倾斜于筛面运动时的透筛情况　事实上，物料往往是抛物线式的落在筛面上，其下落运动方向与筛网有一定夹角。设筛面倾角为 α，颗粒与筛网方向倾斜 β 角投落筛面，当不考虑重力对颗粒运动的影响，则可认为颗粒是做直线运动。

图 5-4　颗粒倾斜于筛网运动

参照式（5-2），可以写出颗粒倾斜投射到倾斜筛面上时的透筛概率

$$P = \frac{(D-d+\psi a)\left[(D+a)\cos(\alpha+\beta)-a-d+\psi a\right]}{(D+a)^2\cos(\alpha+\beta)}$$

$$= \frac{\left(1-\dfrac{d}{D}+\psi\dfrac{a}{D}\right)\left[\left(1+\dfrac{a}{D}\right)\cos(\alpha+\beta)-(1-\psi)\dfrac{a}{D}-\dfrac{d}{D}\right]}{\left(1+\dfrac{a}{D}\right)^2\cos(\alpha+\beta)} \quad (5\text{-}3)$$

若筛面水平放置，即 $\alpha=0$，且不考虑颗粒碰撞到筛丝后弹跳起来落入筛孔的可能性，则上式可写为

$$P = \frac{(D-d)\left[(D+a)\cos\beta-a-d\right]}{(D+a)^2\cos\beta} = \frac{(D-d)}{(D+a)^2}\left[D+a-\frac{a+d}{\cos\beta}\right] \quad (5\text{-}4)$$

由于 $\left(D+a-\dfrac{a+d}{\cos\beta}\right) < (D-d)$，所以颗粒倾斜于筛面运动时比垂直于筛面运动时的透筛概率小。

如果令式 5-3 中的 $\left[\left(1+\dfrac{a}{D}\right)\cos(\alpha+\beta)-(1-\psi)\dfrac{a}{D}-\dfrac{d}{D}\right]=0$，则 $P=0$，即在此倾角下，该相对粒度不能透筛了，筛面倾角达到了临界值。可以计算出各种相对粒度的物料不能透筛的筛面临界倾角 α_{oe}：

$$\alpha_{oe} = \arccos\left[\frac{d+1-\psi a}{D+a}\right]-\beta \quad (5\text{-}5)$$

由式 5-5 可知，颗粒下落角度 β 直接影响筛面的临界倾角，β 增大，α_{oe} 减小。当 $\beta=0$ 时，物料从垂直方向落到倾斜筛网上。不同相对粒度对应有不同的临界倾角，相对粒度越大，临界倾角越小。对某个相对粒度而言，如果筛面倾角 α 达到了临界值，该粒度颗粒不能透筛了，小的颗粒因具有大的临界倾角，故还可以继续透筛。因此在具有大倾角筛面的筛分机中，可以用大筛孔的筛面来处理相对粒度较小的颗粒群。

颗粒的形状如果不是球形，而是正方形、长方形或者其他不规则的形状，则其通过方形筛孔的机会就会减少。

（三）分离效率

固体物料经过筛分操作，按照粒度大小进行分离，分离的效果需要进行验证，以满足对药品质量以及制剂生产的要求。

图 5-5 表示一筛选装置，进料量为 F（kg），经筛选后得成品 P（kg）及筛余料 R（kg），设加料中有用成分质量分率为 x_F（%），成品中有用成分质量分率为 x_p（%），筛余料中有用成分质量分率为 x_R（%）。则有筛选的物料平衡示意图 5-5。

图 5-5　筛选的物料平衡示意图

由物料平衡得：

$$F = P + R \tag{5-6}$$

对物料中各料有用组分的平衡式：

$$Fx_F = Px_p + Rx_R \tag{5-7}$$

为反映筛选操作及设备的优劣，根据式 5-6 及式 5-7 的物料衡算式，得出下述定义的计算式：

$$\text{成品率} = \frac{P}{F} = \frac{x_F - x_R}{x_p - x_R} \tag{5-8}$$

有用成分回收率 η_P：

$$\eta_P = \frac{Px_P}{Fx_F} = \frac{x_P(x_F - x_R)}{x_F(x_P - x_R)} \tag{5-9}$$

无用成分残留率 η_Q：

$$\eta_Q = \frac{P(1 - x_p)}{F(1 - x_F)} = \frac{(1 - x_p)(x_F - x_R)}{(1 - x_F)(x_P - x_R)} \tag{5-10}$$

无用成分去除率 η_R：

$$\eta_R = \frac{R(1 - x_R)}{F(1 - x_F)} = \frac{(x_F - x_P)(1 - x_R)}{(x_R - x_P)(1 - x_F)} = 1 - \eta_Q \tag{5-11}$$

设 η 为筛分设备的分离效率，它应满足下列条件：

（1）理想分离时，$\eta = 1$；

（2）物料分割（$\eta_P = \eta_Q$）时，$\eta = 0$；

（3）筛网堵塞（$\eta_P = 1$，$\eta_R = 0$，$\eta_R = 0$）时，$\eta = 0$；

（4）筛网破裂漏料（$\eta_P = 0$，$\eta_R = 1$，$\eta_R = 0$）时，$\eta = 0$；

（5）正常操作时，$0 \leqslant \eta \leqslant 1$。

表达分离效率有两种方法，即牛顿分离效率 η_N 及有效率 η_E，它们各自的定义如下：

$$\eta_N = \eta_P + \eta_R - 1 = \eta_P - \eta_Q \tag{5-12}$$

$$\eta_E = \eta_P \cdot \eta_R \tag{5-13}$$

理想分离时分离效率为 1，物料分割时分离效率为 0，在一般情况下分离效率应为 0~1 的数值，分离效率愈高，表明筛选设备效率愈高。

二、药筛的种类

药筛是指按《中国药典》规定，全国统一规格，用于药剂生产的筛，或称标准筛。药筛用于中药、西药生产厂家或药典单位对液体、粉体、颗粒状药品进行分级、筛分、过滤、去杂等。药筛可以手筛，为提高效率也可以与振筛机配合使用。实际生产上常用工业筛，这类筛的选用应与药筛标准相近。

药筛按制作方法可分为两种。一种为冲制筛（冲眼或模压），系在金属板上冲出一定形状的筛孔而成。其筛孔坚固，孔径不易变动，多用于高速运转粉碎机的筛板及药丸的筛选。另一种为编织筛，是用有一定机械强度的金属丝（如不锈钢丝、铜丝、铁丝等），或其他非金属丝（如人造丝、尼龙丝、绢丝、马尾丝等）编织而成。由于编织筛线易发生移位致使筛孔变形，故常将金属筛线交叉处压扁固定，适用于粗、细粉的筛分。

根据国家标准 R40/3 系列，《中国药典》按筛孔内径规定了 9 种筛号，一号筛的筛孔内径最大，九号筛的筛孔内径最小。在制药工业中，长期以来习惯用目数表示筛号和粉体粒度，每英寸（等于 25.4mm）筛网长度内的筛孔数目称为目数。例如每英寸筛网长度内有 100 个孔的筛称为 100 目筛，能够通过此筛的粉末称为 100 目粉。目数越大，对应的粉末粒径越小。如果筛网的材质不同或丝径不同，目数虽相同，筛孔内径也会有差异。《中国药典》也列出了不同筛号对应的目数。具体见表 5-1。各国药典对于药筛孔径均有不同规定，表 5-1 列出我国与外国药典筛的比较。

表 5-1　《中国药典》筛与国外常见药筛的比较

《中国药典》筛号	筛孔内径（μm）2020 年版	相当于工业目号	约相当于外国药典、标准筛号			
			日本(2017 版)	美国(2019 版)	英国(2018 版)	WHO(2015 版)
一号	2000±70	10	8.6	10	8	8
二号	850±29	24	18	20		
三号	355±13	50	42	45	44	44
四号	250±9.9	65	60	60	60	60
五号	180±7.6	80	83	80	85	85
六号	154±6.6	100	100	100	100	100
七号	125±5.8	120	119	120	120	
八号	90±4.6	150	166	170	170	170
九号	75±4.1	200	200	200	200	200

三、粉末的分等

由于药物使用的要求不同，各种制剂常需有不同的粉碎度，所以要控制粉末粗细的标准。

药典通则 0982 提到用筛分法测定药物制剂的粒子大小或限度。按通过相应规格的药筛对粉末分等，可以用手动筛分法、机械筛分法与空气喷射筛分法。手动筛分法和机械筛分法适用于测定大部分粒径大于 75μm 的样品，对于粒径小于 75μm 的样品，则应采用空气喷射筛分法或其他适宜的方法。手动筛分法分为单筛分法和双筛分法，手动按水平方向旋转振摇至少 3 分钟；机械筛分法系采用机械方法或电磁方法，产生垂直震动、水平圆周运动、拍打、拍打与水平圆周运动相结合等振动方式，至少 5 分钟；空气喷射筛分法则采用流动的空气流带动颗粒运动，至少 5 分钟。取筛上或筛下颗粒，称定重量，计算所占比例确定粉末的等级。

《中国药典》规定了 6 种粉末的规格，如表 5-2 所示。粉末的分等是基于粉体粒度分布筛选的区段。例如通过一号筛的粉末，不完全是近于 2 mm 粒径的粉末，包括所有能通过二至九号筛甚至更细的粉粒在内。又如含纤维素多的粉末，有的微粒呈棒状，短径小于筛孔，而长径则超过筛孔，过筛时也能直立通过筛网。对于细粉是指能全部通过五号筛，含能通过六号筛不少于95%的粉末。为了提高浸出效果，饮片一般粉碎成粗粉；在制成丸剂、片剂等剂型时，为了便于成型，多用细粉；混合时，则根据各种药物的性质差异选择不同的等级。

表 5-2　粉末的分等标准

等　级	分　等　标　准
最粗粉	指能全部通过一号筛，但混有能通过三号筛不超过20%的粉末
粗　粉	指能全部通过二号筛，但混有能通过四号筛不超过40%的粉末
中　粉	指能全部通过四号筛，但混有能通过五号筛不超过60%的粉末
细　粉	指能全部通过五号筛，并含能通过六号筛不少于95%的粉末
最细粉	指能全部通过六号筛，并含能通过七号筛不少于95%的粉末
极细粉	指能全部通过八号筛，并含能通过九号筛不少于95%的粉末

四、筛分效果的影响因素

筛分效果的评价指标包括分离效率和处理能力。分离效率反映筛分的完全程度，是筛分工作的质量指标；处理能力即筛孔大小一定的筛子每平方米筛面面积每小时所处理的物料吨数 $[t/(m^2 \cdot h)]$，是筛分工作的数量指标。影响筛分效果的因素可分为三类：一是被筛分物料的性质（如粒度、含水量、粒子形状、密度等）；二是筛面性质及其结构参数（如面积、筛孔大小、形状等）；三是生产条件（装载量、运动方式等）。

（一）物料的性质

1. 物料的粒度分布　通常筛选设备所用筛网规格按物料粒径选取。设 D 为粒径、L 为方形筛孔尺寸（边长）。一般，$D/L<0.75$ 的粒子容易通过筛网，称为易筛粒；$0.75<D/L<1$ 的粒子难以通过筛网，称为难筛粒；$1<D/L<1.5$ 的粒子很难通过筛网并易堵网，故对 $0.75<D/L<1.5$ 的粒子称为障碍粒子。物料中易筛粒越多，分离效率越高，处理能力也越大。

2. 物料的含水量　物料中的水分按结合力的不同，分为结合水分和非结合水分，结合水分在物料内部，与固体结合力强，对筛分没有影响；而非结合水分为物料表面的水分，能使细粒互相粘结，增加了物料运动的阻力，黏附在大块上，还会堵塞筛孔，使得筛分效率降低。筛孔大时，能够很快将含水量高的细粒级别筛下去，筛上物的含水量大大降低，使之不致影响筛分过程的进行，筛孔尺寸越大，含水量影响越小。

由筛分效率与物料含水量的关系曲线可知（见图5-6），物料含水量达到某一范围，筛分效率急剧降低，这个范围取决于物料性质和筛孔尺寸，物料含水量超过这个范围后，颗粒的活动性重新提高，物料的黏滞性反而消失。此时，水分有促进物料通过筛孔的作用，并逐渐达到湿法筛分的条件。这时，物料和水一起进行筛分。水分对某种物料的筛分过程的具体影响，只能根据实验结果判断。

图 5-6　筛分效率与物料含水量的关系

1——吸湿性弱的物料；2——吸湿性强的物料

实际进行筛分操作时，应合理控制物料含湿量，含水量较高的物料应充分干燥，易吸潮的药粉要及时在干燥环境中过筛。富含油脂的药粉可用串油法、脱脂或冷却过筛。

3. 物料的形状　物料的形状对筛分效果有极大的影响。颗粒均匀的球形和近似球形颗粒容易透过筛面，片状和长条状较难透过筛面，容易降低筛分效果。

4. 密度　当药料中所有颗粒都是同一密度时，一般对筛分没有影响。但是当药料中粗、细颗粒存在密度差时，情形就不大一样。若粗粒密度小，细粒密度大，则容易筛分。

（二）筛面性质及其结构参数

1. 筛面的种类和形状　筛面依据材质不同分为金属筛面和非金属筛面，由于非金属材料的特性使筛分过程产生二次高频振动，使堵孔现象很难发生，有利于物料的透筛，较金属筛面的筛分效率有所提高。筛面形状常见圆形和长方形，对于长方形筛面，筛面宽度主要影响处理能力，筛面长度主要影响筛分效率。筛面宽，有效面积增加，处理能力大；筛面长，停留时间长，透筛机会多，筛分效率高，但不是越长越好。筛分一定时间后，留在筛面上的物料粒径多数为接近筛孔尺寸的难筛物料，再多停留也无益于透筛。实际上，筛面宽度对于筛分效率，筛面长度对于处理能力也都有不同程度影响，二者的匹配很重要，一般长宽比为 $1:2\sim1:3$。

2. 筛面的有效面积　筛面的有效面积即纯筛孔所占面积，一般情况下，筛面的有效面积越大，则单位筛面上的筛孔数目越多，物料透过筛孔的概率越大，其处理能力和筛分效率越高。有效面积取决于筛孔形状，常见的筛孔形状有圆形、正方形和长方形三种。圆形筛孔有效面积小，筛分效率最低，粉末状物料多采用。正方形筛孔的有效面积与筛分效率居中，块状物料多采用。长方形筛孔有效面积最大，筛分效率最高，板块物料多采用，筛孔不易堵塞，但是容易使长条状、片状物料透过，使得产品粒度不均匀。

3. 筛孔的大小与形状　筛孔越大，单位筛面面积的处理能力就越大，筛分效率也越高。筛孔的大小主要取决于筛分的目的和要求。对于粒度较大的常规筛分，一般是筛孔尺寸等于筛分粒度；但是当要求的筛分粒度较小时，筛孔应该比筛分粒度稍大些；对于近似筛分，筛孔要比筛分粒度大很多。

依次以直径、边长和短边长来表示圆形、正方形和长方形筛孔的尺寸，当三种筛子具有相同的筛孔尺寸时，筛下产物的粒度上限各不相同。筛下产物的最大粒度与筛孔尺寸的关系为：$d_{max}=kL$，式中 k 为筛孔形状系数，圆形筛孔：0.7，正方形筛孔：0.9；长方形筛孔 1.2~1.7。

（三）操作条件

1. 装载量　物料在筛网上的量应适宜，因为量太多导致料层过厚，物料没有足够的余地移动，不利于接触界面的更新，筛分效率会降低；料层太薄又会使处理能力降低。合适的料层厚度应通过试验确定。向筛面给料时，应保持连续和均匀地向筛子给料，其中均匀性既包括在任意瞬时的筛子负荷都应相等，也包括物料是在整个筛面面积上给入，这样既充分利用了筛面，又利于细粒透过筛孔，从而保证获得较高的处理能力和筛分效率。

2. 运动方式　粉体在分离过程中，由于表面能趋于降低，易形成粉块，堵塞筛孔，因此物料与筛面之间必须存在适宜的相对运动，筛分过程才能进行。产生相对运动的方式可以是筛面做水平往复直线运动（回转）、垂直往复直线运动（振动）或二者的组合。在筛面上微粒有滑动、滚动和跳动，其中跳动属于纵向运动最为有利。粉末在筛网上的运动速度不宜太快，也不宜太慢，否则也影响分离效率。过筛也能使多组分的药粉起混合作用。

第二节 筛分设备

筛分设备的种类很多，可以根据对粉末细度的要求、粉末的性质和量来适当选用。通常是将不锈钢丝、铜丝、尼龙丝等编织的筛网，固定在圆形或长方形的金属圈或竹圈上。按照筛号大小依次叠成套（亦称套筛）。最粗号在顶上，其上面加盖，最细号在底下，套在接受器上，应用时可取所需要号数的药筛套在接受器上，上面用盖子盖好，用手摇动过筛。此法多用于小量生产，也适于筛剧毒性、刺激性或质轻的药粉，避免细粉飞扬。大批量的生产则需采用机械筛具来完成筛分作业。

制药工业所用筛分设备根据其物料与筛网之间的相对运动方式可以分为滚筒筛、摇动筛和振动筛。滚筒筛筛分时，倾斜放置的滚筒筛面匀速转动，物料在筒内滚动。摇动筛筛分时，物料的运动方向基本平行于筛网，振动筛的振动方向与筛面成一定角度，这种运动特性有助于筛面上的物料分层，减少筛孔堵塞，强化筛分过程，因此具有较高的筛分效率和处理能力，成为最主要的筛分设备，被广泛应用于中药生产的净选、粉碎、制剂过程中。

图 5-7 不同运动方式的筛分设备

（a）滚筒筛；（b）摇动筛；（c）振动筛

一、滚筒筛

滚筒筛，又称回转筛，筛网覆在圆筒形、圆锥形或六角柱形的滚筒筛框上，滚筒与水平面一般有 2°~9° 的倾斜角，由电机经减速器等带动使其转动。物料由上端加入筒内，由于摩擦作用而被提升至一定高度，然后因重力作用沿筛面向下滚动，随之又被提升，物料在滚筒内的运动轨迹呈螺旋形。在不断的下滑翻滚转动过程中，细料通过筛孔由底部收集，粗料由筛的另一端排出。典型的滚筒筛结构示意图如图 5-8 所示。滚筒筛的转速不宜过高，以防物料随筛一起旋转，转速

图 5-8 滚筒筛

1——滚筒；2——环护罩；3——封罩架；4——电机；5——接料斗；6——滚筒架；7——齿轮装置；8——滚轮机构；
Ⅰ—小筛孔；Ⅱ—中等筛孔；Ⅲ—大筛孔

为临界转速的 1/3~1/2，一般为 15~20r/min。滚筒筛由于没有振动源和快速旋转的部件，工作平稳，噪声低，磨损轻，结构简单，坚固耐用，维修方便，多用于生产量大的场合。主要缺点是筛面利用率低，工作面仅为整个筛面的 1/6~1/8。体形较大，筛孔易堵塞，筛分效率低。

二、摇动筛

摇动筛如图 5-9 所示，其主要结构有筛、摇杆、连杆、偏心轮等，长方形筛水平或稍有倾斜地放置。操作时，利用偏心轮及连杆使其发生往复运动。筛框支承于摇杆或以绳索悬吊于框架上。物料加于筛网较高的一端，借筛的往复运动物料向较低的一端运动，细料通过筛网落于网下，粗料则在网的另一端排出。摇动筛的摇动幅度为 5~225mm，摇动次数为 50~400 次/分，属于慢速筛分机。摇动筛所需功率较小，但维护费用较高，生产能力低，适宜小规模生产。

图 5-9 摇动筛
1——偏心轮；2——摇杆；3——筛；4——连杆

三、振动筛

振动筛由筛箱、激振装置、传动装置、支承或吊挂装置组成，激振装置是振动筛振动的动力源泉，按照激振装置的不同可分为偏心块激振、电机激振和电磁激振三种，按照振动筛的运动轨迹不同，又可分为圆运动振动筛、直线运动振动筛、椭圆运动振动筛和复合运动振动筛。

（一）直线振动筛

直线振动筛的基本结构如图 5-10 所示，利用电动激振器作为振动源，双振动电机驱动。当两台电机做同步、反向旋转时，其偏心块所产生的激振力在平行于电机轴线的方向相互抵消，在垂直于电机轴的方向叠为一合力，因此筛机的运动轨迹为一直线。物料从给料机均匀地进入筛分

图 5-10 直线振动筛
1——箱体；2——物料出口；3——上盖；4——进料口；5——减震弹簧；6——支架；7——振动电机

机的进料口，物料在筛网上被抛起，跳跃式向前做直线运动，通过多层筛网产生不同规格的筛上物、筛下物，从各自出料口排出。直线振动筛为全封闭结构，无粉尘逸散，结构简单，自动排料，效率高，适合于无黏性物料的流水作业。

（二）旋振筛

旋振筛，又称圆形振动筛、漩涡振动式筛分机，主要由筛网、电机、重锤和弹簧等组成，如图 5-11 所示。其原理是利用在旋转轴上配置不平衡重锤或配置有棱角形状的凸轮使筛产生振动。电机的上轴及下轴各装有不平衡重锤，上轴穿过筛网并与其相连，筛框以弹簧支承于底座上，上部重锤使筛网发生水平圆周运动，卜部重锤使筛网发生垂直方向运动，故筛网的振动方向具有三维性质。物料加在筛网中心部位，筛网上的粗料由排出口排出，筛分出的细料由下部出口排出。筛网直径一般为 0.4~1.5 m，每台可由 1~3 层筛网组成。旋振

图 5-11 圆形振荡筛粉机
1——电机；2——筛网；3——上部重锤；
4——弹簧；5——下部重锤

筛是一种高精度细粉筛机械，适用于粒、粉、黏液等物料的筛分过滤。

（三）电磁振动筛

电磁振动筛由电磁铁、筛网、弹簧、衔铁等组成，见图 5-12。筛网的一边装有电磁铁，另一边装有弹簧，当弹簧将筛拉紧时，接触器相互接触而通电，使电磁铁产生磁性而吸引衔铁，筛网向磁铁方向移动；此时接触器被拉脱而断电，电磁铁失去磁性，筛网又重新被弹簧拉回，接触器重新接触而引起第二次电磁吸引，如此连续不停而发生振动作用。采用电磁作为驱动力，使得筛网具有较强的振荡性能，可以有效防止颗粒堵塞筛孔，能适应黏性较强的药粉如含油或树脂的药粉过筛。

（a）外形　　　　　（b）工作原理

图 5-12 电磁振动筛粉机
（a）1——细料出口；2——加料口；3——粗料出口　　（b）1——接触器；2——弹簧；3——筛网；4——衔铁；5——电磁铁；6——电路；7——电源；8——开关

四、气流式筛

（一）气流筛

气流筛又称为气旋筛，由电机、机座、圆筒形筛箱、风轮和气、固分离除尘装置组成，如图 5-13 所示。它是在密闭状态下利用高速气流作载体，使充分扩散的粉料以足够大的动能向筛网喷射，达到快速分离的目的。气流筛的筛分效率高，产量大，细度精确，适用范围广。因为是全封闭结构，因此无粉尘溢散现象，同时噪声小，能耗低。

（二）微细分级机

微细分级机为离心机械式气流分离筛分设备。工作原理是依靠轮叶高速旋转，使气流中夹带的粗、细微粒因产生的离心力大小不同而分开。图 5-14 为微细分离机的结构示意图。工作时待处理物料随气流经给料管和可调节的管进入机内，向上经过锥形体而进入分级区。由轴带动高速旋转的旋转叶轮进行分级，细物料随气流经过叶片之间的间隙，向上经排出口排出，粗粒被叶片所阻，沿中部机体的内壁向下滑动，经环形体自机体下部的排出口排出。冲洗气流（又称二次风）经气流入口送入机内，流过沿环形体下落的粗粒物料，并将其中夹杂的细物料分出，向上排送，以提高分级效率。

微细分级机可单独使用，也可用于干燥和粉碎的工艺流程中，安装在主机的顶部配套使用，此时流程中的引风机或鼓风机将气流及其夹带的细粉引入分级机分级后，细粉自排出口排出得到成品，而粗颗粒沿排出口回到粉碎机内重新粉碎。

图 5-13　气流筛
1——机座；2——排渣口；
3——进料口；4——筛网

图 5-14　轮筐式选粉机
1——给料管；2——可调节的管子；3——气流入口；
4——锥形体；5——旋转轮筐；6——叶片；
7——细粒排出口；8——轴；9——叶片之间的间隙；
10——中部机体；11——环形体；12——下部机体；
13——粗粒排出口

五、筛分机的选型

1. 确定筛分的目的，是净选工序对中药材进行前处理，还是粉碎工序将粉碎后颗粒进行分离，还是制剂工序将物料按粒度大小分等。选择不同的筛分机类型，一般前处理时多用摇动筛，制剂时多用振动筛。

2. 了解物料的性质，粒度分布、含水量、形状、密度等，按物料粒径选取筛网规格，含水量大或物料黏度大时要选择振动型和倾斜度大的筛网，筛网要耐磨损、抗腐蚀、可靠性要好。

3. 根据处理量选择具体的筛分机型号，根据安装空间等确定安装形式、设备布置等。

4. 使用的筛分设备必须达到制药行业的 GMP 生产标准，在材质上必须是不锈钢 304 材质甚至316材质，接触物料部分不允许有杂质污染，所以橡胶配件等也必须要达到食品级卫生标准，设备必须内外抛光，无黑点，无毛刺。

第三节　混合过程

混合通常指用机械方法使两种或两种以上物料相互分散而达到均匀状态的操作。参与混合的物料相互间不能发生化学反应，并保持各自原有的化学性质。可以是固-固、固-液、液-液等组分的混合，通常将固-固粒子的混合简称混合，将大量固体和少量液体的混合叫捏合，将大量液体和少量不溶性固体或液体的混合称为匀化。混合是制备丸剂、片剂、胶囊剂、散剂等多种固体制剂生产中重要的单元操作。

一、混合运动形式

药料固体粒子在混合器内混合时，会发生对流、剪切、扩散三种不同运动形式，形成三种不同的混合。

1. 对流混合　待混物料中的粒子在混合设备内翻转，或靠混合机内搅拌器的作用进行着粒子群的较大位置移动，使粒子从一处转移到另一处，经过多次转移，物料在对流作用下达到混合。对流混合的效果取决于所用混合机的种类。

2. 剪切混合　待混物料中的粒子在运动中产生一些类似于滑动平面的断层，被混粒子在不同成分的界面间发生剪切作用，剪切力作用于粒子断层交界面，使待混粒子得以混合，同时该剪切力伴随有粉碎的作用。

3. 扩散混合　待混物料中的粒子在紊乱运动中导致相邻粒子间相互交换位置而产生局部混合作用。当粒子的形状、充填状态或流动速度不同时，即可发生扩散混合。

一般来说，上述三种混合机理在实际混合操作中是同时发生的，但所表现的程度随混合机的类型而异。回转类型的混合机以对流混合为主，搅拌类型的混合机以强制对流混合和剪切混合为主。

二、混合程度

混合程度是衡量物料中粒子混合均一程度的指标。经粉碎和筛分后的粒子由于形状、粒径、密度等不均匀，各组分粒子在混合的同时伴随着分离，因此不能达到完全均匀的混合，只能是总体上较均匀。考查混合程度常用统计学的方法，统计得出混合限度作为混合状态，并以此作为基准标示实际的混合程度。

（一）标准偏差和方差

混合的程度可用标准偏差 σ 和方差 σ^2 表示。标准偏差 σ 和方差 σ^2 的表示式为

$$\sigma = \left[\frac{1}{n-1} \sum_{i=1}^{n} (X_i - \overline{X})^2 \right]^{\frac{1}{2}} \tag{5-14}$$

$$\sigma^2 = \frac{1}{n-1} \sum_{i=1}^{n} (X_i - \overline{X})^2 \tag{5-15}$$

式中：n——抽样次数；

　　　X_i——某一组分在第 i 次抽样中的分率（重量或个数）；

$\overline{X}$——样品中某一组分的平均分率（重量或个数）。

以某一组分的平均分率 $\overline{X} = \dfrac{1}{n} \sum\limits_{i=1}^{n} (X_i)$ 作为该组分的理论分率，由式 5-14 或式 5-15 得出的 σ 或 σ^2 的值愈小，愈接近于平均值，混合得愈均匀；当 σ 或 σ^2 为 0 时，视为完全混合。

（二）混合程度（M）

由于标准偏差 σ 和方差 σ^2 受取样次数及组分分率的影响，用来表示最终混合状态尚有一定的缺陷，为此定义混合程度在两种组分完全分离状态时 $M = 0$；在两种组分完全均匀混合时 $M = 1$。据此卡迈斯提出混合程度 M_t 定义：

$$M_t = \frac{\sigma_0^2 - \sigma_t^2}{\sigma_0^2 - \sigma_\infty^2} \tag{5-16}$$

式中：M_t——混合时间 t 时的混合程度；

　　　σ_0^2——两组分完全分离状态下的方差，即：$\sigma_0^2 = \overline{X}(1 - \overline{X})$；

　　　σ_t^2——混合时间为 t 时的方差，即：$\sigma_t^2 = \sum\limits_{i=1}^{n} \dfrac{X_i - \overline{X}}{N}$，$N$ 为样本数；

　　　σ_∞^2——两组分完全均匀混合状态下的方差，即 $\sigma_\infty^2 = \dfrac{\overline{X}(1 - \overline{X})}{n_g}$；

　　　n_g——为每一份样品中固体粒子的总数。

完全分离状态时：　　$M_0 = \lim\limits_{t \to 0} \dfrac{\sigma_0^2 - \sigma_t^2}{\sigma_0^2 - \sigma_\infty^2} = \dfrac{\sigma_0^2 - \sigma_0^2}{\sigma_0^2 - \sigma_\infty^2} = 0$

完全均匀混合时：　　$M_\infty = \lim\limits_{t \to \infty} \dfrac{\sigma_0^2 - \sigma_t^2}{\sigma_0^2 - \sigma_\infty^2} = \dfrac{\sigma_0^2 - \sigma_\infty^2}{\sigma_0^2 - \sigma_\infty^2} = 1$

一般状态下，混合程度 M 介于 0~1。

三、影响混合效果的主要因素

混合效果的影响因素主要有物料的性质、混合机的性能和混合机的操作参数。

（一）物料的性质

物料的物理性质如粒径、密度、流动性、粒子形态、静电性和表面能等均会影响混合效果。

1. 物料的粒径和密度　物料的粒径和密度，决定了物料在混合过程中分离或混合的趋势。若混合的物料具有相似的粒径和密度，那么分离的倾向就会降低，并在混合和分离之间达到平衡状态。粉体混合物中物料的粒度分布对混合物均匀性至关重要，粒度分布可影响粉体的其他性质，如流动性和可压缩性。

图 5-15 表示粒径相同与粒径不相同的粒子混合时混合程度与转数的关系。由图可知，粒径相同的两种粒子混合时混合程度随混合机的转数增大到一定程度后，趋于一定

图 5-15　粒径对混合程度的影响

值。相反，粒子不相同的物料由于粒子间的分离作用，故混合程度较低。

2. 物料的形状 待混物料中存在各种不同形状的粒子，如粒径相同混合时所达到的最终混合程度大致相同，最后达到同一混合状态。如图 5-16（a）所示。如形状不同，粒径也不相同的粒子混合时所达到的最终混合状态不同。圆柱状粒子所达到的最大混合程度为最高。而球形粒子最低。如图 5-16（b）所示。为什么球形粒子混合程度最低呢？因为小球形粒子容易在大球形粒子的间隙通过，正如球形粒子在过筛时最容易通过筛网一样，所以在混合时不同粒径的球形粒子分离程度最高，表现出混合程度最低。

图 5-16 粒子形状对混合程度的影响
1——圆柱形；2——粒状；3——球形

3. 物料的混合比 两种以上成分粒子混合物的混合比改变会影响粒子的充填状态。图 5-17 表示混合比与混合程度的关系。从图可知，粒径相同的两种粒子混合时，混合比与混合程度几乎无关。曲线 2、3 说明粒径相差愈大，混合比对混合程度的影响愈显著。

大粒子的混合比为 30%时，各曲线的混合程度 M 处于极大值。这是因为混合比为 30%左右，粒子间空隙率最小，充填状态最为密实，粒子不易移动，可抑制分离作用，故混合程度最佳。

图 5-17 混合比与混合程度的关系
粒径比：曲线 1（1∶1）；
曲线 2（1∶0.85）；
曲线 3（1∶0.67）

4. 物料的流动性 对于流动性较差的粉体，颗粒间容易互相黏附，且不利于粉体相互穿插移动、对流，不易于混合均匀；但对于流动性过强的粉体在混合均匀后容易产生偏析等二次不均匀现象，因此对于流动性较差的粉体可采用对流混合为主的混合设备进行混合，如三维运动混合，而对于流动性过强的粉末可采用双运动混合设备，该设备料桶具有的旋转运动始终将料桶底部的物料和上部的物料对倒混合，阻止了流动性过好带来的偏析现象。此外，在运输中应减少晃动和碰撞，避免混合均匀的物料分离。

（二）设备的类型和设计参数

对于粉体物料的混合，混合机类型的选择至关重要，因为混合效果很大程度上取决于混合机的性能。具体见本章第四节混合设备。

（三）操作条件

混合机的工艺参数包括混合机的转速、装料方式及充填量等，均会对混合结果产生影响。

1. 设备的转速　现以圆筒形混合器为例说明设备的转速是怎么影响混合效果的。当圆筒形混合器处在回转速度很低时，粒子在粒子层的表面向下滑动，因粒子物理性质不同，引起粒子滑动速度有差异，会造成明显的分离现象；如提高转速到最适宜转速，粒子随转筒升得更高，然后循抛物线的轨迹下落，相互碰撞、粉碎、混合，此种情况混合最好；转速过大，粒子受离心力作用一起随转筒旋转，没有混合作用。以上情况如图 5-18 所示。

（a）转速过小　　　　（b）转速过中　　　　（c）转速过大

图 5-18　圆筒型混合器内粒子运动示意图
转速：$n_1 < n_2 < n_3$

图 5-19 表示在两种不同体积的 V 形混合机中混合无水碳酸钠和聚氯乙烯时，无水碳酸钠的标准差与转速的关系曲线。从图可知，回转速度较低时，标准差随转速增加而减小，有一最小值，过了最小值之后随着转速增加而加大。很显然物料混合时有一最适宜转速。另外还可知，体积较大的混合机适宜转速较低。

图 5-19　混合机的转速与标准差之关系
1——0.25L 混合机；2——2 L 混合机

2. 装填方式　混合设备的装料方式通常有三种：第一种是分层加料，两种粒子上下对流混合；第二种是左右加料，两种粒子横向扩散混合；第三种是两种粒子开始以对流混合为主，然后转变为以扩散混合为主。如图 5-20 所示。图中曲线是表示在 7.5L V 形混合机中三种不同装料方式的方差 σ^2 与混合机转数的关系。由图可见，分层加料方式优于其他的加料方式。

3. 填充率　混合机的填充率对混合效果影响很大，填充率过大时，虽能提高产量，但此时料层增厚，混合运动状态发生了变化，破坏了原来较为适宜的运动轨迹，对混匀产生不良影响；填充率过小，生产率不能满足生产需要。填充率的确定必须和转速协同考虑，使两者搭配合理，

图 5-20　装料方式与 σ^2 的关系

以获得适宜物料运动，才能提高混匀效果。如图 5-21 所示，随着填充水平的增加，混合需要更长时间才能达到稳定状态。

图 5-21 叶轮转速为 100r·min⁻¹ 下填充水平对两叶片带式混合机混合性能的影响

第四节 混合设备

混合机械种类很多，按照操作方式可分为间歇式、连续式两种。按混合容器转动与否可分成不能转动的固定型混合机和可以转动的回转型混合机两类。在实际制药生产中，还有复合型混合机，例如在回转式容器中设置机械搅拌以及折流挡板；在气流搅拌中加机械搅拌；也可以说其是回转型的延伸。对于粉碎机而言，如果同时粉碎两种以上的物料，实际上也成为一种混合器。

一、固定型混合机

固定型混合机是物料在容器中依靠刀片/桨叶的搅拌或气流上升流动或喷射作用进行混合的设备。有槽形、锥形、气流搅拌式等类型。该类设备一般适合大批量生产。优点：①对凝结性、附着性强的混合物料有良好的适应性；②当混合物料之间差异大时，对混合状态影响小；③能进行添加液体的混合和潮湿易结团物料的混合；④装载系数大，能耗相对小。缺点（气流型混合机除外）：①混合容器一般难以彻底清洗，难以满足换批清洗要求；②卧式混合机型出料一般不干净；③装有高速转子的机型，对脆性物料有再粉碎倾向，易使物料升温。

（一）槽形混合机

如图 5-22 所示，其槽形容器内部有螺旋形搅拌桨（有单桨、双桨之分），可将药物由外向中心集结，又将中心药物推向两端，以达到均匀混合。槽可绕水平轴转动，以便自槽内卸出药料。混合时间一般均可自动控制，槽内装料约占槽容积的 60%。

槽形混合机搅拌效率较低，混合时间较长。在混合空间内有形成死角的可能。当两种物料密度相差较大时，密

图 5-22 单桨式槽形混合机

1——混合槽；2——搅拌桨；3——蜗轮减速器

度大的物料易沉积于底部。另外，搅拌轴两端的密封件容易漏粉，影响产品质量和成品率。搅拌时粉尘外溢，既污染了环境又对人体健康不利。但由于它价格低廉，操作简便，易于维修，对一般产品均匀度要求不高的药物，仍得到广泛应用。

(二) 行星锥形混合机

行星锥形混合机有单螺旋和双螺旋 2 种，双螺旋锥形混合机如图 5-23 (a) 所示，它主要由锥形筒体 1、螺旋杆 5、转臂和传动部件 2 等组成。螺旋推进器的轴线与容器锥体的主线平行，其在容器内既有自转又有公转。被混合的固体粒子在螺旋推进器的自转作用下，自底部上升，又在公转的作用下，在全容器内产生循环运动，短时间内即可混合均匀，一般 2~8 分钟可以达到最大混合程度。

双螺旋锥形混合机具有动力消耗小、混合效率高（比卧式搅拌机效率提高 3~5 倍）、容积比高（可达 60%~70%）等优点，对密度相差悬殊、混配比较大的物料混合尤为适宜。该设备无粉尘，易于清理。

为防止双螺旋锥形混合机混合某些物料时产生分离作用，还可以采用非对称双螺旋锥形混合机〔见图 5-23 (b)〕。

图 5-23 双螺旋锥形混合机

1——锥形筒体；2——传动部件；3——减速器；
4——加料口；5——螺旋杆；6——出料口

图 5-24 回转圆盘形混合机

1、2——加料口；3——上锥形板；4——环形圆盘；
5——混合区；6——下部圆盘；7——出料口；
8——出料挡板

(三) 圆盘形混合机

如图 5-24 所示为回转圆盘形混合机。被混合的物料由加料口 1 和 2 分别加到高速旋转的环形圆盘 4 和下部圆盘 6 上，由于惯性离心力作用，粒子被散开。在散开的过程中粒子间相互混合，混合后的物料受出料挡板 8 阻挡由出料口 7 排出。回转盘的转速为 1500~5400 转/分，处理量随圆盘的大小而定。此种混合机处理量较大，可连续操作，混合时间短，混合程度与加料是否均匀有关。物料的混合比可通过加料器进行调节。

(四) 气流式混合机

如图 5-25 所示为一气流式混合机，压缩空气通过底部的混合头喷嘴喷射进入料仓，仓内物料随压缩空气沿筒壁螺旋式上升，形成流态化混合状态。经过若干个脉冲吹气和停顿间隔，即可实现全容积内物料的快速均匀混合。废气经上方的过滤器排出，混合产品通过锥形卸料阀排出。混合机内无机械转动部件，没有摩擦生热，也不存在润滑剂污染产品的情况，可以无损混合。气流式混合机批处理能力大，混合速度快，混合均匀度高，结构简单，维护工作量少，单位能耗低，特别适合大批量物料的短时间均匀混合操作，特别适合微粉的混合。作为整套装置还应包括空气压缩机、压力调节器、集尘器等，所以附属设备多，整体规模大。

二、回转型混合机

回转型混合机则依靠容器本身的回转作用带动物料运动而达到均匀混合。容器形状有 V 形、双圆锥形、三维混合机、料斗等。优点：①当混合具有摩擦性混合物料时，混合效果好；②当混合流动性好、物性相近似的物料时，可以得到较好的混合效果；③对易产生凝结和附着的物料混合时，需在混合设备内安装强制搅拌叶片或扩散板等装置。缺点：①大容量混合机占地面积相对大，需要有坚固的基础；②由于物料与容器同时转动进行整体混合，回转型比固定型所需能耗大；③需要制作特殊装置进行定位或停车；④当混合物料物性差距较大时，一般不能得到理想的混合物；⑤与固定型相比，回转型的噪声相对较大。

图 5-25　气流混合机
1——过滤器；2——加料口；3——料仓；
4——混合头；5——压缩空气；6——锥形卸料阀

（一）V 形混合机

如图 5-26 所示为一 V 形混合机，它是由两个圆筒 V 形交叉结合而成。两个圆筒一长一短，圆口经盖封闭。圆筒的直径与长度之比一般为 0.8 左右，两圆筒的交角为 80°左右，减小交角可提高混合程度。设备旋转时，可将筒内药物反复地分离与汇合，以达到混合。其最适宜转速为临界转速的 30% ~ 40%，最适宜容量比为 30%，可在较短时间内混合均匀，是回转型混合机中混合效果较好的一种设备。

图 5-26　V 形混合机
1——机座；2——电动机；3——传动皮带；
4——容器；5——盖；6——旋转轴；7——轴承；
8——出料口；9——盛料器

（二）双锥混合机

如图 5-27 所示为双锥混合机，在短圆筒两端各连接一个圆锥形筒，转动轴与容器的中心线垂直。其工作原理与 V 形混合机相似。该混合机结构简单，操作方便，适用于物料流动性良好、物料差异小的粉粒体的混合，以及混合度要求不高而又要求混合时间短的物料，由于混合容器内的物料流动平稳，不会破坏物料原形，因此也适用于易破碎、易磨损的粒状物料的混合或较细的粉粒、块状以及含有一定水分的物料混合。

图 5-27　双锥混合机示意图

1——冷凝水；2——进热源；3——转轴接头；4——机架；5——料桶；6——进料口；7——密封座；8——真空表；
9——传动皮带；10——电机控制系统；11——电动机；12——底座

(三) 三维运动混合机

图 5-28 所示为三维运动混合机，它是由机座、传动系统、电器控制系统、多向运行机构、混合筒等部件组成。其混合容器为两端锥形的圆筒，筒身被两个带有万向节的轴连接，其中一个为主动轴，另一个为从动轴，当主动轴转动时带动混合容器运动。该机利用三维摆动、平移转动和摇滚原理，产生强力的交替脉动，并且混合时产生的涡流具有变化的能量梯度，使物料在混合过程中加速流动和扩散，同时避免了一般混合机因离心力作用所产生的物料偏析和积聚现象，可以对不同密度和不同粒度的几种物料进行同时混合。三维运动混合机混合的均匀度可达99.9%以上，最佳填充率在 60%左右，最大填充率可

图 5-28　三维运动混合机示意图

达 80%，大大高于一般混合机，混合时间短，混合时无升温现象。该机亦属于间歇式混合操作设备。

(四) 料斗混合机

料斗（又称方锥）混合机具备多向混合机的特点，回转体（混合料斗）与回转轴线成一定夹角，混合料斗中的物料随回转体上下翻动，同时沿斗壁做切向运动，产生强烈的翻转和高速的切向运动，从而达到最佳的混合效果。料斗混合机有 3 种，分别为自动提升料斗混合机、单臂提升料斗混合机以及柱式提升料斗混合机，其共同点是料斗均能拆装，不同之处在于，第一种为二端夹持型［图 5-29（a）］，第二种为单一夹持型，能适应区域分隔，第三种为单柱式可提升夹持型［图 5-29（b）］。料斗混合机的装料系数为 50%~80%，混合均匀度≥99%，混合时间≤20分钟。

（a）　　　　　　　　（b）

图 5-29　料斗混合机示意图

三、复合型混合机

（一）一维运动混合机

一维运动混合机又称滚翻运动混合机，其由料筒、传动系统、机座等组成，筒体在电机的带动下做均速旋转运动，由于筒体内壁焊有若干特制的抄板，物料在抄板的推动下，沿着筒壁做环向运动，形成物料上下、左右方向的运动。同时，由于抄板与筒体中轴线有一定的角度，使物料在筒体内做前后方向的运动。虽然，料筒的运动很简单（一维运动），但料筒内的物料在料筒内充分的滚翻（三维运动），加之上料筒内保留的剩余空间和料筒的合理旋转速度，使参加混合的不同组分能最大限度地做相对运动，从而达到混合的目的。一维运动混合机的装料系数为 50%，混合均匀度为 96% 左右，混合时间 20~40 分钟。

（二）二维运动混合机

二维运动混合机，又称摇滚运动混合机，结构如图 5-30 所示，它在运转时混合筒既转动又摆动，同时筒内带有螺旋叶片，使筒中物料得以充分混合。该机具有混合迅速、混合量大、出料便捷等特点，尤其适用于大批量，每批可混合 250~2500kg 的固体物料。该机属于间歇式混合操作设备。二维运动混合机的装料系数为 50%~60%，混合均匀度为 98% 左右，混合时间 16~20 分钟。

图 5-30　二维运动混合机示意图

四、混合机的选型

（一）制药工业混合设备选型的一般原则

1. 确定操作目的，包括混合程度、生产能力、操作特点（间歇还是连续）、无菌生产还是非无菌生产；

2. 了解物料特性，包括粒径大小、粒子形状及其分布、密度和表观密度、流动性、附着性和凝聚性、含水量等；

3. 对照表5-3初步确定合适的混合机型；

4. 核算设备费、操作费、维护费等，综合操作合理性和设备的经济性因素最终确定混合机型。

（二）制药工业混合设备选择的一般方法

基于粉体混合操作的复杂性，特别是粉体物料的性质对混合效果影响很大，根据一般原则进行混合机的选型实际有一定困难，可以采取一些一般方法，包括类比法、小试法和中试法。

1. 类比法　药厂根据物料，参照同行厂家选用的机型，可以较快选定自己所需的混合机型。该方法的优点是方便简捷，选型的投资较少、失误也较少。但首要条件是要了解他人选型时不完善的一面，避免走弯路。

2. 小试法　药厂根据物料，参照混合机生产厂家技术资料和表5-3，初步选定小试机型进行试验，在小试中要测定混合机的性能、混合均匀度、最佳混合状态等。在小试中，可选定几种混合机进行对比实验，然后按照下列原则最终选定混合机：①混合均匀度和混合所需的时间；②设备、能耗、维修和操作等费用的综合比较；③安装条件和生产条件等。根据试验分析结论，确定机型。如对选定产品还有不满意的地方，可向厂方提出修正要求，使之更适合生产要求。

3. 中试法　对大型混合设备选型来说，有时仅用小试结果还不够，最好还要进行中试，中试的目的是验证小试的结果，同时为选型提供进一步的依据，但应注意几点：①中试设备规模越接近所选用的设备规格，其试验结果越可靠。②由于粉体混合设备放大系数数据信息甚少，因此中试需与设备厂家紧密配合，还应把注意力放在混合均匀度、功率变化、混合时间及混合启动等问题上。也只有中试结果与小试结果相一致后，进一步选型才能有可靠依据。③中试时，应尽可能采用给定过程的物料，与小试物料相一致。

（三）制药工业混合设备使用过程的注意事项

粉体混合过程中产生静电容易聚集，因此混合机设置防静电功能是很有必要的。混合机的启动和停止方式会影响产品的质量，如果停止时速度降低很慢，则在混合物静止之前，分离有可能会在低速下发生。

间歇生产的混合设备，为避免批量操作之间的产品污染，每次使用后，混合器必须彻底进行清洗。为适应这一条件，需要光滑、高精度抛光的混合器表面，而且要易于进行清洗操作。如果要避免可能的润滑油污染，轴承与密封套不应与混合物接触，或安放在混合物上面。

混合过程中还常常涉及粉尘逸出污染环境问题，将粉料全部封闭在密闭的混合容器中具有明显优越性，但在加料和卸料操作时，封闭必须打开。从健康安全及经济角度考虑，应尽可能采取措施减少污染和损失。

表 5-3　各种混合机型性能参数

混合机型		操作方式		主要混合机理	粒径范围（mm）				含水率		物料差异		磨损性大	出料	清洗	无菌生产
		间歇	连续		1.0以上	0.1~1.0	0.01~0.1	μm以下	干燥	湿润	小	大				
固定型	槽形	○		对流剪切	○	○	○		○	Δ	○			易	较易	
	行星锥形	○		对流剪切	○	○	○	○	○		○	○	○	易	难	Δ
	圆盘形	○	○	对流剪切	○	○	○		○		○	○	○	易	难	
	气流搅拌	○	○	对流	○	○			○		○			易	易	
回转型	V形	○		扩散	○	○	Δ		○		○		○	易	易	Δ
	双锥	○		扩散	○	○	Δ		○		○			易	易	Δ
	三维	○		扩散对流	○	○	Δ		○		○	Δ		易	易	Δ
	料斗	○		扩散	○	○	Δ		○		○	Δ		易	易	○
复合型	一维	○		扩散对流	○	○	○		○	Δ	○	Δ	○	较易	较易	Δ
	二维	○		扩散对流	○	○	○		○	Δ	○	Δ		易	易	Δ
	带叶片V形	○		扩散对流	○	○	○		○	Δ	○			易	较难	
	带叶片双锥	○		扩散对流	○	○	○		○	Δ	○	Δ		易	较难	

注：○为适合，Δ为可以使用，空格为不适用。

第六章
分离原理与设备

扫一扫，查阅本章数字资源，含PPT、音视频、图片等

分离操作是制药工业中重要的操作单元之一，是指对混合物中不同成分进行分离的操作流程。在制药生产中，混合物系一般可分为均相和非均相两大类。前者是指内部物性均匀且不存在相界面的物质，又称为均相混合物，如混合气体、溶液等；后者是指内部存在相界面且界面两侧物性不同的物系，又称为非均相混合物，如悬浮液、乳浊液、含尘气体等。

非均相物系中，处于分散状态的物质，如悬浮液中的固体颗粒，称为分散相或分散物质；包围着分散物质的流体，则称为连续相或分散介质。

非均相物系的分离是制药生产中常见的分离任务，其主要目的是收集有价值的分散物质、净化分散介质和环境保护等，实质是将分散相与连续相分开。利用分散相和连续相物理性质不同，在外力作用下采用机械方法予以分离，分离方法主要有：①沉降，依据分散介质和分散物质的密度差异，在重力场或离心场中进行分离。②过滤，依据分散相和连续相对固体多孔介质透过性的差异，在重力、压强差或离心力的作用下，流体透过介质，而分散的固体物质受到阻挡被分离出来。

第一节　固-液分离

固液分离技术的效果将直接影响到产品的质量、收得率、成本及劳动生产率，甚至还关系到生产人员的劳动安全和企业的环境保护。

固-液分离的主要目的是：①获得固体物质，如在药品生产中的结晶除液过程；②获得澄清溶液，如制备注射剂时除去液体中的异物；③药液的除菌；④溶液中助滤剂的分离；⑤中药生产中以动植物为原料经过萃取后，将萃取液与固体物料的分离等。

在固-液分离操作中，固体颗粒、液体的性质对于分离的效果有很重要的影响。如固体颗粒的形状、尺寸、密度、比表面积、孔隙率等；液体的密度、黏度、表面张力、挥发性等。当固体颗粒不溶于液体介质时，所组成的悬浮液的性质与固液两者的性质相关，同时还会产生新的变化和特性，如悬浮液的密度、黏度、固含量、电动现象及 Zeta 电位等，这些因素将会决定固-液分离过程中颗粒沉降或过滤速度的快慢、分离效果的好坏。

一、过滤分离

过滤是一种分离悬浮于液体或气体中固体微粒的单元操作。通常所说的过滤多指将悬浮于液体中的固体微粒进行分离的操作，即悬浮液的过滤。过滤操作是分离悬浮液最普遍和有效的单元操作过程之一。它是利用流态混合物系中各物质粒径的不同，以某种多孔物质为筛分介质，在外

力作用下，使悬浮液中的液体通过介质孔道流出，而固体颗粒被介质截留，从而实现固液分离的操作。

（一）过滤原理

过滤操作中采用的多孔物质称为过滤介质，所处理的悬浮液称为滤浆，通过介质得到的悬浮液称为滤液，被截留的固体物质称为滤饼或滤渣。过滤过程一般分为四个阶段：①过滤，刚开始过滤操作时，由于过滤介质的孔径大于料液中部分较细颗粒的粒径，往往不能阻止微粒通过，滤液可能是不符合要求的混浊液。随着过滤的进行，细小颗粒在孔道上出现"架桥"现象，固体颗粒多被截留而形成滤饼，在滤饼中的孔道要比介质孔道细，能阻止微粒的通过而得到澄清的滤液。有效的过滤操作往往是在滤饼层形成后开始的。②洗涤，滤饼随过滤的进行越积越厚，滤液通过阻力增大，过滤速度降低。如果所需的是滤液，则残留在滤饼中的滤液应回收；如果所需的是滤饼，则应避免滤液影响其纯度。因此，需要用清水在推动力作用下，冲去残存在滤饼孔道中的滤液，此时的排出液称为洗液。③去湿，洗涤完毕后，需将滤饼孔道中残存的洗液除掉，以利于滤饼后续工序的进行。常用的办法是用空气在压力作用下，通过滤饼以排出残留洗液。④卸料，将滤饼从滤布上卸下来的操作称为卸料。卸料力求彻底干净，若滤饼不是所需产品，可用清水清洗一下，在滤布使用一段时间后，应彻底进行清洗，以减小过滤阻力，此操作过程称为滤布的再生。过滤操作分为表面过滤和深层过滤。

1. 表面过滤　又称为饼层过滤。过滤时，悬浮液置于过滤介质的一侧，固体颗粒沉积于介质表面而形成滤饼层。过滤介质中微细孔道的直径不一定小于被截留的颗粒直径，过滤开始时会有部分颗粒在孔眼处发生架桥现象，也会有一些细小颗粒穿过介质而使滤液浑浊，需要在滤饼层形成后将初滤液重新过滤。滤饼形成后，产生的阻力远远大于过滤介质引起的阻力，成为真正发挥截留颗粒作用的过滤介质。

表面过滤适用于处理固体含量较高（固相体积分率约在1%以上）的悬浮液，不适宜过滤颗粒很小且含量也很少（固体体积浓度大于1%）的悬浮液。如中药生产中大多是药液的澄清过滤，所处理的悬浮液固相浓度往往较高，主要采取表面过滤。

表面过滤时，过滤介质和滤饼对滤液的流动具有阻力，要克服这种阻力，就需要一定的外加推动力，即在滤饼和过滤介质两侧需保持一定的压强差。实现过滤操作的外力可以是重力、压力差或惯性离心力。根据推动力不同，过滤可以分为常压过滤、真空过滤、加压过滤和离心过滤。常压过滤依靠悬浮液自身的液位差进行过滤；真空过滤依靠在过滤介质一侧抽真空的方法来增加推动力；加压过滤利用压缩空气、离心泵、往复泵等输送悬浮液形成的压力作为推动力；离心过滤则将高速旋转产生的离心力作为过滤过程中的推动力。常压过滤的生产能力很低，制药生产中很少采用，应用最多的是以压力差为推动力的过滤。

2. 深层过滤　在深层过滤中，固体颗粒在介质表面上不形成滤饼，而是沉积在较厚的颗粒过滤介质床层内部。悬浮液中的颗粒尺寸小于床层孔道尺寸，当颗粒随液体在床层内的曲折孔道中流过时，被截留在过滤介质内。

深层过滤适用于悬浮液中颗粒小、滤浆浓度极稀（一般固相体积浓度低于0.1%）的场合，如饮用水的净化。其缺点是吸附能力强，滤过过程中药物成分损失较大。

（二）过滤基本理论

过滤是在多孔的过滤介质上加入悬浮液，借助重力及压强差的作用，使滤液从滤布及滤饼的孔隙间流过的过程。由于滤饼是由大量细小的固体颗粒组成，颗粒之间存在空隙，这些空隙互相连通，形成不规则的网状结构。由于颗粒很小，其形成的孔道直径也很小，流体在其中的阻力很大，流速很低，因此流体通过孔隙的流动可以认为是滞流运动，假设过滤过程中所形成的滤饼是均匀的，把流体流过的孔隙看成是许多垂直的通道，其当量直径为 d_e，其孔隙率始终不变。则有：

$$d_e = \frac{4 \times 流通截面积}{流体浸润周边面积} \tag{6-1}$$

过滤速度通常是将单位过滤时间通过单位过滤面积的滤液体积称为过滤速度，单位为 $m^3/(m^2 \cdot s)$ 即 m/s。假设过滤设备的过滤面积为 A，在过滤时间 dt 内所得的滤液量为 dV，则过滤速度为 dV/Adt，过滤速率为 dV/dt。

多孔床层指由多孔介质所截留的颗粒组成的具有许多小的孔道的床层，颗粒床层的厚度越厚，过滤阻力越大。因此过滤阻力与床层厚度及床层孔隙率有关。

床层孔隙率
$$\varepsilon = \frac{床层体积 - 颗粒体积}{床层体积} \tag{6-2}$$

床层孔隙率与粒度分布、颗粒形状及颗粒表面粗糙度等有关。

由经验及推导得：

$$d_e \propto \frac{孔隙体积}{形成滤饼的颗粒的全部表面积} \tag{6-3}$$

$$d_e \propto \frac{\varepsilon}{(1 - \varepsilon) a_s} \tag{6-4}$$

式中：a_s 为颗粒的比表面积 m^2/m^3；或为单位体积颗粒的表面积，m^2/m^3。

对于球形颗粒：

$$a_s = \frac{\pi d^2}{\frac{1}{6}\pi d^3} = 6/d \tag{6-5}$$

滞流时：

$$\Delta p^* = \Delta p_c^* + \Delta p_m^* = \frac{32\mu\delta u_{m1}}{d_e^2} \tag{6-6}$$

式中：Δp^*——过滤压力差（阻力损失）；

$\quad\quad \Delta p_c^*$——滤饼两侧的压力差；

$\quad\quad \Delta p_m^*$——过滤介质两侧的压力差；

$\quad\quad u_{m1}$——滤液在床层垂直孔道中的平均流速，m/s；

$\quad\quad \delta$——床层厚度：m；

$\quad\quad \mu$——液体的黏度，$Pa \cdot s$。

将比例常数用 k' 代替，则有：

$$u_{m1} = \frac{\Delta p^* \cdot d_e^2}{k'\mu\delta} \tag{6-7}$$

设按滤饼层横截面积计算的滤液的平均流速为 u_m，即单位时间单位过滤面积上的滤液体积量 m/s。则有：

$$\frac{u_m}{u_{m1}} = \varepsilon \tag{6-8}$$

$$u_m = \frac{dV}{Adt} = \varepsilon u_{m1} = \frac{\Delta p^*}{k'\mu\delta} \cdot \frac{\varepsilon^3}{(1-\varepsilon)^2 a_s^2} \qquad (6-9)$$

比例常数 k' 与滤饼的空隙率、颗粒的形状、排列及粒度范围有关，对于颗粒床层内的滞留流动可取 5。因此式 6-9 可写为：

$$u_m = \frac{dV}{Adt} = \frac{\varepsilon^3}{5a_s^2(1-\varepsilon)^2} \cdot \frac{\Delta p^*}{\mu\delta} \qquad (6-10)$$

式中：u_m——过滤速度，为单位时间单位过滤面积的滤液体积量，m/s；

V——滤液体积，m^3；

A——过滤面积，m^2；

t——过滤时间，s。

由式 6-7 和式 6-9 可知：

$$\frac{dV}{dt} = \frac{\varepsilon^3}{5a_s^2(1-\varepsilon)^2} \cdot \frac{A\Delta p^*}{\mu\delta} \qquad (6-11)$$

式中：dV/dT——过滤速率，即单位时间所获滤液量，m^3/s。

【例 6-1】　假设将床层空间均匀分成长等于球形颗粒直径的立方格，每一立方格放置一颗固体颗粒。现有直径为 0.1mm 和 10mm 的球形颗粒，按上述规定进行填充，填充高度为 1m。试求：

（1）两种颗粒层的空隙率各为多少？

（2）若将常温常压的空气在 981Pa 的压差下通入两层床，床层的空速各为多少？

（3）欲使细颗粒床层通过与（2）中的粗颗粒床层同样的流量，所需压差为多少？

解：（1）由床层空隙率定义可得

$$\varepsilon = \frac{V_{床} - V_{颗}}{V_{床}} = \frac{d^3 - (\pi/6)d^3}{d^3} = 1 - \frac{\pi}{6} = 0.476$$

可见，空隙率 ε 与颗粒的绝对尺寸无关，皆为 0.476。

（2）常温常压下空气的密度和黏度为

$$\rho = 1.2kg/m^3 , \mu = 1.81 \times 10^{-5} Pa \cdot s$$

对于细颗粒，比表面积 $a = 6/d = 6 \times 10^4 m^2/m^3$，假定康采尼公式适用，即

$$\frac{\Delta P}{L} = 5\frac{a^2(1-\varepsilon)^2}{\varepsilon^3}\mu u$$

对于气体，$\Delta P \approx \Delta p$，

$$u = \frac{(\frac{\Delta P}{L})\varepsilon^3}{5a^2(1-\varepsilon)^2\mu} = \frac{(\frac{\Delta p}{L})\varepsilon^3}{5a^2(1-\varepsilon)^2\mu}$$

$$= \frac{981 \times 0.476^3}{5 \times (6 \times 10^4)^2 \times (1-0.476)^2 \times 1.81 \times 10^{-5}} = 1.183 \times 10^{-3}(m/s)$$

$$R_e' = \frac{\rho u}{a(1-\varepsilon)\mu} = \frac{1.2 \times 1.183 \times 10^{-3}}{6 \times 10^4 \times 0.524 \times 1.81 \times 10^{-5}} = 2.49 \times 10^{-3} < 2$$

故计算结果正确。

对于粗颗粒，$a = 6/d = 600m^2/m^3$，假定欧根公式中黏性力项可忽略，即

$$\frac{\Delta P}{L} = 0.29\frac{a^2(1-\varepsilon)}{\varepsilon^3}\rho u^2$$

$$u = \sqrt{\frac{(\Delta P/L)\varepsilon^3}{0.29a(1-\varepsilon)\rho}} = \sqrt{\frac{981 \times 0.476^3}{0.29 \times 600 \times (1-0.476) \times 1.2}} = 0.983(\mathrm{m/s})$$

$$R_{\mathrm{e}}^{'} = \frac{\rho u}{a(1-\varepsilon)\mu} = \frac{1.2 \times 0.983}{600 \times (1-0.476) \times 1.81 \times 10^{-5}} = 108 > 100$$

故计算结果正确。

（3）若细颗粒层空速 $u = 0.983\mathrm{m/s}$，则

$$R_{\mathrm{e}}^{'} = \frac{\rho u}{a(1-\varepsilon)\mu} = \frac{1.2 \times 0.983}{6 \times 10^4 \times (1-0.476) \times 1.81 \times 10^{-5}} = 2.07 < 3$$

故康采尼公式已不适用，但可以忽略欧根公式中的惯性力项，即

$$\frac{\Delta P}{L} = 4.17 \frac{a^2(1-\varepsilon)^2}{\varepsilon^3}\mu u$$

$$= 4.17 \frac{(6 \times 10^4)^2(1-0.476)^2}{0.476^3} \times 1.81 \times 10^{-5} \times 0.983 = 1.43 \times 10^5(\mathrm{Pa/m})$$

（三）过滤的基本方程式

过滤过程中形成的滤饼分为可压缩滤饼和不可压缩滤饼，过滤时滤液流过的孔道随滤饼两侧压力差的变化而变化的滤饼称为可压缩滤饼，过滤时颗粒的排列方式及孔道大小不随滤饼两侧压力差的变化而变化的滤饼称为不可压缩滤饼。

1. 不可压缩滤饼过滤的基本方程　若令

$$r = \frac{5a_{\mathrm{s}}^2(1-\varepsilon)^2}{\varepsilon^3} \tag{6-12}$$

那么，式6-9可写成：

$$u_{\mathrm{m}} = \frac{\mathrm{d}V}{A\mathrm{d}t} = \frac{\varepsilon^3}{5a_{\mathrm{s}}^2(1-\varepsilon)^2} \cdot \frac{\Delta p^*}{\mu\delta} = \frac{\Delta p^*}{r\mu\delta} \tag{6-13}$$

式中：r——滤饼的比阻，单位为 $1/\mathrm{m}^2$。

比阻反映了颗粒形状、尺寸及床层孔隙率对滤液流动的影响，一般 $\varepsilon\downarrow$ 和 $a_{\mathrm{s}}\uparrow$，$r\uparrow$，$u_{\mathrm{m}}\downarrow$，对流体流动的阻滞力越大。

由于过滤时压力降包括滤饼的压力降及过滤介质的压力降，过滤介质的压力降可虚拟等于相对应的滤饼的压力降，其所对应的各参数也虚拟为与其相应滤饼所对应的参数。

若生成厚度为 δ 的滤饼所需时间为 t，产生滤液体积 V，产生单位面积的滤液体积 q（$q = V/A$），生成当量滤饼厚度 δ_{e} 所获得当量滤液体积 V_{e}，则过滤介质阻力相对应的虚拟过滤时间为 t_{e}，与过滤介质相当的当量滤饼厚度为 δ_{e}，过滤介质相对应的当量单位面积的滤液量为 q_{e}。t_{e}、q_{e}、V_{e}、δ_{e} 均为过滤介质所具有的常数，反映过滤介质阻力的大小。

经推导得到不可压缩滤饼过滤基本方程为：

$$\delta = \frac{滤饼体积}{过滤面积} = \frac{v(V + V_{\mathrm{e}})}{A} \tag{6-14}$$

代入过滤速度公式整理得：

$$u_{\mathrm{m}} = \frac{\mathrm{d}V}{A\mathrm{d}t} = \frac{\Delta p^*}{r\mu\delta} = \frac{\Delta p^*}{r\mu\dfrac{v(V + V_{\mathrm{e}})}{A}} \tag{6-15}$$

$$u_{m1} = \frac{dV}{dt} = \frac{A^2 \Delta p^*}{rv\mu(V + V_e)} \tag{6-16}$$

式中：v——滤饼体积与滤液体积之比。

式 6-16 为不可压缩滤饼过滤基本方程。

【例 6-2】　一小型板框压滤机有 5 个框，长宽各为 0.2m，在 300kPa（表压）下恒压过滤 2h，滤饼充满滤框，且得滤液 80L，每次洗涤与装卸时间各为 0.5h。若滤饼不可压缩，且过滤介质阻力可忽略不计。求：（1）洗涤速率为多少 $m^3/(m^2 \cdot h)$？（2）若操作压强增加一倍，其他条件不变，过滤机的生产能力为多少？

解：（1）洗涤速率

因过滤介质阻力可忽略不计，即

$$q^2 = K\tau$$

过滤面积　　$A = 5 \times 0.2^2 \times 2 = 0.4$（$m^2$）

单位过滤面积上的滤液量　　$q = V/A = 80 \times 10^{-3}/0.4 = 0.2$（$m^3/m^2$）

过滤常数　　$K = q^2/\tau = 0.2^2/2 = 0.02$（$m^2/h$）

过滤终了时的速率　　$(dq/d\tau)_E = K/2q = 0.02/(2 \times 0.2) = 0.05$（$m/h$）

洗涤速率　　$(dq/d\tau)_W = 0.5(dq/d\tau)_E = 0.5 \times 0.05 = 0.025$（$m/h$）

（2）$\Delta p' = 2\Delta p$ 时的生产能力

因滤饼不可压缩，所以　　$K' = K\Delta p'/\Delta p = 2K = 2 \times 0.02 = 0.04$（$m^2/h$）

因在原板框压滤机过滤，悬浮液浓度未变，则当 5 个板框充满滤饼时所得滤液量仍为 $V' = 0.08m^3$，故此时所用的过滤时间为

$$\tau = q'^2/K' = q^2/K = 0.2^2/0.04 = 1\,（h）$$

生产能力 $Q = V'/(\tau + \tau_w + \tau_D) = 0.08/(1 + 0.5 + 0.5) = 0.04$（$m^3/h$）

2. 可压缩滤饼的过滤基本方程　对于可压缩滤饼：$r = r'(\Delta p^*)^S$

式中：S——压缩指数；

　　　　r——滤饼的比阻；

　　　　r'——为单位压力差下滤饼的比阻。

则可压缩滤饼过滤基本方程为

$$u_{m1} = \frac{dV}{dt} = \frac{A^2(\Delta p^*)^{1-S}}{r'v\mu(V + V_e)} \tag{6-17}$$

式中：S 多由实验测得，$S = 0 \sim 1$，不可压缩滤饼 $S = 0$。

式 6-17 称为过滤的基本方程式，它表示过滤进程中任一瞬间的过滤速率与物系性质、压力差、过滤面积、累计滤液量等各因素之间的关系，是过滤计算及强化过滤操作的基本依据。该式适用于可压缩滤饼及不可压缩滤饼。

应用过滤基本方程式时，需针对操作的具体方式而积分。过滤操作的特点是随着过滤操作的进行，滤饼层厚度逐渐增大，过滤阻力也相应增大。若在恒定压力差下操作，过滤速率必将逐渐减小；若要保持恒定的过滤速率，则需要逐渐增大压力差。有时，为避免过滤初期因压力差过高而引起滤液浑浊或滤布堵塞，可在过滤开始时以较低的恒定速率操作，当表压升至给定数值后，再转入恒压操作。因此，过滤操作常有恒压过滤、恒速过滤以及先恒速后恒压过滤三种。

① 恒压过滤　恒压过滤是最常见的过滤方式，连续过滤机内进行的过滤都是恒压过滤，间歇过滤机内进行的过滤也多为恒压过滤。恒压过滤时，由于滤饼不断变厚，过滤阻力逐渐增加，

但过滤推动力 Δp^* 保持恒定，即为一常数，因而过滤速率逐渐变小。

对于一定的悬浮液，μ、r'、s 及 v 为常数，若令

$$\kappa = \frac{1}{r'\mu v} \tag{6-18}$$

则有：

$$\frac{\mathrm{d}V}{\mathrm{d}t} = \frac{A^2(\Delta p^*)^{1-S}}{r'v\mu(V+V_e)} = \frac{\kappa A^2(\Delta p^*)^{1-S}}{(V+V_e)} \tag{6-19}$$

式中：κ——悬浮液物性的常数，单位：$m^4/N \cdot S$。

若令 $K = 2\kappa(\Delta p^*)^{(1-S)}$，对滤饼和过滤介质基本方程分别积分再相加得：

$$\frac{\mathrm{d}V}{\mathrm{d}t} = \frac{KA^2}{2(V+V_e)} \tag{6-20}$$

将 6-20 积分得

$$\int_0^{V+V_e} 2(V+V_e)\mathrm{d}V = \int_0^{t+t_e} KA^2\mathrm{d}t \tag{6-21}$$

得

$$(V+V_e)^2 = KA^2(t+t_e) \tag{6-22}$$

令 $q = \dfrac{V}{A}$ 代入，则 $(q+q_e)^2 = K(t+t_e)$ $\qquad$ (6-23)

式中：q——单位过滤面积的累计滤液量，m^3/m^2；

$\quad\quad q_e$——过滤介质的当量单位面积所得累计滤液量，m^3/m^2。

当忽略 q_e，t_e 时，则有方程：

$$q^2 = Kt \tag{6-24}$$

$$V^2 = KA^2 t \tag{6-25}$$

当 $q=0$，$t=0$ 时，即刚开始过滤时，则有：

$$q_e^2 = Kt_e \tag{6-26}$$

$$V_e^2 = KA^2 t_e \tag{6-27}$$

将以上二式与恒压过滤方程相减整理得：

$$q^2 + 2qq_e = Kt \tag{6-28}$$

$$V^2 + 2VV_e = KA^2 t \tag{6-29}$$

式 6-28 与 6-29 均为恒压过滤方程式，表示恒压操作时，滤液体积（或单位面积滤液量）与过滤时间的关系，是恒压过滤计算的重要方程式。t_e 与 q_e 是表示过滤介质阻力大小的常数，其单位分别为 s、m^3/m^2，均称为介质常数。K、t_e 与 q_e 三者总称为过滤常数。对于一定的滤浆与过滤设备，K、t_e 与 q_e 均为定值。

②恒速过滤　恒速过滤时过滤速率 $\mathrm{d}V/\mathrm{d}t$ 为一常数。在恒速过滤操作中，滤饼阻力不断提高，要保持过滤速率恒定则必须不断提高过滤的压力差。

由于过滤速率为常数，故式 6-20 可写成：

$$\frac{\mathrm{d}V}{\mathrm{d}t} = \frac{V}{t} = \frac{KA^2}{2(V+V_e)} \tag{6-30}$$

$$V^2 + VV_e = \frac{K}{2}A^2 t \tag{6-31}$$

令 $q = \dfrac{V}{A}$，$q_e = \dfrac{V_e}{A}$，代入式 6-31 可得

$$q^2 + qq_e = \frac{K}{2}t \tag{6-32}$$

式 6-31 与式 6-32 均为恒速过滤方程式，表示恒速操作时，滤液体积（或单位面积滤液量）与过滤时间的关系，在恒速过滤方程中，K 虽称为滤饼常数，但实际上它是随压力差而变化的。

③先恒速后恒压过滤 先恒速后恒压过程综合了恒压过滤和恒速过滤两种方法的优点。假设经过时间 t_1 后，达到要求的压力差 Δp^*，在此时间段内，滤液体积为 V_1。然后过滤在此恒压下进行。恒压阶段的过滤可在 t_1 至 t 的区间内对式 6-21 进行积分。

$$\int_{V_1}^{V}(V + V_e)\,\mathrm{d}V = KA^2\int_{t_1}^{t}\mathrm{d}t \tag{6-33}$$

$$(V + V_e)^2 - (V_1 + V_e)^2 = KA^2(t - t_1) \tag{6-34}$$

$$(V^2 - V_1{}^2) - 2V_e(V - V_1) = KA^2(t - t_1) \tag{6-35}$$

将 $q = \dfrac{V}{A}$，$q_e = \dfrac{V_e}{A}$ 代入式 6-35 可得

$$(q^2 - q_1{}^2) - 2q_e(q - q_1) = K(t - t_1) \tag{6-36}$$

式 6-35 和式 6-36 即为先恒速后恒压过程的过滤方程。

3. 过滤常数的测定 上述方程式进行过滤计算时都涉及过滤常数 K 和 q_e。过滤阻力与滤饼厚度及滤饼内部结构有关，当悬浮液、过滤压力差或过滤介质不同时，K 会有很大差别，理论上无法准确计算，多通过实验或实际经验得到。对于恒压过滤，由式 6-28 可微分变化为：

$$(2q + 2q_e)\,\mathrm{d}q = K\mathrm{d}t \tag{6-37}$$

$$\frac{\mathrm{d}t}{\mathrm{d}q} = \frac{2}{K}q + \frac{2}{K}q_e \tag{6-38}$$

由式 6-38 可以看出，恒压过滤时，$\dfrac{\mathrm{d}t}{\mathrm{d}q}$ 与 q 之间呈线性关系，直线的斜率为 $2/K$，截距为 $2q_e/K$。实验时，用已知过滤面积设备进行过滤，测定不同过滤时间所获得的滤液量，求得 q 及 $\dfrac{\mathrm{d}t}{\mathrm{d}q}$ 的数据，以 $\dfrac{\mathrm{d}t}{\mathrm{d}q}$ 为纵坐标，以 $\bar{q}$（用前后两点的算术平均值）为横坐标标绘可得一条直线，由此直线的斜率和截距可求出 K 与 q_e 值，进而求出 t_e 值。

（四）过滤介质

过滤介质是过滤设备的关键部分，是滤饼的支撑物，不论是滤饼过滤、过滤介质过滤，还是深层过滤，过滤机都要由过滤介质来截留固体，因此选择合适的过滤介质是过滤操作中的一个重要问题。工业上使用的过滤介质种类很多，选择时应该根据悬浮液的性质、固形物含量及粒径大小、操作参数，以及介质本身的性能和价格等综合考虑。

1. 过滤介质的选用及要求 过滤介质使用时主要应考虑的因素有：①过滤性能，比如阻力大小，截留精度高低；②物理、机械特性，比如强度、耐磨性；③化学稳定性，如耐温、耐腐蚀、耐微生物性等；④介质的再生性能及价格等。

对于表面过滤使用的介质，技术特性还应该满足以下要求：①当过滤开始后，微粒能快速在介质上"架桥"，不发生"穿滤"（即细微粒子随滤液穿过介质）现象；②微粒留在介质孔道内的比例要低；③过滤后滤饼的卸除要比较完全；④介质的结构要便于过滤后进行清洗。

2. 常用的过滤介质 制药工业生产中可供选择的过滤介质非常多，若以介质本身结构区分，过滤介质主要有以下三种：①颗粒状松散型介质，如细沙、硅藻土、膨胀珍珠岩粉、纤维素粉、

白土等，此种介质颗粒坚硬，不变性。当它们堆积时，颗粒间有很多微细孔道，足以允许液体通过介质层时把其中的固形物截留下来。②柔性过滤介质，主要以编织状介质为主，包括由棉、毛、丝、麻等天然纤维及各种合成纤维如涤纶、锦纶、丙纶、维纶等制成的织物，以及由玻璃丝、金属丝等织成的网。这类介质能截留颗粒的最小直径为 $5 \sim 65\mu m$。织物介质在工业上应用最为广泛。③刚性烧结介质，这类介质是有很多微细孔道的固体材料，如多孔陶瓷板、多孔烧结金属及高分子微孔烧结板等。

（五）助滤剂

在过滤非常细小而黏性的颗粒时，所形成的滤饼非常致密。在后两种情况下，过滤过程中阻力逐渐变大，甚至堵塞介质中的微孔。此时为了减小过滤过程中的流体阻力，需要将某种质地坚硬、能形成疏松饼层的另一种固体颗粒混入悬浮液或预涂于过滤介质上，以形成疏松滤饼层，减少过滤时的阻力。这种预混或预涂的颗粒状物质称为助滤剂。

1. 助滤剂的基本要求　助滤剂的基本作用在于防止胶状颗粒对滤孔的堵塞，它们本身颗粒细小坚硬，不会在通常压力下改变形状，通常应该具备以下特点：①能形成多孔滤饼层的刚性颗粒，使滤饼具有良好渗透性及较低的流体阻力。②具备化学稳定性，不与悬浮液发生化学反应，不含有可溶性的盐类和色素，不溶于液相中，粒径大小有适当分布。③在过滤操作的压力差范围具备不可压缩性，以保持滤饼有较高的孔隙率。

2. 常用的助滤剂　助滤剂是一种细小、坚硬、一般不可压缩的微小粒状物质，常用的有硅藻土、膨胀珍珠岩粉、炭粉、纤维素末、石棉粉与硅藻土混合物等。使用最广泛的是硅藻土，它可使滤饼孔隙率高达85%。

3. 助滤剂的使用方法　助滤剂的使用方法通常有以下三种：①预涂法，助滤剂单独配成悬浮液先行过滤，在过滤介质表面形成助滤剂预涂层，过滤过程中，这个预涂层和原来的滤布一起构成过滤介质。如果所有的固体颗粒都能被助滤剂截留，则这一层已成为实际意义的过滤介质，过滤结束后，助滤剂可与滤饼一起被除去。②混合法，过滤时直接把助滤剂按一定比例分散在待过滤的悬浮液中，然后通入过滤机进行过滤，过滤时助滤剂在滤饼中形成支撑骨架，从而大大减少滤饼的压缩程度，减少可压缩滤饼的过滤阻力。③生成法，在反应过程中，产生大量的无机盐沉淀物，使滤饼变得疏松，从而起到助滤的作用，如新生霉素发酵液中加入 $CaCl_2$ 和 Na_2HPO_4 生成 $CaHPO_4$ 沉淀，起到助滤的作用。

实际生产中，助滤剂的添加量应该根据实验来确定。由于过滤结束后，助滤剂混在滤饼中不易分离，所以当滤饼是产品时一般不使用助滤剂，只有当过滤的目的是得到滤液时，才可考虑加入助滤剂的方式。

（六）过滤设备

工业上使用的过滤设备称为过滤机。为适应不同的生产工艺要求，过滤机有多种类型。按照操作方式不同可分为间歇过滤机和连续过滤机。若过滤的几个阶段（如进料、过滤、洗涤、卸饼等）能在同一设备上连续进行，则为连续式，否则称为间歇式。按照过滤推动力的来源可分为压滤机、真空过滤机和离心过滤机。

1. 过滤机的选择原则　过滤机应该能够满足生产对分离质量和产量的要求，对物料适应面广，操作简便，设备、操作和维护的综合费用较低。根据物料特性选择过滤机时，应考虑的因素有：①悬浮液的性质，主要考虑黏度、密度、温度及腐蚀性等，是选择过滤机和过滤介质的基本依据。②悬浮液中固体颗粒的性质，主要是粒度、硬度、可压缩性、固体颗粒在料液中所占体积比。③产品的类型及价格，所需产品是滤饼还是滤液，或者二者均需要，滤饼是否需要洗涤以及产品价格等。④其他，如料液所需采用的预处理方式，设备构件对与其接触的悬浮液的轻微玷污是否会对产品产生不利的影响等。

2. 常用的过滤机　目前大多数采用间歇式过滤机，因为它具有结构简单、价格低廉、可适用于具有腐蚀性的介质的操作、生产强度高等优点，同时由于制药生产大多是间歇性的，故间歇式过滤机能满足大部分生产的一般要求。但是，随着制药工业向综合化、联合化的方向发展，原料、中间体、副产品的利用集于一体，生产规模越来越大，故连续过滤设备也被广泛地采用。下面介绍制药生产上常用的一些过滤机。

（1）板框压滤机　板框压滤机是间歇操作过滤机中使用最广泛的一种，如图6-1所示，它是由多块带凸凹纹路的滤板和滤框交替排列于机架而构成。板和框一般制成方形，其角端均开有圆孔，这样板、框装合，压紧后即构成供滤浆、滤液或洗涤液流动的通道。框的两侧覆以滤布，空框与滤布围成了容纳滤浆和滤饼的空间。

图6-1　板框压滤机装置图
1——滤浆进口；2——滤板；3——滤布；4——滤框；
5——通道孔；6——螺旋杆；7——终板；8——支架；
9——密封圈；10——滤液出口

滤板和滤框是板框压滤机的主要工作部件，滤板具有棱状表面，凸部用来支撑滤布，凹槽是滤液的流道。滤板和滤框的一个对角分别开有小孔，其中滤框上角的孔有小通道与滤框中心相通，而滤板下角的孔有小通道与滤板中心相通，板与框组合后分别构成供滤液或滤浆流通的管路。滤板与滤框之间夹有滤布，围成容纳滤浆及滤饼的空间；滤板中心呈纵横贯通的空心网状，起到支撑滤布和提供滤液流出通路的作用。滤板与滤框数目由过滤的生产任务及悬浮液的性质而定。

滤液的排出方式有明流和暗流之分，若滤液经由每块板底部旋塞直接排出，则称为明流；若滤液不宜暴露于空气中，则需要将各板流出的滤液汇集于总管后送走，称为暗流。

滤板有两种，一种是左上角的洗液通道与其两侧表面的凹槽相通，使洗液进入凹槽，称作洗涤板；另一种洗液通道与其两侧凹槽不相通，称作非洗涤板。为避免这两种板与框的组装次序有错，铸造时，通常在非洗涤板外侧铸一个钮，在滤框外侧铸两个钮，在洗涤板外侧铸三个钮。

过滤时，每个操作周期由装合、过滤、洗涤、卸渣、整理五个阶段组成。悬浮液在一定压力下经进料管由滤框上角的通孔并行压入各个滤框，滤液穿过滤框两侧的滤布进入滤板，沿滤板中心的网状滤液通道经由滤板下角的通孔汇入滤液管，然后排出过滤机，不能透过滤布的固体颗粒被滤布截留在滤框内，待滤饼充满滤框后，停止过滤。

板框压滤机的洗涤水路径与滤液经由路径相同，对滤饼洗涤时，由进料管压入洗涤水，洗涤完毕后，旋开压紧装置，拉开滤板、滤框，卸出滤渣，更换滤布，重新装合，进行下一次过滤。

板框压滤机的滤板与滤框可采用铸铁、碳钢、不锈钢、铝、铜等金属制造，也可用塑料、木材等制造。操作压力一般为300~800kPa。滤板与滤框多为正方形，边长为320~1000mm，滤框厚度为25~75mm。如中药生产使用的板框压滤机为不锈钢材料制造。板框的个数由几个到60

个，可随生产量需要灵活组装。

板框压滤机的优点是：构造简单，结构紧凑，所需辅助设备少，单位体积设备的过滤面积较大，推动力大，对物料适应性强。缺点是因为密封周边长，操作压力不能太高，以免引起漏液；操作方式为间歇操作，生产效率低，劳动强度大，滤渣洗涤慢且不均匀，滤布磨损严重；滤框容积有限，不适合过滤固相体积比较大的悬浮液。

板框压滤机适用于含细小颗粒、黏度较大的悬浮液、腐蚀性物料及可压缩物料。目前正朝着操作自动化的方向发展。

（2）加压叶滤机 叶滤机由许多滤叶组成。滤叶是由金属多孔板或多孔网制造的扁平框架组成，内有空间，外包滤布，将滤叶装在密闭的机壳内，被滤浆所浸没。滤浆中的液体在压力作用下穿过滤布进入滤叶内部，成为滤液后从其一端排出。过滤完毕，机壳内改充清水，使水循着与滤液相同的路径通过滤饼进行洗涤，故为置换洗涤。最后，滤饼可用振动器使其脱落，或用压缩空气将其吹下。滤叶可垂直放置或水平放置。如图6-2所示。

（a）立式垂直滤叶加压叶滤机
1——滤渣出口；2——滤液出口；
3——滤浆入口；4——滤液

（b）立式水平滤叶压滤机
1——滤液出口；2——滤饼；
3——滤叶；4——滤浆入口

图6-2 加压叶滤机示意图

过滤时，滤液穿透滤布至出口管排出，滤渣则被截留于滤布上。当过滤速度减至一定值时停止过滤，将滤叶自筒内拖出，除去滤饼并以清水洗净，然后将滤叶推入筒内进行下一次循环。如果滤饼需要洗涤，则可在过滤结束以后、滤叶拉出之前泵入洗涤液，洗涤液所经路径与过滤时相同。

加压叶滤机主要适用于悬浮液中固体含量较少（≤1%），以及仅需要滤液而舍弃滤饼的场合，如用于制药的分离过程。加压叶滤机的优点有：与板框式压滤机相比，具有过滤推动力大、过滤面积较大的特点；装卸简单，密闭性较好，操作比较安全，适合易挥发液体的过滤；槽体容易实现保温或加热，可用于较高温度下的过滤操作；在滤饼需要洗涤时，洗涤液与滤液通过的途径相同，洗涤比较充分且均匀。其缺点是：虽然每次操作时滤布不用装卸，但破损后更换较困难；结构较板框压滤机复杂，造价较高。

（3）全自动板式加压过滤机 全自动板式加压过滤机由若干块耐压的中空矩形滤板平行排列在耐压机壳内组装而成，属于间歇式加压过滤机。滤板是过滤部件，由金属多孔板或其他多孔固体材料制成中空矩形板式支承体，每块滤板下端有滤液管使滤板中心与滤液总管相连通，滤板外可覆以滤布。如图6-3所示。

过滤时，滤浆用泵压入过滤机内，全部滤板浸在滤浆中加压过滤，滤液穿透滤布和滤板进入滤板中心，并汇集于滤液总管排出，滤渣被滤布截留，经过一段时间的过滤，当滤渣在滤布外部沉积较厚时，停止进料，洗涤并滤干滤饼（洗涤水经由路径与滤液相同），压缩空气反吹使滤饼从滤板上分离，并从机壳下部的排渣口自动排出。

全自动板式加压过滤机的优点是过滤面积大，结构紧凑，占地面积较小，密闭操作，可避免药液污染，过滤温度不受限制，过滤效率高，可自动排出滤渣，整个过程可实现自动化控制。

（4）高分子精密微孔过滤机 高分子精密微孔过滤机由顶盖、筒体、锥形底部和配有快开底盖的卸料口组成，筒体内垂直排列安装若干根耐压的中空高分子精密微孔滤管，滤管的根数根据要求的过滤面积决定。微孔滤管一端封闭，开口端与滤液汇总管相连接，再与滤液出口管连接。过滤机下端有卸固体滤渣出口。如图6-4所示。

过滤时，滤浆由进料管用泵压入过滤机内，加压过滤，滤液透过微孔滤管流入微孔管内部，然后汇集于过滤器上部的滤液室，由滤液出口排出，滤渣被截留在各根高分子微孔滤管外，经过一段时间过滤，滤渣在滤管外沉积较厚时，应该停止过滤。该机过滤面积大，滤液在介质中呈三维流向，因而过滤阻力升高缓慢，对含胶质及黏软悬浮颗粒的中药浸提液的过滤尤其具有优势，进料、出料、排渣、清理、冲洗全部自动化，利用压缩气体反吹法，可将滤渣卸除，通过滤渣出口落到过滤机外面，再用压缩气体-水反吹法对微孔滤管进行再生，以进行下一轮的过滤操作。

高分子精密微孔过滤机的过滤介质系利用各种高分子聚合物通过烧结工艺而制成的刚性微孔过滤介质，不同于发泡法、纤维黏结法或混合溶剂挥发法等工艺制备

图6-3 全自动板式加压过滤机
1——进料管；2——滤液总管；3——滤板；
4——连接压缩空气管；5——排渣口

图6-4 高分子精密微孔过滤机
1——滤渣出口；2——滤液出口；3——减压开关；
4——压缩空气进口；5——滤液室；
6——微孔滤管；7——进料管

的柔性过滤介质，它具备刚性微孔过滤介质与高分子聚合物两者的优点。微孔滤管主要有聚乙烯烧结成的微孔 PE 管及其改性的微孔 PA 管，具有以下优点：过滤效率高，可滤除大于 0.5μm 的微粒液体；化学稳定性好，耐强酸、强碱、盐及 60℃ 以下大部分有机溶剂；可采用气-液混合流体反吹再生或化学再生，机械强度高，使用寿命长；耐热性较好，PE 管使用温度 ≤80℃，PA 管使用温度 ≤110℃，孔径有多种规格；滤渣易卸除，特别适宜于黏度较大的滤渣等。

图 6-5　转筒真空过滤机示意图
1——压缩空气入口；2——洗水；3——去真空泵；
4——气压腿；5——溢流液；6——滤液出口

（5）转筒真空过滤机　转筒真空过滤机是一种连续生产和机械化程度较高的过滤设备，如图 6-5 所示。主机由滤浆槽、篮式转鼓、分配头、刮刀等部件构成。篮式转鼓是一个转轴呈水平放置的回转圆筒，简称转筒，转筒一周为金属网，网上覆以滤布，即形成了过滤机的过滤面积。转筒表面大致可分为过滤区、洗涤和吸干区、卸渣区、滤布再生区。本机转鼓内部被分隔成 18 个独立的扇形滤液室，每室分别通过分配头与固定盘上的某个工作区接通，使每个扇形室在转鼓转动过程中依次与压缩空气管或真空管相通，因而在转鼓旋转一周的过程中，每个扇形室的过滤面均可顺序经历过滤、洗涤、吸干、吹松、卸渣和清洗滤布等操作。

转筒真空过滤机的优点是连续自动操作，单位过滤面积的生产能力大，改变过滤机的转速便可调节滤饼的厚度。缺点是过滤面积小且结构复杂，投资高，滤饼含湿量较高，一般为 10%~30%，洗涤不够彻底等。因此，转筒真空过滤机特别适用于处理量较大而固相体积浓度较高的滤浆过滤；用于含黏软性可压缩滤饼的滤浆过滤时，需采用预涂助滤剂的方法，并调整刮刀切削深度，使助滤剂层能在较长操作时间内发挥作用；但由于是真空过滤，悬浮液温度不宜过高，以免滤液的蒸气压过大而使真空失效。

二、重力沉降分离

沉降操作是指在某种力场中利用分散相和连续相之间的密度差异，使之在力的作用下发生相对运动而实现分离的操作过程。其中重力沉降是指由于地球的引力作用而使颗粒发生的沉降过程。在中药生产中利用重力沉降实现分离的典型操作是中药提取液的静置澄清工艺，它是利用混合分散体系中固体颗粒的密度大于提取液的密度而使颗粒分离的方法。

（一）重力沉降速度

1. 球形颗粒的自由沉降速度　颗粒在静止流体中沉降时，不受其他颗粒的干扰及器壁的影响，称为自由沉降。例如较稀的混悬液或者含尘气体固体颗粒的沉降可视为自由沉降。

单个球形颗粒在重力沉降过程中受三个力作用：重力、浮力和阻力，受力情况如图 6-6 所示。表面光滑的刚性球形颗粒置于静止的流体介质中，当颗粒密度大于流体密度时，颗粒将下沉。

颗粒开始沉降的瞬间，速度为零，加速度为其最大值。颗粒开始沉降后，随着速度的增加，阻力也随之增大，直到速度增大到一定值后，重力、浮力、

图 6-6　沉降颗粒
受力情况

阻力三者达到平衡，加速度 a 等于零，颗粒做匀速沉降运动，此时颗粒（分散相）相对于连续相的运动速度叫沉降速度或终端速度（u_t），单位 m/s。

由于重力−浮力=阻力，其中：

重力：$F_g = \dfrac{\pi}{6}d^3\rho_s g$，方向垂直向下；

浮力：$F_b = \dfrac{\pi}{6}d^3\rho g$，由连续相引起，方向向上；

阻力：$F_d = \zeta\dfrac{\pi}{4}d^2\dfrac{\rho u_t^2}{2}$，方向向上。

当颗粒以 u_t 做匀速沉降运动时，根据牛顿第二定律有：

$$F_g - F_b - F_d = ma = 0 \tag{6-39}$$

即 $\dfrac{\pi}{6}d^3(\rho_s - \rho)g - \zeta\dfrac{\pi}{4}d^2\dfrac{\rho u_t^2}{2} = 0 \tag{6-40}$

$$u_t = \sqrt{\frac{4gd(\rho_s - \rho)}{3\rho\zeta}} \tag{6-41}$$

式中：a——加速度，$\mathrm{m/s^2}$；

$\quad u_t$——颗粒的自由沉降速度，m/s；

$\quad d$——颗粒直径，m；

$\quad \rho_s, \rho$——分别为颗粒和流体的密度，$\mathrm{kg/m^3}$；

$\quad g$——重力加速度，$\mathrm{m/s^2}$；

$\quad \zeta$——阻力系数。

用式6-41计算沉降速度时，需确定阻力系数 ζ 值。由因次分析可知，ζ 是颗粒与流体相对运动时雷诺准数 Re_t 的函数。

$$Re_t = \frac{du_t\rho}{\mu} \tag{6-42}$$

在滞流区或斯托克斯（Stokes）定律区（$10^{-4} < Re_t < 1$）

$\zeta = 24/Re_t$，代入公式，得：

$$u_t = \frac{d^2(\rho_s - \rho)g}{18\mu} \tag{6-43}$$

过渡区或艾仑（Allen）定律区（$1 < Re_t < 10^3$）

$\zeta = 18.5/Re_t^{0.6}$，代入公式得：

$$u_t = 0.27\sqrt{\frac{d(\rho_s - \rho)g}{\rho}Re_t^{0.6}} \tag{6-44}$$

湍流区或牛顿（Newton）定律区（$10^3 < Re_t < 2\times10^5$），光滑的球形颗粒为0.44，代入公式得：

$$u_t = 1.74\sqrt{\frac{d(\rho_s - \rho)g}{\rho}} \tag{6-45}$$

式6-43、式6-44、式6-45分别称为斯托克斯公式、艾仑公式及牛顿公式。滞流沉降区内由流体黏性引起的表面摩擦力占主要地位。因此层流区的沉降速度与流体黏度成反比。

【例6-3】 直径为30μm的球形颗粒，于大气压及20℃下在某气体中的沉降速度为在水中沉降速度的88倍，又知此颗粒在此气体中的有效重量为水中有效重量的1.6倍。试求此颗粒在此气体中的沉降速度。

20℃的水：　　　　　　　　　　　$\mu = 1CP$，$\rho = 1000 kg/m^3$

气体的密度为 1.2 kg/m^3（有效重量指重力减浮力）

解：因为　　$(\rho_s - \rho_{水}) g = (\rho_s - \rho_{气}) g / 1.6$

所以　　$(\rho_s - 1000) g = (\rho_s - 1.2) g / 1.6$

解得：$\rho_s = 2665 kg/m^3$

设球形颗粒在水中的沉降为层流，则在水中沉降速度：

$$u_{01} = \frac{d^2(\rho_s - \rho_1) g}{18 \mu_1} = \frac{(30 \times 10^{-6})^2 (2665 - 1000) \times 9.81}{18 \times 10^{-3}} = 8.17 \times 10^{-4} (m/s)$$

校验：$R_{g1} = \frac{du_1 \rho}{\mu} = \frac{30 \times 10^{-6} \times 8.17 \times 10^{-4} \times 1000}{10^{-3}} = 0.0245 < 1$

假设正确。

则此颗粒在气体中的沉降速度为

$$u_{02} = 88 u_{01} = 88 \times 0.0245 = 2.16 (m/s)$$

2. 非球形颗粒的自由沉降速度　颗粒的几何形状及投影面积对沉降速度都具有一定影响。颗粒向沉降方向的投影面积愈大，沉降速度愈慢。通常，相同密度的颗粒，球形或近似球形颗粒的沉降速度要大于同体积非球形颗粒的沉降速度。

颗粒几何形状与球形的差异程度，用球形度表示，即

$$\varphi_s = \frac{S}{S_p} \tag{6-46}$$

式中：φ_s——颗粒的球形度或称球形系数，无因次；

　　　S_p——颗粒的表面积，m^2；

　　　S——与该颗粒体积相等的一个圆球的表面积，m^2。

对于球形颗粒 $\varphi_s = 1$。颗粒形状与球形的差异愈大，球形度 φ_s 值愈低。

对于非球形颗粒的自由沉降速度，可以采用球形颗粒公式计算，其中 d 用当量直径 d_e 代替，φ_s 用不同球形度下 φ 代替。

$$u_t = \sqrt{\frac{4 d_e (\rho_s - \rho) g}{3 \varphi \rho}} \tag{6-47}$$

（二）沉降槽

沉降槽是利用重力从悬浮液中分离出固体颗粒的设备。这种设备通常以取得稠厚的浆状物料为目的，因此又称为增稠器。沉降槽可以连续操作，也可以间歇操作。沉降槽具有澄清液体和增稠悬浮液的双重作用，沉降槽的生产能力与高度无关，只与底面积及颗粒的沉降速度有关。沉降槽一般制造成大截面、低高度的形状，直径为 10~100m，高度为 2.5~4m。沉降槽一般用于大流量、低浓度悬浮液的处理，常见于污水处理过程中。沉降槽处理后的沉渣中还含有大约 50% 的液体，必要时再用过滤机等做进一步处理。

为提高沉降槽的操作效率，生产中一般还需要对料液进行适当的预处理，如通过添加少量的电解质或表面活性剂，以促进料液中细粒产生"凝聚"或"絮凝"。此外，生产中也可通过改变一些物理操作条件，如加热、冷却或振动等，使得料液中颗粒的粒度或相界面积发生改变，进而有利于沉降。

三、离心分离

离心分离是利用惯性离心力分离液态非均相物系中两种比重不同物质的操作。利用离心力，分离液体与固体颗粒或液体与液体混合物中各组分的机械，称为离心分离机，简称离心机。离心机的主要构件是一个装在垂直或水平的转轴上做高速旋转的转鼓，转鼓的侧壁上无孔或者有孔。滤浆进入高速旋转的转鼓，其中的物料会产生很大的离心力，使过滤或沉降的速度加快。由于离心机可产生强大的离心力，故可用于分离一般方法难于分离的悬浮液或乳浊液，如除去结晶和沉淀上的母液、处理血浆、分离抗生素和溶媒等。

（一）离心分离原理

在一个旋转的筒形容器中，由一种或多种颗粒悬浮在连续相组成的系统中，所有的颗粒都受到离心力的作用。离心力即物体旋转时，与向心力大小相等而方向相反的力，即物体运动方向改变时的惯性力。离心分离设备是利用分离筒的高速旋转，使物料中具有不同比重的分散介质、分散相或其他杂质在离心力场中获得不同的离心力从而沉降速度不同，达到分离的目的。如密度大于液体的固体颗粒沿半径向旋转的器壁迁移（称为沉降）；密度小于液体的颗粒则沿半径向旋转的轴迁移直至达到气液界面（称为浮选）。如果器壁是开孔的或者可渗透的，则液体穿过沉积的固体颗粒的器壁。

（二）离心分离因数

同一颗粒在相同介质中的离心沉降速度与重力沉降速度的比值就是粒子所在位置的惯性离心力场强度与重力场强度之比，称为离心分离因数（K_C）。

$$K_C = \frac{u_r}{u_t} = \frac{u_T^2}{gR} \tag{6-48}$$

式中：u_T——切线圆周速度。

离心分离因数是离心分离设备的重要指标。设备的离心分离因数越大，分离性能越好。从式6-48可以看出，同一颗粒在同种介质中离心速度要比重力速度大 u_T^2/R 倍，重力加速度 g 是一定的，而离心力随切向速度发生改变，增加 u_T 可改变该比值，从而使沉降速度增加。因此影响离心的主要因素是离心力的大小，离心力越大，分离效果越好，在机械驱动的离心机中 K_C 值可达数千以上，对某些高速离心机，分离因数 K_C 值可高达十万，可见离心分离设备较重力沉降设备的分离效果要高得多。

（三）离心机分类

1. 按分离方式分类　按分离方式离心机可分为过滤式、分离式、沉降式三种基本类型。

（1）**过滤式离心机**　转鼓壁上有小孔，并衬以金属网或滤布，悬浮液在转鼓带动下高速旋转，液体受离心力作用被甩出而颗粒被截留在鼓内。如三足式离心机、活塞推料离心机。

（2）**分离式离心机**　此类离心机转鼓壁上无孔，有分离型和澄清型两种类型，分别适用于乳浊液和悬浮液的分离。乳浊液和悬浮液被转鼓带动高速旋转时，密度较大的物相沉积于转鼓内壁而密度较小的物相趋向旋转中心而使两相分离。如管式离心机、碟式离心机。

（3）**沉降式离心机**　此类离心机转鼓壁上无孔，利用重力作用和离心力的作用对固液混合物进行分离。适用于不易过滤的悬浮液以及固、液、液组成的三相混合液的分离。如三足式沉降离心机、螺旋卸料沉降离心机。

不同类型离心机具有不同的特点和适用范围，选择离心机要从分离物料的性质、分离工艺的要求以及经济效益等方面综合考虑。比如，当处理的对象是固相浓度较高、固体颗粒直径较大（≥0.1mm）的悬浊液时，或者固相密度等于或低于液相密度时，应先考虑过滤式离心机。若悬浮液中液相黏度较大、固相浓度较低、固体颗粒直径较小（<0.1mm），固体具有可压缩性时，或者工艺上要求获得澄清的液相，滤网容易被固相物料堵塞无法再生时，则首先应考虑沉降式离心机。

2. 按分离因数 K_C 大小分类　根据 K_C 大小可将离心机分为以下三类：

（1）常速离心机　$K_C < 3000$（一般为 600~1200），常速离心机又称为低速离心机。其最大转速在 8000 rpm 以内，相对离心力（RCF）在 10^4g 以下，主要用于分离细胞、细胞碎片以及培养基残渣等固形物和粗结晶等较大颗粒。常速离心机的分离形式、操作方式和结构特点多种多样，可根据需要选择使用。

（2）高速离心机　$K_C = 3000~50000$，相对离心力达 $1×10^4 ~ 1×10^5$g，主要用于分离各种沉淀物、细胞碎片和较大的细胞器等。为了防止高速离心过程中温度升高而使酶等生物分子变性失活，有些高速离心机装设了冷冻装置，称高速冷冻离心机。

（3）超高速离心机　$K_C > 50000$，超速离心机的精密度相当高。为了防止样品液溅出，一般附有离心管帽；为防止温度升高，均有冷冻装置和温度控制系统；为了减少空气阻力和摩擦，设置有真空系统。此外还有一系列安全保护系统、制动系统及各种指示仪表等。

3. 按操作方式不同分类　根据操作方式可以分为间歇式离心机以及连续式离心机两类。

（1）间歇式离心机　加料、分离、洗涤和卸渣等过程都是间歇操作，并采用人工、重力或机械方法卸渣，如上悬式和三足式离心机。

（2）连续式离心机　加料、分离、洗涤和卸渣等过程都是间隙自动进行或连续自动进行。

此外根据转鼓轴线在空间的位置不同可以将离心机分为立式离心机与卧式离心机；根据卸料方式不同可以分为活塞推料离心机、人工卸料离心机、重力卸料离心机、螺旋卸料离心机、离心卸料离心机等。

（四）常用离心分离设备

1. 三足式离心机　三足式离心机是世界上出现最早的离心机，属于间歇式离心机，主要部件为底盘、外壳以及装在底盘上的主轴和转鼓，借三根摆杆悬挂在三根支柱的球面座上，离心机转鼓支承在装有缓冲弹簧的杆上，以减少由于加料或其他原因造成的冲击。三足式离心机有过滤式和沉降式两种类型，两类机型的主要区别是转鼓结构。如图6-7所示，其卸料方式有上部卸料与下部卸料之分。

三足式离心机转鼓转速为 300~2800r/min，K_C 为 300~1500，适合分离含固体颗粒粒径≥10μm 的悬浮液。该机具有结构简单、适应性强、滤渣颗粒不易受损伤、操作方便、机器运转平稳、制造容易等优点；缺点是需间歇或周期循环操作，操作周期较长，生产能力较低。适合过滤周期较长、处理量不大、滤渣要求含液量较低的场合。另外该机转鼓内径较大，K_C 较小，对微细混悬颗粒分离不够完全，必要时可配合高离心因数离心机使用。近年来在卸料方式等方面不断改进，出现了自动卸料及连续生产的三足式离心机。

2. 卧式活塞推料离心机　为连续过滤式离心机，除单级外，还有双级、四级等各种形式。单级活塞推料离心机主要由转鼓、活塞推进器、圆锥形进料斗组成。在全速运转的情况下，加

图 6-7 三足式离心机
1——机壳；2——转鼓；3——排出口；4——轴承座；5——主轴；6——底盘；
7——电动机；8——皮带轮；9——三角皮带；10——料浆入口；11——吸液装置

料、分离、洗涤等操作可以同时连续进行，滤渣由一个往复运动的活塞推动器脉动地推送出来。整个操作自动进行。该机主要用于浓度适中并能很快脱水和失去流动性的悬浮液。如图 6-8 所示。其优点是生产能力大，颗粒破碎程度小，控制系统简单，功率消耗也较均匀。缺点是对混悬液中固相浓度较为敏感。若料浆太稀则滤饼来不及生成，料液则直接流出转鼓，并可冲走已经形成的滤饼；若料浆太稠，则流动性差，易使滤渣分布不均匀，引起转鼓的振动。采用多级活塞推料离心机能改善其工作状态、提高转速及分离较难处理的物料。

图 6-8 卧式活塞推料离心机

3. 卧式刮刀卸料离心机 如图 6-9 所示。卧式刮刀卸料离心机由机座、机壳、篮式转鼓、主轴、进料管、洗水管、卸料机构（包括刮刀、溜槽、液压缸）等组成。特点是转鼓在全速运转的情况下，能够于不同时间阶段自动地依次进行加料、分离、洗涤、甩干、卸料、洗网（筛网再生）等工序的循环操作。各工序的操作时间可按预定要求实现自动控制。

操作时物料经加料管进入转鼓，滤液经筛网和转鼓壁上的小孔甩出转鼓外，截留在筛网上的滤饼在洗涤和甩干后，由刮刀卸下，沿排料槽卸出，在下次加料前需清洗筛网以使其再生。

这种离心机转鼓转速为 450 ~ 3800r/min，K_C 为 250 ~ 2500，操作简便，可自动操作，也可人工操作，生产能力大且分离效果好，适宜于大规

图 6-9 卧式刮刀卸料式离心机
1——进料管；2——转鼓；3——滤网；4——外壳；
5——滤饼；6——滤液；7——冲洗管；8——刮刀；
9——溜槽；10——液压缸

模连续生产。此机适于含固体颗粒粒径大于 $10\mu m$、固相质量浓度大于 25%、液相黏度小于 $10^{-2}Pa \cdot s$ 的悬浮液的分离。

由于刮刀自动卸料，使颗粒破碎严重，对于必须保持颗粒完整的物料不宜选用。

4. 螺旋卸料离心机 螺旋卸料离心机是一种连续型离心机，其进料、分液、排液、出渣是同时而连续进行的。按转鼓结构和分离机理可分为过滤式和沉降式，按转鼓和转轴位置可分为立式和卧式，具有分离效果好、适用性强、应用范围广、连续操作、结构紧凑且能密闭操作等优点。

卧式螺旋卸料沉降型离心机主要由转鼓、螺旋卸料器、布料器、主轴、机壳、机座等部件构成。沉降式的转鼓壁无孔，悬浮液按离心沉降原理进行分离。

5. 管式高速离心机 管式高速离心机为高转速的沉降式离心机，是一种能产生高强度离心力场的离心机，鼓壁上无孔，K_C 很高（15000~65000），转鼓的转速可达 10000~50000r/min，主要结构为细长的管状机壳和转鼓等，转鼓的长径比为 6:8 左右。如图 6-10 所示。

图 6-10　管式高速离心机
1——电机；2——转鼓

管式高速离心机为尽量减小转鼓所受的应力，采用相对较小的鼓径，因而在一定的进料量下，悬浮液沿转鼓轴向运动的速度较大。为此应该适当增加转鼓长度，以保证物料在鼓内有足够的沉降时间。管式高速离心机的生产能力小，效率较低，不宜用来分离固相浓度较高的悬浮液，但能分离普通离心机难以处理的物料，如分离含有稀薄微细颗粒的悬浮液及乳浊液。

乳浊液或悬浮液由底部进料管送入转鼓，鼓内有径向安装的挡板，以带动液体迅速旋转。如处理乳浊液，则液体分轻重两层各由上部不同的出口流出；如处理悬浮液，则可只用一个液体出口，而微粒附着在鼓壁上，经相当时间后停车取出。

6. 室式离心机 室式离心机是由管式离心机发展而来，其转鼓可看成是由若干个管式离心机的转鼓套叠而成，实际上是在转鼓内装入多个同心圆隔板，把转鼓分割成多个同心小室以增加沉降面积，延长物料在转鼓内的停留时间。室式离心机的作用原理是：被分离的悬浮液从转鼓中心加入，依次流经各小室，最后液相达到外层小室，沿转鼓内壁向上由转鼓顶部引出。而固相颗粒则依次向各同心小室的内壁沉降，颗粒较大的固相在内层小室即可沉降下来，较难沉降的微小颗粒则到达外层小室进一步沉降，沉渣需停机拆开转鼓取出。

室式离心机的优点是转鼓直径较管式的大，沉降面积较大而沉降距离较短，生产能力高，特别是澄清效果好，主要用于悬浮液的澄清，但转鼓长径比较小，转速较低，K_C 相对较小。

7. 碟片式离心机 碟片式离心机由室式离心机进

图 6-11　碟片式离心机示意图
1——轻液出口；2——进料口；3——重液出口

一步发展而来，为沉降式离心机，在转鼓内装有许多互相保持一定距离的锥形碟片，液体在碟片间成薄层流动而进行分离，减少液体扰动和沉降距离，增加沉降面积，从而大大提高生产能力和分离效率，如图6-11所示。鼓壁上无孔，借离心力实现沉降分离，适合于一般固体和液体物料的分离。碟片式离心机由转轴、转鼓及几十到一百多个倒锥形碟片、锁环等主要部件构成。碟片式离心机的驱动结构使离心机转子高速旋转，是离心机设计中的核心技术之一，应保证离心机可靠地运行，具有较高的分离效率、高质量的分离效果。

本机转速为$4000\sim7000r/min$，K_c可达$4000\sim10000$，适合于分离含微细颗粒且固相浓度较小的悬浮液，特别适合于一般离心机难以处理的两相密度差较小的液-液两相高度分散的乳浊液的分离，分离效率较高，可连续操作。

碟片式离心机是高速旋转的分离机，回转离心力极大，要注意操作安全。开机前，必须按规定对离心机进行细致地清洗和正确地装配，以达到动平衡状态，并且在每次开机前必须认真检查转鼓的转动是否灵活，各机件是否锁紧，刹车是否处于松开状态，注意观察机座的油箱油面是否处于玻璃刻度位上，要防止虚油面的产生。若停机12小时以上，开机前应将排油螺栓旋松几圈，排出可能沉降的水分。

第二节　气-固分离

气-固分离是指将气流通过多孔过滤介质，使气流中悬浮的尘粒或微生物被截留，从而得到粉状产品或使气体净化的过程。通常需要气固分离的场所有：①发尘量大的设备，如粉碎、过筛、混合、制粒、干燥、压片、包衣等设备；②需要将固体粉末收集后再排空的气体排放过程；③气体的净化处理和过滤除菌。气-固分离是利用固体离子与气体分子在性质上存在很大的差异来进行分离，如固体粒子的重度比气体分子大很多，因此可以利用重力沉降或离心沉降进行分离；固体离子的质量较同体积气体大很多，两者惯性不同，在气流方向变化时，粒子的流动方向不变，因此可以利用惯性进行分离；利用固体离子能被水润湿从而使颗粒增大，可以采用湿法洗涤的分离方法；由于粒子的直径较气体分子大很多，可以采用过滤的方法进行分离；此外，工业上常利用某些固体粒子带电荷的性质，利用高压电场进行分离，即电除尘。

综上所述，工业中使用的气-固分离方法可分为：干法净制（包括重力沉降、离心沉降、过滤净制、惯性分离）、湿法净制、电净制。其中干法净制具有设备简单，后处理方便等优点，在制药工艺中应用广泛，因此本节主要介绍干法净制中的常用设备，降尘室、旋风分离器和袋滤器。

一、降尘室

利用重力沉降作用从气流中分离出尘粒的设备称为降尘室，最常见的降尘室如图6-12所示。降尘室的为长方形体，流道截面积增大，流速变小，通过重力沉降作用使颗粒沉积。

当含尘气体进入降尘室后，因流道截面积增大而速度减慢，只要颗粒能够在气体通过的时间内降至室底，便可从气流中分离出来。

若令：L——降尘室的长度，单位为m；

$\quad\quad\quad H$——降尘室的高度，单位为m；

$\quad\quad\quad b$——降尘室的宽度，单位为m；

图6-12　降尘室

$\quad\quad\quad u_g$——气体在降尘室的水平通过速度；

u_t——气体在降尘室的沉降速度。

则气体通过降尘室内的水平通过时间为：

$$t_1 = \frac{L}{u_g} \qquad (6-49)$$

而位于降尘室最高点的颗粒沉降至室底需要的时间为：

$$t_2 = \frac{H}{u_t} \qquad (6-50)$$

为满足除尘要求，气体在降尘室内停留时间至少需要等于颗粒的沉降时间，即：$t_1 \geqslant t_2$

从理论上讲，降尘室的生产能力只与沉降面积及颗粒的沉降速度 u_t 有关，而与降尘室高度无关。而要提高降尘室的除尘效率，应尽可能降低降尘室高度，故降尘室应设计成扁平形，也可以在室内均匀设置多层水平隔板，构成多层降尘室，隔板间距一般为 40~60mm，如图 6-13 所示。

图 6-13　多层降尘室
1——隔板；2、6——调节闸阀；3——气体分配道；
4——气体集聚道；5——气道；7——清灰道

降尘室结构简单，流体阻力小，但体积庞大，分离效率低，通常只适用于分离粒度大于 50μm 的粗颗粒，一般作为预除尘使用。多层降尘室虽能分离较细的颗粒且节省地面，但清理灰尘比较麻烦。

需要注意的是：沉降速度 u_t 应该根据需要完全分离下来的最小颗粒尺寸计；此外，气体在降尘室内的速度不应该太高，一般应保证气体流动的雷诺准数处于层流区，以免干扰颗粒的沉降或把已经沉降下来的颗粒重新扬起。

二、旋风分离器

旋风分离器又称旋风除尘器，是利用气态非均相在做高速旋转时所产生的离心力，从气流中分离粉尘的干式气-固分离设备。

旋风分离器是最常用的气固分离设备之一，主要特点是构造简单，价格低廉，适应性好，对于 5~10μm 以上的粉尘捕集效率高，可处理高温含尘气体，且操作维修方便。但是它对细尘粒（如<5μm 的粉尘）分离效率较低；气体在器内流动阻力大，消耗能量较多，不适合处理含湿量高的黏性粉尘及腐蚀性粉尘；处理风量大时，需要多个旋风分离器并联操作，设置不当会影响分离性能。

通常，大于 200μm 的颗粒先使用重力沉降预先除去，旋风分离器作为大颗粒分离过程中的最后一个分离设备使用，也可作为高效分离器（如袋滤器、电除尘器）的预分离设备。

（一）旋风分离器结构及分离原理

旋风分离器是利用粒子在气流中做高速旋转时，离心力远大于重力，且速度越大，粒子所获得的离心沉降速度也越大，从而使固体与气体达到分离的目的。

如图 6-14 所示，图（a）为标准型旋风分离器的结构。筒体分为上下两部分，上部为圆柱形筒体，下部为圆锥形筒体。上部有排风管和沿切向安装的进风管，下部有集料管。含尘气体以 15~25m/s 的速度自圆筒导入管沿切线方向进入锥形圆筒并在圆筒内旋转，受器壁及器顶的约束而向下做螺旋运动。在惯性离心力的作用下，悬浮尘粒被抛向器壁而与气流分离，再沿器壁面落至锥底的排灰口。净化后的气体在中心轴附近由下而上做螺旋运动，形成内层上旋气流，从顶部的中央排气管排出。通常，把下行的螺旋形气流称为外旋流，上行的螺旋形气流称为内旋流。外旋流的上部是主要除尘区。

旋风分离器内的低压气芯由排气管入口一直延伸到底部排灰口。因此，如果排灰口或集尘室漏气，会把已经收集在锥形筒体底部的粉尘重新卷起，严重降低分离效果。

图 6-14　标准型旋风分离器
1——含尘气体入口；2——净化气体入口；3——尘粒

（二）旋风分离器的性能参数

1. 气体处理量　气体处理量表示旋风分离器单位时间处理气体的能力。旋风分离器的气体处理量由入口气速 u_i 决定，一般 $u_i = 10~25m/s$。入口气体流量是旋风分离器最主要的操作参数。

旋风分离器的处理量计算公式为：

$$V = u_i \times B \times h \tag{6-51}$$

式中：B——入口处宽度；

　　　h——为入口处高度。

2. 临界粒径　研究旋风分离器分离性能时，常从分析其临界粒径入手。临界粒径是指理论上在旋风分离器中能被完全分离下来的最小颗粒直径，它是判断分离效率高低的重要依据。

对于某尺寸的颗粒，当颗粒到达器壁所需的沉降时间 θ_t 等于气体在分离器内的停留时间 θ 时，该颗粒就是理论上能完全分离出来的最小颗粒，其直径即为临界粒径。

$$d_c = \sqrt{\frac{9\mu B}{\pi N \rho_s u_i}} \tag{6-52}$$

式中：B——旋风分离器进口宽度，m；

　　　u_i——含尘气体进口速度，m/s；

　　　N——气体旋转圈数。

气体旋转圈数 N 与进口气速 u_i 有关，对常用型号的旋风分离器，风速在 $12~25m/s$，一般可取 $N = 3~4.5$，风速越大，圈数 N 也越大。

3. 分离效率　分离效率可以直接反映含尘气体经旋风分离器后的分离效果，是评价旋风分离器性能的重要指标。通常将经旋风分离器后能被分离出 50% 的颗粒直径称为分割直径，以 d_c 表示。一些高效旋风分离器的分割直径 d_c 可小到 3～10μm。旋风分离器的分离效率有两种表示方法，即总效率和分效率。

（1）**总效率**　指进入旋风分离器的全部颗粒中被分离下来的质量分率，以 η_o 表示。计算公式如下：

$$\eta_o = \frac{C_1 - C_2}{C_1} \qquad (6-53)$$

式中：C_1——旋风分离器入口气体含尘浓度，g/m^3；

　　　　C_2——旋风分离器出口气体含尘浓度，g/m^3。

总效率是工程中最常用的且最易于测定的分离效率，但总效率不能表明旋风分离器对气体中各种尘粒的分离效果。其总效率不仅取决于各种尺寸颗粒的粒级效率，而且取决于气流中尘粒的粒度分布。因此同一设备即使处于相同的操作条件，如果气流中尘粒粒度分布不同，也会得到不同的总效率。

（2）**分效率（又称粒级效率）**　是指不同粒径的尘粒通过旋风分离器被分离下来的质量分率，以 η_{pi} 表示。通常是把气流中所含颗粒的粒径范围等分成 n 个小段，其中第 i 个小段范围内的颗粒（平均粒径为 d_i）的分效率为：

$$\eta_{pi} = \frac{C_{1i} - C_{2i}}{C_{1i}} \qquad (6-54)$$

式中：C_{1i}——入口气体中在第 i 小段范围内的颗粒的浓度，g/m^3；

　　　　C_{2i}——出口气体中在第 i 小段范围内的颗粒的浓度，g/m^3。

总效率与分效率的关系式为：

$$\eta_o = \sum_{i=1}^{n} x_i \eta_{pi} \qquad (6-55)$$

式中：x_i——粒径在第 i 小段范围内的颗粒占全部颗粒的质量分率，称作粒度分布率；

　　　　η_{pi}——第 i 小段粒径范围内颗粒的分效率；

　　　　n——全部粒径被划分的段数。

4. 压力降　气体经旋风分离器时，由于进气管和排气管及主体器壁引起的摩擦阻力、流动时的局部阻力，以及气体旋转运动产生的动能损失等造成气体的压力降。压力降大小是评价旋风分离器性能的重要指标，以 Δp 表示。压力降大小不但影响动力消耗，同时也受工艺条件的限制。

气体通过旋风分离器的压力降可表示成入口气体动能的某一倍数，即

$$\Delta p = \zeta \frac{\rho u^2}{2} \qquad (6-56)$$

式中：ρ——为气体密度；

　　　　u——进口气体速度；

　　　　ζ——阻力系数。

对于同一结构形式及尺寸比例的旋风分离器，ζ 为常数，如标准型旋风分离器，其阻力系数 $\zeta = 8.0$。不同型号的设备阻力系数 ζ 各不相同，要通过试验测定。旋风分离器的压力降一般为 0.3～2kPa。

（三）影响旋风分离器分离性能的因素

气流在旋风分离器内的流动情况和分离机理均非常复杂，因此影响旋风分离器性能的因素较多，其中最重要的是物系性质及操作条件。包括粉尘特性、气流特性和分离器的大小及结构特征等。对于一定的粉尘，影响旋风分离器性能的主要因素是气流特性和分离器的大小及结构特征。

1. 气流特性　气流特性包括含尘气流量、含尘浓度等。进口气速较高，分离效率较高；当进口气速低于 10m/s 时，分离效率急剧下降，但过高也不行，当进口气速超过 25m/s 时，则可能引起涡流反而使效率降低，同时分离器的阻力与入口气速的平方成正比，增大压力降也不利于分离。因此，旋风分离器的进口气速宜控制在 10~25m/s。

进口气流中的含尘浓度对于一般旋风除尘器的效率和阻力也有影响。含尘浓度高有利于颗粒的聚结，可以提高效率，可以抑制气体涡流，从而使阻力下降，因此较高的含尘浓度对分离效率与压力降两个方面都是有利的。

2. 旋风分离器尺寸大小的影响　旋风分离器的器体直径、气流排出管直径与位置，以及器体尺寸都对其分离效率有很大影响。

（1）器体直径　一般说器体直径越小分离效率越高。但器体直径过小，处理能力下降，且灰尘容易逃逸，导致分离效率下降；同时黏附性明显的粉尘不易排放。因此应该兼顾分离效率和处理能力，选定器体直径。

（2）气流排出管直径与位置　排气管的直径 d 对除尘器性能的影响较大，因为在排气管的下端管口附近的乱流区内粉尘逃逸的概率较大。当 d 过大，在排气管内由于粉尘逃逸造成效率降低；另一方面，管内产生漩涡使阻力增大。当 d 减小时，逃逸的粉尘粒径逐渐减小，效率增加；但 d 过小阻力增加较大。一般认为筒径直径 D 与排气管直径之比值为 2~3 比较合适，在除尘器设计中一般取 $D/d = 1.5~2$。

排气管的位置即排气管插入器体的深度，对于除尘器性能有一定影响。目前，多数除尘器排气管的插入深度约在进口底缘以下，但最好通过实验确定各种形式除尘器的插入深度。

（3）器体尺寸　器体尺寸包括圆筒长度、圆锥长度及器体长度与圆筒直径的比例。一般说粗短的除尘器效率低，阻力小；细长的除尘器除下的粉尘被重新带走的机会少，效率高。

（4）旋风除尘器结构　旋风分离器进气口的位置、形式等对除尘器性能有较大的影响，其气流进口形式可分为两大类：①气流从轴线方向进入，借导流叶片产生旋转运动，称为轴向进口，如多管式除尘器；②气流进口管与旋风分离器的圆筒相切，称为切向进口，一般的旋风除尘器都是切向进口。

3. 内壁粗糙度　旋风分离器的内壁越粗糙，越易引起涡流，导致阻力增加，分离效率降低，故制造时应注意焊缝光滑，圆柱和圆锥的接头也要力求平滑。

4. 排灰装置　排灰装置有两种类型，即湿式排灰装置和干式排灰装置。前者不但存在污水处理等问题，而且对于多数过程要求把回收的固体颗粒回收或再利用。目前用干式的比较多。国内常用的干式排灰装置有闪动阀和旋转阀两类。

在排灰口部位若有少量漏风，会把已收集的粉尘重新卷入核心气流，从排气管排出，使分离效率急剧下降。如漏入空气达到净制气量的 10%~15% 时，分离效率可能降至零。

（四）几种常见旋风分离器的设计与选用

标准型旋风分离器是常用的结构形式，其入口上沿与顶盖齐平，流体阻力较大，分离效率不高。近年来，为提高分离效率并降低压降，在旋风分离器的结构设计中，主要从以下几个方面进行改进：①采用细而长的器身，减小器身直径可增大惯性离心力，增加器身长度可延长气体停留时间，因此，细而长的器身有利于颗粒的离心沉降，使分离效率提高。②减小上涡流的影响，含尘气体自进气管进入旋风分离器后，有一少部分气体向顶盖流动，然后沿排气管外侧向下流动，当达到排气管下端时汇入上升的内旋气流中，这部分气流称为上涡流。上涡流中的颗粒随之由排气管排出，使分离效率降低。采用带有旁路分离室或采用异形进气管的旋风分离器，可以改善上涡流的影响。③消除下旋流影响，在标准旋风分离器内，内旋流旋转上升时，会将沉积在锥底的部分颗粒重新扬起，这是影响分离效率的一个重要原因。为抑制这种不利因素设计了扩散式旋风分离器。④合理设计排气管和灰斗尺寸，使除尘效率提高。

1. 旋风分离器的类型　改进后的旋风分离器常用的有 CLT/A 型、CLP/B 型和扩散型。

（1）CLT/A 型　如图 6-15，具有倾斜的切线进口，顶板为螺旋型的导向板。由于气体从切向进入，加上导向板的作用，可消除进入气体向上流动而形成的小旋涡气流，使气流阻力较低，减少动能消耗，提高分离效率，其阻力系数为 5.0~5.5。CLT/A 型旋风分离器的另一个特点是筒体细长，锥体较长且锥角较小，能提高除尘效率，但压力损失也较高。

图 6-15　CLT/A 型旋风
分离器示意图

（2）CLP/B 型　如图 6-16 所示，CLP/B 型是带有旁路分离室的旋风分离器，采用半圆周形蜗壳进气口，其上沿较器体顶盖稍低，排气管插入的深度很小，下口在进气口截面中心线以上。含尘气进入器内后即分为上、下两股旋流。较大的颗粒随向下旋转的主气流运动，达到筒壁落下。很细的颗粒由另一股上旋流带到筒顶，在顶盖下面形成强制旋转的细粉环，使细微尘粒聚结，然后从顶部的洞口经过旁路分离室进入向下旋转的主气流而得以捕集。其优点是结构简单、造价低廉、维修方便、性能良好，对 5μm 以上的尘粒具有较高的分离效率。根据器体及旁路分离室形状的不同，CLP/B 型又分为 X 型和 Y 型，其阻力系数 ζ 分别为 5.8 和 4.8。

（3）扩散型　如图 6-17 所示，主要特点是具有上小下大的外壳，并在底部装有挡灰盘（又称反射屏）。挡灰盘是倒置的漏斗型，顶部中央有孔，下沿与旋风分离器内壁留有缝隙。沿壁面落下的颗粒经此缝隙落至灰斗，而气流主体被挡灰盘隔开，少量进入箱内的气体则经挡灰盘顶部的小孔返回器内，与上升旋流汇合经排气管排出。挡灰盘使已分离细粉被气流重新卷起的机会大为减少，因而分离效率提高，尤其对 10μm 以下的颗粒，分离效果更为明显。

2. 旋风分离器的选用和设计　选择旋风分离器时，首先应根据具体的分离含尘气体任务，结合各型设备的特点，选定旋风分离器的形式，然后通过计算决定尺寸与个数。计算的主要依据有：①生产要求的气体处理量；②要求达到的临界粒径；③要求达到的分离效率；④工艺允许的压力降。旋风分离器的选用步骤如下：

（1）根据含尘气体的物性、净化要求，以及旋风分离器主要工艺参数（气体处理量、压力降和分离效率），确定旋风分离器的结构形式。

（2）类型确定后，查阅其性能表，根据允许压力降和气体处理量确定具体型号。原则是在满足气体处理量的情况下，压力降不超过允许值。

（3）当没有合适型号可选用时，可按照以下步骤另行设计：①由选定结构形式的旋风分离器确定阻力系数，并由压力降确定入口气速；②根据气体处理量和入口气速算出旋风分离器的主体圆筒直径 D，再按比例求出其他部分的尺寸；③根据圆筒直径估算其分离性能是否达到要求，若达不到要求应适当调整旋风分离器尺寸或者改用多台直径较小的分离器并联使用。

图 6-16　CLP/B 型旋风分离器示意图

图 6-17　扩散型旋风分离器示意图
1——灰斗；2——反射屏；3——倒圆锥；
4——圆筒；5——进气口

三、袋滤器

中药在粉碎时常用的粉碎设备一般装有风扇，粉碎过程中会有部分细粉被风扇吹出机外，细粉经旋风分离器分离后，再用袋滤器将残余气流中的极细粉分离。袋滤器是进一步分离气体与细粉的装置。

袋滤器除尘效果较好，能除掉 $1\mu m$ 以下的微粒，分离效率可达 99.9% 以上，甚至可以除去 $0.1\mu m$ 的尘粒，常设在旋风分离器后作为末级除尘设备。缺点是占地面积大，过滤速度低，当气体中含有水蒸气或者可能结露，以及处理易吸水的亲水性粉尘时容易堵塞。

（一）袋滤器的结构及类型

袋滤器是一种压力式过滤装置，结构比较简单，它是在一个带有锥底的矩形金属外壳内，垂直安装有若干个滤袋，滤袋下端紧套在花板的短管上，上端悬挂在一个可以振动的框架上。

含尘气体从袋滤器左端进入，向下流动，经花板从滤袋下端进入袋内，气体则穿透滤袋，尘粒被截留在袋的内表面，净制后的气体经气体出口排出，此过程称为过滤。若从相反方向由袋外向内吹入空气，同时借助滤袋上端的自动振动机械使滤袋振动，从而将袋内截留的尘粒卸除，称为卸尘。过滤和卸尘工序的交替由自动控制器控制。

袋滤器种类很多，按照不同方式可以进行如下分类：

1. 按清灰方式分类　可以分为机械振打式袋滤器、脉冲清灰袋滤器以及气环反吹式过滤器等。

2. 按照含尘气流进气方式分类　可分为内滤式和外滤式。内滤式是含尘气流由滤袋内向滤袋外流动，尘粒被截留在滤袋内，外滤式则相反。内滤式一般适用于机械振动打灰，外滤式适用于脉冲清灰和逆气流反吹清灰。为防止滤袋被吹瘪，外滤式在滤袋内必须设置骨架。

3. 按含尘气体的流向与被分离粉尘的下落方向分类　可以分为顺流式和逆流式，顺流式为含尘气体的流向与被分离粉尘下落方向相同，逆流式则相反。

4. 按过滤器内的压力分类　可分为正压式和负压式。正压式的风机置于过滤器前面，结构简单，但是由于含尘气流经过风机，所以容易磨损。负压式的风机置于过滤器之后，风机不容易磨损，但结构复杂，需要密闭，不能漏气。

（二）袋滤器滤材的选择

滤袋即袋滤器的过滤介质，其滤材有天然纤维、合成纤维以及混合纤维多种，其中广泛应用的是合成纤维，如尼龙、涤纶等。选择滤材时须考虑含尘气体的湿度、温度、酸碱性及粉尘的黏附性。此外，还必须注意滤材和尘粒两者的带电性。如果滤材和尘粒带相反电荷，可以提高除尘效果，但由于滤材和尘粒一般都属于不良导体，尘粒很难从滤材上脱落，即使采用振打滤材的方式。相反，如果滤材和尘粒荷相同电荷，两者之间没有静电吸附，尘粒较容易从滤材上脱落，不会因此增加过滤的阻力。

袋滤器的滤袋容易被磨损或堵塞，此时气体短路、效率明显下降或压降突然增加。一旦发现有此类现象应该立即采取措施。

第七章

传热原理与设备

扫一扫，查阅本章数字资源，含PPT、音视频、图片等

物质系统内由于温度不同，使热量由一处转移到另一处的过程叫作传热过程，简称传热。在工业化制药生产中，许多过程都与热量传递有关。例如，药品生产过程中的磺化、硝化、卤化、缩合等许多化学反应，均需要在适宜的温度下，才能按所希望的反应方向进行，并减少或避免不良的副反应；在反应器的夹套或蛇管中，通入蒸汽或冷水，进行热量的输入或输出；对原料提纯或反应后产物分离、精制的各种操作，如蒸发、结晶、干燥、蒸馏、冷冻等，也必须在提供热量或在一定温度的条件下，即有足够的热量输入或输出的条件下才能顺利进行。由此可见，传热过程在制药生产中占有十分重要的地位。

第一节 传热的机理

制药生产过程中，无论是化学过程，还是物理过程，传热的问题主要有两类：一是强化传热，在传热设备中加热或冷却物料，希望传热速率高，这样可使完成某一换热任务时所需的设备紧凑，减少加热剂或冷却剂，从而降低设备费或操作费用。二是削弱传热，对高温设备或管道的保温以及低温设备或管道的隔热，则要求传热速率越低越好。

一、传热的基本方式

根据热量传递机理的不同，有三种基本热量传递方式：热传导、热对流和热辐射。

（一）热传导

物质内高温处的自由电子运动或分子振动较剧烈，碰撞相邻粒子，将其部分热能量传给低温处的粒子。这种传热方式称为热传导或导热。

（二）对流传热

流体内由于流体质点相对位移引起的传热过程，称为对流传热。

（三）辐射传热

热能以电磁波形式传递的过程，称为辐射传热或热辐射。

实际传热过程中，上述三种传热方式一般都是相伴而行，但有主有次，对不同的情况有不同的联合传热方式。

二、传热过程中热、冷流体热交换的方式

制药工业生产中的传热过程主要为加热、冷却、汽化及冷凝等。通常不允许冷、热流体直接接触进行热交换，要求采用固体壁隔开，所用的传热设备称为间壁式换热器。根据具体功能不同，换热器可分为加热器、冷却器、蒸发器及冷凝器等。

常见制药生产中，冷、热流体的热交换有三种方式。

一是直接接触式换热，如图 7-1，在并流低位冷凝器里，热、冷流体直接混合进行热交换，使蒸汽变冷凝液。其优点是传热效果好，设备结构简单，称为混合式换热器。只适用于冷、热流体允许混合的场合。

图 7-1 并流低位冷凝器
1——蒸汽；2——水；3——冷凝水

图 7-2 蓄热式换热器
1——高温流体；2——蓄热体；3——低温流体

二是蓄热式换热，如图 7-2，是在换热器内装有能蓄热的固体填充物（如耐火砖等），先将固体填充物蓄热，再通入冷流体吸收固体填充物所蓄热能，使冷流体升温，从而实现换热的目的。蓄热器结构简单，耐高温，多用于高温气体的加热。适用于两种流体有少量接触而不发生危险的场合。

三是间壁式换热，在制药化工生产中，绝大多数冷热流体的热交换是在间壁式换热器中完成的。如图 7-3所示套管式换热器，操作时冷、热流体分别在换热器中的固体壁面两侧流动，以对流传热为主要传热方式。

图 7-3 套管式换热器
1——内管；2——外管

第二节 热传导

热量从物体的高温部分沿着物体传到低温部分，这就是热传导现象。热传导的机理相当复杂，目前还了解得很不完全。一般而言，传导传热的实质是由于物体较热部分的粒子（分子、原子或自由离子）的热运动，与相邻的粒子碰撞，把它的动能的一部分传给后者，于是较热的粒子便将热能传给较冷的粒子，直至整个物体的温度完全相同，即达到平衡为止。我们把依靠在物体

中的微观粒子的热振动而传递热量的过程称为热传导。这种传热的特点是，在热传导过程中，物体的微粒只是在平衡位置附近振动而不产生宏观的相对位移。固体或静止流体（或基本上静止的流体）的传热属于这种方式。在流体特别是气体中，除上述原因以外，连续而不规则的分子运动是导致传导传热的重要原因。此外，传导传热也可因物体内部自由电子的转移而发生。

一、傅立叶定律

傅立叶定律（Fourier's Law）是热传导的基本定律。实践证明，在质地均匀的物体内，若等温面上各点的温度梯度相同，则单位时间内传导的热量 Q 与温度梯度 dt/dx 及垂直于热流方向的导热面积 A 成正比，即

$$Q = -\lambda A \frac{dt}{dx} \tag{7-1}$$

式中：Q——导热速率，W；

　　　A——导热面积，即垂直于热流方向的截面积，m^2；

　　　λ——比例系数，称为热导率（thermal conductivity）或导热系数，W/（m·℃）或 W/（m·K）；

　　dt/dx——沿 x 方向的温度梯度，K/m 或℃/m。

x 方向为热流方向，即温度降低的方向，与温度梯度方向相反，故 dt/dx 为负值。因此，式中需加负号。

二、导热系数

导热系数是表征物质导热能力的一个参数，为物质的物理性质之一。导热系数越大，物质的导热能力越强。导热系数的大小与物质的组成、结构、状态（温度、湿度、压强）等因素有关。各种物质的导热系数由实验测定，一般情况下，金属的导热系数最大，非金属固体材料的导热系数次之，液体的导热系数较小，气体的导热系数最小（约为液体的1/10）。常见材料泡沫板、石棉等，结构疏松，孔隙中充满气体，可视为气-固混合物，其导热系数比一般金属固体低很多，常用作设备、蒸汽管道的外层保温。

将式 7-1 变化为

$$\lambda = -\frac{Q}{A\frac{dt}{dx}} \tag{7-2}$$

式 7-2 为导热系数的定义式。导热系数 λ 在数值上等于单位温度梯度下，单位导热面积上的导热速率。表 7-1 列出了各类物质导热系数的大致范围。

表 7-1　各类物质导热系数大致范围

物质种类	λ 数值范围/W/（$m^{-1}·K^{-1}$）	常用物质的 λ 值/W/（$m^{-1}·K^{-1}$）
纯金属	20~400	（20℃）银 427，铜 398，铝 236，铁 81
合金	10~130	（20℃）黄铜 110，碳钢 45，灰铁 40，不锈钢 15
建筑材料	0.2~2.0	（20~30℃）普通砖 0.7，耐火砖 1.0，水泥 0.3，混凝土 1.3
液体	0.1~0.7	（20℃）水 0.6，甘油 0.28，乙醇 0.172，60%甘油 0.38，60%乙醇 0.3
绝缘材料	0.02~0.2	（20~30℃）保温砖 0.15，石棉粉（密度为500kg/m^3）0.16，玻璃棉 0.04
气体	0.01~0.6	（0℃，常压）氢 0.163，空气 0.0244，CO_2 0.0137，甲烷 0.03，乙烷 0.018

在热传导过程中，物体内不同位置的温度各不相同，因而 λ 也不同。所以在计算时应取最高温度 t_1 下的 λ_1 与最低温度 t_2 下的 λ_2 的算术平均值，或由平均温度 $t = (t_1 + t_2)/2$ 求出 λ 值。

三、平壁的稳定热传导

我们在研究平壁的稳定热传导时，通常将其分为单层平壁的热传导和多层平壁的热传导两种情况来研究，下面就分别加以叙述。

（一）单层平壁的热传导

图 7-4 所示为稳定的一维平壁热传导。设平壁材质均匀，平壁的厚度为 b，平壁面积为 A，λ 取平均温度下的值（为常数），平壁的温度只沿着垂直于壁面的 x 轴方向变化，故等温面皆为垂直于 x 轴的平行平面。若平壁两侧面的温度 t_1 和 t_2 恒定，则当 $x=0$ 时，$t=t_1$；$x=b$ 时，$t=t_2$，该传热过程为稳定的一维热传导。根据傅立叶定律

图 7-4 单层平壁的稳态热传导

$$Q = -\lambda A \frac{dt}{dx} \tag{7-3}$$

分离变量后积分

$$\int_{t_1}^{t_2} dt = -\frac{Q}{\lambda A} \int_0^b dx \tag{7-4}$$

求得导热速率方程式为

$$Q = \frac{\lambda}{b} A(t_1 - t_2) \tag{7-5}$$

或

$$Q = \frac{t_1 - t_2}{\frac{b}{\lambda A}} = \frac{\Delta t}{R} = \frac{传热推动力}{热阻} \tag{7-5a}$$

由此可知，导热速率 Q 与传热推动力 Δt 成正比，与热阻 $R = \dfrac{b}{\lambda A}$ 成反比。壁厚 b 越厚，或传热面积 A 与导热系数 λ 越小，则热阻 R 就越大，热流量 Q 越小。

式 7-3 也可写成

$$q = \frac{Q}{A} = \frac{\lambda}{b}(t_1 - t_2) \tag{7-6}$$

式中 q 为单位面积的导热速率，称为热流密度，单位为 W/m^2。

【例 7-1】 现有一厚度为 0.4m 的砖壁，内壁温度为 1500℃，外壁温度为 300℃，试求通过每平方米砖壁壁面的导热速率。已知该温度范围内砖壁的平均导热系数 $\lambda = 1.5W/(m \cdot ℃)$。

解：由式 7-6

$$q = \frac{Q}{A} = \frac{\lambda}{b}(t_1 - t_2) = \frac{1.50}{0.4}(1500 - 300) = 4500 \ (W/m^2)$$

（二）多层平壁的热传导

图 7-5 为三层平壁，假定各层壁厚分别为 b_1、b_2、b_3，各层材质均匀，导热系数分别为 λ_1、λ_2、λ_3，皆视为常数，层与层之间接触良好，即接触的两表面温度相同。各表面温度分别为 t_1、

t_2、t_3、t_4，且 $t_1>t_2>t_3>t_4$，传热面积为 A，在稳定导热过程中，单位时间通过各层的热量必相等，即导热速率相同

$$Q=Q_1=Q_2=Q_3$$

由式7-5a可知

$$Q = \frac{\Delta t_1}{\dfrac{b_1}{\lambda_1 A}} = \frac{\Delta t_2}{\dfrac{b_2}{\lambda_2 A}} = \frac{\Delta t_3}{\dfrac{b_3}{\lambda_3 A}}$$

因 $\Delta t = t_1 - t_4 = \Delta t_1 + \Delta t_2 + \Delta t_3$，由上式求得

$$Q = \frac{\Delta t_1 + \Delta t_2 + \Delta t_3}{\dfrac{b_1}{\lambda_1 A} + \dfrac{b_2}{\lambda_2 A} + \dfrac{b_3}{\lambda_3 A}} = \frac{\Delta t}{\displaystyle\sum_{i=1}^{3} R_i} = \frac{总推动力}{总热阻} \qquad (7\text{-}7)$$

图 7-5　多层平壁的
稳态热传导

式7-7表明，多层平壁稳定导热过程的总推动力等于各层推动力之和，总热阻等于各层热阻之和。并且，因各层的导热速率相等，所以各层的传热推动力与其热阻之比值都相等，也等于总推动力与总热阻之比值。在多层平壁中，热阻大的壁层，其温度差也大。

【例7-2】 有一燃烧炉，炉壁由3种材料组成。最内层是耐火砖，中间是保温砖，最外层是建筑砖。已知耐火砖 $\lambda_1 = 1.7\text{W}/（\text{m} \cdot \text{℃}）$，厚度为 b_1；保温砖 $\lambda_2 = 0.3\text{W}/（\text{m} \cdot \text{℃}）$，厚度为 b_2，允许使用温度1100℃；建筑砖 $\lambda_3 = 40.7\text{W}/（\text{m} \cdot \text{℃}）$，厚度 $b_3 = 6\text{mm}$，允许使用温度450℃。

今测得炉的内壁温度 $t_1 = 1350\text{℃}$，外壁温度 $t_4 = 220\text{℃}$，单位面积的热损失 $q = 4652\text{W/m}^2$。试求各层应多厚才可使总厚度最小。

解：

$$q = \frac{Q}{A} = \frac{t_1 - t_2}{\dfrac{b_1}{\lambda_1}} = \frac{1350 - 1100}{\dfrac{b_1}{1.7}} = 4652 \qquad b_1 = 91\text{mm}$$

$$q = \frac{Q}{A} = \frac{t_2 - t_4}{\dfrac{b_2}{\lambda_2} + \dfrac{b_3}{\lambda_3}} = \frac{1100 - 220}{\dfrac{b_2}{0.3} + \dfrac{0.006}{40.7}} = 4652 \qquad b_2 = 57\text{mm}$$

$$b_{总} = b_1 + b_2 + b_3 = 91 + 57 + 6 = 154 （\text{mm}）$$

四、圆筒壁的稳定热传导

在制药生产中，所用设备、管道及换热器管子多为圆筒形，所以我们为了更好地贴近生产实践，常常通过圆筒壁的热传导来进一步研究稳定热传导问题。

（一）单层圆筒壁的热传导

如图7-6所示，设圆筒的内、外半径分别为 r_1、r_2，内壁与外壁温度分别为 t_1、t_2。温度只沿半径方向变化，等温面为同心圆柱面。与平壁的热传导的不同处在于圆筒壁的传热面积不是常量，而是随半径而变，同时温度也随半径而变。在半径 r 处取一厚度为 dr 的薄层，若圆筒的长度为 l，则此处传热面积为 $A = 2\pi r l$。根据傅立叶定律，对此薄圆筒层的导热速率为

图 7-6　单层圆筒壁
的稳态热传导

$$Q = -\lambda A \frac{\mathrm{d}t}{\mathrm{d}r} = -\lambda 2\pi r l \frac{\mathrm{d}t}{\mathrm{d}r} \tag{7-8}$$

分离变量得

$$Q \frac{\mathrm{d}r}{r} = -2\pi l \lambda \, \mathrm{d}t$$

假定导热系数 λ 为常数，对圆筒壁的内半径 r_1 和外半径 r_2 间进行积分

$$Q \int_{r_1}^{r_2} \frac{\mathrm{d}r}{r} = -2\pi l \lambda \int_{t_1}^{t_2} \mathrm{d}t$$

$$Q \ln \frac{r_2}{r_1} = 2\pi l \lambda (t_1 - t_2)$$

移项得

$$Q = \frac{2\pi l \lambda (t_1 - t_2)}{\ln \dfrac{r_2}{r_1}} = \frac{t_1 - t_2}{\dfrac{1}{2\pi l \lambda} \ln \dfrac{r_2}{r_1}} = \frac{\Delta t}{R} \tag{7-9}$$

改写之

$$Q = \frac{2\pi l \lambda (t_1 - t_2)}{\dfrac{1}{\lambda} \ln \dfrac{r_2}{r_1}} = \frac{2\pi l (r_2 - r_1) \lambda (t_1 - t_2)}{(r_2 - r_1) \ln \dfrac{2\pi r_2 l}{2\pi r_1 l}} = \frac{(A_2 - A_1) \lambda (t_1 - t_2)}{(r_2 - r_1) \ln \dfrac{A_2}{A_1}} \tag{7-10}$$

$$= \frac{\lambda}{b} A_\mathrm{m} (t_1 - t_2) = \frac{t_1 - t_2}{\dfrac{b}{\lambda A_\mathrm{m}}}$$

式中 $b = r_2 - r_1$，为圆筒壁的壁厚，$A_\mathrm{m} = \dfrac{A_2 - A_1}{\ln \dfrac{A_2}{A_1}}$ 为对数平均面积，当 $A_2/A_1 \leqslant 2$ 时，可用算术平

均值 $A_\mathrm{m} = (A_1 + A_2)/2$ 近似计算。

或用对数平均半径 $r_\mathrm{m} = \dfrac{r_2 - r_1}{\ln \dfrac{r_2}{r_1}}$ 计算 $A_\mathrm{m} = 2\pi r_\mathrm{m} l$。当 $r_2/r_1 \leqslant 2$ 时，可用 $r_\mathrm{m} = (r_1 + r_2)/2$ 近似计算。

（二）多层圆筒壁的热传导

如图 7-7 所示，以三层圆筒壁为例，推导多层圆筒壁稳态热传导速率方程式。各层壁厚分别为 $b_1 = r_2 - r_1$，$b_2 = r_3 - r_2$，$b_3 = r_4 - r_3$。假设各层材料的导热系数 λ_1、λ_2、λ_3 皆视为常数，层与层之间接触良好，其表面温度相等，各等温面皆为同心圆柱面。多层圆筒壁稳态热传导过程中，单位时间内穿过各层的热量相等，即

$$Q = Q_1 = Q_2 = Q_3$$

因而由式 7-9 有

$$Q = 2\pi l \lambda_1 \frac{t_1 - t_2}{\ln \dfrac{r_2}{r_1}} = 2\pi l \lambda_2 \frac{t_2 - t_3}{\ln \dfrac{r_3}{r_2}} = 2\pi l \lambda_3 \frac{t_3 - t_4}{\ln \dfrac{r_4}{r_3}}$$

进而求得导热速率为

图 7-7　多层圆筒壁
的稳态热传导

$$Q = \frac{2\pi l(t_1 - t_4)}{\frac{1}{\lambda_1}\ln\frac{r_2}{r_1} + \frac{1}{\lambda_2}\ln\frac{r_3}{r_2} + \frac{1}{\lambda_3}\ln\frac{r_4}{r_3}} \tag{7-11}$$

对 n 层圆筒壁，则有

$$Q = \frac{t_1 - t_i}{\sum_{i=1}^{n}\frac{b_i}{\lambda_i A_{mi}}} \tag{7-12}$$

【例 7-3】 在 $\phi 38 \times 2.5$ 的钢管外包有两层绝热材料，里层为 50mm 的氧化镁粉，平均导热系数 $\lambda = 0.07$W/ (m·℃)，外层为 10mm 的石棉层，其平均导热系数 $\lambda = 0.15$W/ (m·℃)。现用热电偶测得管内壁温度 $t_1 = 120℃$，最外层表面温度 $t_4 = 20℃$，管壁的导热系数 $\lambda = 45$W/ (m·℃)。试求：

（1）每米管长的热损失；

（2）保温材料层界面的温度 t_2 和 t_3。

解： $r_1 = \frac{38 - 2 \times 2.5}{2} = 16.5$mm， $r_2 = 16.5 + 2.5 = 19$mm， $r_3 = 19 + 50 = 69$mm， $r_4 = 69 + 10 = 79$mm

（1）每米管长的热损失

$$q = \frac{Q}{l} = \frac{2\pi(t_1 - t_4)}{\frac{1}{\lambda_1}\ln\frac{r_2}{r_1} + \frac{1}{\lambda_2}\ln\frac{r_3}{r_2} + \frac{1}{\lambda_3}\ln\frac{r_4}{r_3}}$$

$$= \frac{2 \times 3.14 \times (120 - 20)}{\frac{1}{45}\ln\frac{19}{16.5} + \frac{1}{0.07}\ln\frac{69}{19} + \frac{1}{0.15}\ln\frac{79}{69}} = 32.5 (\text{W/m})$$

（2）保温层界面温度

$$q = \frac{2\pi(t_1 - t_2)}{\frac{1}{\lambda_1}\ln\frac{r_2}{r_1}} = \frac{2 \times 3.14(120 - t_2)}{\frac{1}{45}\ln\frac{19}{16.5}} = 32.5$$

$$t_2 = 119.98℃$$

$$q = \frac{2\pi(t_1 - t_3)}{\frac{1}{\lambda_1}\ln\frac{r_2}{r_1} + \frac{1}{\lambda_2}\ln\frac{r_3}{r_2}} = \frac{2 \times 3.14 \times (120 - t_3)}{\frac{1}{45}\ln\frac{19}{16.5} + \frac{1}{0.07}\ln\frac{69}{19}} = 32.5$$

$$t_3 = 24.64℃$$

第三节　对流传热

对流传热是在流体流动过程中发生的热量传递现象，它是依靠流体质点的移动进行热量传递的，故与流体的流动情况密切相关。工业上遇到的对流传热常指间壁式换热器中两侧流体与固体壁面之间的热交换，亦即流体将热量传给固体壁面或者由壁面将热量传给流体的过程称为对流传热（或称对流给热、放热）。

一、对流传热过程

当流体流过固体壁面时，由于流体黏性的作用，使壁面附近的流体减速而形成边界层，边界层内存在速率梯度。处于层流状态下的流体，在与流动方向相垂直的方向上进行热量传递时，由于不存在流体的旋涡运动与混合，故传递方式为热传导。

当湍流的流体流经固体壁面时，将形成湍流边界层，若流体温度与壁面不同，则二者之间将进行热交换。假定壁面温度高于流体温度，热流便会由壁面流向运动流体。由速度边界层知识可知，湍流边界层由靠近壁面处的层流内层、离开壁面一定距离处的缓冲层和湍流核心三部分组成，由于液体具有黏性，故紧贴壁面的一层流体，其速率为零。由此可知，固体壁面处的热量首先以热传导方式通过静止的流体层进入层流内层，在层流内层中传热方式亦为热传导；然后热流经层流内层进入缓冲层，在这层流体中，既有流体微团的层流流动，也存在一些使流体微团在热流方向上做旋涡运动的宏观运动，故在缓冲层内兼有热传导和涡流传热两种传热方式；热流最后由缓冲层进入湍流核心，在这里，流体剧烈湍动，由于涡流传热较分子传热强烈得多，故湍流核心的热量传递以旋涡运动引起的传热为主，而分子运动所引起的热传导可以忽略不计。就热阻而言，层流内层的热阻占总对流

图 7-8　对流传热的温度分布
（A-A 截面上的温度分布）
1——热流体；2——传热壁；
3——冷流体；4——层流内层

传热热阻的大部分，故该层流体虽然很薄，但热阻却很大，故温度梯度也很大。湍流核心的温度则较为均匀，热阻很小。湍流传热过程如图 7-8 所示。

流体对壁面的对流传热推动力在热流体一侧应该是该截面上湍流主体最高温度与壁面温度 T_w 的温度差；而冷流体一侧则应该是壁面温度 t_w 与湍流主体最低温度的温度差。但由于流动截面上湍流主体的最高温度和最低温度不易测定，所以工程上通常用该截面处流体平均温度（热流体为 T，冷流体为 t）代替最高温度和最低温度。这种处理方法就是假设把过渡区和湍流主体的传热阻力全部叠加到层流底层的热阻中，在靠近壁面处构成一层厚度为 δ_t 的流体膜，称为有效膜（effective film）。假设膜内为层流流动，而膜外为湍流，即把所有热阻都集中在有效膜中。这一模型称为对流传热的膜理论模型（film theory model）。当流体的湍动程度增大，则有效膜厚度 δ_t 会变薄，在相同的温度差条件下，对流传热速率会增大。

二、对流传热基本方程

由于对流传热是一个复杂的传热过程，影响对流传热的因素很多，因此对流传热的纯理论计算是相当困难的。目前，制药工程上采用的是一种简化的、半经验处理方法，即将流体的全部温度差都集中在厚度为 δ_s 的有效膜内。然而 δ_s 实际上是不存在的，完全是为了处理问题方便起见而假设的。因为 δ_s 很难测得，故计算无法进行。如用 α 代替 λ/δ_s，则传热速度可以表示为：

$$Q=\alpha A\ (t_w-t) \tag{7-13}$$

式中：α——对流传热系数，单位为 W/（$m^2 \cdot K$）或 W/（$m^2 \cdot ℃$）；

　　　　Q——对流传热量，单位为 W；

　　　　A——传热面积，单位为 m^2；

　　　　t_w——冷流体侧壁温，单位为 K 或 ℃；

　　　　t——冷流体的温度，单位为 K 或 ℃。

式 7-13 即为对流传热速度方程，也称为牛顿冷却定律。

三、对流传热系数

牛顿冷却定律似乎很简单，但它并未揭示对流传热的本质，也未减少计算的困难，实际上它将复杂矛盾集中于对流传热系数之中，所以，如何确定在各种条件下的对流传热系数，成为对流传热的中心问题。影响对流传热系数（α）的因素很多，主要有以下几个方面：

1. 流体的种类和相变情况　不同的流体或不同状态的流体，如液体、气体、蒸气，对流传热系数都不相同；流体有无相变，对传热有不同的影响。

2. 流体的特性　对 α 值影响较大的流体物性有导热系数、黏度、比热容、密度，以及体积膨胀系数。对同一种流体，这些物性又多是温度的函数，其中某些物性还与压力有关。

3. 流体的温度　流体温度对对流传热的影响表现在流体温度与壁面温度之差 Δt 有关；流体物性随温度变化的程度等方面有关。

4. 流体的流动形态　层流、过渡流或湍流时 α 各不相同。主要表现在流速 u 对 α 的影响上，u 增大，δ 减小，即热阻变小，则 α 增大。

5. 流体的对流状态　强制对流较自然对流时 α 为大。

6. 传热壁面的形状、排列方式和尺寸　传热壁面是圆管还是平面，是翅片壁面还是套管环隙；管径、管长、管束排列方式（水平还是垂直放置）等都会影响 α 的大小。

（一）流体无相变时的对流传热系数

由于影响对流传热系数 α 的因素很多，无法建立一个普遍适用的数学解析式。故而我们姑且采用量纲分析法来求对流传热系数。通常影响 α 的主要因素可用下式表示：

$$\alpha = f\ (\lambda,\ \mu,\ \rho,\ C_p,\ \beta,\ \Delta t,\ u,\ d,\ l,\ \cdots) \tag{7-14}$$

类似于流体湍流阻力系数关联公式的建立，工程上采用量纲分析的方法，将影响 α 诸多因素归纳为较少的几个量纲为一的特征数群，然后按照实际情况进行实验，确定这些特征数在不同情况下的相互联系，从而得到经验性的关联公式，用以求取特定条件下的 α 值。用量纲分析方法将式 7-14 转化为量纲为一的特征数，如表 7-2 所示。描述对流传热过程的特征数关系为：

$$Nu = ARe^a Pr^b Gr^c \tag{7-15}$$

表 7-2　对流传热中的特征数

名　称	符　号	准数的物理含义
努赛尔数 （Nusselt number）	$Nu = \dfrac{\alpha l}{\lambda}$	包含对流传热系数 α 的准数，反映对流传热的强弱程度
雷诺数 （Reynolds number）	$Re = \dfrac{lu\rho}{\mu}$	表示流体的流动形态和湍流程度对对流传热的影响
普朗特数 （Prandtl number）	$Pr = \dfrac{c_p\mu}{\lambda}$	表示流体的物理性质对对流传热的影响
格拉斯霍夫数 （Grashof number）	$Gr = \dfrac{l^3\rho^2\beta g\Delta t}{\mu^2}$	表示自然对流对对流传热的影响

（二）强制对流传热系数的关联式

在流体无相变时，对于强制对流传热情况下，其对流传热系数 α 的求取，我们通常采用如下几种方法。

1. 在圆形直管内呈湍流　流动流体在圆形直管内呈湍流流动的流体分为低黏度流体和高黏度流体。

（1）低黏度流体（μ<2 倍同温水的黏度）　通常采用迪特斯（Dittus）和贝尔特（Boelter）关联式，即 $Nu=0.023Re^{0.8}Pr^n$。

或

$$\alpha=0.023\frac{\lambda}{d}\left(\frac{du\rho}{\mu}\right)^{0.8}\left(\frac{c_p\mu}{\lambda}\right)^n \tag{7-16}$$

式中：n 值视热流方向而异，当流体被加热时，$n=0.4$；当流体被冷却时，$n=0.3$。

定性温度　流体进、出口温度的算术平均值。

定性尺寸　管内径 d_i。

应用范围　$Re>10^4$，$0.7<Pr<120$，管内壁表面光滑，$\frac{l}{d_i}\geqslant 50$。

（2）高黏度流体　可采用下列特征数关联式，即

$$Nu=0.027Re^{0.8}Pr^{0.33}\left(\frac{\mu}{\mu_w}\right)^{0.14} \tag{7-17}$$

其中，若流体为气体，则 $\left(\dfrac{\mu}{\mu_w}\right)^{0.14}=1.0$

若流体被加热，则 $\left(\dfrac{\mu}{\mu_w}\right)^{0.14}=1.05$

若流体被冷却，则 $\left(\dfrac{\mu}{\mu_w}\right)^{0.14}=0.95$

定性温度　除黏度 μ_w 取壁温时的 μ 以外，其余同式 7-16。

定性尺寸　管内径 d_i。

应用范围　$0.7<Pr<16700$，其余同式 7-16。

2. 在圆形直管内过渡流流动　对 $2300<Re<10000$ 的过渡流流体，先利用湍流时的公式 7-16 或式 7-17 计算出 α 之后，再乘以校正系数 f。

$$f=1-\frac{6\times10^5}{Re^{1.8}} \tag{7-18}$$

3. 在圆形直管内呈层流流动　当管径较小，流体与壁面间温差不大，流体的 μ/ρ 值较大，即 $Gr<25000$ 时，自然对流的影响可以忽略，此时对流传热系数可用下式计算，即

$$Nu=1.86\left(Re\cdot Pr\cdot\frac{d_i}{l}\right)^{1/3}\left(\frac{\mu}{\mu_w}\right)^n \tag{7-19}$$

定性温度　除 μ_w 取壁温值外，其余同式 7-16。

定性尺寸　管内径 d_i。

应用范围　$Re<2300$，$0.6<Pr<6700$，$Re\cdot Rr\cdot d_i/l>10$。

当 $Gr>25000$，可先按式 7-19 计算，然后再乘以校正系数 f'，f' 的计算式为

$$f'=0.8\left(1+0.015Gr^{\frac{1}{3}}\right) \tag{7-20}$$

4. 流体在列管换热器壳程做强制对流　在列管换热器壳内管束间设有折流挡板，使流体在壳程流动时不断地改变流向和流速，在 $Re>100$ 时即可达到湍流，从而提高对流传热系数。

换热器内常用挡板为圆缺形（或弓形），弓形高度一般为外壳内径的 75%。用此种挡板，壳程流体的对流传热系数计算为

$$\alpha = 0.36 \frac{\lambda}{d_e}\left(\frac{d_e u\rho}{\mu}\right)^{0.55}\left(\frac{C_P\mu}{\lambda}\right)^{1/3}\left(\frac{\mu}{\mu_W}\right)^{0.14} \tag{7-21}$$

应用范围：$Re = 2 \times 10^3 \sim 10 \times 10^5$

定性温度：除 μ_W 取壁温外，均取流体进、出口温度的算术平均值。

式中流速 u，根据流体流过管间的最大截面积 A 计算。

（三）流体有相变时的对流传热系数的关联式

在换热器内，流体发生相变化的对流传热有蒸气冷凝和液体沸腾两种情况。

1. 蒸气冷凝　当饱和蒸气遇到低温壁面时，将放出潜热沿壁面形成冷凝液体。如图7-9（a）和（b）所示，若冷凝液能很好地润湿壁面，并形成一层完整的液膜向下流动，此种冷凝称为膜状冷凝。若冷凝液不能润湿壁面，而在表面张力的作用下，形成液滴沿壁面落下，称为滴状冷凝，如图7-9（c）所示。由于膜状冷凝形成的壁面液膜热阻较大，而滴状冷凝在壁面不形成液膜热阻较小，所以滴状冷凝的对流传热系数比膜状冷凝要大几倍到几十倍。实际生产所遇冷凝过程，两种冷凝方式同时存在，即使开始时为滴状冷凝，随着冷凝过程的进行，小液滴逐渐长成大液滴，最后液滴连成片形成液膜。所以冷凝器的设计和计算多按膜状冷凝处理。

图7-9　蒸气冷凝方式
（a）（b）膜状冷凝，（c）滴状冷凝

蒸气在垂直管（板）外冷凝时的对流传热系数：因冷凝液沿垂直管壁自上而下流动形成液膜，且逐渐增厚，滞留转为湍流，滞留内层的厚度减薄。故蒸气冷凝的对流传热系数沿传热面的高度变化，工程中的 α 值为平均值。

液膜为层流（$Re < 1800$）时　$\alpha = 1.13\left(\frac{r\rho^2 g\lambda^3}{\mu l\Delta t}\right)^{1/4}$ 　　$(7-22)$

液膜为湍流（$Re > 1800$）时　$\alpha = 0.0077\left(\frac{\rho^2 g\lambda^3}{\mu^2}\right)^{1/3}Re^{0.4}$ 　$(7-23)$

式中：r——饱和蒸气的冷凝潜热，kJ/kg；

Δt——蒸气饱和温度 t_s 与壁面温度 t_W 之差，$\Delta t = t_s - t_w$，K 或 ℃；

特征尺寸 l：取垂直管长或板高，m；

定性温度 t：$t = (t_W + t_s)/2$，K 或 ℃。

蒸气在水平管外冷凝时的对流传热系数：蒸气在水平管束外冷凝过程中，最上面第一排管子的冷凝情况与水平单管的冷凝情况相同，而下面其他各排管子，其冷凝液的流动情况将受到在它上面各排管流下的冷凝液的影响。

水平单管外蒸气冷凝时的对流传热系数为

$$\alpha = 0.725\left(\frac{\lambda^3\rho^2 gr}{\mu d_o\Delta t}\right)^{1/4} \tag{7-24}$$

对垂直方向上有 n 根管子组成的管束，在每根管上的温度差相同的条件下，管束的平均对流

传热系数为

$$\alpha = 0.725\left(\frac{\lambda^3\rho^2 gr}{n^{\frac{2}{3}}d_o\mu\Delta t}\right)^{1/4} \tag{7-25}$$

式中：n ——水平管束在垂直列上的管数。

2. 液体沸腾 液体加热时，伴有液相变为气相，产生大量气泡或气膜的过程，称为液体沸腾。工业生产中常见的液体沸腾方式有两种：一种是将加热面浸没在液体中，液体在壁面处受热沸腾，称为大容器沸腾。另一种是液体在管内流动过程中受热沸腾，称为管内沸腾。后者情况更复杂，这里仅讨论大容器沸腾。

实验表明，大容器内饱和液体沸腾的情况随温度差 Δt（即 $t_w - t_s$）而变，出现不同的沸腾状态。如图 7-10 所示，为水在

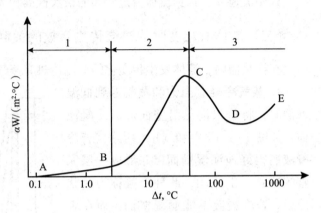

图7-10 水的沸腾曲线

101.325kPa 压力下饱和沸腾时，沸腾传热系数 α 与过热度 $\Delta t = t_w - t_s$ 的关系曲线，又称为沸腾曲线。

AB 段：加热壁面的过热度 Δt 很小（$\Delta t \leqslant 5K$），只有少量气泡产生并附着在容器壁面，热量依靠自然对流由壁面传递到液体主体，蒸发在液体自由表面进行，看不到液体沸腾。α 随 Δt 的增大略有增大。称为自然对流区。

BC 段：随着加热壁面的过热度 Δt 不断加大，气化核心数增多，气泡的生成、成长及浮升速度都加快，气泡的剧烈运动扰动着液体，使 α 迅速增大，称为核状沸腾区。

CD 段：随着 Δt 继续增大，气泡快速并大量生成，形成不稳定气膜且覆盖加热壁面，因蒸汽的导热系数小，使 α 急剧下降，称为不稳定膜状沸腾阶段。C 点称为临界点。

DE 段：加热面被稳定气膜所覆盖，随着 Δt 的增加，α 基本不变，但由于壁温升高，辐射传热的影响显著增加，使热流率 q 又上升。称为稳定膜状沸腾阶段。

其他液体的沸腾曲线与水的沸腾曲线类似，只是临界点的参数不同。工业生产中液体沸腾一般都控制在核状沸腾阶段，若进入膜状沸腾阶段，则传热系数会急剧下降，还会因壁温过高而导致换热管使用寿命缩短。

影响沸腾传热的主要因素，一是流体的物性，通常情况下，α 随 λ、ρ 的增加而增大，随 μ 及表面张力 σ 的增加而减小。二是温度差 Δt，前已述及，温度差（$t_w - t_s$）是控制沸腾传热过程的重要参数。经验式 $\alpha = C(\Delta t)^n$，式中 C 和 n 是随液体种类和沸腾条件而定的常数，其值由实验测定。可用于多种液体进行核状沸腾时的 α 的测定。三是操作压力，提高操作压力即提高液体的饱和温度，使其表面张力和黏度均降低，有利于气泡的生成和脱离壁面，强化沸腾传热，在相同的 Δt 下，α 和 q 都更高。四是加热面状况，加热面清洁，无污垢，α 值较高。壁面粗糙，气化核心较多，生成的气泡较多，可强化沸腾传热。

计算 α 的经验关联式很多，可以查阅《化学工程手册》的传热分册。一般情况下，对流传热系数 α 的大致范围见表7-3。

表 7-3 一些对流传热过程 α 的大致范围

传热情况	α [W/ (m² · K)]	α 常用值 [W/ (m² · K)]
水蒸气的滴状冷凝	40000~120000	40000
水蒸气的膜状冷凝	5000~15000	10000
氨的冷凝	9300	
苯蒸气的冷凝	700~1600	
汽油的冷凝	930~1210	
水的沸腾	1000~30000	3000~5000
水的加热或冷却	200~5000	400~1000
油的加热或冷却	50~1000	200~500
过热水蒸气的加热或冷却	20~100	
空气的加热或冷却	5~60	20~30
高压气体的加热或冷却	1000~4000	

【例 7-4】 空气以 4m/s 的流速通过一 $\phi75.5 \times 3.75$ 的钢管，管长 20m。空气入口温度为 305K，出口温度为 341K，试计算：

(1) 空气与管壁间的对流传热系数；

(2) 如果空气流速增加一倍，其他的条件均不变，对流传热系数又为多少？

解：(1) 定性温度 $t_m = \dfrac{1}{2} \times (305 + 341) = 323(K)$

查定性温度下的空气物性：$\rho = 1.093 \text{kg/m}^3$，$C_p = 1.005 \text{kJ/ (kg · K)}$

$$\lambda = 2.826 \times 10^{-2} \text{W/(m · K)}, \ \mu = 1.96 \times 10^{-5} \text{Pa · s}$$

$$d = 75.5 - 2 \times 3.75 = 68\text{mm} = 0.068\text{m}, \ \frac{l}{d} = \frac{20}{0.068} = 294 > 60, \ u = 4\text{m/s}$$

则 $Re = \dfrac{du\rho}{\mu} = \dfrac{0.068 \times 4 \times 1.093}{1.96 \times 10^{-5}} = 1.517 \times 10^4 > 10^4$

$$Pr = \frac{c_p \mu}{\lambda} = \frac{1.005 \times 10^3 \times 1.96 \times 10^{-5}}{2.826 \times 10^{-2}} = 0.7$$

空气为低黏度流体，对流传热系数为

$$\alpha = 0.023 \frac{\lambda}{d} Re^{0.8} Pr^n = 0.023 \frac{\lambda}{d} Re^{0.8} Pr^{0.4}$$

$$= 0.023 \times \frac{2.826 \times 10^{-2}}{0.068} \times (1.517 \times 10^4)^{0.8} \times 0.7^{0.4} = 18.33 [\text{W/ (m}^2 \text{ · K) }]$$

(2) 当物性及设备不改变，仅改变流速，根据上述计算式知

$$\alpha \propto u^{0.8}$$

$$u' = 2u = 2 \times 4 = 8(\text{m/s})$$

则 $$\alpha' = \alpha \left(\frac{u'}{u}\right)^{0.8} = 2^{0.8} \times 18.31 = 31.94 [\text{W/ (m}^2 \text{ · K) }]$$

【例 7-5】 25℃的某油品以 0.6m/s 的流速在直径 $\phi25 \times 2.5$、长 3m 的管内流动而被加热，管内壁平均温度为 88℃。试求：

(1) 油品的出口温度；

(2) 若用 25℃的水以相同的流速代替油品流经换热器，欲使水达到油品的出口温度，该换

热器能否满足要求。

操作条件下，油品和水的平均物性常数如下：

	ρ（kg/m³）	μ（m/Pa·s）	C_p [kJ/（kg·℃）]	λ [W/（m·℃）]
油品	810	5.1	2.01	0.15
水	1000	0.84	4.17	0.61

壁温下油品的黏度 $\mu_w = 3.1 \times 10^{-3}\text{Pa·s}$

解： 各参数以下标 1 代表油品，以下标 2 代表水。

（1）油品的出口温度

$$Re_1 = \frac{du\rho_1}{\mu_1} = \frac{0.02 \times 0.6 \times 810}{5.1 \times 10^{-3}} = 1906(\text{层流})$$

$$Pr_1 = \frac{C_{P1}\mu_1}{\lambda_1} = \frac{2.01 \times 10^3 \times 5.1 \times 10^{-3}}{0.15} = 68.34$$

$$Re_1 Pr_1 \frac{d_i}{l} = 1906 \times 68.34 \times \frac{0.02}{3} = 868.4 > 10$$

则

$$\alpha_1 = 1.86 \frac{\lambda_1}{d}\left(Re_1 Pr_1 \frac{d}{l}\right)^{\frac{1}{3}}\left(\frac{\mu}{\mu_w}\right)^{0.14}$$

$$= 1.86 \times \frac{0.15}{0.02}(868.4)^{\frac{1}{3}}\left(\frac{5.1}{3.1}\right)^{0.14} = 142.7\ [\text{W/}(\text{m}^2 \cdot ℃)]$$

$$A_i = \pi dl = 3.14 \times 0.02 \times 3 = 0.1884(\text{m}^2)$$

$$q_{m1} = uA\rho_1 = 0.6 \times \frac{\pi}{4} \times 0.02^2 \times 810 = 0.1527(\text{kg/s})$$

联解热量衡算和对流传热速率方程便可得油品的出口温度，即：

$$q_{m1}C_{p1}(t_2 - t_1) = \alpha_i A_i\left(t_w - \frac{t_1 + t_2}{2}\right)$$

$$0.1527 \times 2.01 \times 10^3(t_2 - 25) = 142.7 \times 0.1884\left(88 - \frac{25 + t_2}{2}\right)$$

解得 $\quad t_2 = 30.3℃$

（2）核算换热器能否满足加热水的要求 假设水的出口温度为 30.3℃，则可由对流传热方程核算换热器的传热速率是否等于或大于热负荷。

$$Re_2 = \frac{du\rho_2}{\mu_2} = \frac{0.02 \times 0.6 \times 1000}{0.84 \times 10^{-3}} = 1.429 \times 10^4(\text{湍流})$$

$$Pr_2 = \frac{C_{P1}\mu_2}{\lambda_2} = \frac{4.17 \times 10^3 \times 0.84 \times 10^{-3}}{0.61} = 5.742$$

因水被加热，故取 $n = 0.4$，则：

$$\alpha_2 = 0.023 \frac{\lambda_2}{d} Re_2^{0.8} Pr_2^{0.4}$$

$$= 0.023 \times \frac{0.61}{0.02} \times (1.429 \times 10^4)^{0.8}(5.742)^{0.4}$$

$$= 2976\ [\text{W/}(\text{m}^2 \cdot ℃)]$$

$$q_{m2} = uA\rho_2 = 0.6 \times \frac{\pi}{4} \times 0.02^2 \times 1000 = 0.1884(\text{kg/s})$$

$$Q_e = q_{m2}C_{p2}(t_2 - t_1) = 0.1884 \times 4.17 \times 10^3 \times (30.3 - 25) = 4164(\text{W})$$

$$Q_2 = \alpha_2 A_i(t_w - \frac{t_1 + t_2}{2}) = 2976 \times 0.1884\left(88 - \frac{30.3 + 25}{2}\right)$$

$$= 33047W > Q_e$$

由于对流传热速率高于热负荷，故换热器能满足工艺要求。

第四节　间壁式换热器传热过程计算

生产中常见的传热方式为间壁式换热方式，属于对流传热，冷、热流体在管程或壳程中流动。工业生产中常常应用的热量衡算主要分为设计设备型号的衡算和校验衡算结果是否正确的选型结果两种。设计设备型号的衡算是由工艺确定的热负荷出发来确定传热面积，最终设计换热器，选定换热器型号；校验结果是否正确的衡算则是出选定换热器出发，按照该型号换热器设备的额定设计参数（诸如，传热量、流体流量等）校验结果的正确性。

一、热量衡算依据

换热器热负荷是冷、热流体在单位时间内所交换的热量，是针对生产任务提出的，是生产上要求换热器具有的换热能力。在制药生产中，首先要确定换热器的热负荷。就间壁式换热器而言，若保温良好，热损失可以忽略，则热流体放出的热量等于冷流体获得的热量。

$$Q = q_{mh}(H_1 - H_2) = q_{mc}(h_2 - h_1) \tag{7-26}$$

式中：Q——热负荷，W；

q_{mh}、q_{mc}——热、冷流体质量流量，kg/s；

H_1、H_2——热流体进、出口的比焓，J/kg；

h_1、h_2——冷流体进、出口的比焓，J/kg。

若换热器内两流体均无相变化，且流体的比热容 C_p 可视为不随温度变化（或取流体平均温度下的比热容）时，式7-26可表示为

$$Q = q_{mh}C_{ph}(T_1 - T_2) = q_{mc}C_{pc}(t_2 - t_1) \tag{7-27}$$

式中：C_{ph}、C_{pc}——热、冷流体的平均定压比热容，J/（kg·℃）；

T_1、T_2——热流体进、出口温度，℃；

t_1、t_2——冷流体进、出口温度，℃。

若换热器中一侧有相变，例如热流体为饱和蒸汽冷凝，而冷流体无相变化，则式7-26可表示为

$$Q = q_{mh}r = q_{mc}C_{pc}(t_2 - t_1) \tag{7-28}$$

式中：r——饱和蒸汽的汽化替热，kJ/kg。

若冷凝液出口温度 T_2 低于饱和温度 T_s 时，则有

$$Q = q_{mh}[r + C_{ph}(T_s - T_2)] = q_{mc}C_{pc}(t_2 - t_1) \tag{7-29}$$

二、总传热速率方程

从理论上根据热传导速率方程和对流传热速率方程即可进行换热器内冷热两流体的传热计

算。但是，采用这种方法计算冷、热流体间的传热速率时，必须知道壁温，通常已知的是冷、热流体的进出口温度，而壁温往往是未知的。为便于计算，应设法避开壁温而直接建立以冷、热流体间的温度差为推动力的传热速率方程，即总传热速率方程。

（一）总传热速率方程

如图 7-11 所示，间壁式换热器中，传热过程是热流体给热、间壁导热、冷流体给热的串联过程。在连续化的工业生产中，换热器内进行的大都是稳态传热过程，这时 $Q_1 = Q_2 = Q_3 = Q$，则有

图 7-11　间壁式传热过程
h_1——热流体 h_1；
h_2——冷流体 h_2

$$Q = \frac{T - T_w}{\dfrac{1}{\alpha_i A_i}} = \frac{T_w - t_w}{\dfrac{b}{\lambda A_m}} \cdot = \frac{t_w - t}{\dfrac{1}{\alpha_o A_o}}$$

或

$$Q = \frac{T - t}{\dfrac{1}{\alpha_i A_i} + \dfrac{b}{\lambda A_m} + \dfrac{1}{\alpha_o A_o}} \tag{7-30}$$

上式为间壁式换热器的传热总速率方程，亦称传热基本方程，适用于传热面为等温面的间壁式热交换过程。

传热总方程中，$T-t$ 是间壁式热交换各步骤温差加和的结果，是过程总推动力 Δt，$\dfrac{1}{\alpha_i A_i} + \dfrac{b}{\lambda A_m} + \dfrac{1}{\alpha_o A_o}$ 是各步骤热阻的加和，为过程总热阻 R。说明稳态传热总过程的推动力和阻力亦具有加和性：

$$Q = \frac{\sum \Delta t_i}{\sum R_i} = \frac{\Delta t}{R} = \frac{总推动力}{总阻力}$$

令 $\dfrac{1}{KA} = R$，则传热总方程为：

$$Q = KA\Delta t \tag{7-31}$$

式中：K——传热系数，称总传热系数，W/（$m^2 \cdot K$）。

（二）总传热系数

总传热系数 K 表示单位传热面积冷、热流体单位传热温度差下的传热速率，它反映了传热过程的强度。K 是评价换热器性能的一个重要参数，也是对换热器进行传热计算的依据。K 的数值取决于流体的物性、传热过程的操作条件及换热器的类型等，可通过计算、实验测定或查阅相关手册得到，如表 7-4 所示。

表 7-4　常见列管式换热器的经验 K 值

冷流体	热流体	传热系数 W/（$m^2 \cdot ℃$）	冷流体	热流体	传热系数 W/（$m^2 \cdot ℃$）
水	水	850～1700	水	水蒸气冷凝	1420～4250
水	气体	17～280	气体	水蒸气冷凝	30～300
水	有机溶剂	280～850	水	低沸点烃类冷凝	455～1140
水	轻油	340～910	水沸腾	水蒸气冷凝	2000～4250
水	重油	60～280	轻油沸腾	水蒸气冷凝	455～1020
气体	气体	10～40	有机溶剂	有机溶剂	115～340

由式 7-30 及式 7-31 可得

$$\frac{1}{K} = \frac{1}{\alpha_o} + \frac{bA_o}{\lambda A_m} + \frac{A_o}{\alpha_i A_i} \tag{7-32}$$

当换热器的间壁为单层平面壁（或可近似为平面壁的薄圆筒壁）时，因 $A_i = A_m = A_0 = A$，则传热系数为：

$$K = \frac{1}{\frac{1}{\alpha_o} + \frac{b}{\lambda} + \frac{1}{\alpha_i}} \tag{7-33}$$

若换热器的传热面为单层圆筒壁时，因 $A \neq A_m \neq A_o$，则总传热方程中须分别代入各分过程的传热面积 $A_i = 2\pi l r_i$，$A_m = 2\pi l r_m$，$A_o = 2\pi l r_o$，即传热系数与传热面积对应时：

$$KA = \frac{1}{\frac{1}{\alpha_o A_o} + \frac{b}{\lambda A_m} + \frac{1}{\alpha_i A_i}} \tag{7-34}$$

显然，以圆筒内壁面 A_i、外壁面 A_o 和平均壁面 A_m 为基准的 K 值各不相同。通常换热器的规格用外表面作为计算的基准，各种手册中的 K 值若无特殊说明，均为基于管外表面积的 K_o，其计算式为：

$$\frac{1}{K_o} = \frac{1}{\alpha_o} + \frac{b}{\lambda} \cdot \frac{d_o}{d_m} + \frac{d_o}{\alpha_i d_i} \tag{7-35}$$

式 7-35 表明，间壁两侧流体间传热的总热阻等于两侧流体对流传热的热阻和器壁传导热阻之和。当各项热阻具有不同的数量级时，总热阻的数值将由其中最大的热阻所决定。以化工厂最常用的列管式换热器为例，管壁的热阻 b/λ 通常较小，可以忽略。当 $\alpha_i \gg \alpha_o$ 时，K 值趋近并小于 α_o；反之，当 $\alpha_o \gg \alpha_i$ 时，K 值趋近 α_i 并小于 α_i。若要提高 K 值，应改善传热系数较小一侧流体的传热条件。

若间壁为多层平面壁，以及间壁两侧有污垢积存时，传热系数为：

$$\frac{1}{K_o} = \frac{1}{\alpha_o} + R_{so} + \frac{b}{\lambda} \cdot \frac{d_o}{d_m} + \frac{d_o}{\alpha_i d_i} + \frac{d_o}{d_i}R_{si} \tag{7-36}$$

式中：R_{si}、R_{so} 分别表示壁面内、外侧污垢热阻。

污垢热阻不是固定不变的数值，随着换热器运行时间的延长，污垢热阻增大，导致传热系数下降，因此，换热器应采取措施减缓结垢，并定期去垢。污垢热阻由实验测定，常见液体和气体的污垢热阻值见表 7-5。

表 7-5　常见液体和气体的污垢热阻值

流　体	污垢热阻（$m^2 \cdot ℃$）/W	流　体	污垢热阻（$m^2 \cdot ℃$）/W
水（$t>50℃$）		水蒸气	
蒸馏水	0.09	优质—不含油	0.052
海水	0.09	劣质—不含油	0.09
清净的水	0.21	往复机排出液体	0.176
未处理的凉水塔用水	0.58		
已处理的凉水塔用水	0.26	处理过的盐水	0.264

续表

流 体	污垢热阻（m² · ℃）/W	流 体	污垢热阻（m² · ℃）/W
已处理的锅炉用水	0.26	有机物	0.176
井水	0.58	燃料油	1.056
气体		焦油	1.76
空气	0.26~0.53		
溶剂蒸气	0.14		

【例 7-6】　有一列管换热器，管外通饱和水蒸气加热管内冷物料。管子为 Φ25mm × 2.5mm 普通无缝钢管。已知饱和水蒸气的 $\alpha_o = 8000W/m^2 \cdot K$，冷物料的 $\alpha_i = 150W/m^2 \cdot K$，若不考虑垢层热阻的影响，试求换热器的 K_o 值。若在其他条件不变的情况下，分别将 α_i 与 α_o 提高一倍，K_o 将增大多少？普通钢的 $\lambda = 46.5W/(m \cdot K)$。

解：给定 α 值时的 K_o 为

$$K_o = \frac{1}{\dfrac{d_o}{\alpha_i d_i} + \dfrac{b d_o}{\lambda d_m} + \dfrac{1}{\alpha_o}} = \frac{1}{\dfrac{0.025}{150 \times 0.02} + \dfrac{0.0025 \times 0.025}{46.5 \times 0.0225} + \dfrac{1}{8000}}$$

$$= 116 [W/(m^2 \cdot K)]$$

若 α_o 增大一倍，则

$$K_o = \frac{1}{\dfrac{0.025}{150 \times 0.02} + \dfrac{0.0025 \times 0.025}{46.5 \times 0.0225} + \dfrac{1}{2 \times 8000}} = 118 [W/(m^2 \cdot K)]$$

$$K_o 增大 (118 - 116)/116 = 1.72\%$$

若 α_i 增大一倍，则

$$K_o = \frac{1}{\dfrac{0.025}{2 \times 150 \times 0.02} + \dfrac{0.0025 \times 0.025}{46.5 \times 0.0225} + \dfrac{1}{8000}} = 230 [W/(m^2 \cdot K)]$$

$$K_o 增大 (230 - 116)/116 = 98.3\%$$

由计算可知，当 α_i 与 α_0 值相差较大时，欲提高 K 值，应设法增大两者中较小的值。

（三）传热平均温度差

1. 间壁两侧流体都是恒温　传热可分为恒温传热和变温传热两种。恒温传热是指在任何时间内经过间壁两侧进行热量交换的两种流体，其温度都不发生变化的传热过程，即热流体恒定在温度 T，冷流体恒定在温度 t。例如蒸发器，间壁的一侧用饱和蒸汽加热，另一侧则是沸腾的液体，两种流体的温度都保持不变，其传热温度可以简单地表示为

$$\Delta t_m = T - t \tag{7-37}$$

2. 间壁一侧流体恒温，一侧流体变温　这类传热过程有两种情况：一种是热流体恒温，冷流体变温，如图 7-12（a）所示，一侧为饱和蒸气冷凝，温度恒定为 T，而另一侧为冷流体，温度从进口的 t_1 升到出口的 t_2。另一种是热流体变温，冷流体恒温，如图 7-12（b），一侧为热流体从进口的 T_1 降至出口的 T_2，而另一侧为冷液沸腾，温度恒定为 t。因冷、热流体的温度差沿传热面的位置而变化，是变量，故传热平均温度差为对数平均温度差，即

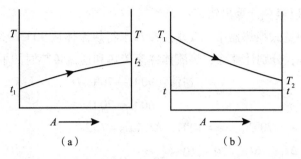

图 7-12 一侧流体为恒温，另一侧流体为变温时的温度差变化

$$\Delta t_m = \frac{\Delta t_1 - \Delta t_2}{\ln \dfrac{\Delta t_1}{\Delta t_2}} \qquad (\text{其中 } \Delta t_1 > \Delta t_2) \tag{7-38}$$

式中：Δt_1、Δt_2——冷、热流体温度差的最大值和最小值，K 或℃。

若 $\Delta t_1 / \Delta t_2 < 2$，$\Delta t_m$ 可按算术平均值 $\Delta t_m = (\Delta t_1 + \Delta t_2)/2$ 计算。

3. 间壁两侧流体均为变温 变温传热是指传热过程中，间壁一侧或两侧流体的温度沿传热壁面随位置而变化。工厂中使用的换热器通常为稳态变温传热。

图 7-13 的两个分图分别为逆流和并流传热时 Δt 随换热器壁面位置的变化图。无论哪种情况，壁面两侧流体的温度均沿传热面而变化，过程推动力（温度差）相应地也发生变化。由于温度差与冷、热流体温度呈线性关系，采用圆筒壁稳定热传导速率的推导类似的方法，由过程的热量衡算结合传热速率方程，可得到间壁式换热器并流（或逆流）传热时的积分结果，其结果是用换热器两端的冷、热流体温度差的对数平均值 Δt_m 表示的传热平均推动力。

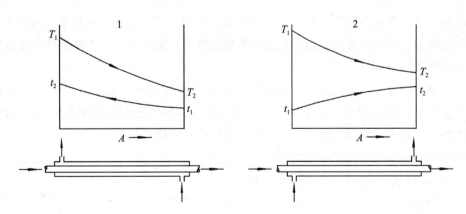

图 7-13 稳态变温传热时的温度差变化
1——逆流；2——并流

$$\Delta t_m = \frac{\Delta t_1 - \Delta t_2}{\ln \dfrac{\Delta t_1}{\Delta t_2}} \tag{7-39}$$

当 $\Delta t_1 / \Delta t_2 \leqslant 2$ 时，可以用算术平均值：

$$\Delta t_m = \frac{\Delta t_1 + \Delta t_2}{2} \tag{7-40}$$

对数平均温度差比算术平均温度差精确，前者计算值总小于后者计算值，尤其是换热器两端温度差相差悬殊时更是如此。这两种方法对逆、并流传热都适用，但要注意换热器两端温度差大的为 Δt_1，小的为 Δt_2，以避免计算出错。

【例 7-7】　在一间壁式换热器中，要求用冷却水将热流体从 90℃ 冷却到 70℃，冷却进出口温度分别为 20℃ 和 60℃，分别计算冷、热流体并流传热和逆流传热时的平均温度差。

并流：90℃→70℃　　　　　　　逆流：90℃→70℃

　　　　20℃→60℃　　　　　　　　　　　60℃←20℃

解：并流传热时：$\Delta t_1 = 70℃$，$\Delta t_2 = 10℃$；$\Delta t_1 / \Delta t_2 = 7 > 2$

对数平均值：$\Delta t_m = \dfrac{\Delta t_1 - \Delta t_2}{\ln \dfrac{\Delta t_1}{\Delta t_2}} = \dfrac{70 - 10}{\ln \dfrac{70}{10}} = 30.8(℃)$

算术平均值：$\Delta t'_m = \dfrac{\Delta t_1 + \Delta t_2}{2} = \dfrac{70 + 10}{2} = 40(℃)$

误差较大，为 $\dfrac{\Delta t'_m - \Delta t_m}{\Delta t_m} \times 100\% = 29.9\%$，说明 $\Delta t_1 / \Delta t_2 > 2$ 时，只能采用对数平均值。

逆流传热时：$\Delta t_1 = 50℃$，$\Delta t_2 = 30℃$；$\Delta t_1 / \Delta t_2 = 1.67 < 2$

对数平均值：$\Delta t_m = \dfrac{\Delta t_1 - \Delta t_2}{\ln \dfrac{\Delta t_1}{\Delta t_2}} = \dfrac{50 - 30}{\ln \dfrac{50}{30}} = 39.2(℃)$

算术平均值：$\Delta t'_m = \dfrac{\Delta t_1 + \Delta t_2}{2} = \dfrac{50 + 30}{2} = 40(℃)$

误差较小，为 $\dfrac{\Delta t'_m - \Delta t_m}{\Delta t_m} \times 100\% = 2.0\%$，说明 $\Delta t_1 / \Delta t_2 \leq 2$ 时也可用算术平均值。

计算结果表明，在相同情况（K 及工艺热负荷 Q 相同）下，逆流传热的平均温度差大于并流传热的平均温度差，这意味着满足相同工艺换热能力要求，采用逆流传热要比并流传热相应减少传热面积或载热体使用量。

并流传热时，冷流体的出口温度 t_2 的极限温度是热流体的出口温度 T_2，而逆流传热时，冷流体的出口温度 t_2 的极限温度是热流体的进口温度 T_1，说明并流传热时被加热或冷却流体的出口温度易控制，这对于一些热敏物料的加热或冷却都具有实用意义。

4. 间壁两侧流体呈复杂流动　包括错流、折流及多次复合的错流或折流等情况。如图 7-14（a）、（b），冷、热流体彼此垂直方向流动称为错流。若其中一流体沿一定方向流动，另一流体与它时而同向、时而反向流动，称为折流。两流体均为折流流动时，称为复杂流。因情况复杂，常用简便计算法，即先按逆流算出平均温度差 $\Delta t_{m逆流}$，再根据实际流动情况乘以校正系数 φ，即得到实际平均温度差

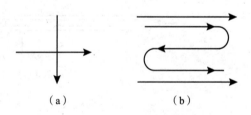

图 7-14　错流、折流示意图
（a）错流　　（b）折流

$$\Delta t_m = \varphi \Delta t_{m逆流} \tag{7-41}$$

校正系数 φ 是参数 P、R 的函数，即 $\varphi = f(P, R)$。

$$P = \frac{冷流体的升温}{两流体的最初温度} = \frac{t_2 - t_1}{T_1 - t_1}；\quad R = \frac{热流体的温降}{冷流体的温升} = \frac{T_1 - T_2}{t_2 - t_1}$$

根据 P 和 R 的值从图 7-15（a）、（b）、（c）中相应的流动情况下查出校正系数 φ。一般 $\varphi <$ 1，所以冷、热流体复杂流动情况下的 Δt_m 比逆流时小，介于逆流与并流之间。

图 7-15（a）　折流时的平均温差校正系数

单壳程，2、4、6……管程

图 7-15（b）　折流时的平均温度差校正系数

双壳程，2、4、6……管程

图 7-15（c）　错流时的平均温度差校正系数

【例 7-8】　在传热面积为 12m² 的管壳式换热器中，用工业水冷却离心泵的轴封冷却用水，工业水走管程，进口温度 20℃，轴封冷却水走壳程，进口温度为 75℃，采用逆流操作方式。当工业水流量为 1.0kg/s 时，测得工业水与轴封冷却水的出口温度分别为 40℃ 与 28℃，当工业水流量增加一倍时，测得轴封冷却水出口温度为24℃。假设管壁两侧刚经过清洗，试计算最初流量下管程和壳程流体的对流传热系数各为多少？［水比热容均取 4.2kJ/（kg·℃）］

解： 工业水流量为 1.0kg/s 时：

$$\Delta t_m = \frac{(T_1 - t_2) - (T_2 - t_1)}{\ln \dfrac{T_1 - t_2}{T_2 - t_1}} = \frac{(75 - 40) - (28 - 20)}{\ln \dfrac{75 - 40}{28 - 20}} = 18.3(℃)$$

$$Q = q_{m2} C_{p2}(t_2 - t_1) = 1.0 \times 4200 \times (40 - 20) = 84000(W)$$

$$K = \frac{Q}{A\Delta t_m} = \frac{84000}{12 \times 18.3} = 383[W/(m^2 \cdot ℃)]$$

$$\frac{m_2}{m_1} = \frac{T_1 - T_2}{t_2 - t_1} \cdot \frac{C_{p1}}{C_{p2}} = \frac{75 - 28}{40 - 20} = 2.35$$

当工业水流量增加一倍时：

首先求工业水的出口温度 t'_2，

$$Q' = 2q_{m2} C_{p2}(t'_2 - t_1) = q_{m1} C_{p1}(T_1 - T'_2)$$

$$\frac{2m_2}{m_1} = \frac{T_1 - T'_2}{t'_2 - t_1}, \quad 2 \times 2.35 = \frac{75 - 24}{t'_2 - 20}$$

$$t'_2 = 30.9℃$$

$$\Delta t'_m = \frac{(T_1 - t'_2) - (T'_2 - t_1)}{\ln \dfrac{T_1 - t'_2}{T'_2 - t_1}} = \frac{(75 - 30.9) - (24 - 20)}{\ln \dfrac{75 - 30.9}{24 - 20}} = 16.7(℃)$$

$$Q' = 2q_{m2} C_{p2}(t'_2 - t_1)$$
$$= 2 \times 1.1 \times 4200 \times (30.9 - 20) = 91560 (W)$$

$$K' = \frac{Q'}{A\Delta t'_m} = \frac{91560}{12 \times 16.7} = 457 [W/(m^2 \cdot ℃)]$$

因污垢热阻为零而管壁热阻很小，由阻力加和原则可得

$$\frac{1}{383} = \frac{1}{\alpha_o} + \frac{1}{\alpha_i} \frac{d_o}{d_i} \approx \frac{1}{\alpha_o} + \frac{1}{\alpha_i}$$

$$\frac{1}{457} = \frac{1}{\alpha_o} + \frac{1}{2^{0.8}\alpha_i} \frac{d_o}{d_i} \approx \frac{1}{\alpha_o} + \frac{1}{2^{0.8}\alpha_i}$$

由以上两式可求出：

$$\alpha_i = 1007W/(m^2 \cdot ℃) \qquad \alpha_o = 618W/(m^2 \cdot ℃)$$

（四）流体流向选择

影响流体流向选择的因素较多，主要有两点。

一是流体流向对传热平均温度差的影响。当冷、热流体的初、终温度一定时，逆流操作的 Δt_m 比并流大。由总传热速率方程 $Q = KA\Delta t_m$ 可知，完成相同的传热任务时，逆流操作所需的传热面积比并流小，可节省设备投资。

二是流体流向对加热剂或冷却剂耗量的影响。对冷、热流体无相变的传热过程，无论是并流或逆流操作，由热量衡算可知 $Q = W_1 C_{P1}(T_1 - T_2) = W_2 C_{P2}(t_2 - t_1)$，若加热流体，加热剂的耗量 W_1 为

$$W_1 = \frac{W_2 C_{P2}(t_2 - t_1)}{C_{P1}(T_1 - T_2)} \tag{7-42}$$

式中，加热剂的耗量 W_1 只取决于加热剂的终温 T_2，其他参数由生产任务给定或指定，或为常数。T_2 愈小，加热剂的耗量 W_1 愈小。而并流时，热流体 $T_2 \leqslant t_2$，冷流体终温 t_2 为极限值。

逆流时，T_2 可以 $\leqslant t_2$，以 t_1 为极限值，说明逆流时热流体的 $(T_1 - T_2)$ 值有可能大于并流时的 $(T_1 - T_2)$ 值，此时逆流的加热剂耗量 W_1 会比并流时小。但逆流操作当 W_1 降低到一定程度时，所需的传热面积可能比并流大，设备费也会有所增大。

综合考虑，逆流优于并流，故生产中常用逆流操作。对于控制被加热或被冷却流体的终端温度，或为迅速地降低进入换热器的高黏度流体的黏度等，如热敏药液的换热，采用并流操作有独到之处。错流、折流和复杂流一般由换热器材料和结构而定，如石墨换热器为错流。可增强流体的湍动程度，以提高传热系数。

三、壁温的计算

在传热计算中，当计算对流传热系数以及设备外表面热损失时，都需要知道壁温。此外，选择换热器的类型和换热器的材质时，也需要知道壁温。热量从热流体通过间壁传给冷流体，两侧流体对壁面的对流传热速率及间壁的导热速率，在稳态条件下相等，即

$$Q = \frac{T - T_w}{\dfrac{1}{\alpha_i A_i}} = \frac{T_w - t_w}{\dfrac{b}{\lambda A_m}} = \frac{t_w - t}{\dfrac{1}{\alpha_o A_o}}$$

式中：T、t、T_w 及 t_w 分别为热、冷流体及管壁的平均温度。

整理上式可得

$$T_w = T - \frac{Q}{\alpha_i A_i} \tag{7-43}$$

$$t_w = T_w - \frac{bQ}{\lambda A_m} \tag{7-44}$$

或

$$t_w = t + \frac{Q}{\alpha_o A_o}$$

利用上述方程式可确定壁温。壁温总是接近 α 较大一侧的流体温度。

【例 7-9】 采用套管式换热器，于环隙中 110℃ 饱和水蒸气冷凝以将内管中的空气由 20℃ 加热到 80℃。已知内管为 $\phi 32 \times 1$ 的紫铜管 [$\lambda = 380 W/(m \cdot ℃)$]，空气处理量为 19kg/h，空气的平均物理性质如下：$\rho = 1.060 kg/m^3$，$\lambda = 0.029 W/(m \cdot ℃)$，$\mu = 2.01 \times 10^{-5} Pa \cdot s$，$C_p = 1.005 kJ/(kg \cdot ℃)$，试求：

（1）内管中空气的对流传热系数；

（2）若水蒸气在环隙中的对流传热系数取 10000W/($m^2 \cdot ℃$)，不计污垢热阻，求管长和内管壁温。

解：（1）空气在管内的流速

$$u = \frac{4q_m}{\pi d^2 \rho} = \frac{4 \times 19/3600}{3.14 \times 0.03^2 \times 1.060} = 7.047 \, (m/s)$$

$$Re = \frac{du\rho}{\mu} = \frac{0.03 \times 7.047 \times 1.060}{2.01 \times 10^{-5}} = 1.115 \times 10^4$$

则空气的对流传热系数

$$\alpha_i = 0.023 \frac{\lambda}{d} \left(\frac{du\rho}{\mu} \right)^{0.8} \left(\frac{C_p \mu}{\lambda} \right)^{0.4}$$

$$= 0.023 \times \frac{0.029}{0.03} \times (1.115 \times 10^4)^{0.8} \times \left(\frac{1.005 \times 10^3 \times 2.01 \times 10^{-5}}{0.029}\right)^{0.4}$$

$$= 33.267 \ [\text{W}/(\text{m}^2 \cdot \text{℃})]$$

（2）由题意可得

热负荷：$Q_2 = q_{m2}C_{P2}(t_2 - t_1) = \frac{19}{3600} \times 1.005 \times 10^3 \times (80 - 20) = 318(\text{W})$

总传热系数 K_o：

$$\frac{1}{K_o} = \frac{1}{\alpha_i}\frac{d_o}{d_i} + \frac{\delta}{\lambda}\frac{d_o}{d_m} + \frac{1}{\alpha_o} = \frac{1}{33.267} \times \frac{32}{30} + \frac{0.001}{380} \times \frac{32}{31} + \frac{1}{10000}$$

得 $K_o = 31.1\text{W}/(\text{m}^2 \cdot \text{℃})$

$$\Delta t_m = \frac{\Delta t_1 - \Delta t_2}{\ln\dfrac{\Delta t_1}{\Delta t_2}} = \frac{(110 - 20) - (110 - 80)}{\ln\dfrac{110 - 20}{110 - 80}} = 54.6(\text{℃})$$

由总传热方程式 $Q = K_o A_o \Delta t_m = K_o \pi d l \Delta t_m$

可得

$$l = \frac{Q}{K_o \pi d \Delta t_m} = \frac{318}{31.1 \times 3.14 \times 0.032 \times 54.6} = 1.86 \ (\text{m})$$

又因 $Q = \alpha A(t_W - t) = \alpha \pi d l(t_W - t)$

则有 $318 = 33.267 \times 3.14 \times 0.03 \times 1.86 \times \left(t_W - \dfrac{20 + 80}{2}\right)$

得 $t_W = 104\text{℃}$

四、传热过程的强化

强化传热指的是用较小的设备传递较多的热量，也就是说要使热交换器单位传热面积的传热速率 Q 越大越好。从总传热速率方程 $Q = KA\Delta t_m$ 可知，增大总传热系数 K、传热面积 A 或传热平均温度差 Δt_m，都能使传热速率 Q 增加。因此，在设计换热器和改进换热器或生产操作中，都是从这三方面来考虑强化传热的。

1. 增大传热面积   传热速率与传热面积成正比，传热面积增加可以使传热强化。但应指出，增大传热面积不应靠增大设备的尺寸来实现，而应从设备的结构来考虑。只有改进传热面的结构，提高设备的紧凑性，使单位设备体积内能提供较大的传热面积。如采用小直径管，或采用翅片管、螺纹管等代替光滑管，或采用翅片换热器、板式换热器及板翅式换热器等，都可增加单位设备体积的传热面积。例如浮头式热交换器系列由 φ25 管改为 φ19 管后，在壳径 $D = 500 \sim 900\text{mm}$ 时，传热面积可增加 42%，单位传热面积的金属消耗量可降低 21%~31%。列管式热交换器每立方米体积内的传热面积为 40~160m^2，而板式热交换器每立方米体积内能布置的传热面积为 250~1500m^2，板翅式更高，一般能达到 2500m^2。

2. 增大平均温度差   传热平均温度差主要是由物料和载热体的温度决定的，物料的温度由生产工艺决定，不能随意变动，载热体的温度则与选择的载热体有关。载热体的种类很多，温度范围各不相同，但在选择时要考虑技术上可行和经济上合理。若温度不超过 200℃，多用饱和水蒸气为加热介质；若超过 200℃，压力太高而使锅炉投资加大，且蒸汽管和换热器都要耐更高的压力，此时可采用其他加热介质，如矿物油、联苯混合物，甚至采用熔盐、液态金属等。由于载热体的选择受到一些条件的限制，因此，温度变化的范围是有限的。

如果物料和载热体均为变温情况，则可采用逆流操作，这时，可获得较大的传热平均温度差。

3. 增大总传热系数　增大总传热系数 K 是强化传热过程最有效的途径。从 K_o 的计算式：

$$\frac{1}{K_o} = \frac{1}{\alpha_o} + R_{so} + \frac{b}{\lambda} \cdot \frac{d_o}{d_m} + \frac{d_o}{\alpha_i d_i} + \frac{d_o}{d_i}R_{si} \tag{7-45}$$

可以看出，要提高 K_o 值就要必须减小各项热阻，而且应该从热阻最大处着手。若内、外侧垢层为主要热阻时，应设法阻止或减小垢层的生成，或采取定期清洗等措施。若两侧的对流传热系数相差很大，应把重点放在提高较小的 α 值方面。若两侧的传热系数都比较小时，则应设法使两个 α 值同时提高。

对于在传热过程中无相变化的流体，增大流速和改变流动条件都可以增加流体的湍动程度，从而提高对流传热系数。例如增加列管换热器的管程数和壳体中的挡板数，使用翅片管换热器，以及在板式换热器压制各种沟槽等；但同时应考虑到对于流动阻力和清洗、检修等方面的影响。

总之，强化传热的途径是多方面的，在具体实施过程中，要结合设备结构、动力消耗、清洗检修难易及实际效果等方面进行经济衡算，综合考虑，选取适当方法。

第五节　常用传热设备

传热设备是进行各种热量交换的设备，通常称作热交换器或简称换热器。由于使用条件的不同，换热设备有多种形式与结构。根据换热目的不同，换热设备可分为加热器、冷却器、冷凝器、蒸发器和再沸器。根据冷、热流体热量交换原理和方式可分为三大类，即混合式换热器（又称直接接触式换热器，冷热流体在换热器内直接接触传热）、间壁式换热器（冷热流体被换热器器壁隔开传热）和蓄热式换热器（热流体和冷流体交替进入同一换热器进行传热）。

一、管式换热器

管式换热器又称为列管式换热器，是最典型的间壁式换热器，它在工业上的应用有着悠久的历史。虽然同一些新型的换热器相比，它在传热效率、结构紧凑性及金属材料耗量方面有所不及，但其坚固的结构、耐高温高压性能、成熟的制造工艺、较强的适应性及选材范围广等优点，使其在工程应用中仍占据主导地位。

管壳式换热器主要由壳体、管束、管板和封头等部分组成，壳体多呈圆形，内部装有平行管束，管束两端固定于管板上。在管壳换热器内进行换热的两种流体，一种在管内流动，其行程称为管程；另一种在管外流动，其行程称为壳程。管束的壁面即为传热面。

为提高管外流体的传热系数，通常在壳体内安装一定数量的横向折流挡板。折流挡板不仅可防止流体短路、增加流体速度，还迫使流体按规定路径多次错流通过管束，使湍动程度大为增加，如图7-16所示。常用的挡板有圆缺形和圆盘形两种，前者应用更为广泛。

图7-16　流体在壳内的折流示意图
1——圆缺形；2——圆盘形

流体在管内每通过管束一次称为一个管程，每通过壳体一次称为一个壳程。为提高管内流体的速度，可在两端封头内设置适当隔板，将全部管子平均分隔成若干组。这样，流体可每次只通过部分管子而往返管束多次，称为多管程。同样，为提高管外流速，可在壳体内安装纵向挡板使流体多次通过壳体空间，称多壳程。

在管壳式换热器内，由于管内外流体温度不同，壳体和管束的温度也不同。如两者温差很大，换热器内部将出现很大的热应力，可能使管子弯曲、断裂或从管板上松脱。因此，当管束和壳体温度差超过50℃时，应采取适当的温差补偿措施，消除或减小热应力。根据所采取的温差补偿措施，换热器又可以进一步划分为固定管板式、浮头式、填料函式和U型管式。

（一）固定管板式换热器

当冷、热流体温差不大时，可采用固定管板即两端管板与壳体制成一体的结构形式，如图7-17所示，固定管板式换热器的封头与壳体用法兰连接，管束两端的管板与壳体采用焊接形式固定连接在一起。它具有壳体内所排列的管子多、结构简单、造价低等优点，但是壳程不易清洗，故要求走壳程的流体是干净、不易结垢的。

图7-17 固定管板式换热器

1——管箱；2——接管法兰；3——设备法兰；4——管板；5——壳程接管；6——拉杆；7——膨胀节；
8——壳体；9——换热管；10——排气管；11——吊耳；12——封头；13——顶丝；14——双头螺栓；15——螺母；
16——垫片；17——防冲板；18——折流板或支撑板；19——定距管；20——拉杆螺母；21——支座；
22——排液管；23——管箱壳体；24——管程接管；25——分程隔板；26——管箱盖

这种换热器由于壳程和管程流体温度不同而存在温差应力。温差越大，该应力值就越大，大到一定程度时，温差应力可引起管子的弯曲变形，会造成管子与管板连接部位泄漏，严重时可使管子从管板上拉脱出来。因此，固定管板式换热器常用于管束及壳体温度差小于50℃的场合。当温差较大，但壳程内流体压力不高时，可在壳体上设置温差补偿装置，例如，安装图7-17所示的膨胀节。

有时流体在管内流速过低，则可在封头内设置隔板，把管束分成几组，流体每次只流过部分管子，而在管束中多次往返，称为多管程。若在壳体内安装与管束平行的纵向挡板，使流体在壳程内多次往返，则称为多壳程。图7-17中所示即为单壳程、双管程固定管板式换热器。此外，为了提高管外流体与管壁间的传热系数，在壳体内可安装一定数量的与管束垂直的横向挡板，称为折流板，强制流体多次横向流过管束，从而增加湍流流动程度。

（二）具有补偿圈的固定管板式列管换热器

在固定管板式列管换热器的操作中，若两侧流体温度差≥50℃，易使壳体和管束因受热不均产生膨胀变形损坏。因此，如图 7-18 所示，可在壳体的适当位置安装补偿圈（或称膨胀节）。当管束和外壳温度差小于 70℃，外壳压力小于 588kPa 时，补偿圈的弹性变形可以调节管和壳的不同热膨胀。方法简单，适用范围有限。

图 7-18　具有补偿圈的固定管板式列管换热器
1——挡板；2——壳体；3——补偿圈；4——管板；5——折流板

（三）浮头式换热器

浮头式换热器的结构如图 7-19 所示。它一端的管板与壳体固定，另一端管板可在壳体内移动，与壳体不相连的部分称为浮头。

浮头式换热器中两端的管板有一段可以沿轴向自由浮动，管束可以拉出，便于清洗。管束的膨胀不受壳体的约束，因而当两种换热介质温差大时，不会因管束与

图 7-19　浮头式换热器
1——管程隔板；2——壳程隔板；3——浮头

壳体的热膨胀量不同而产生温差应力，可应用在管壁与壳壁金属温差大于 50℃，或者冷、热流体温度差超过 110℃的地方。浮头式换热器可适用于较高的温度、压力范围。浮头式换热器相对于固定管板式换热器，结构复杂，造价高。

（四）U 型管式换热器

U 型管式换热器的结构如图 7-20 所示，每根管子都弯成 U 型，管两端都固定在同一块管板上，因此，每根管子都可自由伸缩，从而解决热补偿问题。这种结构较简单，质量轻，适用于高温、高压的场合。但弯管所占空间大，管板上可布管数较少，管板利用率低。管内不易清洗，只适合于走洁净流体。

图 7-20　U 型管式换热器
1——U 型管；2——壳程隔板；3——管程隔板

二、板式换热器

板式换热器是针对管式换热器单位体积的传热面积小、结构不紧凑、传热系数不高的不足之处而开发出来的一类换热器，它使传热操作大为改观。板式换热器表面可以紧密排列，因此各种板式换热器都具有结构紧凑、材料消耗低、传热系数大的特点。这类换热器一般不能承受高压和高温，但对于压强较低、温度不高或腐蚀性强而须用贵重材料的场合，各种板式换热器都显示出更大的优越性。板式换热器主要有螺旋板式换热器、平板式换热器、板翅式换热器和板壳式换热器等几种形式。

（一）螺旋板式换热器

螺旋板式换热器是由两张平行薄钢板卷制而成，在其内部形成一对同心的螺旋形通道。换热器中央设有隔板，将两螺旋形通道隔开。两板之间焊有定距柱以维持通道间距，在螺旋板两端焊有盖板。其结构如图 7-21 所示。冷热流体分别由两螺旋形通道流过，通过薄板进行传热。

图 7-21　螺旋板式换热器

螺旋板换热器的主要优点：①由于离心力的作用和定距柱的干扰，流体湍动程度高，故给热系数大。例如，水对水的传热系数可达到 $2000 \sim 3000 \mathrm{W/}$（$\mathrm{m}^2 \cdot \mathrm{℃}$），而管壳式换热器一般为 $1000 \sim 2000 \mathrm{W/}$（$\mathrm{m}^2 \cdot \mathrm{℃}$）。②由于离心力的作用，流体中悬浮的固体颗粒被抛向螺旋形通道的外缘而被流体本身冲走，故螺旋板换热器不易堵塞，适于处理悬浮液体及高黏度介质。③冷热流体可做纯逆流流动，传热平均推动力大。④结构紧凑，单位容积的传热面为管壳式的 3 倍，可节约金属材料。例如直径和宽度都是 1.3m 的螺旋板式换热器，具有 $100 \mathrm{m}^2$ 的传热面积。

螺旋板换热器的主要缺点：①操作压力和温度不能太高，一般压力不超过 2MPa，温度不超过 $300 \sim 400 \mathrm{℃}$；②因整个换热器被焊成一体，一旦损坏不易修复。

螺旋板换热器的传热系数可用式 7-46 计算

$$Nu = \frac{\alpha l}{\lambda} = 0.04 Re^{0.78} Pr^{0.4} \tag{7-46}$$

上式对于定距柱直径为 10mm、间距为 100mm 按菱形排列的换热器适用，式中的当量直径 $d_e = 2b$，b 为螺旋板间距。

（二）平板式换热器

平板式换热器是高效紧凑的换热设备，平板式换热器是由许多金属薄板平行排列组成，板片厚度为 $0.5 \sim 3$mm，每块金属板经冲压制成各种形式的凹凸波纹面。

人字形波纹板片如图 7-22 所示，此结构既增加刚度，又使流体分布均匀，加强湍动，提高传热系数。

组装时，两板之间的边缘夹装一定厚度的橡皮垫，压紧后可以达到密封的目的，并使两板间形成一定距离的通道。调整垫片的厚薄，就可以调节两板间流体通道的大小。每块板的四个角上，各开一个孔道，其中有两个孔道可以和板面上的流道相通；另外两个孔道则不和板面上的孔道相通。不同孔道的位置在相邻板上是错开的，如图 7-23 所示。冷热流体分别在同一块板的两侧流过，每块板面都是传热面。流体在板间狭窄曲折的通道中流动时，方向、速度改变频繁，其湍动程度大大增强，于是大幅度提高了总传热系数。

平板式换热器的主要优点：①由于流体在板片间流动湍动程度高，而且板片厚度又薄，故传热系数 K 大。例如，在平板式换热器内，水对水的传热系数可达 1500~4700W/（m^2·℃）。②板片间隙小（一般为 4~6mm），结构紧凑，单位容积所提供的传热面为 250~1000m^2/m^3，而管壳式换热器只有 40~150m^2/m^3。③平板式换热器的金属耗量可减少一半以上。④具有可拆结构，可根据需要调整板片数目以增减传热面积，故操作灵活性大，检修清洗也方便。

图 7-22 人字形波纹板片

平板式换热器的主要缺点：允许的操作压强和温度比较低。通常操作压力不超过 2MPa，压强过高容易渗漏；操作温度受垫片材料的耐热性限制，一般不超过 250℃。

图 7-23 平板式换热器流体流向示意图
1——热流体出口；2——冷流体进口；
3——热流体进口；4——冷流体出口

（三）板翅式换热器

板翅式换热器是一种更为高效紧凑的换热器，过去由于制造成本较高，仅用于宇航、电子、原子能等少数部门。现在已逐渐应用于化工和其他工业，取得良好效果。板翅式换热器的结构形式很多，但其最基本的结构元件是大致相同的。

如图 7-24 所示，在两块平行金属薄板之间，夹入波纹状或其他形状的翅片，将两侧面封死，即成为一个换热基本元件。将各基本元件适当排列（两元件之间的隔板是公用的），并用钎焊固定，制成逆流式或错流式板束。图 7-24 所示为常用的逆流或错流板翅式换热器的板束。将板束放入适当的集流箱（外壳）就成为板翅式换热器。波纹翅片是最基本的元件，它的作用一方面承担并扩大了传热面积（占总传热面积的 67%~68%），另一方面促进了流体流动的湍动程度，对平隔板还起着支撑作用。这样即使翅片和平隔板材料较薄（常用平隔板厚度为 1~2mm，翅片厚度为 0.2~0.4mm 的铝锰合金板），仍具有较高的强度，能耐较高的压力。此外，采用铝合金材料，热导率大，传热壁薄，热阻小，传热系数大。

板翅式换热器的结构高度紧凑，单位容积可提供的传热面高达 2500~4000m^2/m^3。所用翅片的形状可促进流体的湍动，故其传热系数也很高。因翅片对隔板有支撑作用，板翅式换热器允许操作压强也很高，可达 5MPa。主要缺点是流道小，容易产生堵塞并增大压降；一旦结垢，清洗

图 7-24　板翅式换热器
1——单元分解示意图（1-1 侧条，1-2 平隔板，1-3 流体，1-4 翅片）；
2——逆流板束；3——错流式板束

很困难，因此只能处理清洁的物料；对焊接要求质量高，发生内漏很难修复；造价高昂。

三、其他形式的换热器

换热器种类繁多，除了上述我们列举的管式换热器、板式换热器外，尚有夹套式换热器、蛇管式换热器、喷淋式换热器、套管式换热器等。

（一）夹套式换热器

这种换热器是在容器外壁安装夹套制成，如图 7-25 所示，结构简单，但其加热面受容器壁面限制，传热系数也不高。为提高传热系数使釜内液体受热均匀，可在釜内安装搅拌器。当夹套中通入冷却水或无相变的加热剂时，亦可在夹套中设置螺旋隔板或采取其他增加湍动的措施，以提高夹套一侧的传热系数。为补充传热面的不足，也可在釜内部安装蛇管。

夹套式换热器广泛用于反应过程的加热和冷却。

图 7-25　夹套式换热器
1——蒸汽；2——出料口；
3——冷凝水

（二）沉浸式蛇管换热器

这种换热器是将金属管弯绕成各种与容器相适应的形状，如图 7-26 所示，并沉浸在容器内的液体中。蛇管换热器的优点是结构简单，能承受高压，可用耐腐蚀材料制造。其缺点是容器内液体湍动程度低，管外传热系数小。为提高传热系数，容器内可安装搅拌器。

（三）喷淋式换热器

喷淋式换热器是将换热管成排固定在钢架上，如图 7-27 所示，热流体在管内流动，冷却水从上方喷淋装置均匀淋下，故也称喷淋式冷却器。喷淋式换热器的管外是一层湍动程度较高的液膜，管外传热系数较沉浸式增大很多。另外，这种换热器大多放置在空气流通之处，冷却水的蒸发亦带走一部分热量，可起到降低冷却水温度、增大传热动力的作用。因此，和沉浸式相比，喷淋式换热器的传热效果大有改善。

图 7-26 蛇管的形状

（四）套管式换热器

套管式换热器是由直径不同的直管制成的同心套管，并由 U 形弯头连接而成，如图 7-28 所示。在这种换热器中，一种流体走管内，另一种流体走环隙，两者皆可以得到较高的流速，故传热系数较大。

图 7-27 喷淋式换热器
1——直管；2——U 型管；3——水槽

图 7-28 套管式换热器
1——内管；2——外管；3——U 型肘管

套管换热器结构简单，能承受高压，应用亦方便（可根据需要增减管段数目）。特别是由于套管换热器同时具备传热系数大、传热推动力大及能够承受高压强的优点，在超高压生产过程（例如操作压力为 300MPa 的高压聚乙烯生产过程）中所用的换热器几乎全部都是套管式。

（五）翅片管式换热器

如图 7-29 所示，是在管子表面或管内装有径向或轴向翅片。按翅片的高度不同，分为高翅片和低翅片两种，常用低翅片螺纹管。

当两种流体的对流传热系数之比为 3：1 或更大时，采用管式换热器较合理。如蒸汽加热空

图 7-29 翅片管式换热器及常见翅片形状
（a）翅片管式换热器 （b）轴向翅片 （c）径向翅片

气，因空气的对流传热系数小，传热过程中 K 受其控制。如在换热管的空气侧增加翅片，既扩大了传热面积，又可增加流体的湍动，提高空气侧的对流传热系数从而提高换热器的传热效果。

（六）石墨换热器

如图 7-30 所示，为块状石墨换热元件孔向图。石墨块具有渗透性，经酚醛树脂浸渍后成为不透性石墨。除强氧化性酸和强碱外，对大部分有机物、无机物盐类、溶剂等均有良好的耐腐蚀性，导热系数比一般碳钢大两倍多，热膨胀系数小，耐温急变性能好。但机械强度差，脆性大。

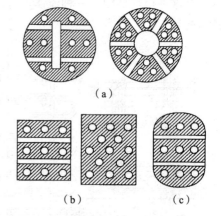

**图 7-30 石墨式换热器的
各种孔块式元件孔向图**
（a）圆柱形 （b）长方形
（c）椭圆形

（七）热管

如图 7-31 所示，是在金属圆管内覆盖一层用毛细管材料制作的芯网，装入定量的工作液体并抽出不凝性气体后将管封闭，制得一个独立的换热单元管。将热管一端置于热流体中，另一端置于冷流体中时，热流体端管内工作液体受热气化，蒸汽流动至冷凝端放出潜热被冷凝，同时加热管外冷流体。冷凝液在毛细管力的作用下，沿芯管回流到热流体端，再次气化。周而复始循环，热量从热流体不断传给冷流体。因管内液体工作时相变化，所以对流传热系数很大，而蒸汽在管内中心空间流动阻力很小，特别适合低温差传热。热管的导热系数是优良金属导热体的百倍至千倍。用它组成热管换热器，结构简单，重量体积小，热响应迅速，工作可靠，使用寿命长。广泛用于气-气、气-液、液-液间的换热过程。

图7-31 热管示意图

1——吸收蒸发端；2——隔热层；3——放热冷凝端；4——导管；5——芯网；6——蒸汽

四、间壁式换热器的选用

目前制药工业常用的换热器大多已有了国家或部颁标准可供选用，选用标准换热器的好处是规格统一、通用、方便制造从而造价低。间壁式换热器的选用步骤如下。

（一）选型

考虑参与换热量流体的物理性质、化学性质、结垢情况、有无腐蚀性颗粒等；必须满足工艺操作要求条件；在同样满足其他各种因素的前提下，尽量选用性能好、传热效率高、价格较低的换热器。如两流体温差不大时，首选固定管板式列管换热器；对易结垢的流体，应选用板式或列管式换热器。

（二）流体流动空间与流向的确定

应根据生产工艺的要求以及传热过程自身的规律而定，同时考虑尽可能提高传热推动力。如列管换热器的流体流向选择时，综合考虑原则是：①不清洁或易结垢的流体宜走管内；②腐蚀性流体宜走管内，以免壳体与管子同时受腐蚀；③需要提高流速以增大对流传热系数的流体走管程，可以采用多管程的方法来增加管程流速；④压力高的流体宜走管程，以免管、壳程同时受压；⑤黏度大的流体或流量较小的流体宜走壳程，流体经折流板，在低 $R_e \leq 100$ 时即可达到湍动，这对提高对流传热系数有好处；⑥饱和蒸汽宜走管间，以便及时排出冷凝液体；⑦被冷却的流体宜走壳程，可通过壳体散热，增强冷却效果。在实际生产中，上述各点常不能同时兼顾，应抓主要矛盾，其中①②③条优先考虑。

（三）流体进出口温度的确定

根据工艺要求及生产实际情况来考虑，一般冷却水温升以 5~7℃ 为宜。

（四）考虑传热速率

由总传热方程式 $Q = KA\Delta t$ 可知，选择经验 K 值作设定值，初算传热面积，初步选定换热器型号。经校核后选定型号。

（五）考虑投资和运行费用

一般原则是：在能满足传热要求时，尽量选用结构简单、操作方便、检修容易，操作费用相对较低，使用寿命长的换热器。

扫一扫，查阅本章数字资源，含PPT、音视频、图片等

将含有不挥发性溶质的溶液加热至沸腾，使溶液中的部分溶剂汽化为蒸气并被排出，从而使溶液得到浓缩的过程称为蒸发。能够完成蒸发过程的设备称为蒸发设备。蒸发操作在制药过程中应用广泛，其目的主要是将稀溶液蒸发浓缩到一定浓度直接作为制剂过程的原料或半成品；通过蒸发操作除去溶液中的部分溶剂，使溶液增浓到饱和状态，再经冷却析晶从而获得固体产品；蒸发操作还可以除去杂质，获得纯净的溶剂。

第一节　蒸发操作与单效蒸发

蒸发过程属于传热过程，多利用饱和水蒸气作为加热介质，通过间壁式或混合式换热的形式，将混合溶液加热至沸腾，利用混合溶液中溶剂的易挥发性和溶质的难挥发性，使溶剂汽化变为蒸气并被移出蒸发器，而溶质继续留在混合溶液中的浓缩过程。需要蒸发的混合溶液主要为水溶液，中药制药过程中也经常用乙醇作为溶剂提取中药材中某些有效成分或用酒沉除去水提取液中的某些杂质，故乙醇溶液的蒸发在制药过程中也普遍存在；此外还有其他一些有机溶液的蒸发。

一、蒸发过程

蒸发过程能够顺利完成必需有两个条件，一是要有热源加热，使混合溶液达到并保持沸腾状态，常用的加热介质为饱和水蒸气，又称加热蒸汽、生蒸汽或一次蒸汽；二是要及时排出蒸发过程中溶液因不断沸腾而产生的溶剂蒸气，也称二次蒸汽，否则蒸发室里会逐渐达到气液相平衡状态，致使蒸发过程无法继续进行。

单效蒸发通常是指蒸发过程产生的二次蒸汽直接进入冷凝器被冷凝蒸发过程；如果前一级蒸发器产生的二次蒸汽直接用于后一效蒸发器的加热热源，同时自身被冷凝，这种蒸发过程称为多效蒸发。

1. 单效蒸发的工艺流程　单效蒸发过程的设备主要有加热室和分离室，其加热室的结构主要有列管式、夹套式、蛇管式及板式等类型。蒸发过程的辅助设备包括冷凝器、冷却器、原料预热器、除沫器、贮罐、疏水器、原料输送泵、真空泵、各种仪表、接管及阀门等。

图8-1所示为水溶液单效减压蒸发的工艺流程图。饱和水蒸气通入加热室，将管内混合溶液加热至沸腾，从混合溶液中蒸发出来的溶剂蒸气夹带部分液相溶液进入分离室，在分离室中气相和液相由于密度的差异而分离，液相返回加热室或作为完成液采出，而气相从分离室经除沫器进入冷凝器，经与冷却水逆流接触冷凝为水，冷凝水与冷却水一起从气压腿排出，而冷凝器中的不凝气体从冷凝器顶部由真空泵抽出。

2. 蒸发过程的分类　蒸发过程按蒸发室的操作压力不同可以分为常压蒸发和减压蒸发（真空蒸发）；蒸发过程按产生的二次蒸汽是否作为下一级蒸发器的加热热源分为单效蒸发和多效蒸发；根据进料方式不同，也可将蒸发过程分为连续蒸发和间歇蒸发。

3. 蒸发过程的特点　蒸发过程的实质就是热量的传递过程，溶剂汽化的速率取决于传热速率，因此传热过程的原理与计算过程也适用于蒸发过程。但蒸发过程乃是含有不挥发性溶质的溶液的沸腾传热过程，与普通传热过程相比有如下特点：

图 8-1　水溶液单效减压蒸发的工艺流程图
1——分离室；2——加热室；3——冷凝水出口；
4——完成液出口；5——加热蒸汽入口；
6——原料液进口；7——除沫器；8——二次蒸汽；
9——混合冷凝器；10——冷却水进口；
11——气液分离器；12——缓冲罐；
13——真空泵；14——溢流水箱

（1）两侧都有相变化的恒温传热过程　进行蒸发操作时，一侧壁面是饱和水蒸气不断冷凝释放出大量的热，而饱和蒸汽的冷凝液多在饱和温度下排出；另一侧壁面是混合溶液处于沸腾状态，溶剂不断吸收热量，由液态变为二次蒸汽。因此，蒸发过程是属于两侧都有相变化的恒温传热过程。

（2）溶液沸点的变化　被蒸发的混合溶液由易挥发性的溶剂和难挥发性的溶质两部分组成，因此，溶液的沸点受溶质含量的影响，其值比同一操作压力下纯溶剂的沸点高，而溶液的饱和蒸气压比纯溶剂的低。沸点升高指在相同的操作压力下，混合溶液的沸点与纯溶剂沸点的差值，影响沸点升高的因素包括溶液中溶质的浓度、加热管中液柱的静压力及流体在管道中的流动阻力损失等。一般溶液的浓度越高，沸点升高越高。当加热蒸汽的温度一定时，蒸发溶液的传热温度差要小于蒸发纯溶剂的传热温度差，溶液的浓度越高，该影响越大。

（3）雾沫夹带问题　蒸发过程中产生的二次蒸汽被排出分离室时会夹带许多细小的液滴和雾沫，冷凝前必需设法除去，否则会损失有效物质，并且也会污染冷凝设备。一般蒸发器的分离室要有足够的分离空间，并加设除沫器除去二次蒸汽夹带的雾沫。

（4）节能降耗问题　蒸发过程一方面需要消耗大量的饱和蒸汽来加热溶液使其处于沸腾状态，而其冷凝液多在饱和温度下排出；另一方面又需要用冷却水将蒸发产生的二次蒸汽不断冷凝；同时完成液也是在沸点温度下排出的；此外还要考虑过程的热损失问题。因此，应充分利用二次蒸汽的潜热，全方位考虑整个蒸发过程的节能降耗问题。

4. 减压蒸发的特点　减压蒸发也叫真空蒸发，溶液在真空条件下的蒸发是指气体分子比常温、常压下稀少，同时场的能量也比常温、常压时低的空间中的蒸发过程。由于蒸发器内气体较稀薄，被蒸发的物质分子之间的碰撞的频繁度降低，因此，气体在分子运动时受到的阻力减少，且阻力减小的程度与气体的稀薄程度有关，即与蒸发室内的真空度有关，真空度越高，气体分子运动的阻力越小。溶液在减压即真空下的蒸发，其目的是降低了溶液的沸点。真空蒸发时产生的二次蒸汽必须用真空泵抽出，以保证蒸发器具有合适的真空度。

与常压蒸发相比，真空蒸发具有的优点是：①采用同样压力的加热蒸汽，其传热的平均温度差变大，所需的传热面积变小；②因真空下溶液沸点较低，可以利用温度较低的低压蒸汽或废热蒸汽作为加热蒸汽使用；③蒸发器的操作温度较低，系统的热损失较少；④溶液沸点较低，有利于处理热敏性物料。真空蒸发的缺点是：①蒸发器中溶液的沸点降低，溶液的黏度会增大，沸腾时溶液的给热系数会减小，蒸发器的总传热系数会变小；②因为是减压蒸发过程，对系统的密封性要求较高，同时需要用真空泵抽出冷凝器中的不凝气体以使蒸发器保持一定的真空度，因而需要消耗更多的能量；③蒸发器和冷凝器内的压力低于外界的大气压，完成液和冷凝水都需要用泵等排出，消耗的动力及设备投资会增加。

二、单效蒸发量

单效蒸发过程中，若想核算加热蒸汽的消耗量及加热室的传热面积，首先需要计算单位时间内二次蒸汽的产生量即单效蒸发量，一般由生产任务给出原料液的进料量、原料液的浓度及完成液的浓度，对溶质进行物料衡算就可以得到单效蒸发量。单效蒸发计算的流程如图 8-2 所示，因蒸发过程处理的混合溶液多数为水溶液，故以下计算过程以水溶液的蒸发过程为例。

图 8-2　单效蒸发计算示意图

由于溶质为不挥发性物质，在蒸发前后其质量不变，对溶质进行物料衡算，以 W 表示单效蒸发量，单位为 kg/h，即

$$Fx_0 = (F - W)x_1 \tag{8-1}$$

$$W = F\left(1 - \frac{x_0}{x_1}\right) \tag{8-2}$$

式中：F——原料液的质量流量，单位：kg/h；

$\quad\quad x_0$——原料液中溶质的质量分率；

$\quad\quad x_1$——完成液中溶质的质量分率。

若工艺条件给出原料药及完成液的体积流量和密度，则通过质量流量的衡算式可以计算水分的蒸发量。

$$W = q_{v0}\rho_0 - q_{v1}\rho_1 \tag{8-3}$$

式中：q_{v0}——原料液的体积流量，单位为 m^3/h；

$\quad\quad \rho_0$——原料液的密度，单位为 kg/m^3；

$\quad\quad q_{v1}$——完成液的体积流量，单位为 m^3/h；

$\quad\quad \rho_1$——完成液的密度，单位为 kg/m^3。

由式 8-2 及式 8-3 可计算出单效蒸发量 W。

三、加热蒸汽消耗量的计算

蒸发过程中，常用饱和水蒸气作为加热热源，因饱和水蒸气的温度与其饱和蒸汽压成正比，且饱和水蒸气冷凝时会放出大量的热量，这些热量主要用于将混合溶液加热至沸腾并保持沸腾状态。一般在工艺条件设计中应给出原料液的进料温度、定压比热容、加热蒸汽的温度或压力、蒸发室或冷凝器的操作压力等，由热量衡算计算加热蒸汽消耗量 D。如图 8-2 所示，对整个蒸发器进行热量衡算。

$$Dh_v + Fh_0 = Wh_w + (F - W)h_1 + Dh_l + \Phi_L \tag{8-4}$$

$$\Phi = D(h_v - h_1) = W(h_w - h_1) + F(h_1 - h_0) + \Phi_L \tag{8-5}$$

式中：W——单效蒸发量，单位为 kg/h；

D——加热蒸汽消耗量，单位为 kg/h；

F——原料进料量，单位为 kg/h；

h_v——加热蒸汽的焓，单位为 kJ/kg；

h_1——冷凝水的焓，单位为 kJ/kg；

h_w——二次蒸汽的焓，单位为 kJ/kg；

h_0——原料液的焓，单位为 kJ/kg；

h_1——完成液的焓，单位为 kJ/kg；

Φ_L——蒸发器的热损失，单位为 kJ/h；

Φ——蒸发器的热流量，单位为 kJ/h 或 kW。

若加热蒸汽的冷凝液在其饱和温度下排出，则 $h_v - h_1 = r$，；二次蒸汽的气相和液相的焓差可用其汽化潜热近似表示，即 $h_w - h_1 = r'$。混合溶液的焓值可以查该溶液的焓浓图，如 NaOH 水溶液的焓浓图可以查阅其他相关教材，对于制药工业中涉及的溶液的蒸发操作，因溶质成分复杂，其溶液的焓浓图数据匮乏。考虑到混合溶液的浓缩热不可忽略，此时溶液焓值的变化也可以用其定压比热容与温度变化之积近似表示，并且计算时用原料液的定压比热容来代替完成液的定压比热容，即 $h_1 - h_0 = C_{p0}(t_1 - t_0)$。则

$$Dr = Wr' + FC_{p0}(t_1 - t_0) + \Phi_L \tag{8-6}$$

式中：r——饱和水蒸气的汽化潜热，单位为 kJ/kg；

r'——二次蒸汽的汽化潜热，单位为 kJ/kg；

C_{p0}——原料液的定压比热容，单位为 kJ/（kg℃）；

t_1——完成液的温度，单位为℃；

t_0——原料液的进料温度，单位为℃。

一般完成液排出蒸发室的温度近似等于混合溶液的沸点温度，即 t_1 为溶液的沸点温度。溶液的沸点一般高于相同操作压力下纯溶剂的沸点，其差值称为溶液的沸点升高，溶液的沸点温度可以直接测量，也可由下式计算

$$t_1 = T' + \Delta \tag{8-7}$$

式中：t_1——溶液的沸点，单位为℃；

T'——二次蒸汽的温度，单位为℃；

Δ——溶液的沸点升高，单位为℃。

二次蒸汽的温度由蒸发室的操作压力决定，而蒸发室的操作压力近似等于冷凝器的压力，对于水溶液的蒸发过程，二次蒸汽的温度可以由蒸发室的操作压力直接查饱和水蒸气表获得。原料液的定压比热容可由下式计算

$$C_{p0} = C_{pw}(1 - x_0) + C_{pB}x_0 \tag{8-8}$$

式中：C_{pw}——纯溶剂的定压比热容，单位为 kJ/（kg℃）；

C_{pB}——纯溶质的定压比热容，单位为 kJ/（kg℃）。

若原料液经预热器预热到沸点进料，即 $t_0 = t_1$，并且当热损失可以忽略时，式 8-6 改写为

$$Dr = Wr' \tag{8-9}$$

则令

$$e = \frac{D}{W} = \frac{r'}{r} \tag{8-10}$$

式中 e 称为单位蒸汽消耗量，表示加热蒸汽的利用程度，也称蒸汽的经济性。由于饱和蒸汽的汽化潜热数值随压力的变化不大，所以 e 近似等于 1，即单效蒸发时，消耗 1kg 的加热蒸汽，

可以获得约 1kg 的二次蒸汽。在实际蒸发操作过程中，由于原料的预热及热损失等原因，e 应大于 1，亦即单效蒸发的能耗很大，经济性较差。

四、溶液的沸点与传热温度差损失

蒸发过程的实质是热量的传递而不是质量的传递，蒸发速率由传热速率决定。蒸发过程中影响传热速率的因素包括传热面积、总的传热系数及传热温度差。蒸发属于间壁两侧流体都有相变化的恒温传热过程，传热温度差为加热蒸汽的温度与溶液沸点的差值。当加热蒸汽的压力一定时，传热推动力主要取决于溶液的沸点温度。溶液中含有不挥发的溶质，在相同的操作条件下，其蒸气压比纯溶剂的蒸气压低，因此溶液的沸点就比纯溶剂的沸点高，即溶液的沸点高于蒸发室操作压力下纯溶剂的饱和温度。溶液的沸点升高指在相同操作压力下，溶液的沸点与纯溶剂的沸点之差。

在相同的加热蒸汽条件下，蒸发溶液与蒸发纯溶剂的传热温度差相比，因溶液的沸点升高而降低的有效传热温度差，称为因溶液蒸气压下降而引起的传热温度差损失，其值与相同条件下溶液的沸点升高值相同。

例如：常压下浓度为 20% 的某水溶液的沸点为 108℃，而常压下水的沸点为 100℃，则此时溶液的沸点升高了 8℃；假设此时用 125℃ 的饱和蒸汽作为加热热源，则加热纯水的传热温度差为 25℃，加热混合溶液的传热温度差为 17℃，二者的差值 8℃ 即为传热温度差损失。一般稀溶液和有机溶液的沸点升高较少，而无机盐溶液的沸点升高较多。通常影响沸点升高的因素主要有如下三个方面：

1. 溶液蒸气压下降而引起的沸点升高 Δ'　溶液中溶质浓度增加会使溶液的饱和蒸气压下降，从而升高溶液的沸点温度，这是使溶液沸点升高的主要因素。制药过程中的许多蒸发操作可能在减压或加压下进行，若缺乏计算数据，可用下式估算不同压力下的沸点升高值，即

$$\Delta' = f\Delta'_a \tag{8-11}$$

式中：　Δ'——操作压力下由于溶液蒸气压下降而引起的沸点升高，单位为℃；

　　　　Δ'_a——常压下由于溶液蒸气压下降而引起的沸点升高，单位为℃；

　　　　f——校正因数，其经验公式如下

$$f = \frac{0.0162(T' + 273)^2}{r'} \tag{8-12}$$

式中：T'——操作压力下二次蒸汽的温度，单位为℃；

　　　　r'——操作压力下二次蒸汽的汽化热，单位为 kJ/kg。

2. 由加热管内液柱静压力引起的沸点升高 Δ''　在蒸发器的加热管中要求维持一定的液面高度，加热管中液柱内各截面积上的压力大于液柱表面的压力，因此液柱内截面上溶液的沸点高于液柱表面溶液的沸点。液柱截面上溶液的沸点与液柱表面溶液沸点之差值即为由液柱静压力而引起的沸点升高 Δ''。为简便起见，常用液柱中部的平均压力 p_m 及相应的沸点进行计算。即

$$p_m = p_0 + \frac{\rho g h}{2} \tag{8-13}$$

式中：p_m——液柱中部的平均压力，单位为 Pa；

　　　　p_0——液体的表面压力，即二次蒸汽的压力，单位为 Pa；

　　　　ρ——溶液的密度，单位为 kg/m³；

　　　　h——液柱高度，单位为 m。

由于液柱静压力而引起的沸点升高 Δ'' 的估算式为

$$\Delta'' = t_{pm} - t_{p0} \tag{8-14}$$

式中：t_{pm}——与平均压力 p_m 相应的溶液的沸点，单位为℃；

$\qquad$ t_{p0}——液柱表面溶液的沸点，单位为℃。

3. 管路中流体流动阻力而引起的沸点升高 Δ''' 由于管路中流体流动阻力损失而引起的沸点升高 Δ''' 与二次蒸汽的流速及管路的材料、形状、管径、管子的粗糙度、管子的长度、管件的多少等有关。Δ''' 的计算较复杂，一般近似取1℃。

综上所述，蒸发器中总的沸点升高（即传热温度差损失）Δ 为

$$\Delta = \Delta' + \Delta'' + \Delta''' \tag{8-15}$$

溶液的沸点为

$$t_1 = T' + \Delta \tag{8-16}$$

五、蒸发室的传热面积

蒸发过程也属于传热过程，因此传热过程的热负荷计算及传热速率方程也适用于蒸发过程，即

$$\Phi = Dr = KA\Delta t_m \tag{8-17}$$

则

$$A = \frac{Dr}{K\Delta t_m} \tag{8-18}$$

式中：A——加热室的传热面积，单位为 m^2；

$\qquad$ K——加热室的总传热系数，单位为 $W/m^2℃$；

$\qquad$ Δt_m——平均传热温度差，单位为℃。

蒸发过程属于两侧都有相变化的恒温传热过程，平均传热温度差可用下式计算

$$\Delta t_m = T - t_1 \tag{8-19}$$

式中：T——加热蒸汽的温度，单位为℃。

总传热系数 K 是设计和计算蒸发器重要因素之一，影响蒸发过程中总传热系数 K 的因素有溶液的种类、浓度、物性及沸点温度等；加热室壁面的形状、位置及垢阻；加热蒸汽的温度压力等。因此 K 值多取经验值或估算值，表8-1列出部分蒸发设备传热系数 K 的经验值范围，总传热系数 K 也可由公式计算获得。

如果蒸发器的加热管为圆形管，则蒸发器的传热系数 K 的计算公式如下

$$\frac{1}{K} = \frac{1}{\alpha_o} + \frac{d_o}{\alpha_i d_i} + \frac{bd_o}{\lambda d_m} + R_i \frac{d_o}{d_i} + R_o \tag{8-20}$$

若蒸发器加热室两侧的传热面积近似相等，则蒸发器的传热系数 K 的计算公式如下

$$\frac{1}{K} = \frac{1}{\alpha_o} + \frac{1}{\alpha_i} + R_i + R_o + \frac{b}{\lambda} \tag{8-21}$$

式中：α_i、α_o——加热管内、外的给热系数，单位为 $W/（m^2 \cdot ℃）$；

$\qquad$ R_i、R_o——加热管内、外的污垢热阻，单位为 $（m^2 \cdot ℃）/W$；

$\qquad$ d_i、d_o——加热管内径及外径，单位为 m；

$\qquad$ d_m——加热管内、外径的平均值，单位为 m；

$\qquad$ λ——加热壁面的导热系数，单位为 $W/（m \cdot ℃）$；

$\qquad$ b——加热壁面的厚度，单位为 m。

表 8-1　不同蒸发器传热系数 K 值的范围

蒸发器的类型		传热系数 K（W/m^2·℃）
刮板式（溶液黏度 mPa·s）	1~5	5800~7000
	100	1700
	1000	1160
	10000	700
外加热式（长管型）	自然循环	1160~5800
	强制循环	2300~7000
	无循环膜式	580~5800
内部加热式（标准式）	自然循环	580~3500
	强制循环	1160~5800
升膜式		580~5800
降膜式		1200~3500

【例 8-1】　用单效蒸发器将原料液浓度为 5% 的溶液浓缩至 25%，原料进料量为 2000kg/h，进料温度为 20℃，原料液的定压比热容为 3.5kJ/（kg·℃）。加热用饱和蒸汽的绝压为 200kPa，蒸发室内的平均操作压力为 40kPa（绝压），估计沸点升高 8℃，蒸发器的传热系数为 2000W/（m^2·℃），热损失为 3%。试求：

（1）水分蒸发量；

（2）加热蒸汽消耗量；

（3）蒸发器的传热面积和生蒸汽的经济性。

解：（1）水分蒸发量

$$W = F\left(1 - \frac{x_0}{x_1}\right) = 2000 \times \left(1 - \frac{0.05}{0.25}\right) = 1600(\text{kg/h})$$

（2）加热蒸汽消耗量

由附录查得加热蒸汽压力 200kPa（绝压）时，加热蒸汽的温度 $T = 120.2℃$，汽化热 $r = 2204.5\text{kJ/kg}$；蒸发室的操作压力为 40kPa（绝压）时，加热蒸汽的温度 $T' = 75℃$，二次蒸汽的汽化热 $r' = 2312.2\text{kJ/kg}$，则溶液沸点

$$t_1 = T' + \Delta = 75 + 8 = 83℃$$

$$Dr = Wr' + FC_{p0}(t_1 - t_0) + \Phi_L$$

$$Dr = Wr' + FC_{p0}(t_1 - t_0) + 3\%Dr$$

$$D = \frac{Wr' + FC_{p0}(t_1 - t_0)}{0.97r}$$

$$= \frac{1600 \times 2312.2 + 2000 \times 3.5 \times (83 - 20)}{0.97 \times 2204.5} = 1936.3(\text{kg/h})$$

（3）蒸发器的传热面积和生蒸汽的经济性

$$\Delta t_m = T - t_1 = 120.2 - 83 = 37.2(℃)$$

$$A = \frac{Dr}{K\Delta t_m} = \frac{\dfrac{1936.3}{3600} \times 2204.5 \times 1000}{2000 \times 37.2} = 15.94(\text{m}^2)$$

$$e = \frac{D}{W} = \frac{1936.3}{1600} = 1.21$$

答：水分蒸发量为 1600kg/h；加热蒸汽消耗量 1937kg/h；蒸发器的传热面积为 15m²；生蒸汽的经济性为 1.21。

六、蒸发器的生产强度

蒸发器的生产能力和生产强度可以衡量蒸发器的生产规模和性能。在蒸发器中单位时间内蒸发的溶剂量称为蒸发器的生产能力，亦即蒸发量 W。若蒸发器的热损失可以忽略，且原料液在沸点温度下进入蒸发器，则由蒸发过程的热量衡算可知，加热蒸汽冷凝所放出来的热量全部用于蒸发溶剂，蒸发器的生产能力 W 近似等于加热蒸汽量 D，此时蒸发器的蒸发能力与传递速率成正比。若原料液在低于沸点温度下进入蒸发器，则需要消耗部分热量将过冷溶液加热至沸腾，因而降低了蒸发器的生产能力，亦即 W 小于 D。若原料液在高于其沸点温度下进入蒸发器，则由于过热原料液会放出部分热量用于溶剂的蒸发，即产生自蒸发的过程，使蒸发器的生产能力会有所增加。

蒸发器的生产强度 U 指单位传热面积、单位时间内蒸发的溶剂量，其单位为 kg/（m²·h），即

$$U = \frac{W}{A}$$

若原料液为沸点温度下进料，且忽略蒸发器的热损失时，蒸发过程的热量衡算

$$\Phi = Wr' = KA\Delta t_m$$

整理得

$$U = \frac{KA\Delta t_m}{r'} \tag{8-22}$$

常用生产强度作为衡量蒸发器性能的标准。由式 8-22 可知，若要提高蒸发器的生产强度 U，可以设法提高蒸发器的总传热系数 K 和传热温度差 Δt_m。传热温度差主要取决于加热蒸汽的压力和冷凝器中二次蒸汽的压力，加热蒸汽的压力越高，其饱和温度也越高，但是加热蒸汽的压力受工厂的供气条件所限，一般为 0.3~0.5MPa，有时可高到 0.6~0.8MPa。另一方面，若想提高冷凝器的真空度，使溶液的沸点降低，也可以提高有效的传热温度差，但提高冷凝器的真空度不仅增加真空泵的功率消耗，而且因溶液的沸点降低，致使溶液的黏度增高，导致总的传热系数下降。因此，一般冷凝器中的绝对压力不低于 10~20kPa，也即传热温度差的提高是有一定局限性的。

一般来说，增大总的传热系数是提高蒸发器生产强度的主要途径。总传热系数 K 值取决于壁面两侧流体的给热系数和污垢热阻。蒸发是两侧都有相变化的恒温传热过程，一侧是饱和蒸汽冷凝放热，另一侧是溶液不断沸腾汽化。管外加热蒸汽冷凝的给热系数 a 通常比管内溶液沸腾的给热系数 a 大，也即饱和蒸汽冷凝的热阻要小一些，而溶液沸腾的热阻要大一些。同时，蒸发操作过程中要及时排出蒸汽冷凝时的不凝气体，否则，会增大热阻，使总的传热系数下降。管内溶液侧的污垢热阻也是影响总传热系数的重要因素，尤其是处理易结垢和易结晶溶液时，若加热壁面很快形成垢层，总传热系数 K 值会急剧下降。为了减小污垢热阻，蒸发器必须定期清洗，同时根据溶液的性质选用适宜的蒸发器。

因总传热系数的值总是趋近于较小的给热系数的值，故管内溶液沸腾的给热系数是影响总传热系数的主要因素。因影响溶液沸腾的给热系数的因素包括溶液的性质、蒸发器的操作条件及其蒸发器的类型等，故应充分了解溶液的各种物性、沸点温度及加热壁面情况等，根据实际的蒸发任务，选择适宜的操作条件和蒸发器的类型。

第二节　蒸发设备

　　蒸发浓缩是将稀溶液中的溶剂部分汽化并不断排出，使溶液增浓的过程。蒸发过程多处在沸腾状态下，因沸腾状态下传热系数高，蒸发速率高。

　　能够完成蒸发操作的设备称为蒸发器（蒸发设备），属于传热设备，对各类蒸发设备的基本要求是：应有充足的加热热源，以维持溶液的沸腾状态和补充溶剂汽化所带走的热量；应及时排出蒸发所产生的二次蒸汽；应有一定的传热面积以保证足够的传热量。

　　根据蒸发器加热室的结构和蒸发操作时溶液在加热室壁面的流动情况，可将间壁式加热蒸发器分为循环型（非膜式）和单程型（膜式）两大类。蒸发器按操作方式不同又分为间歇式和连续式，小规模多品种的蒸发多采用间歇操作，大规模的蒸发多采用连续操作，应根据溶液的物性及工艺要求选择适宜的蒸发器。

一、循环型蒸发器

　　在循环型蒸发器蒸发操作过程中，溶液在蒸发器加热室和分离室中做连续的循环运动，从而提高传热效果，减少污垢热阻，但溶液在加热室滞留量大且停留时间长，不适宜热敏性溶液的蒸发。按促使溶液循环的动因，循环型蒸发器分为自然循环型和强制循环型。自然循环型是靠溶液在加热室位置不同，溶液因受热程度不同产生密度差，轻者上浮重者下沉，从而引起溶液的循环流动，循环速度较慢（0.5~1.5m/s）；强制循环型是靠外加动力使溶液沿一定方向做循环运动，循环速度较高（1.5~5m/s），但动力消耗高。

　　1. 中央循环管型蒸发器　中央循环管型蒸发器属于自然循环型，又称标准式蒸发器，如图8-3所示，主要由加热室、分离室及除沫器等组成。中央循环管型蒸发器的加热室与列管换热器的结构类似，在直立的较细的加热管束中有一根直径较大的中央循环管，循环管的横截面积为加热管束总横截面积的40%~100%。加热室的管束间通入加热蒸汽，将管束内的溶液加热至沸腾汽化，加热蒸汽冷凝液由冷凝水排出口经疏水器排出。由于中央循环管的直径比加热管束的直径大得多，在中央循环管中单位体积溶液占有的传热面积比加热管束中的传热面要小得多，致使循环管中溶液的汽化程度低，溶液的密度比加热管束中溶液的密度大，密度差异造成了溶液在加热管内上升而在中央循环管内下降的循环流动，从而提高了传热速率，强化了蒸发过程。在蒸发器加热室的上方为分离室，也叫蒸发室，加热管束内溶液沸腾产生的二次蒸汽及夹带的雾沫、液滴在分离室得到初步分离，液体从中

图8-3　中央循环管式蒸发器
1——冷凝水出口；2——加热室；3——原料液进口；
4——二次蒸汽；5——分离室；6——加热蒸汽进口；
7——中央循环管；8——完成液出口

央循环管向下流动从而产生循环流动，而二次蒸汽通过蒸发室顶部的除沫器除沫后排出，进入冷凝器冷凝。

　　中央循环管型蒸发器的循环速率与溶液的密度及加热管长度有关，密度差越大，加热管越

长，循环速率越大。通常加热管长 1~2m，加热管直径 25~75mm，长径比 20~40。

　　中央循环管型蒸发器的结构简单、紧凑，制造较方便，操作可靠，有"标准"蒸发器之称。但检修、清洗复杂，溶液的循环速率低（小于 0.5m/s），传热系数小。适宜黏度不高、不易结晶、结垢、腐蚀性小、密度随温度变化较大的溶液的蒸发。

　　2. 外加热式蒸发器　外加热式蒸发器属于自然循环型蒸发器，其结构如图 8-4 所示，主要由列管式加热室、蒸发室及循环管组成。加热室与蒸发室分开，加热室安装在蒸发室旁边，特点是降低了蒸发器的总高度，有利于设备的清洗和更换，并且避免大量溶液同时长时间受热。外加热式蒸发器的加热管较长，长径比为 50~100。溶液在加热管内被管间的加热蒸汽加热至沸腾汽化，加热蒸汽冷凝液经疏水器排出，溶液蒸发产生的二次蒸汽夹带部分溶液上升至蒸发室，在蒸发室实现气液分离，二次蒸汽从蒸发室顶部经除沫器除沫后进入冷凝器冷凝。蒸发室下部的溶液沿循环管下降，循环管内溶液不受蒸汽加热，其密度比加热管内的大，形成循环运动，循环速率可达 1.5m/s，完成液最后从蒸发室底部排出。外加热式蒸发器的循环速率较高，传热系数较大 [一般 1400~3500W/（m² · ℃）]，并可减少结垢。外加热式蒸发器的适应性较广，传热面积受限较小，但设备尺寸较高，结构不紧凑，热损失较大。

　　3. 强制循环型蒸发器　在蒸发较大黏度的溶液时，为了提高循环速率，常采用强制循环型蒸发器，其结构见图 8-5。强制循环型蒸发器主要由列管式加热室、分离室、除沫器、循环管、循环泵及疏水器等组成。与自然循环型蒸发器相比，强制循环型蒸发器中溶液的循环运动主要依赖于外力，在蒸发器循环管的管道上安装有循环泵，循环泵迫使溶液沿一定方向以较高速率循环流动，通过调节泵的流量来控制循环速率，循环速率可达 1.5~5m/s。溶液被循环泵输送到加热管的管内并被管间的加热蒸汽加热至沸腾汽化，产生的二次蒸汽夹带液滴向上进入分离室，在分离室二次蒸汽向上通过除沫器除沫后排出，溶液沿循环管向下再经泵循环运动。

图 8-4　外加热式蒸发器

1——加热室；2——冷凝水出口；3——疏水器；
4——原料液进口；5——加热蒸汽入口；6——分离室；
7——二次蒸汽；8——完成液出口；9——循环管

图 8-5　强制循环型蒸发器

1——原料液进口；2——循环管；3——加热室；
4——二次蒸汽；5——分离室；6——除沫器；
7——完成液出口；8——加热蒸汽进口；
9——冷凝水出口；10——疏水器；11——循环泵

　　强制循环型蒸发器的传热系数比自然循环的大，蒸发速率高，但其能量消耗较大，每平方米加热面积耗能 0.4~0.8kW。强制循环蒸发器适于处理高黏度、易结垢及易结晶溶液的蒸发。

二、单程型蒸发器

单程型（膜式）蒸发器的基本特点是溶液只通过加热室一次即达到所需要的浓度，溶液在加热室仅停留几秒至十几秒，停留时间短，溶液在加热室滞留量少，蒸发速率高，适宜热敏性溶液的蒸发。在单程型蒸发器的操作中，要求溶液在加热壁面呈膜状流动并被快速蒸发，离开加热室的溶液又得到及时冷却，溶液流速快，传热效果佳，但对蒸发器的设计和操作要求较高。

图 8-6　升膜式蒸发器
1——疏水器；2——冷凝水出口；
3——加热蒸汽进口；4——加热室；
5——二次蒸汽；6——分离室；
7——完成液出口；8——原料液进口

1. 升膜式蒸发器　在升膜式蒸发器中，溶液形成的液膜与蒸发产生二次蒸汽的气流方向相同，由下而上并流上升，在分离室气液得到分离。升膜式蒸发器的结构如图 8-6 所示。主要由列管式加热室及分离室组成，其加热管由细长的垂直管束组成，管子直径为 25～80mm，加热管长径比约为 100～300。原料液经预热器预热至近沸点温度后从蒸发器底部进入，溶液在加热管内受热迅速沸腾汽化，生成的二次蒸汽在加热管中高速

上升，溶液则被高速上升的蒸汽带动，从而沿加热管壁面呈膜状向上流动，并在此过程中不断蒸发。为了使溶液在加热管壁面有效地成膜，要求上升蒸汽的气速应达到一定的值，在常压下加热室出口速率不应小于 10m/s，一般为 20～50m/s，减压下的气速可达到 100～160m/s 或更高。气液混合物在分离室内分离，浓缩液由分离室底部排出，二次蒸汽在分离室顶部经除沫后导出，加热室中的冷凝水经疏水器排出。

升膜式蒸发器的设计要满足溶液只通过加热管一次即达到要求的浓度。加热管的长径比、进料温度、加热管内外的温度差、进料量等都会影响成膜效果、蒸发速率及溶液的浓度等。加热管过短溶液浓度达不到要求，过长则在加热管子上端出现干壁现象，加重结垢现象且不易清洗，影响传热效果。加热蒸汽与溶液沸点间的温差也要适当，温差大，蒸发速率较高，蒸汽的速率高，成膜效果好一些，但加热管上部易产生干壁现象且能耗高。原料液最好预热到近沸点温度再进入蒸发室中进行蒸发，如果将常温下的溶液直接引入加热室进行蒸发，在加热室底部需要有一部分传热壁面用来加热溶液使其达到沸点后才能汽化，溶液在这部分加热壁面上不能呈膜状流动，从而影响蒸发效果。

升膜式蒸发器适于蒸发量大、稀溶液、热敏性及易生泡溶液的蒸发；不适于黏度高、易结晶结垢溶液的蒸发。

2. 降膜式蒸发器　降膜式蒸发器的结构如图 8-7 所示，其结构与升膜式蒸发器大致相同，也是由列管式加热室及分离室组成，但分离室处于加热室的下方，在加热管束上管板的上方装有液体分布板或分配头。原料液由加热室顶部进入，通过液体分布板或分配头均匀进入每根换热管，并沿管壁呈膜状流下同时被管外的加热蒸汽加热至沸腾汽化，气液混合物由加热室底部进入分离室分离，完成液由分离室底部排出，二次蒸汽由分离室顶部经除沫后排出。在降膜式蒸发器中，液体的运动是靠本身的重力和二次蒸汽运动拖带力的作用，溶液下降的速度比较快，因此成膜所需的汽速较小，对黏度较高的液体也较易成膜。

降膜式蒸发器的加热管长径比 100～250，原料液从加热管上部至下部即可完成浓缩。若蒸发

一次达不到浓缩要求，可用泵将料液进行循环蒸发。

降膜式蒸发器可用于热敏性、浓度较大和黏度较大溶液的蒸发，但不适宜易结晶结垢溶液的蒸发。

3. 升-降膜式蒸发器　当制药车间厂房高度受限制时，也可采用升-降膜式蒸发器，如图 8-8 所示，将升膜蒸发器和降膜蒸发器装置在一个圆筒形壳体内，即将加热室管束平均分成两部分，蒸发室的下封头用隔板隔开。原料液由泵经预热器预热近沸点温度后从加热室底部进入，溶液受热蒸发汽化产生的二次蒸汽夹带溶液在加热室壁面呈膜状上升。在蒸发室顶部，蒸汽夹带溶液通过加热管束顶部的液体分布器，向下呈膜状流动并再次被蒸发，气液混合物从加热室底部进入分离室，完成气液分离，完成液从分离室底部排出。

4. 刮板搅拌式蒸发器　刮板搅拌式蒸发器是通过旋转的刮板使液料形成液膜的蒸发设备，图 8-9 所示为可以分段加热的刮板搅拌式蒸发器，主要由分离室、夹套式加热室、刮板、轴承、动力装置等组成。

图 8-7　降膜式蒸发器
1——加热室；2——加热蒸汽进口；3——液体分布装置；
4——原料液进口；5——疏水器；6——冷凝水出口；
7——二次蒸汽；8——分离室；9——完成液出口

图 8-8　升-降膜式蒸发器
1——原料液进口；2——冷凝水出口；3——预热器；
4——加热蒸汽进口；5——升膜加热室；6——降膜加热室；
7——分离室；8——二次蒸汽出口；9——完成液出口

图 8-9　刮板搅拌式蒸发器
1——加热蒸汽；2——原料液进口；3——二次蒸汽出口；
4——刮板；5——夹套加热；6——冷凝水出口；
7——完成液出口

夹套内通入加热蒸汽加热蒸发筒内的溶液，刮板由轴带动旋转，刮板的边缘与夹套内壁之间的缝隙很小，一般 0.5~1.5mm。原料液经预热后沿圆筒壁的切线方向进入，在重力及旋转刮板的作用下在夹套内壁形成下旋液膜，液膜在下降时不断被夹套内蒸汽加热蒸发浓缩，完成液由圆筒底部排出，产生的二次蒸汽夹带雾沫由刮板的空隙向上运动，旋转的带孔刮板也可把二次蒸汽所夹带的液沫甩向加热壁面，在分离室进行气液分离后，二次蒸汽从分离室顶部经除沫后排出。

刮板搅拌式蒸发器的蒸发室是一个圆筒，圆筒高度与工艺要求有关，当浓缩量比较大时，加热蒸发室长度较大，此时可选择分段加热，采用不同的加热温度来蒸发不同的液料，以保证产品质量。加大圆筒直径可相应地加大传热面积，但也增加了刮板转动轴传递的力矩，增加了功率消耗，一般圆筒直径在 300~500mm 为宜。

刮板搅拌式蒸发器采用刮板的旋转来成膜、翻膜，液层薄膜不断被搅动，加热表面和蒸发表面不断被更新，传热系数较高。液料在加热区停留时间较短，一般几秒至几十秒，蒸发器的高度、刮板导向角、转速等因素会影响蒸发效果。刮板搅拌式蒸发器的结构比较简单，但因具有转动装置且多真空操作，对设备加工精度要求较高，并且传热面积较小。刮板搅拌式蒸发器适用浓缩高黏度液料或含有悬浮颗粒液料的蒸发。

5. 离心薄膜式蒸发器 离心薄膜式蒸发器是利用高速旋转的锥形碟片所产生的离心力对溶液的周边分布作用而形成薄薄的液膜使待蒸发溶液中可挥发的溶剂得以蒸发的设备。其结构如图 8-10 所示。杯形的离心转鼓内部叠放着几组梯形离心碟片，转鼓底部与主轴相连。每组离心碟片都是由上、下两个碟片组成的中空的梯形结构，两碟片上底在弯角处紧贴密封，下底分别固定在套环的上端和中部，构成一个三角形的碟片间隙，起到夹套加热的作用。两组离心碟片相隔的空间是蒸发空间，它们上大下小，并能从套环的孔道垂直相连并作为原液料的通道，各离心碟片组的套环叠合面用 O 形密封圈密封，上面加上压紧环将碟组压紧。压紧环上焊有挡板，它与离心碟片构成环形液槽。

蒸发器运转时原料液从进料管进入，由各个喷嘴分别向各碟片组下表面喷出，并均匀分布于碟片锥顶的表面，液体受惯性离心力的作用向周边运动扩散形成液膜，液膜在碟片表面

图 8-10 离心薄膜式蒸发器结构
1——蒸发器外壳；2——浓缩液槽；3——物料喷嘴；
4——上碟片；5——下碟片；6——蒸汽通道；
7——二次蒸汽出口；8——电机；9——液力联轴器；
10——加热蒸汽进口；11——皮带轮；12——排冷凝水管；
13——进蒸汽管；14——浓液通道；15——离心转鼓；
16——浓缩液吸管；17——清洗喷嘴；18——完成液出口；
19——清洗液进口；20——原料液进口

被夹层的加热蒸汽加热蒸发浓缩，浓缩液流到碟片周边就沿套环的垂直通道上升到环形液槽，由吸料管抽出作为完成液。从碟片表面蒸发出的二次蒸汽通过碟片中部的大孔上升，汇集后经除沫再进入冷凝器冷凝。加热蒸汽由旋转的空心轴通入，并由小通道进入碟片组间隙加热室，冷凝水受离心作用迅速离开冷凝表面，从小通道甩出落到转鼓的最低位置，并从固定的中心管排出。

离心薄膜式蒸发器是在离心力场的作用下成膜的，料液在加热面上受离心力的作用，液流湍动剧烈，同时蒸汽气泡能迅速被挤压分离，成膜厚度很薄，一般膜厚 0.05~0.1mm，原料液在加

热壁面停留时间不超过一秒，蒸发迅速，加热面不易结垢，传热系数高，可以真空操作，适宜热敏性、黏度较高料液的蒸发。

三、板式蒸发器

板式蒸发器的结构如图8-11及图8-12所示，主要由长方形加热板、机架、固定板及压紧板、螺栓、进出口组成。在薄的长方形不锈钢板上用压力机压出一定形状的花纹作为加热板，每块加热板上都有一对原料液及加热蒸汽的进出口，将加热板装配在机架上，加热板四周及进出口周边都由密封圈密封，加热板的一侧流动原料液，另一侧流动加热蒸汽从而实现加热蒸发过程。一般四块加热板为一组，在一台板式蒸发器中可设置数组，以实现连续蒸发操作。

图8-11　板式蒸发器
1——加热蒸汽进口；2——冷凝水出口；3——原料液进口；
4——二次蒸汽出口；5——压紧板；6——加热板；7——密封橡胶圈

图8-12　板式蒸发器板片

板式蒸发器的传热系数高，蒸发速率快，液体在加热室停留时间短、滞留量少。板式蒸发器易于拆卸及清洗，可以减少结垢，并且加热面积可以根据需要而增减。但板式蒸发器加热板的四周都用密封圈密封，密封圈易老化，容易泄露，热损失较大，应用较少。

四、蒸发器的附属设备

蒸发器的附属设备主要有除沫器、冷凝器和疏水器等。

（一）除沫器

蒸发操作过程中产生的二次蒸汽中夹带着部分液体及泡沫，为防止有效成分的损失、污染冷凝装置及污染多效蒸发器的加热面，同时为了改善后续工序的操作状况，需要用除沫器（又称气液分离器）将二次蒸汽与所夹带的液体分离。除沫器主要是按气体的流动方式并利用液沫的惯性以达到气液分离的目的。

常见的除沫器有两类，如图8-13所示：一类是直接安装在蒸发器顶部，其结构见图（a）（b）（c）（d）；另一类是安装在蒸发器的外部，其结构见图（e）（f）（g）。

（二）蒸汽冷凝器

蒸发器里的真空度与二次蒸汽的冷凝温度有关。蒸发过程采用减压操作时，必须安装接有真空装置的蒸汽冷凝器。蒸汽冷凝器的作用是用冷却水将二次蒸汽冷凝，若二次蒸汽是有价值的产品需要回收或会严重污染冷却水及空气时，则采用间壁式冷凝器，间壁式冷凝器的结构参考传热设备。如果二次蒸汽为水蒸气且不需要回收时，可采用直接混合式冷凝器，将二次蒸汽与冷却水直接接触进行热量交换，直接接触式冷凝过程的总传热系数高，传热速率快，设备结构简单，因此混合式冷凝器在蒸发过程中被广泛采用。直接混合式冷凝器按冷凝水与不凝性气体的排出方式不同分为逆流高位冷凝器和并流低位冷凝器。

图 8-13　除沫器

逆流高位冷凝器如图 8-14 所示，被冷凝的蒸汽与冷却水在冷凝器内逆流流动。上升蒸汽与由顶部加入并自上而下流经淋水板的冷却水逆流接触，二次蒸汽被冷凝。不凝性气体经分离器分离后由其上部的真空泵抽出。冷凝水与冷却水一起沿气压管向下流动，由于冷凝器处于负压操作，气压管必须有足够的高度，一般需大于 10m，才能使气压管中的冷凝水在重力作用下从下方排出。

当逆流冷凝器的安装高度受限制时可采用并流低位冷凝器，见图 8-15。二次蒸汽由冷凝器

图 8-14　逆流高位冷凝器
1——气压管；2——二次蒸汽进口；3——淋水板；
4——冷却水进口；5——接真空泵；6——分离器

图 8-15　并流低位冷凝器
1——冷却水进口；2——二次蒸汽进口；3——喷头；
4——淋水板；5——接真空泵

顶部进入，与经喷头淋洒下来的冷却水相接触而冷凝，冷凝水、冷却水和不凝性气体并流向下流动，在冷凝器的底部由真空泵抽出。

由于溶液中溶解的气体受热释出，蒸发器和管路亦有空气漏入，为维持设备内一定的真空度，须用真空泵不断地排出这些不凝性气体，常用的真空泵有水环式真空泵、喷射泵和往复式真空泵等。

（三）疏水器

蒸发器的加热室与其他蒸汽加热设备一样，均附设疏水器。疏水器的作用是将冷凝水及时排出，并能防止加热蒸汽由排出管逃逸而造成蒸汽的浪费。按其启闭的作用原理不同，疏水器可分为热动力式、机械式及热膨胀式等，热动力式疏水器因体积小，造价低，应用范围较广。

图 8-16 是热动力式疏水器的一种。温度较低的冷凝水在加热蒸汽压力的推动下经滤网流入冷凝水入口，将阀片顶开，由排水孔经排出管流出。当冷凝水趋于排尽时，排出液夹带的蒸汽较多，温度升高，导致阀片上方的背压升高，同时，蒸汽加速流过阀片与底座之间的环隙造成减压，阀片因自重和上、下压差的作用而自动落下，切断进出口之间的通道。经一定时间后，由于疏水阀向周围环境散热，阀片上方变压室内的蒸汽部分冷凝，背压下降，阀片重新开启，实现周期性地排水。

图 8-16　疏水器
1——排水管；2——冷凝水出水方向；3——冷凝水出口；
4——阀片；5——变压室；6——冷凝水入口；7——冷凝水进水方向；
8——进水管；9——滤网

五、蒸发器的选型

（一）蒸发器的选型原则

各种蒸发器的基本结构不同，蒸发效果不同，选择时应考虑：满足生产工艺的要求并保证产品质量；生产能力大；结构简单，维修操作方便；单位质量所需产生二次蒸汽的加热蒸汽越少，经济性越好。

实际选择蒸发设备时首先要考虑溶液增浓过程中溶液性质的变化，如是否有结晶生成、传热面上是否易结垢、是否易生泡、黏度随浓度的变化情况、溶液的热敏感性问题、溶液是否有腐蚀性等。蒸发过程中有结晶析出及易结垢的溶液，宜采用循环速度高、易除垢的蒸发器；黏度较大、流动性差的，宜采用强制循环或刮板式蒸发器；若为热敏性溶液，应选择蒸发时间短、滞留量少的膜式蒸发器；蒸发量大的不适宜选择刮板搅拌式蒸发器，应选择多效蒸发过程。

（二）中药浸出液的性质与蒸发器选型的关系

中药浸出液的共性为浓度稀、蒸发量大，有固体悬浮物，且不希望在加热表面沉积，浸出液与完成液的物性（如黏度、密度等）差异大。

中药浸出液的与完成液的黏度　浸出液稀，蒸发量大，浸出液与完成液的物性差异大，选型时要考虑完成液的物性。

中药浸出液浸膏的热稳定性　应选用减压蒸发操作降低蒸发温度，使药液在蒸发器中停留时间短，避免中药液的固体物质在加热面上的沉积。

中药液的发泡　应用单程型或强制对流型，降低操作真空度，并适当减小加热速率，也可以加消泡剂。

中药液中含固体悬浮物　如果在加热面上沉积，将影响传热和清洗。可加大蒸发器的强制对流速度；分级浓缩，使浓度较低的药液不易在蒸发器上结垢；改变工艺，降低蒸发完成液的浓度，阻止结垢；选用易拆卸的蒸发器。

第三节　蒸发器的节能

蒸发过程需要消耗大量的饱和蒸汽作为加热热源，蒸发过程产生的二次蒸汽又需要用冷却水进行冷凝，同时也需要有一定面积的加热室及冷凝器以确保蒸发过程的顺利进行。因此蒸发过程的节能问题直接影响药品的生产成本和经济效益。

蒸发过程的节能主要从如下几方面考虑：充分利用蒸发过程中产生的二次蒸汽的潜热，如采用多效蒸发；加热蒸汽的冷凝液多在饱和温度下排出，可以将其加压使其温度升高再返回该蒸发器代替生蒸汽作为加热热源；将加热蒸汽的冷凝液减压使其产生自蒸过程，将获得的蒸汽作为后一效蒸发器的补充加热热源。

一、多效蒸发原理与计算

在单效蒸发过程中，每蒸发 1kg 的水都要消耗略多于 1kg 的加热蒸汽，若要蒸发大量的水分必然要消耗更大量的加热蒸汽。为了减少加热蒸汽的消耗量，降低药品的生产成本，对于生产规模较大，蒸发水量较大，需消耗大量加热蒸汽的蒸发过程，生产中多采用多效蒸发操作。

1. 多效蒸发的原理　多效蒸发是指将前一效产生的二次蒸汽引入后一效蒸发器，作为后一效蒸发器的加热热源，而后一效蒸发器则为前一效的冷凝器。多效蒸发过程是多个蒸发器串联操作，第一效蒸发器用生蒸汽作为加热热源，其他各效用前一效的二次蒸汽作为加热热源，末效蒸发器产生的二次蒸汽直接引入冷凝器冷凝。因此，多效蒸发时蒸发 1kg 的水，可以消耗少于 1kg 的生蒸汽，使二次蒸汽的潜热得到充分利用，节约了加热蒸汽，降低了药品成本，节约了能源，保护了环境。

多效蒸发时，本效产生的二次蒸汽的温度、压力均比本效加热蒸汽的低，所以，只有后一效蒸发器内溶液的沸点及操作压力比前一效产生的二次蒸汽的低，才可以将前一效的二次蒸汽作为后一效的加热热源，此时后一效为前一效的冷凝器。

要使多效蒸发能正常运行，系统中除一效外，其他任一效蒸发器的温度和操作压力均要低于上一效蒸发器的温度和操作压力。多效蒸发器的效数以及每效的温度和操作压力主要取决于生产工艺和生产条件。

2. 多效蒸发的流程　多效蒸发过程中，常见的加料方式有并流加料、逆流加料、平流加料及错流加料。下面以三效蒸发为例来说明不同加料方式的工艺流程及特点，若多效蒸发的效数增加或减少时，其工艺流程及特点类似。

（1）并流加料多效蒸发　最常见的多效蒸发流程为并流（顺流）加料多效蒸发，三效并流

（顺流）加料的蒸发流程如图 8-17 所示。三个传热面积及结构相同的蒸发器串联在一起，需要蒸发的溶液和加热蒸汽的流向一致，都是从第一效顺序流至末效，这种流程就称为并流加料法。在三效并流蒸发流程中，第一效采用生蒸汽作为加热热源，生蒸汽通入第一效的加热室使溶液沸腾，第一效产生的二次蒸汽作为第二效的加热热源，第二效产生的二次蒸汽作为末效的加热热源，末效产生的二次蒸汽则直接引入末效冷凝器冷凝并排出；与此同时，需要蒸发的溶液首先进入第一效进行蒸发，第一效的完成液作为第二效的原料液，第二效的完成液作为末效的原料液，末效的完成液作为产品直接采出。

图 8-17　并流加料三效蒸发流程
1——一效蒸发器；2——二效蒸发器；3——三效蒸发器；
4——加热蒸汽进口；5——原料液进口；6——不凝气体排出口；
7——冷却水进口；8——末效冷凝器；9——冷凝水出口；
10——完成液出口；11——溢流水箱

并流加料多效蒸发具有如下特点：①原料液的流向与加热蒸汽流向相同，顺序由一效到末效；②后一效蒸发室的操作压力比前一效的低，溶液在各效间的流动是利用效间的压力差，而不需要泵的输送，可以节约动力消耗和设备费用；③后一效蒸发器中溶液的沸点比前一效的低，前一效溶液进入后一效可产生自蒸发过程，自蒸发指因前一效完成液在沸点温度下被排出并进入后一效蒸发器，而后一效溶液的沸点比前一效的低，溶液进入后一效即可呈过热状态而自动蒸发的过程，自蒸发可产生更多的二次蒸汽，减少了热量的消耗；④后一效中溶液的浓度比前一效的高，而溶液的沸点温度反而低一些，因此各效溶液的浓度依次增高，而沸点反而依次降低，沿溶液流动的方向黏度逐渐增高，导致各效的传热系数逐渐降低，故对于黏度随浓度迅速增加的溶液不宜采用并流加料工艺，并流加料蒸发适宜热敏性溶液的蒸发过程。

（2）逆流加料蒸发流程　三效逆流加料的蒸发流程如图 8-18 所示，加热蒸汽的流向依次由一效至末效，而原料液由末效加入，末效产生的完成液由泵输送到第二效作为原料液，第二效的完成液也由泵输送至第一效作为原料液，而第一效的完成液作为产品采出，这种蒸发过程称为逆流加料多效蒸发。

逆流加料多效蒸发特点为：①原料液由末效进入，并由泵输送到前一效，加热蒸汽由一效顺序至末效。②溶液浓度沿流动方向不断提高，溶液的沸点温度也逐渐升高，浓度增加黏度上升与温度升高黏度下降的影响基本上可以抵消，因此各效溶液的黏度变化不大，各效传热系数相差不大。③后一效蒸发室的操作压力比前一效的低，故后一效的

图 8-18　逆流加料三效蒸发流程
1——一效蒸发器；2——二效蒸发器；
3——三效蒸发器；4——冷凝水出口；5——泵；
6——完成液出口；7——加热蒸汽进口；
8——不凝气体排出口；9——冷凝水进口；
10——末效冷凝器；11——原料液进口；12——溢流水箱

完成液需要由泵输送到前一效作为其原料液，能量消耗及设备费用会增加。④各效的进料温度均低于其沸点温度，与并流加料流程比较，逆流加料过程不会产生自蒸发，产生的二次蒸汽量会

减少。

逆流加料多效蒸发适宜处理黏度随温度、浓度变化较大溶液的蒸发，不适宜热敏性溶液的蒸发。

（3）平流加料多效蒸发 平流加料三效蒸发的流程如图 8-19 所示，加热蒸汽依次由一效至末效，而每一效都通入新鲜的原料液，每一效的完成液都作为产品采出。平流加料蒸发流程适合于在蒸发过程中易析出结晶的溶液。溶液在蒸发过程中若有结晶析出，不便于各效间输送，同时还易结垢影响传热效果，故采用平流加料蒸发流程。

（4）错流加料多效蒸发 错流加料三效蒸发流程如图 8-20 所示，错流加料的流程中采用部分并流加料和部分逆流加料，其目的是利用两者的优点，克服或减轻两者的缺点，一般末尾几效采用并流加料以利用其不需泵输送和自蒸发等优点。

图 8-19 平流加料三效蒸发流程

1——一效蒸发器；2——二效蒸发器；3——三效蒸发器；
4——加热蒸汽入口；5——原料液入口；
6——不凝气体排出口；7——冷却水进口；
8——末效冷凝器；9——溢流水箱；
10——冷凝水排出口；11——完成液排出口

图 8-20 错流加料三效蒸发流程

1——一效蒸发器；2——二效蒸发器；3——三效蒸发器；
4——原料液进口；5——完成液出口；
6——冷凝水出口；7——加热蒸汽进口；
8——不凝气体排出口；9——冷却水进口；
10——末效冷凝器；11——溢流水箱；12——泵

图 8-21 所示为三效蒸发设备流程简图，可用于中药水提取液及乙醇液的蒸发浓缩过程。可以连续并流蒸发，也可以间歇蒸发，可以得到较高的浓缩比，浓缩液的相对密度可大于 1.1。

图 8-21 三效蒸发设备流程简图

1——冷凝水出口；2——原料液进口；3——加热蒸汽进口；4——一效加热室；5——一效分离室；6——抽真空；
7——二次蒸汽；8——二效加热室；9——二效分离室；10——三效加热室；11——三效分离室；12——气液分离器；
13——冷却水进口；14——末效冷凝器；15——冷凝水出口；16——冷凝液接收槽；17——完成液出口

在实际蒸发过程中，选择蒸发流程的主要依据是物料的特性及工艺要求等，并且要求操作简便，能耗低，产品质量稳定等。采用多效蒸发流程时，原料液需经适当的预热再进料，同时，为了防止液沫夹带现象，各效间应加装气液分离装置，并且及时排放二次蒸汽中的不凝性气体。

3. 多效蒸发的计算　多效蒸发过程的计算与单效蒸发的计算类似，也是利用物料衡算、热量衡算和总传热速率方程等，但多效蒸发的计算过程更复杂一些，多效蒸发的效数越多，计算过程越繁杂。多效蒸发过程需要计算的内容包括各效的蒸发量、各效排出液的浓度、加热蒸汽消耗量及传热面积等。而生产任务会提供原料药的流量、浓度、温度及定压比热容；最后完成液的浓度；末效冷凝器的压力或温度；加热蒸汽的压力或温度等。为了简化多效蒸发的计算过程，工程上多根据实

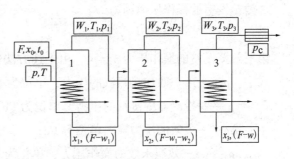

图 8-22　三效并流加料计算示意图

际经验进行适当的假设，并采用试差法来计算，得到的计算结果也多是近似值，需要通过生产实践或实验对计算结果进行适当调整。若要得到较准确的计算结果，应采用相应的计算机软件来计算。多效蒸发计算的流程如图 8-22 所示，以三效并流蒸发为例对多效蒸发过程进行估算。

（1）通过物料衡算计算总蒸发量及各效排出液的浓度　因蒸发过程中溶质量不变，故对整个蒸发系统的溶质进行衡算得

$$Fx_0 = (F - W)x_3 \tag{8-23}$$

或

$$W = F\left(1 - \frac{x_0}{x_3}\right) \tag{8-24}$$

总蒸发量等于各效蒸发量之和，即 $W = W_1 + W_2 + W_3$ $\tag{8-25}$

对第一效和第二效的溶质进行物料衡算，得

$$Fx_0 = (F - W_1)x_1 \tag{8-26}$$

$$Fx_0 = (F - W_1 - W_2)x_2 \tag{8-27}$$

式中：F——原料液质量流量，单位为 kg/h；

$\qquad x_0$——原料液中溶质的质量分率；

x_1、x_2、x_3——各效完成液中溶质的质量分率；

$\qquad W$——总蒸发量，单位为 kg/h；

W_1、W_2、W_3——各效蒸发量，单位为 kg/h。

（2）根据经验估算各效的蒸发量　各效蒸发量及排出液的浓度需根据各效的热量衡算及物料衡算获得，也可通过假设估算获得。对于并流加料三效蒸发过程，因有自蒸发现象存在，蒸发量的估算公式为

$$W_1 : W_2 : W_3 = 1 : 1.1 : 1.2 \tag{8-28}$$

对于逆流及其他加料过程的多效蒸发，各效蒸发量可假设其近似相等，即

$$W_1 = W_2 = W_3 = \frac{W}{3} \tag{8-29}$$

估算出各效的蒸发量后，再按式 8-26 及式 8-27 估算出各效排出液中溶质的浓度。

（3）各效溶液的沸点　当各效溶液沸点为未知而热量衡算又需要溶液的沸点时，可用经验方法估算出各效溶液的沸点。假定蒸汽通过各效的压力降相等，相邻两效的压力差为

$$\Delta p = \frac{p - p_c}{3} \tag{8-30}$$

则第一效蒸发室的操作压力约为

$$p_1 = p - \Delta p \tag{8-31}$$

二效蒸发室的操作压力约为

$$p_2 = p - 2\Delta p \tag{8-32}$$

第三效蒸发室的操作压力 $p_3 = p_c$，由上述方法估算各效的操作压力。

式中：p——第一效加热蒸汽的压力，单位为 Pa；

p_c——冷凝器中蒸汽的压力，单位为 Pa；

Δp——各效的压力降，单位为 Pa；

p_1，p_2，p_3——一效至末效的操作压力，单位为 Pa。

由各效的操作压力查出各效二次蒸汽的温度，再由各效浓度的变化、液柱静压力变化及流动阻力引起的温度差损失估算各效溶液的沸点升高，从而估算各效溶液的沸点温度，计算各效的传热温度差。

（4）各效的传热面积　多效蒸发的各效蒸发器的传热面积相等，结构相同，各效所需的加热蒸汽量及传热面积的计算方式与单效蒸发类似，但计算过程更复杂，由于缺少准确的蒸发水量、溶液的浓度及沸点等数据，实际计算经常采用试差法，借助计算机软件包进行计算。多效蒸发中每一效所需的传热面积的计算与单效蒸发的计算公式类似，即

$$A_i = \frac{\Phi_i}{K_i \Delta t_i} \tag{8-33}$$

故

$$\Delta t_i = \frac{\Phi_i}{A_i K_i}$$

式中：Δt_i——第 i 效的有效温度差，单位为 ℃；

A_i——每一效的传热面积，单位为 m²；

Φ_i——每一效的热负荷，单位为 W；

K_i——每一效的总传热系数，单位为 W/（m² · ℃）。

为使蒸发器的制造、安装、检修和操作方便，通常设多效蒸发中各效的传热面积相等，即 $A_i = A$，则各效蒸发器等面积的有效温度差 $\Delta t_i{}'$ 为

$$\Delta t_i{}' \frac{\Phi_i}{A K_i}$$

由此导出 $\Delta t_i{}'$ 与 Δt_i 的关系

$$\Delta t_i{}' = \frac{A_i}{A} \Delta t_i \tag{8-34}$$

式中：$A = \dfrac{\sum\limits_{i=1}^{n} A_i \Delta t_i}{\sum\limits_{i=1}^{n} \Delta t_i}$，即

$$\Delta t_i{}' = \frac{A_i \sum\limits_{i=1}^{n} \Delta t_i}{\sum\limits_{i=1}^{n} A_i \Delta t_i} \Delta t_i \tag{8-35}$$

有时为了进一步简化计算，计算时假定各效的热负荷 Φ_i 均相等，则

$$\Delta t_i' = \frac{\frac{1}{K_i}}{\sum\limits_{i=1}^{n}\frac{1}{K_i}}\sum_{i=1}^{n}\Delta t_i \qquad (8-36)$$

其中 $\sum\limits_{i=1}^{n}\Delta t_i$ 为总的有效温度差，计算公式为

$$\sum_{i=1}^{n}\Delta t_i = \Delta t_1 + \Delta t_2 + \cdots + \Delta t_n = (T_1 - T'_k) - \left(\sum_{i=1}^{n}\Delta'_i + \sum_{i=1}^{n}\Delta''_i + \sum_{i=1}^{n}\Delta'''_i\right) \qquad (8-37)$$

式中：T_1——第一效加热蒸汽的温度，单位为℃；

$\quad T'_k$——末效冷凝器中饱和蒸汽的温度，单位为℃；

$\quad \sum\limits_{i=1}^{n}\Delta'_i$——各效中由于溶液的沸点升高而引起的温度差损失的总和，单位为℃；

$\quad \sum\limits_{i=1}^{n}\Delta''_i$——各效中由于液柱的静压力而引起的温度差损失的总和，单位为℃；

$\quad \sum\limits_{i=1}^{n}\Delta'''_i$——各效中由于管路中流体流动阻力而引起的温度差损失的总和，单位为℃；

【例8-2】 在三效逆流加料的蒸发器中，每小时将10000kg浓度为10%的某水溶液浓缩为30%，加热蒸汽的绝对压力为200kPa，末效冷凝器的绝对压力为20kPa，经测定一效的沸点升高4℃，二效的沸点升高7℃，三效的沸点升高15℃。假设各效间压力降相等，忽略末效至冷凝器间的温度损失。求：

（1）总蒸发水量及各效蒸发水量；

（2）各效溶液的浓度；

（3）各效的操作压力；

（4）各效溶液的沸点及传热温度差。

解：（1）总蒸发水量及各效蒸发水量

$$W = F\left(1 - \frac{x_o}{x_3}\right) = 10000\left(1 - \frac{10\%}{30\%}\right) = 6666.67(\text{kg/h})$$

逆流时 $W_1 = W_2 = W_3 = \dfrac{W}{3} = \dfrac{6666.67}{3} = 2222.22(\text{kg/h})$

（2）各效溶液的浓度

浓度 $x_3 = 30\%$

$$Fx_0 = (F - W_1)x_1$$

$$x_1 = \frac{Fx_0}{F - W_1} = \frac{10000 \times 10\%}{10000 - 2222.22} = 12.86\%$$

$$Fx_0 = (F - W_1 - W_2)x_2$$

$$x_2 = \frac{Fx_0}{F - W_1 - W_2} = \frac{10000 \times 10\%}{10000 - 2222.22 - 2222.22} = 18.0\%$$

（3）各效的操作压力

设各效间压力降相等

$$\Delta p = \frac{p - p_c}{3} = \frac{200 - 20}{3} = 60(\text{kPa})$$

一效的操作压力 $p_1 = p - \Delta p = 200 - 60 = 140(\text{kPa})$

二效的操作压力 $p_2 = p - 2\Delta p = 200 - 120 = 80(\text{kPa})$

三效的操作压力 20kPa。

（4）各效溶液的沸点及传热温度差   通过各效蒸发器的操作压力查饱和水蒸气表，将各效的沸点温度计传热温度差列于表8-2。

表8-2   各效的沸点温度计传热温度差

	加热蒸汽	第一效	第二效	第三效
蒸汽的压力（kPa）	200	140	80	20
蒸汽的温度（℃）	120.2	109.2	93.2	60.1
溶液沸点升高（℃）		4	7	15
溶液的沸点（℃）		113.2	100.2	75.1
传热温度差（℃）		7	9	18.1

【例8-3】   某药厂有一套并流三效蒸发的生产系统，现将质量分率为5%的某水溶液浓缩至30%，已知原料液的质量流量为5000kg/h，原料液的定压比热容为3.44kJ/（kg·℃），原料液以进料温度为27℃加入第一效蒸发器，第一效加热蒸汽的绝对压力为160kPa，末效冷凝器的绝对压力为14kPa，各效的传热系数分别为 $K_1 = 2900\text{W}/$（$\text{m}^2 \cdot$℃），$K_2 = 2700\text{W}/$（$\text{m}^2 \cdot$℃），$K_3 = 2500\text{W}/$（$\text{m}^2 \cdot$℃），各效由液柱静压力而引起的沸点升高分别为 $\Delta_1''' = 0.5$℃，$\Delta_2''' = 1.0$℃，$\Delta_3''' = 1.5$℃，各效由流体流动阻力而引起的沸点升高分别为 $\Delta_1''' = \Delta_2''' = \Delta_3''' = 0.5$℃，因溶液浓度变化而引起的沸点升高按公式 $\Delta'_i = 94.62x_i^2 - 12.15x_i + 1.27$（℃），忽略热损失，忽略浓缩热效应。试求：总蒸发量 W，第一效加热蒸汽消耗量 D 和蒸发器各效的传热面积 A。

解：（1）总水分蒸发量及各效蒸发水量的估算

由题意可知 $x_0 = 5\%$，$x_3 = 30\%$，则总蒸发水量

$$W = F\left(1 - \frac{x_0}{x_3}\right) = 5000 \times \left(1 - \frac{5\%}{30\%}\right) = 4166.667(\text{kg/h})$$

对于三效并流蒸发，各效的蒸发水量可进行如下估算

$$W = W_1 + W_2 + W_3$$
$$W_1 : W_2 : W_3 = 1 : 1.1 : 1.2$$

联立解得各效的蒸发水量

$$W_1 = 1262.626\text{kg/h}；\ W_2 = 1388.889\text{kg/h}；\ W_3 = 1515.151\text{kg/h}$$

（2）各效完成液浓度的计算

已知 $F = 5000\text{kg/h}$，$x_3 = 30\%$，根据各效溶质的物料衡算得

$$x_1 = \frac{Fx_0}{F - W_1} = \frac{5000 \times 5\%}{5000 - 1262.626} = 6.7\%$$

$$x_2 = \frac{Fx_0}{F - W_1 - W_2} = \frac{5000 \times 5\%}{5000 - 1262.626 - 1388.889} = 10.6\%$$

（3）因溶液沸点升高而引起的传热温度差损失及总有效温度差的计算

各效由溶液浓度变化而引起的沸点升高

$$\Delta'_1 = 94.62x_1^2 - 12.15x_1 + 1.27 = 94.62 \times (0.067)^2 - 12.15 \times 0.067 + 1.27 = 0.881(℃)$$

$$\Delta'_2 = 94.62x_2^2 - 12.15x_2 + 1.27 = 94.62 \times (0.106)^2 - 12.15 \times 0.106 + 1.27 = 1.045(℃)$$

$$\Delta'_3 = 94.62x_3^2 - 12.15x_3 + 1.27 = 94.62 \times (0.3)^2 - 12.15 \times 0.3 + 1.27 = 6.141(℃)$$

则因浓度变化引起的总的传热温度差损失

$$\sum_{i=1}^{3} \Delta'_i = \Delta'_1 + \Delta'_2 + \Delta'_3 = 0.881 + 1.045 + 6.141 = 8.067 \ (\text{℃})$$

因液柱静压力而引起的总的传热温度差损失 $\sum_{i=1}^{3} \Delta''_i = 3\text{℃}$，因流体流动阻力引起的总的传热温度差损失 $\sum_{i=1}^{3} \Delta'''_i = 1.5\text{℃}$。

已知第一效的加热蒸汽的绝对压力为 160kPa，末效冷凝器的绝对压力为 14kPa，由饱和水蒸气表查得第一效的加热蒸汽的温度 $T_1 = 113\text{℃}$，末效冷凝器的温度 $T'_K = 51.86\text{℃}$，则总的有效温度差

$$\Delta t = (T_1 - T'_K) - (\sum_{i=1}^{3} \Delta'_i + \sum_{i=1}^{3} \Delta''_i + \sum_{i=1}^{3} \Delta'''_i) = (113 - 51.86) - (8.067 + 3 + 1.5) = 48.573 \ (\text{℃})$$

（4）各效溶液的有效温度差

已知 $K_1 = 2900\text{W}/\ (\text{m}^2 \cdot \text{℃})$，$K_2 = 2700\text{W}/\ (\text{m}^2 \cdot \text{℃})$，$K_3 = 2500\text{W}/\ (\text{m}^2 \cdot \text{℃})$，按各效传热面积相等的原则初步分配各效溶液的有效温度差

$$\Delta t_1 = \frac{\frac{1}{K_1}}{\sum_{i=1}^{3} \frac{1}{K_i}} \Delta t = \frac{\frac{1}{K_1}}{\frac{1}{K_1} + \frac{1}{K_2} + \frac{1}{K_3}} \Delta t$$

$$= \frac{\frac{1}{2900}}{\frac{1}{2900} + \frac{1}{2700} + \frac{1}{2500}} \times 48.573 = 15.019 \ (\text{℃})$$

用同样的方法可计算出 $\Delta t_2 = 16.132\text{℃}$；$\Delta t_3 = 17.422\text{℃}$。

（5）各效溶液的沸点 t 和加热蒸汽温度 T，$T_1 = 113\text{℃}$

$$t_1 = T_1 - \Delta t_1 = 113 - 15.019 = 97.981 \text{℃}$$

$$T_2 = t_1 - \Delta'_1 - \Delta''_1 - \Delta'''_1 = 97.981 - 0.881 - 0.5 - 0.5 = 96.100 \ (\text{℃})$$

用同样的方法可计算出 $t_2 = 79.968\text{℃}$；$T_3 = 77.423\text{℃}$；$t_3 = 60.001\text{℃}$

查饱和水蒸气表得不同温度下的汽化潜热

$$T_1 = 113\text{℃} \qquad r_1 = 2224.2\text{kJ/kg}$$

$$T_2 = 96.100\text{℃} \qquad r_2 = 2268.2\text{kJ/kg}$$

$$T_3 = 77.425\text{℃} \qquad r_3 = 2311.6\text{kJ/kg}$$

$$T'_K = 51.86\text{℃} \qquad r_k = 2373.8\text{kJ/kg}$$

（6）核算各效蒸发水量和第一效加热蒸汽的消耗量

$$W = W_1 + W_2 + W_3$$

$$W_1 r_2 = W_2 r_3 + (F c_{p0} - W_1 c_{pw})(t_2 - t_1)$$

$$W_2 r_3 = W_3 r_k + (F c_{p0} - W_1 c_{pw} - W_2 c_{pw})(t_3 - t_2)$$

将已知数据代入以上三式，并取 $c_{pw} = 4.187\text{kJ}/\ (\text{kg} \cdot \text{℃})$，得

$$W_1 + W_2 + W_3 = 4166.667$$

$$2268.2 W_1 = 2311.6 W_2 + (5000 \times 3.44 - 4.187 W_1) \times (79.968 - 97.981)$$

$$2311.6 W_2 = 2373.8 W_3 + [5000 \times 3.44 - 4.187(W_1 + W_2)] \times (60.001 - 79.968)$$

联立解得 $W_1 = 1341.850\text{kg/h}$；$W_2 = 1406.906\text{kg/h}$；$W_3 = 1417.911\text{kg/h}$

原料液进料温度 $t_0 = 27℃$，通过热量衡算计算第一效的加热蒸汽的消耗量

$$Dr_1 = W_1 r_2 + Fc_{p0}(t_1 - t_0)$$

$$2224.2D = 1341.850 \times 2268.2 + 5000 \times 3.44 \times (97.981 - 27)$$

$$D = 1917.299\text{kg/h}$$

计算到此处应验算已求得的 W_i 值与（1）中各效蒸发水量估算值之间的相对误差，但根据经验知第一次结果往往不符合要求，故暂不验算，先试算传热面积。

（7）计算蒸发器的传热面积

$$A_1 = \frac{Dr_1}{K_1\Delta t_1} = \frac{1917.299 \times 10^3 \times 2224.2}{3600 \times 2900 \times 15.019} = 27.197\ (\text{m}^2)$$

$$A_2 = \frac{Wr_1 r_2}{K_2\Delta t_2} = \frac{1341.850 \times 10^3 \times 2268.2}{3600 \times 2700 \times 16.132} = 19.410\ (\text{m}^2)$$

$$A_3 = \frac{W_2 r_3}{K_3\Delta t_3} = \frac{1406.906 \times 10^3 \times 2311.6}{3600 \times 2500 \times 17.422} = 20.741\ (\text{m}^2)$$

相对误差

$$\delta' = \left|\frac{A_{min} - A_{max}}{A_{min}}\right| = \left|\frac{19.410 - 27.197}{19.410}\right| = 0.4012 = 40.12\% > 3\%$$

相对误差大于允许值，故需要进行重复计算。重复计算时，需要调整相关参数。由传热面积的计算公式可知，要调整的是 Φ_i、K_i 及 Δt_i 三项。其中 Φ_i 取决于加热蒸汽用量及其状态，K_i 取决于溶液性质、蒸发器结构以及溶液运动的方式，受这些因素的影响二者可调整的范围不大。因此，一般采取调整 Δt_i 值，即重新分配各效的有效温度差，使各效传热面积相等或相近。

（8）重新分配各效的有效温度差

$$\Delta t_i' = \frac{A_1\Delta t}{\sum_{i=1}^{3} A_i\Delta t_i}\Delta t_1$$

$$= \frac{27.197 \times 48.573}{27.197 \times 15.019 + 19.410 \times 16.132 + 20.741 \times 17.422} \times 15.019$$

$$= 18.321\ (℃)$$

同样方法可以计算出 $\Delta t'_2 = 14.044℃$；$\Delta t'_3 = 16.208℃$

（9）重新计算各效完成液中溶质的质量分率

$$x_1 = \frac{Fx_0}{F - W_1} = \frac{5000 \times 5\%}{5000 - 1341.850} = 6.8\%$$

$$x_2 = \frac{Fx_0}{F - W_1 - W_2} = \frac{5000 \times 5\%}{5000 - 1341.850 - 1406.906} = 11.1\%$$

$$x_3 = 30\%$$

（10）重新计算因溶液的沸点升高而引起的传热温度差损失

$$\Delta'_1 = 94.62x_1^2 - 12.15x_1 + 1.27 = 94.62 \times (0.068)^2 - 12.15 \times 0.068 + 1.27 = 0.881\ (℃)$$

$$\Delta'_2 = 94.62x_2^2 - 12.15x_2 + 1.27 = 94.62 \times (0.111)^2 - 12.15 \times 0.111 + 1.27 = 1.087\ (℃)$$

$$\Delta'_3 = 94.62x_3^2 - 12.15x_3 + 1.27 = 94.62 \times (0.3)^2 - 12.15 \times 0.3 + 1.27 = 6.141\ (℃)$$

$$\sum_{i=1}^{3}\Delta'_i = \Delta'_1 + \Delta'_2 + \Delta'_3 = 0.881 + 1.087 + 6.141 = 8.109\ (℃)$$

再次核算总的有效温度差

$$\Delta t' = (T_1 - T'_K) - (\sum_{i=1}^{3} \Delta'_i + \sum_{i=1}^{3} \Delta''_i + \sum_{i=1}^{3} \Delta'''_i)$$

$$= (113 - 51.86) - (8.109 + 3 + 1.5) = 48.531 \, (\text{℃})$$

由于 $\Delta t_1' + \Delta t_2' + \Delta t_3' = 18.321 + 14.044 + 16.208 = 48.573$，与 48.531 相差不大，仅需作小量的变动即可。为此，故调整为

$$\Delta t_1' = 18.309$$

$$\Delta t_2' = 14.033$$

$$\Delta t_3' = 16.189$$

需要注意的是，若参数变动量较大时，为了提高原料液的温度，需加入更多的热量。变动的原则是，提高第一效温度差，降低后两效温度差。

（11）重新计算各效溶液的沸点 t 和加热蒸汽温度 T

$$t_1 = T_1 - \Delta t_1' = 113 - 18.309 = 94.691 \, (\text{℃})$$

$$T_2 = t_1 - \Delta'_1 - \Delta''_1 - \Delta'''_1 = 94.691 - 0.881 - 0.5 - 0.5 = 92.810 \, (\text{℃})$$

同理计算出

$$t_2 = 78.777\text{℃}$$

$$T_3 = 79.190\text{℃}$$

$$t_3 = 60.001\text{℃}$$

查饱和水蒸气表得

$$T_1 = 113\text{℃} \qquad r_1 = 2224.2\text{kJ/kg}$$

$$T_2 = 92.810\text{℃} \qquad r_2 = 2276.3\text{kJ/kg}$$

$$T_3 = 76.190\text{℃} \qquad r_3 = 2313.7\text{kJ/kg}$$

$$T'_K = 51.86\text{℃} \qquad r_k = 2373.8\text{kJ/kg}$$

（12）重新计算各效的蒸发水量和第一效加热蒸汽消耗量

$$W_1 + W_2 + W_3 = 4166.667$$

$$2276.3 W_1 = 2313.7 W_2 + (5000 \times 3.44 - 4.187 W_1) \times (78.777 - 94.691)$$

$$2313.7 W_2 = 2373.8 W_3 + [5000 \times 3.44 - 4.187(W_1 + W_2)] \times (60.001 - 78.777)$$

联立解得

$$W_1 = 1347.298\text{kg/h}$$

$$W_2 = 1405.023\text{kg/h}$$

$$W_3 = 1414.346\text{kg/h}$$

计算第一效的加热蒸汽的消耗量

$$Dr_1 = W_1 r_2 + Fc_{p0}(t_1 - t_0)$$

$$2224.2 D = 1347.298 \times 2276.3 + 5000 \times 3.44 \times (94.691 - 27)$$

$$D = 1902.320\text{kg/h}$$

对各效蒸发量进行验算，见表 8-3，由表中结果可知最大相对误差 $\delta = 0.41\% < 3\%$。

表 8-3　各效蒸发量的校正值及其相对误差

各效蒸发量	第二次校正值（kg/h）	第三次校正值（kg/h）	相对误差（取绝对值）δ
W_1	1341.850	1347.298	0.41%
W_2	1406.906	1405.023	0.13%
W_3	1417.911	1414.346	0.25%

（13）再次核算蒸发器的传热面积

$$A_1 = \frac{Dr_1}{K_1 \Delta t_1'} = \frac{1902.320 \times 10^3 \times 2224.2}{3600 \times 2900 \times 18.309} = 22.136\ (\text{m}^2)$$

$$A_2 = \frac{Wr_1 r_2}{K_2 \Delta t_2'} = \frac{1347.298 \times 10^3 \times 2276.3}{3600 \times 2700 \times 14.033} = 22.484\ (\text{m}^2)$$

$$A_3 = \frac{W_2 r_3}{K_3 \Delta t_3'} = \frac{1405.023 \times 10^3 \times 2313.7}{3600 \times 2500 \times 16.189} = 22.311\ (\text{m}^2)$$

相对误差

$$\delta' = \left| \frac{A_{\min} - A_{\max}}{A_{\min}} \right| = \left| \frac{22.136 - 22.484}{22.136} \right| = \frac{0.348}{22.136} = 0.0157 = 1.57\% < 3\%$$

相对误差值小于允许值，不再需要进行重复计算，取各效传热面积为 22.50m²。

由以上计算得出总蒸发量、第一效的加热蒸汽消耗量和蒸发器传热面积分别为

$$W = 4166.67\text{kg/h}$$

$$D = 1902.32\text{kg/h}$$

$$A = 22.05\text{m}^2$$

多效蒸发过程的计算比较复杂，上面的例题仅介绍了多效蒸发计算的一般原则。实际应用中，因加料流程的不同，具体的计算方法也不同，需要应用相关的基本关系灵活解决，也可利用相应的计算机软件进行计算。

4. 多效蒸发与单效蒸发的比较

（1）溶液的温度差损失　在单效蒸发和多效蒸发过程中，溶液的沸点均有升高并使传热温度差损失的现象，若在加热生蒸汽及冷凝器的压力相同的条件下，由于多效蒸发的各效蒸发器中都有因浓度变化、加热管内液柱静压力及流动阻力损失而引起的沸点升高，使蒸发器的每一效都有传热温度差损失，导致多效蒸发的总传热温度差损失比单效蒸发的总传热温度差损失要大一些。效数越多，各效的操作压力越低，溶液的沸点升高越明显，传热温度差损失越大。

（2）经济效益　采用多效蒸发降低了生蒸汽的用量，提高了生蒸汽的经济性。效数越多，生蒸汽的经济性越高，若蒸发水量较大宜采用多效蒸发。但二次蒸汽的蒸发量随着效数增加而减少，而各效蒸发器的结构及传热面积相同，效数越多，设备投资越多，但后面几效的蒸发量反而变少，所以多效蒸发的效数一般 3~5 效为宜。

二、冷凝水自蒸发的应用

各效加热蒸汽的冷凝液多在饱和温度下排出，这些高温冷凝液的残余热能可以用来预热原料液或加热其他物料，也可采用如图 8-23 所示的流程进行自蒸发来利用冷凝水的残热，将加热室排出的高温冷凝水送至自蒸发器中减压，减压后的冷凝水因过热产生自蒸发过程。自蒸发产生的低温蒸汽一般可与本效产生的二次蒸汽一同送入下一效的加热室，作为下一效的加热热源，由此

冷凝水的部分显热得以回收再利用，提高了蒸汽的经济性。

　　总之，充分利用各效加热蒸汽冷凝液的残余热量，可以减少加热蒸汽的消耗量，降低能耗，提高产品的经济效益，并且冷凝水自蒸发的设备和流程比较简单，现已被生产广泛采用。

三、低温下热泵循环的蒸发器

　　饱和蒸汽的汽化潜热随蒸汽温度的变化不大，因此溶液蒸发所产生的二次蒸汽的热焓并不比加热蒸汽的低，仅因二次蒸汽压力和温度都低而不能合理利用。若将蒸发器产生的二次蒸汽通过压缩机压缩，提高其压力及温度，使二次蒸汽的压力达到本效加热蒸汽的压力，然后将其送入本效蒸发器加热室中作为加热蒸汽循环使用，这样无须再加入新鲜的加热蒸汽，即可使蒸发器能正常工作，这种蒸发过程称为热泵蒸发。

　　热泵蒸发的流程如图8-24所示，由蒸发室产生的二次蒸汽被压缩机沿管1吸入压缩机中，在压缩机内二次蒸汽被绝热压缩，其压力及温度升高至加热室所需的温度和压力后，二次蒸汽从压缩机沿管4进入加热室，在加热室中蒸汽冷凝放出的热量将壁面另一侧的溶液加热蒸发同时自身被冷凝，冷凝水从加热室经疏水器排出，不凝气体用真空泵从蒸发室内抽出。

　　热泵蒸发可以实现二次蒸汽的再利用，可大幅度节约生蒸汽的用量，操作时仅需在蒸发的初始阶段采用生蒸汽进行加热，一旦蒸发操作达到稳定状态，就只采用压缩的二次蒸汽作为加热热源，而无须再补充生蒸汽，从而达到节能降耗的目的。热泵蒸发适于沸点升高较小、浓度变化不大的溶液的蒸发，若溶液的浓度变化大、沸点升高较高，因压缩机的压缩比不宜

图 8-23　冷凝水自蒸发的流程图
1、2——蒸发器；3——自蒸发器；4——疏水器；
5——加热蒸汽入口；6——原料液进口；
7——二次蒸汽出口；8——冷凝水出口；
9——完成液出口

图 8-24　热泵蒸发器操作简图
1——加热室；2——加热蒸汽进口；3——原料液进口；
4——二次蒸汽；5——分离室；6——空气放空口；
7——压缩机；8——冷凝水排出口；9——疏水器；
10——完成液出口

太高，即二次蒸汽的温升有限，传热过程的推动力变小，则热泵蒸发的效率降低，经济性差，甚至不能满足蒸发操作的要求。热泵蒸发所使用压缩机的热力学效率为25%～30%，同时将高温的二次蒸汽压缩对压缩机的要求较高，压缩机的投资费用较大，维护保养复杂，二次蒸汽中应避免雾沫夹带，这些缺点也限制了热泵蒸发过程的应用。热泵蒸发过程适宜在二次蒸汽压缩比不大的情况下使用，热泵蒸发可提高蒸发器的热利用率，节能效果明显。

第九章
蒸馏原理与设备

蒸馏是利用液体混合物中各组分挥发度的差别，使液体混合物部分汽化并随之使蒸气部分冷凝，从而实现其所含组分的分离。是一种属于传质分离的单元操作。广泛应用于炼油、化工、医药等领域。

第一节　蒸馏分类与特点

蒸馏是分离液液均相体系混合物最常用的方法及最早实现工业化的典型单元操作。合成药制药过程与化工反应合成过程类似，而中药生产过程中最常用的溶媒为水和酒精，酒精回收再利用最常用的方法就是蒸馏。随着中药制剂方法的改进和发展，中药制药过程中有机溶媒的使用会逐渐增多，而蒸馏是回收有机溶媒的最佳方法。并且，随着中药现代化的发展，以中药有效部位及有效成分为原料研究开发的中药新药品种逐步增多，制剂工艺过程中所需有机溶媒的品种和数量会不断增加，蒸馏操作在中药生产过程中的应用也将逐步增加。

一、蒸馏过程的分类

蒸馏的方法有很多种，可以按不同的分类方法进行分类，诸如，简单蒸馏、特殊精馏、间歇蒸馏、连续蒸馏、常压蒸馏、减压蒸馏等。

1. 按蒸馏方式可以分为平衡蒸馏（也叫闪蒸）、简单蒸馏、精馏和特殊精馏。平衡精馏是一种连续、稳态的单级蒸馏操作。平衡蒸馏时，被分离的混合液先经过加热器加热，至温度高于分离器压力下料液的泡点，然后减压进入分离器，发生部分汽化，实现混合液的初步分离。简单蒸馏又称微分蒸馏，是一种间歇、单级蒸馏操作，多用于液体混合物的初步分离。平衡蒸馏和简单蒸馏多用于待分离混合物中各组分挥发度相差较大而对分离要求不高的场合；精馏适合于待分离的混合物中各组分挥发度相差不大且对分离要求较高的场合；特殊蒸馏则适合于待分离混合物中各组分的挥发度相差很小甚至形成共沸物，普通蒸馏无法达到分离要求的场合，如有萃取精馏、恒沸精馏、盐熔精馏及反应精馏等。工业生产中精馏的应用最广泛。

2. 按操作流程可分为间歇蒸馏和连续蒸馏。间歇蒸馏又称分批蒸馏，属于非稳态操作，主要适用于小规模及某些有特殊要求的场合；连续蒸馏属于稳态操作，是最常用的。

3. 按操作压力可分为常压蒸馏、减压蒸馏（真空蒸馏）和加压蒸馏。一般常压下为气态（如空气）或常压下沸点近室温的混合物多采用加压蒸馏以提高其沸点；常压下沸点在150℃左右的混合物多采用常压蒸馏；对于常压下沸点较高或热敏性物质，可采用减压蒸馏以降低其沸点。

4. 按待分离混合物的组分数可以分为双组分精馏和多组分精馏。

二、蒸馏操作的特点

蒸馏分离操作历史悠久、技术成熟，它不仅可以分离液液混合物，而且还可以分离气态混合物（如加压蒸馏分离空气中的氧气和氮气）及固态混合物（如脂肪酸同系物的分离）。蒸馏分离操作应用广泛，具有如下特点。

1. 蒸馏操作流程简单　通过蒸馏操作可以直接达到所要求的分离目的，获得所要求的产品，而无须像萃取及吸收等分离方法那样还需加入其他组分，再分离外加组分与所需组分。

2. 蒸馏操作耗能大　蒸馏分离的进行需消耗大量的热，以使混合物产生大量的气相和液相并达到气液相平衡，因此节能降耗是蒸馏操作中最重要的问题；同时，加压、减压及高温等条件也给蒸馏操作过程带来诸多技术问题和困难，致使某些混合物不适合用蒸馏方法分离。

第二节　双组分溶液的气–液相平衡

蒸馏操作时被蒸馏的物料在蒸馏釜中是呈现沸腾状态的，此时被蒸馏的溶液的气–液相平衡关系是蒸馏得以实现和计算的热力学基础，也是蒸馏操作的基本依据。

一、相律

相律用于表示平衡物系中自由度数、相数及独立组分数之间的关系，即

$$F = C - \Phi + 2 \tag{9-1}$$

式中：F——自由度数；

　　　C——相数；

　　　Φ——独立组分数；

　　　2——表示外界只有温度和压力影响物系的平衡状态。

对于双组分溶液的气液相平衡，所涉及的参数有温度 t、压力 p、易挥发组分 A 在气相中的摩尔分率 y 及易挥发组分 A 在液相中的摩尔分率 x，其中相数为 2（即气相和液相），独立组分数为 2（双组分溶液），计算得平衡系统的自由度数为 2。表示在 t、p、y、x 四个参数中只有两个是独立的变量，只要规定其中任意两个参数，此物系的状态就被唯一地确定下来，其他两个参数也就可以确定了。

多数蒸馏操作可恒压操作，当压力一定时，对于二元物系处于平衡状态时，就只有一个自由度数，即 t、x、y 中任一个变化，与之对应另外两个随之变化，即 $t-x$、$t-y$、$x-y$ 之间存在一一对应的函数关系，或者说在恒压条件下，温度与组成一一对应。

二、理想物系的气–液相平衡

理想物系是指液相为理想液体和气相为理想气体所组成的物系。

1. 理想液体　理想液体是指溶液中各组分的分子结构相似，性质相似，分子相互之间没有缔合作用，各类分子之间的作用力完全相同的溶液。理想溶液中各组分在混合前后体积不变，没有混合热（或缔和热），理想溶液应服从拉乌尔定律。

根据拉乌尔定律，对于双组分的理想溶液，其上方的平衡分压

$$P_A = P_A^0 x_A \tag{9-2}$$

$$P_B = P_B^0 x_B = P_B^0 (1 - x_A) \tag{9-3}$$

式中：P_A——液相上方易挥发组分 A 的蒸气压，单位为 kPa 或 Pa；

P_B——液相上方难挥发组分 B 的蒸气压，单位为 kPa 或 Pa；

P_A^0——在溶液温度下纯组分 A 的饱和蒸气压，单位为 kPa 或 Pa；

P_B^0——在溶液温度下纯组分 B 的饱和蒸气压，单位为 kPa 或 Pa。

一般以下标 A 表示易挥发组分，下标 B 表示难挥发组分，为了简单起见，可以略去下标，以 x 和 y 表示易挥发组分在液相和气相中的摩尔分率，以 $(1-x)$ 和 $(1-y)$ 表示难挥发组分在液相和气相中的摩尔分率。

当溶液沸腾时，溶液上方的总压等于各组分的蒸气压之和，即：

$$P = P_A + P_B \tag{9-4}$$

$$P = P_A^0 x_A + P_B^0 (1 - x_A)$$

$$x_A = \frac{P - P_B^0}{P_A^0 - P_B^0} \tag{9-5}$$

式中：P——溶液上方的气相总压，单位为 kPa 或 Pa。

上式表示气液平衡时液相组成与平衡温度间的关系，称为泡点方程。

因纯物质的饱和蒸气压仅为温度的函数，上式说明气液两相平衡时液相组成与平衡温度的关系。理想溶液实际是不存在的，但某些由同系物组成的溶液可以被近似地看作理想溶液。

2. 理想气体 理想气体应遵循道尔顿分压定律。气体在压力不太高和温度不太低时，可视为理想气体，对于平衡时的理想气体有：

$$y_A = \frac{P_A}{P} \; \text{及} \; y_B = \frac{P_B}{P} \tag{9-6}$$

将 $P_A = P_A^0 x_A$ 及 $x_A = \dfrac{P - P_B^0}{P_A^0 - P_B^0}$ 代入得

$$y_A = \frac{p_A^0}{P} x_A = \frac{p_A^0}{P} \frac{P - P_B^0}{P_A^0 - P_B^0} \tag{9-7}$$

上式说明气液两相平衡时气相组成与平衡温度的关系，称为露点方程。

式 9-5 和 9-7 为用饱和蒸气压表示的气液平衡关系。

3. 相平衡常数 K 为了便于蒸馏计算，有时也引入相平衡常数 K 来表达平衡时气液相组成之间的关系，即：

$$y_A = K_A x_A \tag{9-8}$$

对于理想物系：

$$K_A = \frac{P_A^0}{P} \tag{9-9}$$

K 随操作压力及温度的变化而变化，不是常数。上式 9-8 为用相平衡常数表示的气液平衡关系。

4. 纯液体的饱和蒸气压的计算 纯液体的 P_A^0 及 P_B^0 仅与 t 有关，可查表、实验测定，亦可由经验公式安托因（Antoine）方程得到。

$$\lg P^0 = A - \frac{B}{t + C} \tag{9-10}$$

式中 A、B、C 均为安托因常数，可由手册查到，其结果因 P、t 的单位而异。

三、用相对挥发度表示的气–液相平衡关系

理想物系的平衡关系还可以用相对挥发度来表示。

1. 挥发度　纯组分的挥发度是指该液体在一定温度下的饱和蒸气压。混合液中各组分的蒸气压因组分间的影响而比纯组分的饱和蒸气压略低，二元混合液中各组分的挥发度可用其平衡蒸气分压与其在液相中的摩尔分率之比来表示。即：

$$V_A = \frac{P_A}{x_A} \tag{9-11}$$

$$V_B = \frac{P_B}{x_B} \tag{9-12}$$

对于理想溶液：

$$V_A \approx P_A^0$$

$$V_B \approx P_B^0$$

2. 相对挥发度　由于组分的挥发度随温度的变化而变化，故引入相对挥发度。相对挥发度为二元混合液中易挥发组分的挥发度与难挥发组分的挥发度之比，以 α 表示。则：

$$\alpha = \frac{V_A}{V_B} = \frac{\dfrac{P_A}{x_A}}{\dfrac{P_B}{x_B}} \tag{9-13}$$

若气体为理想气体，将 $y_A = \dfrac{P_A}{P}$ 及 $y_B = \dfrac{P_B}{P}$ 代入整理得：

$$\alpha = \frac{\dfrac{y_A p}{y_B p}}{\dfrac{x_A}{x_B}} = \frac{\dfrac{y_A}{y_B}}{\dfrac{x_A}{x_B}}$$

上式为相对挥发度的定义式，它表示达平衡时气相中两组分的摩尔分率之比为液相中两组分摩尔分率之比的 α 倍。

理想溶液的相对挥发度 α 随温度变化不大，计算时可取操作温度范围内的平均值。对于二元混合物可略去下标，则：

$$\alpha = \frac{\dfrac{y}{(1-y)}}{\dfrac{x}{(1-x)}}$$

整理为

$$y = \frac{\alpha x}{1 + (\alpha - 1)x} \tag{9-14}$$

上式称为相平衡方程，表示互为平衡的二元理想物系气液两相组成间的关系。若 $\alpha > 1$，则 $y > x$，α 越大，y 值比 x 值越大，说明物系越易分离；若 $\alpha = 1$，则 $y = x$，说明平衡时气相组成与液相组成相同，此类混合液不能用普通蒸馏方法分离。

四、两组分理想溶液的气–液相平衡图

1. 温度–组成图（t–x–y 图）　操作压力一定时，t–x–y 图对分析精馏操作过程及计算都非

常重要。图 9-1 为总压为 101.33kPa 时苯-甲苯混合液的 $t-x-y$ 图。图中以 t 为纵坐标，以 x 或 y 为横坐标。图中有两条曲线，下方曲线为 $t-x$ 线，表示混合液的平衡温度 t 和液相组成 x 之间的关系。此曲线称为饱和液体线，又称为泡点线。上方曲线为 $t-y$ 线，表示混合液的平衡温度 t 和气相组成 y 之间的关系。此曲线称为饱和蒸气线，也叫露点线。$t-x$ 和 $t-y$ 将 $t-x-y$ 图分为三个区域，露点线以上的区域代表过热蒸气，称为过热蒸气区；泡点以下的区域代表未沸腾溶液，称为液相区；$t-x$ 和 $t-y$ 所包围的区域表示气液相同时存在，称为气液共存区或两相区。

由图 9-1 苯-甲苯 $t-x-y$ 图可知，

（1）当气液两相达平衡状态时，气、液两相的温度是相等的，但气相组成总是大于液相组成。

（2）而当气、液两相组成相同时，则气相的露点温度总是大于液相的泡点温度。

（3）即使混合物组成相同，露点和泡点也是不同的。

（4）$t-x-y$ 图的形状、位置主要受总操作压力的影响，不同操作压力下，混合液的沸点不同，达平衡时气、液相组成也不同。

（5）$t-x-y$ 图的绘制主要依据实验测得的数据，但对于理想物系也可以利用纯组分的饱和蒸气压数据和拉乌尔定律进行计算，从而得到平衡时气、液两相的数据。

2. 气-液相平衡图（$x-y$ 图）　　苯-甲苯混合液在 101.33kPa 下的气-液相平衡曲线 $x-y$ 曲线，是由 $t-x-y$ 图转化而来的，如图 9-2 所示。$x-y$ 图经常应用于蒸馏计算中。图中以 x 为横坐标，y 为纵坐标，曲线表示液相组成和与之平衡的气相组成间的关系。

图 9-1　苯-甲苯 $t-x-y$ 图

图 9-2　苯-甲苯 $x-y$ 图

C 点表示在一定总操作压力及温度下组成为 x_1 的液相与组成为 y_1 的气相互成平衡。图中对角线 $y=x$ 线称为参考线，由此线可以反映出气、液相达到平衡时 x 与 y 数据的差异。

$\alpha>1$，$y>x$，$x-y$ 曲线多位于 $y=x$ 直线上方，α 越大，y 与 x 的差异越大，$x-y$ 曲线与 $y=x$ 偏离越远，该混合溶液越易分离。

操作压力对平衡曲线的影响不大，p 的变化在 20%~30% 时，$x-y$ 曲线的变化率<2%，因此，$x-y$ 曲线比 $t-x-y$ 曲线适用范围广。

五、双组分非理想物系的气-液相平衡图

非理想物系，可能有如下三种情况：①液相为非理想溶液；气相为理想气体。②液相为理想

溶液；气相为非理想气体。③液相为非理想溶液；气相为非理想气体。

当液相为非理想溶液，气相为理想气体时，若液相上方实际的平衡分压比按拉乌尔定律计算的分压值大时，此溶液称为正偏差溶液；若气相实际平衡分压比按拉乌尔定律计算的分压值小时，此溶液称为负偏差溶液。

例如乙醇-水系统、正丙醇-水系统均为典型的正偏差溶液，而硝酸-水系统、氯仿-丙酮系统为典型的负偏差溶液。

对于非理想溶液，其液相上方的平衡分压可用修正的拉乌尔定律来表示，即：

$$p_A = p_A^0 x_A \gamma_A \tag{9-15}$$
$$p_B = p_B^0 x_B \gamma_B \tag{9-16}$$

式中：γ_A——易挥发组分 A 的活度系数；
　　　γ_B——难挥发组分 B 的活度系数。

当 $\gamma>1$ 时，该溶液具有正偏差；当 $\gamma<1$ 时，该溶液具有负偏差。非理想物系若气相为理想气体且总操作压力不大时

$$y_A = \frac{P_A}{P} = \frac{P_A^0 x_A \gamma_A}{P} \tag{9-17}$$

γ 与组成有关，可由实验数据求取或用热力学公式计算得到。

实际溶液与理想溶液的偏差程度主要取决于混合物的种类，当非理想性足够大时，相图上将出现特异点。例如乙醇-水溶液为具有很大正偏差的典型实例，如图9-3、图9-4所示，相图上出现特异点 M，气相线和液相线在 M 点相切，M 点称为恒沸点，其特点为：

图 9-3 乙醇-水的 t-x-y 图

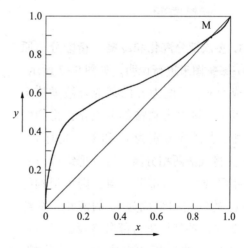

图 9-4 乙醇-水的 x-y 图

（1）在 M 点气相平衡线与液相平衡线相切，即 $x_A=y_A$，一般常压下 $x_A=y_A=0.894$，此组成称为恒沸组成。

（2）在 M 点，乙醇和水的饱和蒸气压之和出现最大值。

（3）在 M 点溶液的相对挥发度 $\alpha=1$。

（4）在 M 点乙醇-水混合液的泡点比两纯组分的沸点都低，称为具有最低恒沸点的溶液，一般常压下乙醇-水的恒沸点为 78.15℃。

又如，硝酸-水混合液为具有很大负偏差的溶液，如图9-5、图9-6所示，相图中出现特异

点 N，为最高恒沸点，常压下恒沸点为 121.9℃，恒沸物组成为 0.383，N 点 $\alpha = 1$。

图 9-5　硝酸-水的 t-x-y 图　　　　　　图 9-6　硝酸-水的 x-y 图

第三节　精馏原理与设备

精馏就是利用混合物中各组分挥发度的差异，通过加热使其部分汽化产生气、液两相，借助"回流"技术，使气、液两相在精馏塔内进行多次部分汽化和部分冷凝，以使混合物进行比较完全分离的操作过程。

一、精馏原理

1. 多次部分汽化和冷凝　精馏分离原理用 t-x-y 图来进行说明。如图 9-7 所示，把组成为 x_f、温度为 t_f 的某混合液加热至泡点以上，则混合物被部分汽化，得到气液两相，其组成分别为 y_1 和 x_1，此时 $y_1 > t_f > x_1$。将气液两相分离，继续把组成为 y_1 的气相混合物进行部分冷凝，则可得到组成为 y_2 的气相和组成为 x_2 的液相，继续将组成为 y_2 的气相进行部分冷凝，又可得到组成为 y_3 的气相和组成为 x_3 的液相，由图可知 $y_3 > y_2 > y_1$。如此持续进行下去，最终气相经多次部分冷凝后，即可获得高纯度的易挥发组分产品。同时，将组成为

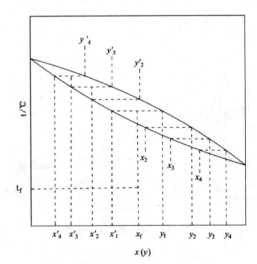

图 9-7　精馏多次汽化和多次冷凝原理图

x_1 的液相进行部分汽化，则可得到组成为 y_2 的气相和组成为 x_2 的液相，继续将组成为 x_2 的液相部分汽化，得到组成为 y_3 的气相和组成为 x_3 的液相，由图可看到 $x_3 < x_2 < x_1$。最终液相经多次部分汽化，得到高纯度的难挥发组分产品。由此以上过程可知，液体混合物经多次部分汽化和冷凝后，便可得到几乎完全的分离，即为精馏过程的基本原理。

2. 精馏塔塔板模型　精馏原理的多次部分汽化和部分冷凝过程是在精馏塔内塔板上进行的。

图 9-8 所示为精馏塔中任意第 n 层塔板上的操作情况。以最简单的筛板塔为例，在塔板上，设置升气孔，由下层塔板第 $n+1$ 块塔板上升的组成为 y_{n+1} 的蒸汽经的第 n 块塔板的升气孔；同时上层塔板第 $n-1$ 块塔板的组成为 x_{n-1} 液体通过第 $n-1$ 块塔板的降液管进入第 n 块塔板，在第 n 块塔板上横向流动而流入下一层塔板。蒸汽呈鼓泡状态穿过液体层，气液两相经部分汽化和部分冷凝，进行热量和质量的交换。交换后离开第 n 块板的气相中易挥发组分的

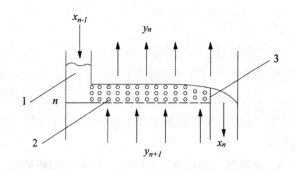

图 9-8　筛板塔第 n 块塔板的操作情况
1——第 n-1 块塔板降液管；2——第 n 块塔板；3——溢流堰

组成较进入该板时增高，即 $y_n > y_{n+1}$，而离开第 n 块板的液相中易挥发组分的组成较进入该板时降低，即 $x_n < x_{n-1}$。经过多层塔板后，进行了多次部分汽化和部分冷凝，最后在塔顶气相中获得较纯的易挥发组分，在塔底液相中获得较纯的难挥发组分。

为了保证每层塔板上都能够有气液两相的传质和传热顺利进行，必须保证塔顶有下降的液流即液相回流和塔底有上升的蒸汽流。因此连续精馏塔操作的必要条件是塔顶液相回流和塔底蒸汽上升。

二、精馏设备

精馏设备主要是精馏塔，其附属设备有塔顶冷凝器和塔底再沸器，原料预热器，产品冷却器，回流用泵及接管、储罐等，如图 9-9 所示。

精馏塔按操作压力可分为加压塔、常压塔和减压塔；按单元操作分为精馏塔、吸收塔、解吸塔、萃取塔等；按照塔内件结构分为板式塔和填料塔两大类。

塔的外部构件包括塔体、塔体支座（裙座）、除沫器、接管、人孔、手孔、吊耳、储槽、预热器、冷凝器、再沸器、冷却器及泵等。

塔体是塔设备的外壳，常见的塔体是由等直径、等壁厚的圆筒和作为头盖和底盖的椭圆形封头所组成；塔体支座是塔体安装到基础上的连接部分，最常用的塔体支座是裙式支座，简称裙座；除沫器用于捕集夹带在气流中的液滴；接管用以连接工艺管路，把塔设备与相关设备连成系统，按接管的用途分为进液管、出液管、出气管、回流管和仪表管等；人孔和手孔一般是为了安装、检修和检查的需要而设置的，在板式塔和填料塔中，各有不同的设置要求。

图 9-9　连续精馏装置示意图
1——塔体；2——冷凝器；3——冷却水；4——回流罐；
5——塔顶产品；6——真空泵；7——进料板；
8——再沸器；9——水蒸气；10——冷凝水；11——换热器；
12——塔底产品；13——进料

三、板式塔

板式塔如图 9-10 所示，即塔内装有一定数量的塔板，气体以鼓泡或喷射的形式穿过塔板上的液层，使两相密切接触进行传质，两相的浓度沿塔高呈阶梯式变化。塔板是板式塔的核心部件，主要塔型包括泡罩塔、筛板塔、浮阀塔以及导向筛板塔等。

1. 泡罩塔 如图 9-11 所示，是典型的板式塔，其特点是塔板效率较高；操作弹性较大，在负荷变动范围较大时仍能保持较高的效率；生产能力较大；气液比范围大；不易堵塞，能适应多种介质；操作稳定可靠。泡罩塔的主要结构包括泡罩、升气管、溢流管及降液管。泡罩是一个钟形的罩，支在塔板上，其下沿有长条形或椭圆形小孔，或做成齿缝状，其中圆形泡罩使用较广。罩内有一段很短的升气管，从下一块塔板上升的气体经过升气管从齿缝吹出。升气管的顶部应高于泡罩齿缝的上沿，以防止液体从中漏下。由于有了升气管，泡罩塔即使在很低的气速下操作，也不致产生严重的漏液现象。

2. 筛板塔 如图 9-12 所示，筛板塔与泡罩塔相比，筛板塔具有下列特点：生产能力大 20%~40%，塔板效率高 10%~15%，压力降低 30%~50%，而且结构简单，塔板造价减少 60% 左右，安装、维修都较容易。筛板塔的主要结构：塔板上分为筛孔区、无孔区、溢流堰及降液管等部分。工业筛板塔常用的筛孔孔径为 3~8mm，按三角形排列，孔间距与孔径的比为 2.5~5。近年来多用大孔径（10~25mm）筛板，它具有制造容易、不易堵塞等优点，只是漏液点稍高，操作弹性较小。

图 9-10　板式塔的典型结构

1——升气管；2——加固梁；3——支撑圈；
4——降液管道；5——塔壳；6——塔板；
7——泡罩；8——溢流堰；9——裙座；
10——液体进口；11——液体出口；
12——气体进口；13——气体出口

图 9-11　泡罩结构

1——升气管；2——筋板；
3——泡罩；4——齿缝

图 9-12　筛板塔示意图

1——筛板；2——上层板；3——溢流堰；
4——齿缝；5——清液层；6——下层板；
7——气体；8——泡沫层；9——液体

3. 浮阀塔 如图 9-13 所示，浮阀塔主要由开有按正三角形排列阀孔并在其上覆盖浮阀的塔板和降液管等构成，浮阀是保证气液两相密切接触的关键元件，分为盘形和条两类，如图 9-14 所示，盘形应用广泛。

图 9-13　浮阀塔示意图
1——塔壁；2——塔板；3——进口堰；4　上层板；
5——溢流堰；6——降液管；7——下层板；
8——浮阀；9——气体；10——液体

图 9-14　圆盘式浮阀
1——阀片；2——塔板阀孔

浮阀塔的特点：浮阀的直径比泡罩小，在塔板上可排列得更紧凑，增大塔板的开孔面积，同时气体以水平方向进入液层，使带出的液沫减少而气液接触时间加长，故可增大气体流速而提高生产能力（比泡罩塔提高 20%）。板效率亦有所增加，压力降却比泡罩塔小，结构上它比泡罩塔简单但比筛板塔复杂。其缺点是因阀片活动，在使用过程中有可能松脱或卡住，造成该阀孔处的气液通过状况失常。对于含固体、易结垢的物料不适用。

4. 导向筛板塔 如图 9-15 所示，主要结构是塔板-导向筛板，塔板上除了筛孔外还开有一定数量的导向孔，导向孔形如百叶窗在板面上突起，从导向孔喷射出的气体，沿水平方向推动液体均匀前进，从而克服了液面梯度及由此带来的诸多弊端；并在液体进口区，将塔板加工成突起的斜台状鼓泡促进器，使塔板进口区的液层变薄，形成一个易被气体突破的部分，且在斜面上易于诱导气体鼓泡。

图 9-15　导向筛板塔结构示意图
1——塔板；2——导向孔；3——受液板；4——降液管；5——塔壁；
6——鼓泡促进器板；7——上升气体；8——液体流动方向

对于大直径塔，导向筛板还采用开设不均匀或变方向导向孔，使板上液体流动接近"柱塞流"。导向筛板塔的特点是生产能力大，塔板效率高，压降低，结构简单，拆卸方便，造价低廉。

泡罩塔、浮阀塔和筛板塔的比较：泡罩塔板的蒸气负荷和操作弹性都比较高，且在负荷较大变化时，能保持较高效率，但它的价格很高，这是它被逐渐取代的主要原因；浮阀塔板在蒸气负荷、操作弹性、效率和价格等方面都比泡罩塔优越；筛板塔板造价低，压力降小，除操作弹性较差外，其他性能接近浮阀塔板。

四、填料塔

以填料作为气液接触元件，气液两相在填料层中逆向连续接触的精馏塔是填料塔，如图 9-16 所示。它的特点是具有结构简单、压力降小、易于使用、耐腐蚀、可以用非金属材料制造等优点，对蒸馏特别是真空蒸馏比较适用，且适合于处理腐蚀性流体的操作及气体吸收操作。但是与板式塔相比，填料塔具有重量大、造价高、清理检修麻烦、填料损耗大、不易放大等缺点。

填料塔的结构由填料、塔内件及筒体组成。塔身是一直立式圆筒，底部装有支承板，填料乱堆或规则地放置在支承板上。当填料层较高时常常分成数段，段与段之间加上液体收集器和液体再分布器，使流到壁的液体再次流到填料层中。

填料是填料塔中的传质元件，按填料的安装方式，将其分为散装填料和规整填料。

散装填料指填料的安装以填料乱堆为主，该类填料是具有一定外形结构的颗粒体，主要包括拉西环、鲍尔环、阶梯环填料、金属鞍环、星形填料等，如图 9-17 所示。

图 9-16 填料塔结构示意图
1——液体分布器；2——塔壳；3——填料；
4——液体再分布器；5——填料支承板；
6——气体出入口；7——液体出入口

规整填料主要有丝网波纹填料及孔板波纹填料，特点是具有流通量大，能改善液体分布，提高分离效率，克服放大效应，降低填料层阻力及持液量，适合大规模生产，节能效果好。

工业生产对填料的基本要求如下：传质分离效率高；压降小，气液相通量大；重量轻，价格低；有适当的耐腐蚀性能；被固体杂物堵塞，其表面不会结垢。

填料塔液体分布器直接影响液体的均匀分布，良好的液体分布器应当具备均匀分布液体，气体通过的自由截面积大，阻力小，操作弹性大，不易堵塞，不易造成雾沫夹带和发泡，易于操作等优点。

图 9-17 几种散堆填料的构型
1——拉西环；2——弧鞍；3——矩鞍；4——鲍尔环；5——阶梯环；6——金属环矩鞍

第四节　恒沸精馏和萃取精馏

当各组分的挥发度非常接近（即相对挥度接近于1）或形成共沸物时，可以选用恒沸精馏、萃取精馏、盐效应精馏等方法将其分开。

一、恒沸精馏

某些两组分混合物在一定条件下达到恒沸点，若在其中加入第三组分，该组分与原来恒沸液中一个或两个形成沸点比原纯组分沸点和原恒沸液沸点更低的新的最低恒沸液，从而使原料液可用普通精馏的方法进行分离，这种精馏操作视为恒沸精馏。

图9-18所示为乙醇-水系统的恒沸精馏流程图，酒精-水在乙醇组成0.894（摩尔分率），温度78.15℃时形成恒沸液，用普通精馏无法得到无水酒精。当在原料液中加入夹带剂苯时，可形成苯、乙醇、水的三元最低恒沸物（相应的沸点为64.85℃，恒沸物摩尔组成为苯0.539，乙醇0.228，水0.233）由精馏塔顶率先蒸出，余下接近于纯态的乙醇从塔底排出。

图9-18　恒沸精馏流程示意图
1、2、3——精馏塔；4、6——冷凝器；5——分层器；7——蒸汽；
8——冷凝水；9——水；10——原料液+苯；11——无水酒精

原料液和适量的苯由进料口加入塔1中，蒸汽在塔内逐板上升，塔顶蒸汽在冷凝器4冷凝后，部分回流至塔内，其余进入分层器5，由于从塔顶蒸出的三元恒沸物为非均相恒沸物，冷凝后分层，上层为富苯的油相，下层为富含水的水相，油相作为补充回流返回塔顶，而下层的水相则送入苯回收塔2中，从塔2顶部回收其中少量的苯，塔釜得到的酒精-水稀溶液送入塔3中，塔3顶部得到酒精-水恒沸液作为原料返回塔，塔底部则为纯水。生产中夹带剂苯循环使用，但需定期补加。

夹带剂选用原则是，与被分离物质形成新的最低恒沸物；新的最低恒沸物中夹带剂含量较少，可减少能耗和原料消耗；新的恒沸物在冷凝后要能形成非均相混合物，便于分层后分离；无毒，无腐蚀，抗热敏，且来源方便、价格低廉。

二、萃取精馏

萃取精馏是向相对挥发度接近于1或形成恒沸液的原料液中加入第三组分（通常称为萃取剂），改变原有组分间的相对挥发度而使其顺利分离的精馏过程。

与恒沸精馏不同的是，所加入的萃取剂较原料液中各组分的沸点都高很多，且不与其形成任何新的恒沸物。

图9-19为用萃取精馏分离苯与环己烷的流程，常压下苯的沸点为80.1℃，环己烷为80.73℃，二者的相对挥发度为1.02。当在原料中加入沸点较高的糠醛（沸点161.7℃）后，糠

醛分子与苯分子间作用力较强，因而加大了苯–环己烷的相对挥发度，从而易于将二者分离。

在图 9-19 中，原料从萃取精馏塔 1 的中部加入，糠醛从塔 1 顶部 7 加入，它可在整个塔中与苯逐层接触，塔顶 6 得到环己烷，为回收微量的糠醛，塔 1 上部设置回收段。塔底为糠醛–苯混合液，将其送入苯回收塔 2 中，常压下苯与糠醛沸点相差很大，塔顶得到苯产品，塔底得到的糠醛经塔 2 底部沿 3、7 再次返回塔 1，循环使用，生产中可酌量加入损失的部分糠醛。

萃取剂的选择原则是，萃取剂应使原组分间相对挥发度有较大提高；沸点高，容易回收；使用安全，性质稳定，价格便宜。

图 9-19　苯–环己烷的萃取精馏流程示意图
1、2——精馏塔；3——循环糠醛；4、5——冷凝器；6——塔顶产品；
7——补充糠醛；8——底部产品；9——苯+环己烷；
10——蒸汽；11——冷凝水

第五节　双组分连续精馏的计算

双组分连续精馏的计算是生产工艺计算过程中的重要一环。其中包括物料衡算，为完成一定的分离要求所需的塔板数或填料层高度等。实际工作中，当生产任务要求将一定数量和组成的原料分离成指定组成的产品时，在塔设备（精馏段及全塔理论板数）一定的条件下，当操作条件发生变化时，预计精馏结果等都会用到精馏计算的相关内容。

一、恒摩尔流假设

精馏过程涉及物质在塔板上的传热和传质过程，对气、液相通过塔板的流量，通常作出恒摩尔流假设，以简化计算。

1. 气相恒摩尔流假设　对于精馏塔的操作，无论是精馏段还是提馏段，该段内各层塔板的上升的蒸汽摩尔流量均相等，但由于进料的原因，两段的上升蒸汽量却不一定相等。

2. 液相恒摩尔流假设　在精馏塔中，无论是精馏段还是提馏段，通过每层塔板下降的液体流量均相等，但由于进料的影响，两段的液体摩尔流量却不一定相等。

恒摩尔流假定成立的主要条件是各组分的摩尔汽化潜热相等。因此对同分异构体等可近似满足上述条件的物系，恒摩尔流是一项近似假设。

二、物料衡算与热量衡算

1. 全塔物料衡算　如图 9-20 所示，为精馏塔的物料衡算图。设 q_{Mf}、q_{Md}、q_{Mw} 分别为进料、塔顶产品、塔底产品的流量（kmol/h），x_f、x_d、x_w 分别为各股物料中易挥发组分的含量，以摩尔分率表示，并基于恒摩尔流假设。

由总物料衡算得：

$$q_{Mf} = q_{Md} + q_{Mw} \tag{9-18}$$

对易挥发组分物料衡算得：

$$q_{Mf}x_f = q_{Md}x_d + q_{Mw}x_w \quad (9-19)$$

塔顶易挥发组分的回收率：

$$\phi_A = \frac{q_{Md}x_d}{q_{Mf}x_f} \times 100\% \quad (9-20)$$

塔釜难挥发组分的回收率：

$$\phi_B = \frac{q_{Mw}(1 - x_w)}{q_{Mf}(1 - x_f)} \times 100\% \quad (9-21)$$

2. 热量衡算　与 q_{Mf}，q_{Md}，q_{Mw} 三股物料相对应的摩尔焓分别设为 h_f，h_d，h_w，单位是 kJ/kmol。设 Q_D、Q_c 分别为塔底再沸器、塔顶冷凝器的热负荷，单位是 kJ/h，对全塔进行热量衡算，当忽略热损失时：

$$q_{Mf}h_f + Q_D = Q_c + q_{Md}h_d + q_{Mw}h_w$$
$$(9-22)$$

图 9-20　精馏塔的物料衡算图

Q_D 通常是由加热蒸汽提供的，对再沸器进行热量衡算，则：

$$Q_D = q_{MD}r_M = q_{mD}r_m \quad (9-23)$$

对塔顶冷凝器进行热量衡算，则：

$$Q_c = q_{Mg}h_g = q_{mc}C_{Pc}(t_2 - t_1) \quad (9-24)$$

式中：q_{MD}——加热蒸汽的摩尔流量，kmol/h；

　　　q_{mD}——加热蒸汽的质量流量，kg/h；

　　　r_m——加热蒸汽的质量汽化潜热，kJ/kg；

　　　r_M——加热蒸汽的摩尔汽化潜热，kJ/kmol；

　　　q_{Mg}——塔顶上升蒸汽的摩尔流量，kmol/h；

　　　h_g——塔顶上升蒸汽的摩尔焓，kJ/kmol；

　　　q_{mc}——冷却介质的质量流量，kg/h；

　　　C_{PC}——冷却介质的定压比热容，kJ/kg℃；

　　　t_1，t_2——冷却介质对冷凝器的进、出口温度，℃。

三、精馏塔操作线方程

对于连续精馏过程，离开任一理论板的气、液相组成之间满足相平衡关系，在板式精馏塔中，不平衡的气、液两相在塔板上接触，进行传质。在离开该塔板时，若两相在组成、温度方面都达到了相平衡时，称这种塔板为理论塔板。把表达从任一理论板下降液相的组成 x_n 与其下一层塔板上升气相组成 y_{n+1} 之间的关系的方程，称为操作线方程。

由物料衡算和原料等原因，精馏段和提馏段具有不同的操作线方程。

1. 精馏段操作线方程　如图 9-21 所示为精馏段操作方程推导示意图。塔板的编号自上往下分别为 1，2，…n，$n+1$，…，对自冷凝器以下至第 $n+1$ 层塔板以上，作物料衡算：

总物料衡算：

$$q_{Mg} = q_{Ml} + q_{Md} \quad (9-25)$$

易挥发组分物料衡算：

$$q_{Mg}y_{n+1} = q_{Ml}x_n + q_{Md}x_d \quad (9\text{-}26)$$

式中：x_n——自第 n 块板下降的液相中易挥发组分的摩尔分率；

y_{n+1}——自第 $n+1$ 板上升的蒸汽中易挥发组分的摩尔分率。

整理得：

$$y_{n+1} = \frac{q_{Ml}}{q_{Ml}+q_{Md}}x_n + \frac{q_{Md}}{q_{Ml}+q_{Md}}x_d \quad (9\text{-}27)$$

回流比，在精馏操作中，将塔顶回流的流量 q_{Ml} 与塔顶产品流量 q_{Md} 的比值称为回流比，以 R 表示，即 $R = \dfrac{q_{Ml}}{q_{Md}}$，

将回流比代入（9-27）式中得：

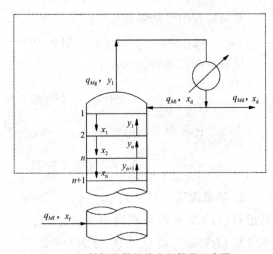

图 9-21　精馏段操作线方程推导示意图

$$y_{n+1} = \frac{R}{R+1}x_n + \frac{1}{R+1}x_d \quad (9\text{-}28)$$

（9-28）式被称为精馏段操作线方程，其表示在一定的操作条件下，精馏塔内任意相邻两塔板下降液体组成 x_n 与上升气体组成 y_{n+1} 的关系，该式在 x-y 图上为一直线，其斜率为 $\dfrac{R}{R+1}$，截距为 $\dfrac{x_d}{R+1}$。

2. 提馏段操作线方程　自再沸器往上至提馏段内的第 m 层塔板以下，作物料衡算，如图9-22所示。

总物料衡算

$$q'_{Ml} = q'_{Mg} + q_{Mw} \quad (9\text{-}29)$$

易挥发组分物料衡算

$$q'_{Ml}x'_m = q'_{Mg}y'_{m+1} + q_{Mw}x_w \quad (9\text{-}30)$$

式中：x'_m——为第 m 层塔板下降液体中易挥发组分的摩尔分率；

y'_{m+1}——为第 $m+1$ 层塔板上升蒸汽中易挥发组分的摩尔分率。

将（9-29）和（9-30）式合并整理得：

$$y'_{m+1} = \frac{q'_{Ml}}{q'_{Ml}-q_{Mw}}x'_m - \frac{q_{Mw}}{q'_{Ml}-q_{Mw}}x_w$$

$$(9\text{-}31)$$

图 9-22　提馏段操作线方程推导示意图

（9-31）式表示提馏段相邻两层塔板间的下降液体与上升蒸汽组成的关系，称为提馏段操作线方程，在 x-y 图上，该方程亦表示为一条直线，过（x_w、x_w）点，式中 q'_{Ml} 与进料流量及其热状况有关。

四、理论板数的计算

理论板数的计算方法有图解法或逐板计算法求解。在实际工作中，可根据已知量如进料量、

进料组成、进料的热状态、操作回流比和产品纯度等参数，利用相平衡关系来确定离开同一块塔板的气液相组成；或利用操作线方程求相邻两块塔板间相遇两流的气液组成等。

1. 逐板计算法

（1）设塔顶为全凝器即塔顶上升蒸汽被冷凝器全部冷凝，物料为泡点回流，如图 9-23 所示，则从第 1 层塔板上升蒸汽的组成 y_1 与产品组成 x_d 相等，即 $y_1 = x_d =$ 已知；

（2）根据理论板的概念可知，自第 1 层塔板下降的液相组成 x_1 与 y_1 达成相平衡，可由

相平衡关系式 $x_1 = \dfrac{y_1}{y_1 + \alpha(1 - y_1)}$ 求得；

（3）第 2 层塔板上升蒸汽组成 y_2 与 x_1 符合精馏段操作关系，可由精馏段操作线方程求

得：$y_2 = \dfrac{R}{R + 1}x_1 + \dfrac{x_d}{R + 1}$；

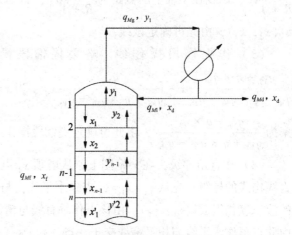

图 9-23　精馏塔塔板逐板计算法示意图

（4）同理，y_2 与 x_2 满足相平衡关系，由此求得 x_2，再由精馏段操作线方程求得 y_3。如此交替地利用相平衡方程和精馏段操作线方程进行计算，直至求得 $x_n \leq x_f$（在泡点进料时 $x_q = x_f$），则第 n 层塔板即为加料层，由于加料板算在提馏段内，因此精馏段理论塔板数为 $n-1$ 块。计算中每使用一次相平衡关系，则表示需要一层理论板。

由此往下改由提馏段操作线方程与相平衡关系交替计算，求出逐板的气、液组成。$x'_1 = x_n$ 为已知，先用提馏段操作线方程求 y'_2，

由 $y'_{m+1} = \dfrac{q'_{Ml}}{q'_{Ml} - q_{Mw}}x'_m - \dfrac{q_{Mw}}{q'_{Ml} - q_{Mw}}x_w$ 及 $q'_{Ml} = q_{Ml} + q \times q_{Mf}$

得：

$$y_2' = \frac{q_{Ml} + q \times q_{Mf}}{q_{Ml} + q \times q_{Mf} - q_{Mw}}x_1' - \frac{q_{Mw}}{q_{Ml} + q \times q_{Mf} - q_{Mw}}x_w \qquad (9\text{-}32)$$

再用相平衡关系由 y'_2，求取 x'_2。这样重复计算，直至达到 $x'_m \leq x_w$ 为止，完成了提馏段塔板组成与塔板数计算。

一般再沸器内气液两相可视为达到相平衡，应视为一块理论板，因此提馏段塔板层数为（$m-1$）块。

精馏塔计算的基本方法，概念清晰，计算结果准确，能够得到各板的气液相组成，进而可计算各理论板间的温度。

2. 图解法　逐板计算法可以在 x-y 图上用图解法进行，称为图解法，如图 9-24 所示。基本步骤如下：

（1）在 x-y 图上作出相平衡线和对角线；

图 9-24　精馏塔图解法求理论塔板数示意图

（2）作精馏段操作线，在略去精馏段操作线方程中变量下标后，该式变为：$y = \dfrac{R}{R+1}x + \dfrac{1}{R+1}x_d$，该线在 y 轴上的截距为 $\dfrac{1}{R+1}x_d$，斜率为 $\dfrac{R}{R+1}$，当 $x = x_d$ 时，$y = x_d$，因此该线通过点 a（x_d，x_d），由此可确定该线；

（3）作提馏段操作线，略去提馏段操作线方程中变量的上下标，可得：$y = \dfrac{q_{Ml} + q \times q_{Mf}}{q_{Ml} + q \times q_{Mf} - q_{Mw}}x - \dfrac{q_{Mw}}{q_{Ml} + q \times q_{Mf} - q_{Mw}}x_w$，当 $x = x_w$ 时，$y = x_w$，即该线通过点 c（x_w，x_w），斜率为 $\dfrac{q_{Ml} + q \times q_{Mf}}{q_{Ml} + q \times q_{Mf} - q_{Mw}}$，由此可确定提馏段操作线；

（4）作直角梯级，在 x-y 图上，从塔顶 x_d 点开始，在相平衡线与操作线之间作水平线与垂直线构成的梯级。先从 $y_1 = x_1 = x_d$ 点作水平线，与相平衡线交于一点，该点表示离开第一层塔板的液、气相组成（x_1，y_1），由该点作垂直线与精馏段操作线交于点（x_1，y_2），由此确定 y_2 值；由此点再作水平线与相平衡线交于一点（x_2，y_2），得到 x_2 值。这样在相平衡线与精馏段操作线之间继续交替作出水平线与垂直线，可依次得到 y_3，x_3，y_4，x_4，…，直至得到 $x_n \leqslant x_f$ 为止，此时第 n 块板为加料板。

其后将在相平衡线与提馏段操作线之间作直角梯级，直至得到 $x_m \leqslant x_w$ 为止。在作直角梯级中的平衡梯级上每一点都代表一块理论板的分离能力。由于塔底再沸器也相当于一块理论板的分离能力，故实际需要理论板要少一块。

逐板计算法与图解法都是从塔顶开始交替运用平衡关系及操作线关系直至塔釜，从而求出理论塔板数。

五、回流比的选定

回流是保证精馏连续稳定生产的必要条件。回流比的大小是影响精馏过程投资费用和操作费用的重要因素，应选用适宜回流比。

1. 全回流与最小理论板数　当回流比 R 增大时，操作线向对角线趋近，所需要的理论塔板数变少；当 R 增为无限大时，精馏塔的两个操作线与对角线重合，所需的理论板数最少，称为最小理论板数，以 N_{min} 表示。

2. 最小回流比　对于一定的原料和分离任务，减少回流比后精馏段操作线斜率变小，所需理论板数增多。当回流比逐渐减小到某一特定值，使两条操作线逐渐移到与相平衡线交于点 E（x_e，y_e）时，所需要的塔板数将达到无限多，这时 E 点前后气液两相组成基本不发生变化，称此区域为恒浓区（或夹紧区），E 点称为夹紧点。如图 9-25 所示。

此时的回流比称为最小回流比，以 R_{min} 表示，它是回流比的下限。实际生产过程所选回流比应比最小回流比大，以便能正常操作。

3. 适宜回流比的选择　回流比是影响精馏操

图 9-25　双组分理想溶液最小回流比的确定示意图

作的投资费用和操作费用的重要因素。适宜回流比是指兼顾投资较省、操作费用较低的回流比。

精馏的操作费用主要取决于塔釜加热蒸汽和塔顶冷凝器中冷却水的消耗量。而这两个量与塔内上升蒸汽量是成正比的。

当 R 增大时，q_{Mg} 也增大，塔釜热负荷和塔顶冷却负荷增大，操作费用升高。另一方面，当回流比增大时，完成同样分离任务所需理论板数减少，塔的高度降低，设备费用可以降低。

因此在实际设计中，确定适宜回流比的原则是使总费用最低。根据经验，通常选定操作回流比为最小回流比的 1.1～2 倍，即 $R = (1.1-2) R_{min}$，实际工作中选取的回流比一般选 $R = (1.05-1.5) R_{min}$。

六、塔高与塔径的计算

1. 塔高的计算 常见的精馏塔包括板式塔与填料塔两大类。

（1）板式塔 实际生产中气、液两相在塔板上由于各种原因，得不到充分传质，离开塔板时达不到相平衡，常用"板效率"来描述实际塔板与理论塔板接近的程度。

单板效率，是用气相（或液相）流体经过一块实际板时组成的变化与此板若为理论板时组成变化的比值表示，又称为默弗里效率。第 n 块实际板的单板效率可分别用气相单板效率 E_{mv} 或液相单板效率 E_{ml} 表示为：

$$E_{mv} = \frac{y_n - y_{n+1}}{y_n^* - y_{n+1}} = \frac{实际板气相的增浓程度}{理论板气相的增浓程度} \tag{9-33}$$

$$E_{ml} = \frac{x_{n-1} - x_n}{x_{n-1} - x_n^*} = \frac{实际板液相的减浓程度}{理论板液相的减浓程度} \tag{9-34}$$

式中：y_n^* ——与 x_n 成平衡的气相组成，摩尔分率；

x_n^* ——与 y_n 成平衡的液相组成，摩尔分率。

单板效率通常由实验测定。

全塔效率 E 又称总板效率，它是全塔各层塔板的平均效率，但与各层塔板的单板效率并不相等，全塔效率反映了塔中各层板的平均效率，它是对理论板数的一个校正。

在板式精馏塔中，不平衡的气、液两相在塔板上接触，进行传质。在离开该塔板时，若两相在组成、温度方面都达到了相平衡时，称这种塔板为理论塔板。

实际塔板为达不到相平衡的塔板。

设 N_T 为达到分离要求所需要的理论塔板数，N_P 为达到此要求时需要的实际塔板数，全塔效率 E 定义为：

$$E = \frac{N_T}{N_P} \times 100\% \tag{9-35}$$

只有设法求出理论塔板数 N_T 和全塔效率 E，才能由上式求得实际塔板数 N_P，进而确定精馏塔的塔高并进行详细设计。

$$N_P = \frac{N_T}{E} \tag{9-36}$$

若已知实际塔板数 N_P 和塔板间距 H_T，则塔高 H 为

$$H = (N_P - 1)H_T + H_u + H_b \tag{9-37}$$

式中：H_u ——最上面一块塔板距塔顶距离，主要用来分离气相夹带的雾沫，m；

H_b ——最下面的一块塔板距塔底的距离，包括塔釜、裙座及塔釜上面的雾沫分离空

间，m；

H_T——塔板间距，m。

（2）填料塔　填料塔是填料在精馏塔内连续堆积，上升气体与下降液体在填料表面逆流接触，在液膜表面进行传质。对填料塔的描述，通常引入等板高度概念，它是指与每块理论塔板传质作用相当的填料层高度，以 *HETP* 表示，填料塔的高度可由下式计算。

$$H = NT \times HETP + H_u + H_b \tag{9-38}$$

2. 塔径的计算　在精馏塔的设计中，空塔气速是指以塔的横截面为基准计算的气速。对于各种精馏塔，一般都有一定的允许空塔气速 u_o 值，因此精馏塔的直径可按下式来确定。

$$q_{vg} = \frac{\pi}{4}D^2 u_o \text{ 由此得：} D = \sqrt{\frac{4q_{vg}}{\pi u_o}} \tag{9-39}$$

式中：D——精馏塔直径，m；

u_o——允许空塔气速，m/s；

q_{vg}——塔内上升气体的体积流量，m^3/s。

一般精馏段与提馏段的上升气量是不相等的，所以两段应分别计算塔径，若计算后二者相差不大时，可取其中较大者为精馏塔径；若相差较大时，则可选用不同的塔径，分段设计。

第十章

输送机械

扫一扫，查阅本
章数字资源，含
PPT、音视频、
图片等

在制药生产过程中，物料的输送是不可缺少的重要单元操作。输送机械就是将电动机或其他原动机的能量传递给被输送的物料，以提高物料机械能的装置。根据工艺需要可将一定量的物料进行远距离输送，或从低处向高处输送，从低压设备向高压设备输送。

在制药生产过程中，被输送物料的性质有很大的差异，所用的输送机械必须能满足生产上不同的要求，并且要求各种输送机械能在较高的效率下运转，以减少动力消耗。为此，必须了解制药生产中主要输送机械的工作原理、主要结构与性能，以便合理地进行选择和使用。

第一节 流体流动

流体是气体与液体的总称。在制药工业生产中，通常需要在给定时间内将一定体积或质量的流体从一处送往另一处，这是制药工业生产中经常需要处理的问题。同时研究流体流动问题也是研究其他单元操作的重要基础。

流体具有流动性；无固定形状，随容器形状而变化；受外力作用时内部产生相对运动。此外流体还具有连续性和黏性。

本节主要讨论与流体输送有关的基本原理。

一、流体静力学基本方程式

流体静力学是研究流体在外力作用下达到平衡的规律的学科。在工程实际中，流体的平衡规律应用很广，如流体在设备或管道内压力的变化与测量、液体在贮罐内液位的测量、设备的液封等均以这一规律为依据。

（一）流体的压强

1. 流体静压强的定义　流体垂直作用于单位面积上的力，称为流体的静压强，简称压强，习惯上又称为压力。在静止流体中，作用于任意点不同方向上的压力在数值上均相同。

在 SI 单位中，压力的单位是 N/m^2，称为帕斯卡，以 Pa 表示。此外，压力的大小也间接地以流体柱高度表示，如用 mH_2O 或 mmHg 等。压强的单位有 atm（标准大气压）、某流体柱高度、bar（巴）或 kgf/cm^2，它们之间的换算关系为：

$$1atm = 1.033kgf/cm^2 = 760mmHg = 10.33mH_2O = 1.0133bar = 1.0133×10^5Pa = 0.10133MPa$$

2. 绝对压强、表压强和真空度　压强的大小以两种不同的基准来表示：一种是绝对真空；另一种是大气压强。以绝对真空为基准测得的压强称为绝对压强，以大气压强为基准测得的压强称为表压强或真空度。

表压强是压力表直接测得的读数，按其测量原理就是绝对压强与大气压强之差，即：

$$表压强 = 绝对压强 - 大气压强$$

真空度是真空表直接测量的读数，其数值表示绝对压强比大气压强低多少，即：

$$真空度 = 大气压强 - 绝对压强$$

绝对压强、表压强与真空度之间的关系可用图 10-1 表示。

图 10-1 绝对压强、表压强和真空度的关系

为避免混淆，压强的数值在用表压强或真空度表示时必须加以注明。对没有注明的压强，均视为绝对压强。

（二）流体静力学基本方程式

流体静力学基本方程式是用于描述静止流体内部，流体在重力和压力作用下的平衡规律。重力可看成不变的，起变化的是压力，所以实际上是描述静止流体内部压力（压力）变化的规律。这一规律的数学表达式称为流体静力学基本方程式，可表示为：

$$p = p_0 + \rho g h \tag{10-1}$$

静力学基本方程适用于在重力场中静止、连续的同种不可压缩流体，如液体。而对于气体来说，密度随压力变化，但若气体的压力变化不大，密度近似地取其平均值而视为常数时，也适用。

利用静力学基本原理可以测量流体某处的表压或流体内部两点之间的压强差、容器中液位的测量及计算液封高度等。

二、流体在管内的流动

在制药生产中，流体大多数在密闭的管道或设备中流动，其流速、位置及压力等均会发生变化。这说明流体的能量在形式和数值上发生了变化。应用这一规律，可解决流体输送中的相关实际问题。

（一）流量与流速

单位时间内流过管道任一截面的流体量称为流量。若流量用体积来计量，称为体积流量，以 VS 表示，其单位为 m^3/s；若用质量来计量，则称为质量流量，以 WS 表示，其单位为 kg/s。

流体单位时间内在流动方向上所流过的距离，称为流速，以 u 表示。其单位为 m/s。但是，由于流体具有黏性，流体流经管道任一截面上各点速度沿管径变化而变化，在管中心处最大，随管径加大而变小，在管壁面上流速为零。工程计算中为方便起见，将取整个管截面上的平均流速，即：单位流通面积上流体的体积流量，如果管道的截面积为 A，则平均流速与体积流量的关系为：

$$u = \frac{V_s}{A} \tag{10-2}$$

一般制药生产中的管道多为圆形，若以 d 表示管道的内径，则式 10-2 可写成：

$$u = \frac{V_s}{\frac{\pi}{4}d^2}$$

则：
$$d = \sqrt{\frac{4V_s}{\pi u}} \tag{10-3}$$

式中，流量一般由生产任务决定，选定流速 u 后可用上式估算出管径，再圆整到标准规格。

适宜流速的选择应根据经济核算确定，通常可选用经验数据。通常水及低黏度液体的流速为 $1\sim3\mathrm{m/s}$，一般常压气体流速为 $10\mathrm{m/s}$，饱和蒸气流速为 $20\sim40\mathrm{m/s}$ 等。一般，密度大或黏度大的流体，流速取小一些；对于含有固体杂质的流体，流速宜取得大一些，以避免固体杂质沉积在管道中。

（二）稳态流动与非稳态流动

流体流动系统中，若各截面上的温度、压力、流速等物理量仅随位置变化，而不随时间变化，这种流动称为稳态流动；若流体在各截面上的有关物理量既随位置变化，也随时间变化，则称为非稳态流动。在制药生产中，连续生产的开、停车阶段，属于非稳态流动，而正常连续生产时，属于稳态流动。故非特别指出，一般所讨论的均为稳态流动。

（三）连续性方程

在分析制药生产过程时，经常用到物料衡算和能量衡算。连续性方程就是用物料衡算的方法推导出来的。

设在图 10-2 所示的定态流动系统，流体连续从 1-1′ 截面进入，2-2′ 截面流出，且充满全部管道。以 1-1′、2-2′ 截面以及管内壁为衡算范围，在管路中流体没有增加和漏失的情况下，根据物料衡算，单位时间从截面 1-1′ 进入的流体质量流量 W_{S1} 应等于从 2-2′ 截面流出的流体质量流量 W_{S2}，即：

图 10-2　连续性方程的推导

$$w_{s1} = w_{s2} \tag{10-4}$$

或
$$\rho_1 u_1 A_1 = \rho_2 u_2 A_2 \tag{10-5}$$

此关系可推广到管道的任一截面，即：
$$w_s = u_1 A_1 \rho_1 = u_2 A_2 \rho_2 = \cdots = uA\rho = 常数 \tag{10-6}$$

上式均称为连续性方程。若流体不可压缩，$\rho = $ 常数，则上式可简化为
$$Vs = u_1 A_1 = u_2 A_2 = \cdots = uA = 常数 \tag{10-7}$$

上式说明不可压缩流体不仅流经各截面的质量流量相等，它们的体积流量也相等。

对于圆形管道，式 10-7 可变形为
$$\frac{u_1}{u_2} = \frac{A_2}{A_1} = \left(\frac{d_2}{d_1}\right)^2 \tag{10-8}$$

上式说明不可压缩流体在圆形管道中，任意截面的流速与管内径的平方成反比。

（四）伯努利方程

流体在流动过程中，既不会产生新的能量，已有能量也不会消失，只能从一种形式转变成另一种形式。即遵循能量守恒定律。根据能量守恒定律，可对任一管路系统进行能量衡算，从而得出流动系统中流体各种形式的能量之间的变化关系。

1. 稳态流动系统的总能量衡算　在图 10-3 所示的稳定流动系统中，流体从 1-1′ 截面流入，从 2-2′ 截面流出。

流体本身所具有的能量有以下几种形式：

（1）位能　流体因受重力作用，在不同的高度处具有不同的位能。相当于将质量为 m 的流体自基准水平面升举到某高度 Z 所做的功，即 mgZ，单位为 J。若以 1kg 流体为基准，则位能为 gZ，单位为 J/kg。

图 10-3　伯努利方程的推导

（2）动能　流体以一定的速度运动时，便具有一定的动能。质量为 m，流速为 u 的流体所具有的动能为 $\frac{1}{2}mu^2$，单位为 J。若以 1kg 流体为基准，则动能为 $\frac{1}{2}u^2$，单位为 J/kg。

（3）静压能　静止流体内部任一处都有一定的静压力。流动着的流体内部任何位置也都有一定的静压力。流体通过某截面时，由于该处流体具有一定的压力，这就需要对流体做相应的功，以克服此压力，才能把流体推进系统里去。故要通过某截面的流体只有带着与所需功相当的能量时才能进入系统。流体所具有的这种能量称为静压能或流动功。

设质量为 m，体积为 V 的流体通过面积为 A 的截面时，则所需的力为 pA 把该流体推进此截面所流过的距离为 V/A，则流体带入系统的静压能为：

$$输入静压能 = pA\frac{V}{A} = PV$$

若以 1kg 流体为基准，则静压能为 $\dfrac{\rho V}{m} = \dfrac{p}{\rho}$，单位为 J/kg。

以上三种能量均为流体在截面处所具有的机械能，三者之和称为某截面上的总机械能。

（4）内能　内能是贮存于物质内部的能量，它决定于流体的状态，因此与流体的温度有关，压力的影响一般可忽略。设 1kg 流体具有的内能为 U，其单位为 J/kg。

此外，流体在流动过程中，还有通过其他外界条件与衡算系统交换的能量。

（5）热量　若管路中有加热器、冷却器等，流体通过时必与之换热。设换热器向 1kg 流体提供的热量为 q_e，其单位为 J/kg。

（6）外功　若在流动系统中，有流体输送机械（泵或风机）向流体做功，1kg 流体从流体输送机械所获得的能量称为外功或有效功，用 W_e 表示，其单位为 J/kg。

根据能量守恒原则，对于划定的流动范围，其输入的总能量必须等于输出的总能量。在图 10-3 中，在 1-1′ 截面与 2-2′ 截面之间的衡算范围内：

$$U_1 + z_1g + \frac{1}{2}u_1{}^2 + p_1v_1 + W_e + q_e = U_2 + z_2g + \frac{1}{2}u_2{}^2 + p_2v_2 \tag{10-9}$$

或
$$W_e + q_e = \Delta U + \Delta zg + \frac{1}{2}\Delta u^2 + \Delta pv \tag{10-10}$$

式 10-9 和式 10-10 即为稳态流动系统的总能量衡算式。式中所包含的能量项较多，应用时可根据具体情况进行简化。

2. 实际流体的机械能衡算　对于不可压缩的实际流体，假设流动系统中无换热设备，流体没有吸热或放热；流体温度不变，内能不变。而实际流体具有黏性，在流动过程中必消耗一定的能量，这些消耗的机械能转变成热能，此热能不能再转变为用于流体输送的机械能，只能使流体的温度稍有升高。从流体输送角度来看，这些能量是"损失"掉了。将 1kg 流体损失的能量用 Σh_f 表示，其单位为 J/kg。如果在管路中安装有泵或鼓风机等流体输送设备向流体做功，便有能量输送给流体。单位质量流体获得的能量以 W_e 表示，在 1-1' 截面和 2-2' 截面之间进行机械能衡算：

$$gZ_1 + \frac{u_1^2}{2} + \frac{p_1}{\rho} + W_e = gZ_2 + \frac{u_2^2}{2} + \frac{p_2}{\rho} + \Sigma h_f \tag{10-11}$$

将式 10-11 各项同除以重力加速度 g，得

$$z_1 + \frac{u_1^2}{2g} + \frac{p_1}{\rho g} + \frac{W_e}{g} = z_2 + \frac{u_2^2}{2g} + \frac{p_2}{\rho g} + \frac{\Sigma h_f}{g}$$

令
$$H_e = \frac{W_e}{g}, \quad \Sigma h_f = \frac{\Sigma h_f}{g}$$

则
$$z_1 + \frac{u_1^2}{2g} + \frac{p_1}{\rho g} + H_e = z_2 + \frac{u_2^2}{2g} + \frac{p_2}{\rho g} + \Sigma h_f \tag{10-12}$$

上式中各项的单位均为 $\frac{J/kg}{N/kg} = J/N = m$，表示单位重量（1N）流体所具有的能量。虽然各项的单位为 m，与长度的单位相同，但在这里应理解为 m 液柱，其物理意义是指单位重量的流体所具有的机械能。习惯上将 z、$\frac{u^2}{2g}$、$\frac{p}{\rho g}$ 分别称为位压头、动压头和静压头，三者之和称为总压头，ΣH_f 称为压头损失，H_e 为单位重量的流体从流体输送机械所获得的能量，称为外加压头或有效压头。

式 10-11、式 10-12 均为实际流体的机械能衡算式，其中每项的单位均为 J/kg。

3. 理想流体的机械能衡算　理想流体是指没有黏性（即流动中没有摩擦阻力）的不可压缩流体。这种流体实际上并不存在，是一种假想的流体，但这种假想对解决工程实际问题具有重要意义。对于理想流体又无外功加入时，式 10-11 及式 10-12 可分别简化为

$$z_1 g + \frac{1}{2}u_1^2 + \frac{p_1}{\rho} = z_2 g + \frac{1}{2}u_2^2 + \frac{p_2}{\rho} \tag{10-13}$$

$$z_1 + \frac{1}{2g}u_1^2 + \frac{p_1}{\rho g} = z_2 + \frac{1}{2g}u_2^2 + \frac{p_2}{\rho g} \tag{10-14}$$

通常式 10-13、式 10-14 称为伯努利方程式，式 10-11、式 10-12 是伯努利方程的引申，习惯上也称为伯努利方程式。

4. 伯努利方程式的讨论　式 10-13 及式 10-14 表示理想流体在管道内做稳态流动而又没有外功加入时，在任一截面上的单位质量及单位重量流体所具有的位能、动能、静压能之和，为一常数，称为总机械能，以 E 表示，即单位质量流体或单位重量流体在各截面上所具有的总机械能相等，但每一种形式的机械能不一定相等，这意味着各种形式的机械能可以相互转换，但其和保

持不变。

伯努利方程除表示流体的运动规律外，还表示流体静止状态的规律，而流体的静止状态只不过是流体运动状态的一种特殊形式。

对于可压缩性流体，当所取系统中两截面间的绝对压力变化率小于 20%，即 $\left|\dfrac{p_1 - p_2}{p_1}\right| <$ 20%，仍可用该方程计算，但式中的密度 ρ 应以两截面的平均密度 ρ_m 代替。

此外，对于非定态流动系统的任一瞬间，伯努利方程式仍成立。

5. 伯努利方程的应用 伯努利方程与连续性方程是解决流体流动问题的基础，应用伯努利方程可确定设备间的相对位置；确定管道中流体的流量、压力，确定输送设备的有效功率等。在用伯努利方程解题时，一般应先根据题意画出流动系统的示意图，标明流体的流动方向，定出上下游截面，明确流动系统的衡算范围。解题时需注意以下几个问题：

（1）截面的选取　两截面均应与流动方向相垂直，并且在两截面间的流体必须是连续的。所求的未知量应在截面上或在两截面之间，截面宜选在已知量多、计算方便处。

（2）基准水平面的选取　选取基准水平面的目的是为了确定流体位能的大小。位能基准面必须与地面平行。为计算方便，通常选取两截面中位置较低的截面为基准水平面。若截面不是水平面，而是垂直于地面，则基准面应选管中心线的水平面。

（3）物理量单位的确定　计算中要注意各物理量的单位保持一致，尤其在计算截面上的静压能时，p_1、p_2 不仅单位要一致，同时表示方法也应一致，即同为绝对压强或同为表压强。

【例 10-1】 如图 10-4 所示，从高位槽向塔内进料，高位槽中液位恒定，高位槽和塔内的压力均为大气压。送液管为 $\varphi 45 \times 2.5\text{mm}$ 的钢管，要求送液量为 $3.6\text{m}^3/\text{h}$。设料液在管内的压头损失为 1.2m（不包括出口能量损失），试问高位槽的液位要高出进料口多少米？

图 10-4　例 10-1 附图

解： 如图所示，取高位槽液面为 1-1′ 截面，进料管出口内侧为 2-2′ 截面，以过 2-2′ 截面中心线的水平面 0-0′ 为基准面。在 1-1′ 和 2-2′ 截面间列伯努利方程（由于题中已知压头损失，用式 10-12 以单位质量流体为基准计算比较方便）

$$z_1 + \frac{1}{2g}u_1^{~2} + \frac{p_1}{\rho g} + H_e = z_2 + \frac{1}{2g}u_2^{~2} + \frac{p}{\rho g} + \Sigma H_f$$

式中：$z_1 = h$；$u_1 = 0$；$p_1 = 0$（表压）；$H_e = 0$

$z_2 = 0$；$p_2 = 0$（表压）；$\Sigma H_f = 1.2\text{m}$

$$u_2 = \frac{V_3}{\dfrac{\pi}{4}d^2} = \frac{3.6/3600}{0.785 \times 0.04^2} = 0.796 \text{ m/s}$$

代入得

$$h = \frac{1}{2 \times 9.81} \times 0.796^2 + 1.2 = 1.23 \text{ m}$$

三、流体在管内的流动阻力

（一）流体的黏度

流体流动时，其内部产生内摩擦力的性质，称为黏性。黏度是衡量流体黏性大小的物理量，只有在流体流动时才显现出来。其值一般可从相关手册中查得。在国际单位制中，黏度的单位为 Pa·s，常用的也有 P（泊）或 cP。它们的换算关系为

$$1\text{Pa} \cdot \text{s} = 10\text{P} = 10^3\text{cP}$$

液体的黏度，随温度的升高而降低，压力对其影响可忽略不计。气体的黏度，随温度的升高而增大，一般情况下也可忽略压力的影响，但在极高或极低的压力条件下需考虑其影响。

（二）雷诺实验

为了研究流体流动时内部质点的运动情况及其影响因素，1883 年，英国物理学家雷诺设计了如图 10-5 的雷诺实验装置。

在一个水箱内，水面下安装一个带喇叭形进口的玻璃管。管下游装有一个阀门，利用阀门的开度调节流量。在喇叭形进口处中心有一根针形小管，自此小管流出一丝有色水流，其密度与水几乎相同。

图 10-5　雷诺实验装置
1——水箱；2——温度计；3——阀门；4——有色液；5——玻璃管

当水的流速较小时，玻璃管水流中出现一丝稳定而明显的着色直线。随着流速逐渐增加，起先着色线仍然保持平直光滑，当流量增大到某临界值时，着色线开始抖动、弯曲，继而断裂，最后完全与水流主体混在一起，无法分辨，而整个水流也就染上了颜色。见图 10-6。

雷诺实验揭示出一个极为重要的事实，即流体流动存在着两种截然不同的流型。在前一种流型中，流体质点做直线运动，即流体分层流动，层次分明，彼此互不混杂。这种流型被称为层流或滞流。在后一种流型中流体在总体上沿管道向前运动，同时还在各个方向做随机的脉动，质点互相碰撞和混合。这种流型称为湍流或紊流。

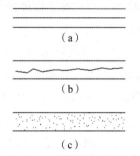

（a）

（b）

（c）

图 10-6　流体流动型态示意图

（三）流型的判断

不同的流型对流体的质量、热量传递将产生不同的影响。为此，工程设计上需事先判定流型。对管内流动而言，采用不同的管径 d 或不同的流体分别进行实验结果表明，不仅流速 u 能引起流动状况的改变，流体的性质（密度和黏度）也能引起流动状况的改变。雷诺发现，可以将这些影响因素综合成一个无因次数群作为流型的判据，此数群被称为雷诺数，以符号 Re 表示，即：

$$Re = \frac{d\rho u}{\mu}　\text{(10-15)}$$

研究结果表明：

（1）当 $Re \leqslant 2000$ 时，必定出现层流，此为层流区或滞流区；

（2）当 $2000 < Re < 4000$ 时，有时出现层流，有时出现湍流，依赖于环境，此为过渡区；

（3）当 $Re \geqslant 4000$ 时，一般都出现湍流，此为湍流区。

（四）流体在管内的流动阻力

管路系统主要由直管、管件及阀门组成。无论直管和管件都对流动有一定的阻力，消耗一定的机械能。直管造成的机械能损失称为直管阻力损失（或称沿程阻力损失），以 h_f 表示，是由于流体内摩擦而产生的；管件、阀门及截面突然扩大或缩小等局部位置造成的机械能损失称为局部阻力损失（形体阻力损失），以 h'_f 表示。伯努利方程中的 $\sum h_f$ 是流体流经管路的总能量损失，应为直管阻力与局部阻力所引起的能量损失之和。

1. 直管阻力　流体流经一定管径的直管时所产生的直管阻力损失可用下式计算

$$h_f = \lambda \frac{1}{d} \frac{u^2}{2} \tag{10-16}$$

或

$$H_f = \lambda \frac{1}{d} \frac{u^2}{2g} \tag{10-17}$$

$$\Delta p_f = \lambda \frac{1}{d} \frac{\rho u^2}{2} \tag{10-18}$$

式 10-16、10-17 及 10-18 为流体在直管内流动阻力的通式，称为范宁（Fanning）公式，对湍流和层流均适用。式中 λ 为无因次系数，称为摩擦系数或摩擦因数，与流体流动的 Re 及管壁的粗糙程度有关。

管壁粗糙面凸出部分的平均高度，称绝对粗糙度，以 ε 表示。绝对粗糙度与管内径 d 之比值 ε/d 称相对粗糙度。流体做层流流动时，管壁上凹凸不平的地方都被有规则的流体层所覆盖，流体质点对管壁凸出部分不会有碰撞作用。所以，在层流时，摩擦系数与管壁粗糙度无关，λ 仅为 Re 的函数。当流体做湍流流动时，靠管壁处总存在着一个滞流层，如果层流内层的厚度大于壁面的绝对粗糙度，此时管壁粗糙度对摩擦系数的影响与层流相近。随着 Re 值的增加，层流内层的厚度逐渐变薄，当层流内层的厚度小于壁面的绝对粗糙度时，壁面凸出部分便伸入湍流区内与流体质点发生碰撞，使湍流加剧，此时壁面粗糙度对摩擦系数的影响便成为重要的因素。Re 值愈大，层流内层愈薄，这种影响愈显著。

摩擦系数与 Re 及管壁粗糙程度之间的关系可由实验测定，其结果如图 10-7 所示。

根据 Re 的不同区间，可将图 10-7 分为四个不同的区域：

①层流区（$Re \leqslant 2000$），λ 与 ε/d 无关，与 Re 为直线关系，即

$$\lambda = \frac{64}{Re} \tag{10-19}$$

②过渡区（$2000 < Re < 4000$），在此区域内层流或湍流的 $\lambda \sim Re$ 曲线均可应用。对于阻力计算，为安全起见，一般将湍流时的曲线延伸，以查取 λ 值。

③湍流区（$Re \geqslant 4000$ 以及虚线以下的区域），此时 λ 与 Re、ε/d 都有关，当 ε/d 一定时，λ 随 Re 的增大而减小，Re 增大至某一数值后，λ 下降缓慢；当 Re 一定时，λ 随 ε/d 的增加而增大。

图 10-7　λ 与 Re 和 ε/d 的关系

④完全湍流区（虚线以上的区域），此区域内各曲线都趋近于水平线，即 λ 与 Re 无关，只与 ε/d 有关。对于特定管路 ε/d 一定，λ 为常数，根据直管阻力通式可知，$h_f \propto u^2$，所以此区域又称为阻力平方区。从图中也可以看出，相对粗糙度 ε/d 愈大，达到阻力平方区的 Re 值愈低。

对于湍流时的摩擦系数 λ，除了用 Moody 图查取外，还可以利用一些经验公式计算。这里介绍适用于光滑管的柏拉修斯（Blasius）方程式：

$$\lambda = \frac{0.3164}{Re^{0.25}} \qquad (10\text{-}20)$$

其适用范围为 $Re = 3 \times 10^3 \sim 10^5$。

2. 局部阻力　局部阻力的产生原因非常复杂，目前还不能从理论上进行精确计算。一般采用阻力系数法和当量长度法对局部阻力进行估算。

（1）阻力系数法　克服局部阻力所消耗的机械能，可以表示为动能的某一倍数，即

$$h'_f = \zeta \frac{u^2}{2} \qquad (10\text{-}21)$$

式中 ζ 称为局部阻力系数，一般由实验测定。

常用管件及阀门的局部阻力系数及管截面突然扩大或突然缩小的局部阻力系数可查相关手册。当管截面突然扩大和突然缩小时，式 10-21 中的速度 u 均以小管中的速度计。

当流体自容器进入管内，$\zeta_{进口} = 0.5$，称为进口阻力系数；当流体自管子进入容器或从管子排放到管外空间，$\zeta_{出口} = 1$，称为出口阻力系数。

（2）当量长度法　将流体流过管件或阀门的局部阻力，折合成直径相同、长度为 l_e 的直管所产生的阻力即

$$h'_f = \lambda \frac{l_e}{d} \frac{u^2}{2} \qquad (10\text{-}22)$$

式中 l_e 称为管件或阀门的当量长度。

同样，管件与阀门的当量长度也是由实验测定，常用管件及阀件的 l_e 值可在图 10-8 中查得。首先在图中左侧线上找出管件与阀门相应的点，然后在右侧管子内径标尺线上确定与管内径相当的点，用直线连接两点，该直线与当量长度标尺交点对应的标值即为某管件或阀门的当量长度。

3. 管路中的总阻力　流体流经管路的总阻力应是全部直管阻力和所有局部阻力之和。计算局部阻力时，可用局部阻力系数法，亦可用当量长度法。

若所有的局部阻力都以阻力系数法来计算，当管路直径相同时，总阻力损失为

$$\Sigma h_f = h_f + h'_f = \left(\lambda \frac{1}{d} + \Sigma \zeta \right) \frac{u^2}{2}$$
$$(10\text{-}23)$$

若将所有的局部阻力都折合成相应的当量长度，则管路系统的总阻力损失为：

图 10-8　管件和阀件的当量长度共线图

$$\Sigma h_f = h_f + h'_f = \lambda \frac{1 + \Sigma l_e}{d} \frac{u^2}{2} \qquad (10\text{-}24)$$

式中 $\Sigma\zeta$、Σl_e 分别为管路中所有局部阻力系数和当量长度之和。

4. 降低流动阻力的途径 降低管中流体流动的阻力也就是降低机械能损失，主要有以下途径。由于流动阻力与管长呈正比关系，管路越长，阻力越大，所以，在不影响管路合理布局的前提下，尽量缩短管路长度；尽量设法降低管路中的局部阻力，即减少不必要的管件、阀门和突然扩大或突然缩小的安排；适量增加管径。适当增加管径有利于减小阻力，但增加管径会增加投资，应权衡利弊；适当增加流体的温度，减小黏度。

第二节 液体输送机械

制药过程对输送机械的要求是能适应物料特性，满足工艺要求，同时亦要求结构简单，设备本身质量轻，价位费用低，操作效率高，操作简便，安全可靠。液体输送设备，根据工作原理可分为：离心式输送设备，它是依靠叶轮旋转运动来工作的；往复式输送设备，它是依靠活塞往复运动来工作的；旋转式输送设备，它是依靠转子的旋转运动来工作的；流体作用式输送设备，它是依靠另一种流体作用力来工作的。

一、离心泵的结构

液体输送机械的种类很多，总的来说，把输送液体的机械称为泵。按照工作原理的不同，分为离心泵、往复泵、齿轮泵与旋涡泵等几种。其中，离心泵由于其结构简单，调节方便，适用范围广，便于实现自动控制，因此在生产中应用最为普遍。

图 10-9 离心泵工作原理图
1——调节阀；2——排出管；3——排出口；
4——叶轮；5——泵壳；6——泵轴；
7——吸入口；8——吸入管；
9——底阀；10——滤网

1. 离心泵的基本构成 离心泵主要由叶轮、泵壳、泵轴、轴封装置、导轮等部件构成。叶轮紧固于泵轴上并安装在蜗壳形的泵壳内，叶轮上有若干个后弯叶片，其作用是把电机的机械能传给液体，使液体的静压能和动能都提高。泵壳中央的吸入口与吸入管相连，侧旁的排出口与排出管连接，如图 10-9 所示。一般在吸入管端部安装滤网、底阀，排出管上装有调节阀。滤网可以阻拦液体中的固体杂质，底阀可防止启动前灌入的液体泄漏，调节阀供开、停车和调节流量时使用。

2. 离心泵的工作原理 离心泵启动前应在吸入管路和泵壳内灌满所输送的液体。电机启动之后，泵轴带动叶轮高速旋转，在离心力的作用下，液体向叶轮外缘做径向运动，液体通过叶轮获得了能量，并以很高的速度进入泵壳。由于蜗壳流道逐渐扩大，液体的流速逐渐减慢，大部分动能转变为静压能，使液体压强逐渐提高，最终以较高的压强从泵的排出口进入排出管路，达到输送的目的，此即为排液原理。

图 10-10 示意了离心泵内液体流动情况。当液体由叶轮中心向外缘做径向运动时，在叶轮中心形成了低压区，在液面压强与泵内压强差的作用下，液体便经吸入管进入泵内，以填补被排出液体的位置，此即为吸液原理。只要叶轮不断

图 10-10 离心泵内液体流动情况示意图

转动，液体就会被连续地吸入和排出。这就是离心泵的工作原理。离心泵之所以能输送液体，主要是依靠高速转动的叶轮所产生的离心力，故称为离心泵。

若离心泵在启动前泵壳内不是充满液体而是空气，则由于空气的密度远小于液体密度，产生的离心力很小，不足以在叶轮中心区形成使液体吸入所必需的低压，于是，离心泵就不能正常地工作，这种现象称为气缚。

3. 离心泵的主要部件 离心泵的主要部件包括叶轮、泵壳、导轮和轴封装置。

（1）叶轮 叶轮是离心泵的主要结构部件，其作用是将原动机的机械能直接传递给液体，以提高液体的静压能和动能。离心泵的叶轮类型有开式、半开式和闭式三种。

开式叶轮：在叶片两侧无盖板，如图 10-11（a）所示，这种叶轮结构简单，不易堵塞，适用于输送含大颗粒的混悬液，效率低。

半开式叶轮：没有前盖而有后盖，如图 10-11（b）所示，它适用于输送含小颗粒的混悬液，其效率也较低。

闭式叶轮：在叶片两侧有前后盖板，流体通道是封闭的，液体在通道内无倒流现象，如图 10-11（c）所示，适用于输送清洁液体，效率较高。一般离心泵大多采用闭式叶轮。

（a）开式　　（b）半开式　　（c）闭式

图 10-11　离心泵的叶轮类型

闭式或半开式叶轮在工作时，部分离开叶轮的高压液体，可由叶轮与泵壳间的缝隙漏入两侧，使叶轮后盖板受到较高压强作用，而叶轮前盖板的吸入口侧为低压，故液体作用于叶轮前后两侧的压强不等，便产生指向叶轮吸入口侧的轴向推力，导致叶轮与泵壳接触而产生摩擦，严重时会造成泵的损坏。为平衡轴向推力，可在叶轮后盖板上钻一些平衡孔，使漏入后侧的部分高压液体由平衡孔漏向低压区，以减小叶轮两侧的压强差，但同时也会降低泵的效率。

根据离心泵吸液方式的不同，叶轮可分为单吸式和双吸式。单吸式叶轮结构简单，液体从叶轮一侧被吸入，如图 10-12（a）所示；双吸式叶轮是从叶轮两侧同时吸入液体，显然具有较大的吸液能力，而且可以消除轴向推力，如图 10-12（b）所示。

（a）单吸式　　（b）双吸式

图 10-12　离心泵的吸液方式
1——后盖板；2——平衡孔；3——平衡孔

图 10-13　离心泵的泵壳与导轮
1——导轮；2——蜗壳；3——叶轮

（2）泵壳 离心泵的泵壳亦称为蜗壳、泵体，构造为蜗牛壳形，其内有一个截面逐渐扩大的蜗形通道，如图 10-13 所示。其作用是将叶轮封闭在一定空间内，汇集引导液体的运动，从而使由叶轮甩出的高速液体的大部分动能有效地转换为静压能，因此蜗壳不仅能汇集和导出液体，同时又是一个能量转换装置。为减少高速液体与泵壳碰撞而引起的能量损失，有时还在叶轮与泵壳间安装一个固定不动而带有叶片的导轮，以引导液体的流动方向。

（3）导轮　是在叶轮外装一个固定的带叶片的导轮，其叶片弯曲方向与叶轮上方向相反，起引导液流作用，以减少液体冲击产生局部涡流引起的能量损失。

（4）轴封装置　在泵轴伸出泵壳处，泵轴和泵壳间存有间隙，在旋转的泵轴与泵壳之间的密封，称为轴封装置。其作用是为了防止高压液体沿轴向外漏，以及外界空气漏入泵内。常用的轴封装置是填料密封和机械密封。①填料密封，如图 10-14 所示，填料密封装置主要由填料函壳、软填料和填料压盖构成。软填料一般选用浸油或涂石墨的石棉绳，缠绕在泵轴上，用压盖将其紧压在填料函壳和转轴之间，迫使它产生变形，以达到密封的目的。填料密封结构简单，损耗功率较大，而且有一定量的泄漏，需要定期更换维修。因此，填料密封不适于输送易燃、易爆和有毒的液体。②机械密封，如图 10-15 所示，机械密封装置主要由装在泵轴上随之转动的动环和固定在泵体上的静环所构成的。动环一般选用硬质金属材料制成，静环选用浸渍石墨或酚醛塑料等材料制成。两个环的端面由弹簧的弹力使之贴紧在一起达到密封目的，因此机械密封又称为端面密封。机械密封结构紧凑，功率消耗少，密封性能好，性能优良，使用寿命长。但部件的加工精度要求高，安装技术要求比较严格，造价较高。适用于输送酸、碱以及易燃、易爆和有毒液体。

图 10-14　离心泵的填料密封

1——填料函壳；2——软填料；3——液封圈
4——填料压盖；5——内衬套

图 10-15　离心泵的机械密封

1——螺钉；2——传动座；3——弹簧；4——推环；
5——动环密封圈；6——动环；7——静环；
8——静环密封圈；9——防转销

二、离心泵的性能参数

为了正确地选择和使用离心泵，就必须熟悉其工作特性和各性能参数之间的关系。反映离心泵工作特性的参数称为性能参数，主要有流量、扬程、功率、效率、转速和气蚀余量等。

1. 流量　指泵在单位时间内排送到管路系统的液体体积，又称泵的送液能力，用 Q 表示，其单位为 m^3/h 或 m^3/s。离心泵的流量与其结构、尺寸、转速有关，受管路情况所影响。

2. 扬程　指单位重量液体流经离心泵后所获得的能量，又称泵的压头，用 H 表示，其单位为 m（指米液柱）。离心泵的扬程与其结构、尺寸、转速、流量等有关。对于一定结构和尺寸的离心泵，当转速一定时，由伯努利方程得扬程与流量间的关系：

$$H = \Delta Z + \frac{P_1 - P_2}{\rho g} + \frac{u_1^2 - u_2^2}{2g} \qquad (10-25)$$

注意：由上式可知，扬程并不等于提升高度 ΔZ，提升高度仅是扬程的一部分。

离心泵扬程与流量的关系可由实验测定，图 10-16 为离心泵实验装置示意图。以单位重量流体为基准，在离心泵入、出口处的两截面 a 和 b 间列伯努利方程，得：

$$H = (Z_2 - Z_1) + \frac{u_2^2 - u_1^2}{2g} + \frac{p_2 - p_1}{\rho g} + \sum H_f \quad (10\text{-}26)$$

式中：$Z_2 - Z_1 = h_0$——泵出、入口截面间的垂直距离，单位为 m；

u_2、u_1——泵出、入管中的液体流速，单位为 m/s；

p_2、p_1——泵出、入口截面上的绝对压强，单位为 Pa；

$\sum H_f$——两截面间管路中的压头损失，单位为 m。

图 10-16　离心泵实验装置图
1——真空表；2——压力表；3——流量计

$\sum H_f$ 中不包括泵内部的各种机械能损失。由于两截面间的管路很短，因而 $\sum H_f$ 值可忽略。此外，动能差项也很小，通常也不计，故式 10-26 可简化为：

$$H = h_0 + \frac{p_2 - p_1}{\rho g} \quad (10\text{-}27)$$

3. 轴功率　指泵轴转动时所需要的功率，亦即电动机传给离心泵的功率，用 N 表示，其单位为 W 或 kW。由于能量损失，离心泵的轴功率必大于有效功率。

4. 有效功率　指液体从离心泵所获得的实际能量，也就是离心泵对液体做的净功率，用 Ne 表示，其单位为 W 或 kW。

$$Ne = Q\rho g H \quad (10\text{-}28)$$

5. 离心泵的效率　指泵轴对液体提供的有效功率与泵轴转动时所需功率之比，用 η 表示，无因次，其值恒小于 100%。η 值反映了离心泵工作时机械能利用的相对大小。一般小泵 50%~70%，大泵可达 90% 左右。

$$\eta = \frac{Ne}{N} \quad (10\text{-}29)$$

离心泵造成功率损失的原因有容积损失、水力损失、机械损失。容积损失指因泵的泄漏造成的损失；水力损失指因液体在泵内各部位的摩擦阻力和局部阻力产生的能量损失；机械损失指泵内机械零部件因摩擦而产生的能量损失。泵效率反映的是以上三种能量损失之和即总效率。一般与泵的大小、类型、制造的精密度和所输送的液体性质有关。

在开启或运转时，离心泵可能会超负荷，因此要求所配置的电动机功率要比离心泵的轴功率大，以保证正常生产。

三、离心泵的特性曲线

由于离心泵的种类很多，前述各种泵内损失难以准确计算，因而离心泵的实际特性曲线 H-Q、N-Q、η-Q 只能靠实验测定，在泵出厂时列于产品说明书中。

1. 离心泵的特性曲线　在规定条件下由实验测得的离心泵的 H、N、η 与 Q 之间的关系曲线称为离心泵的特性曲线。图 10-17 表示某型号离心泵在转速为 2900r/min 下，用 20℃ 清水测得的

特性曲线:

(1) H-Q 曲线 表示离心泵的扬程 H 与流量 Q 的关系。通常离心泵的扬程随流量的增大而下降,在流量极小时可能有例外。

(2) N-Q 曲线 表示离心泵的轴功率 N 与流量 Q 的关系。轴功率随流量的增大而增加。当流量为零时,轴功率最小。所以,在离心泵启动时,应当关闭泵的出口阀,使启动电流减至最小,以保护电机,待电机运转正常后,再开启出口阀调节到所需流量。

图 10-17 离心泵的特性曲线

(3) η-Q 曲线 表示离心泵效率 η 与流量 Q 的关系,开始效率随流量增加而增大,当达到一个最大值以后效率随流量的增大反而下降,曲线上最高效率点,即为泵的设计点。在该点下运行时最为经济。在选用离心泵时,应使其在设计点附近工作。

2. 影响离心泵性能的主要因素 影响离心泵性能的因素通常认为有输送流体的物性(如液体的黏度、液体的密度等),机械自身的性能等。①黏度对离心泵特性曲线的影响:当液体黏度增大时,会使泵的扬程、流量减小,效率下降,轴功率增大。于是特性曲线将随之发生变化。通常,当液体的运动黏度 $\upsilon>20\times10^{-6}m^2/s$ 时,泵的特性参数需要换算。②密度对离心泵特性曲线的影响:离心泵的流量与叶轮的几何尺寸及液体在叶轮周边上的径向速度有关,而与密度无关。离心泵的扬程与液体密度也无关。一般离心泵的 H-Q 曲线和 η-Q 曲线不随液体的密度而变化。只有 N-Q 曲线在液体密度变化时需进行校正,因为轴功率随液体密度增大而增大。③转速对离心泵特性曲线的影响:离心泵特性曲线是在一定转速下测定的,当转速 n 变化时,离心泵的流量、扬程及功率也相应变化。设泵的效率基本不变,Q、H、N 随 n 有以下变化关系,式 10-30 称为比例定律。④叶轮直径对特性曲线的影响:当转速一定时,对于某一型号的离心泵,若将其叶轮的外径进行切削,如果外径变化不超过 5%,泵的 Q、H、N 与叶轮直径 D 之间有以下变化关系,式 10-31 称为切割定律。

$$\frac{Q_2}{Q_1}=\frac{n_2}{n_1}, \qquad \frac{H_2}{H_1}=\left(\frac{n_2}{n_1}\right)^2, \qquad \frac{N_2}{N_1}=\left(\frac{n_2}{n_1}\right)^3 \qquad (10\text{-}30)$$

式中:Q_1、H_1、N_1——在转速 n_1 下的泵的流量、扬程、功率;

Q_2、H_2、N_2——在转速 n_2 下的泵的流量、扬程、功率。

$$\frac{Q_2}{Q_1}=\frac{D_2}{D_1}, \qquad \frac{H_2}{H_1}=\left(\frac{D_2}{D_1}\right)^2, \qquad \frac{N_2}{N_1}=\left(\frac{D_2}{D_1}\right)^3 \qquad (10\text{-}31)$$

式中:Q_1、H_1、N_1——在直径 D_1 下的泵的流量、扬程、功率;

Q_2、H_2、N_2——在直径 D_2 下的泵的流量、扬程、功率。

四、离心泵的工作点与流量调节

安装在一定管路系统中的离心泵,以一定转速正常运转时,其输液量应为管路中的液体流量,所提供的扬程 H 应正好等于液体在此管路中流动所需的压头 He。因此,离心泵的实际工作情况是由泵的特性和管路的特性共同决定的。

1. 管路特性曲线 在泵输送液体的过程中,泵和管路是互相联系和制约的。因此,在研究泵的工作情况前，应先了解管路的特性。

管路特性曲线表示液体在一定管路系统中流动时所需要的压头和流量的关系。如图 10-18 所示的输液管路系统，若两槽液面维持恒定，输送管路的直径一定，由 1-1′ 和 2-2′ 截面间列伯努利方程，可得到液体流过管路所需的压头（也即要求泵所提供的压头）。

$$He = \Delta z + \frac{\Delta p}{\rho g} + \frac{\Delta u^2}{2g} + \sum H_{\mathrm{f}} \qquad (10\text{-}32)$$

图 10-18 输液管路系统示意图

$\sum H_{\mathrm{f}}$ 为该管路系统的总压头损失，可表示为

$$\sum H_{\mathrm{f}} = \left(\lambda \frac{l + \sum l_{\mathrm{e}}}{d} + \sum \zeta \right) \frac{u^2}{2g}$$

将 $u = \dfrac{Q}{\dfrac{\pi}{4}d^2}$ 代入得

$$\sum H_{\mathrm{f}} = \frac{8}{\pi^2 g} \left(\lambda \frac{l + \sum l_{\mathrm{e}}}{d^5} + \frac{\sum \zeta}{d^4} \right) Q^2 \qquad (10\text{-}33)$$

式中：$l + \sum l_{\mathrm{e}}$——管路中的直管长度与局部阻力的当量长度之和，单位为 m；

$\quad d$——管子的内径，单位为 m；

$\quad Q$——管路中的液体流量，单位为 m^3/s；

$\quad \lambda$——摩擦系数；

$\quad \zeta$——局部阻力系数。

因为两槽的截面比管路截面大很多，则槽中液体流速很小，可忽略不计，即：

$$\frac{\Delta u^2}{2g} = 0$$

令 $A = \Delta z + \dfrac{\Delta p}{\rho g}$，$B = \dfrac{8}{\pi^2 g} \left(\lambda \dfrac{l + \sum l_{\mathrm{e}}}{d^5} + \dfrac{\sum \zeta}{d^4} \right)$

则式 10-32 可写成：

$$He = A + BQ^2 \qquad (10\text{-}34)$$

式 10-34 称为管路特性方程。将式 10-34 绘于 $H\text{-}Q$ 关系坐标图上，得 $He\text{-}Q$ 曲线，此曲线即为管路特性曲线。此曲线的形状由管路布置和操作条件来确定，与离心泵的性能无关。

2. 离心泵的工作点　把离心泵的特性曲线与其所在的管路特性曲线标绘于同一坐标图中，如图 10-19。两曲线的交点即为离心泵在该管路中的工作点。工作点表示离心泵所提供的压头 H 和流量 Q 与液体输送管路所需的压头 He 和流量 Q 相等。因此，当输送任务一定时，应当选择工作点处于高效率区的离心泵。

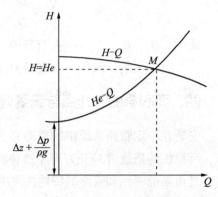

图 10-19 离心泵的工作点

3. 离心泵的流量调节　在实际操作过程中，经常需要调节流量。由泵的工作点可知，离心泵的流量调节实际上就是设法改变泵的特性曲线或管路特性曲线，从而

改变泵的工作点。

（1）**改变泵的特性** 由式 10-30、式 10-31 可知，对一个离心泵改变叶轮转速或切削叶轮可使泵的特性曲线发生变化，从而改变泵的工作点。这种方法不会额外增加管路阻力，并在一定范围内仍可保证泵在高效率区工作。切削叶轮显然不如改变转速方便，所以常用改变转速来调节流量，如图 10-20 所示。特别是近年来发展的变频无级调速装置，调速平稳，也保证了较高的效率。

（2）**改变管路特性** 管路特性曲线的改变一般是通过调节管路阀门开度来实现的。如图 10-21 所示，在离心泵的出口管路上通常都装有流量调节阀门，改变阀门的开度调节流量，实质上就是通过关小或开大阀门来增加或减小管路的阻力。阀门关小，管路特性曲线变陡，反之，则变平缓。这种方法是十分简便的，在生产中应用广泛，但机械能损失较大。

图 10-20 泵转速改变时工作点的变化情况

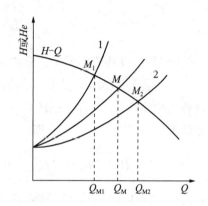

图 10-21 阀门开度改变时工作点的变化情况

（3）**离心泵的并联或串联操作** 当实际生产中用一台离心泵不能满足输送任务时，可采用两台或两台以上同型号、同规格的泵并联或串联操作。

离心泵的并联操作是指在同一管路上用两台型号相同的离心泵并联代替原来的单泵，在相同压头条件下，并联的流量为单泵的两倍。

离心泵的串联操作是指两台型号相同的离心泵串联操作时，在流量相同时，两串联泵的压头为单泵的两倍。

五、离心泵的安装高度

离心泵的安装联接如图 10-22 所示，离心泵在工作时，当叶轮入口处压力下降至被输送液体在工作温度下的饱和蒸气压时，液体将会发生部分汽化，生成蒸汽泡。含有蒸汽泡的液体从低压区进入高压区，在高压区气泡会急剧收缩、凝结，使其周围的液体以极高的速度涌向原气泡所占的空间，产生非常大的冲击力，冲击叶轮和泵壳。日久天长，叶轮的表面会出现斑痕和裂纹，甚至呈海绵状损坏，这种现象，称为汽蚀。离心泵在汽蚀条件下运转时，会导致液体流量、扬程和效率的急剧下降，破坏正常操作。

图 10-22 离心泵吸液示意图

为避免汽蚀现象的发生，叶轮入口处的绝对压力必须高于工作温度下液体的饱和蒸气压，这就要求泵的安装高度不能太高。一般离心泵在出厂前都需通过实验，确定泵在一定条件下发生汽蚀的条件，并规定了允许吸上真空度和汽蚀余量来表示离心泵的抗汽蚀性能。

1. 允许吸上真空度 离心泵的允许吸上真空度是指离心泵入口处可允许达到的最大真空度，如图 10-22 所示，H_s'（以米液柱高度表示）可以写成

$$H_s' = \frac{p_a - p_1}{\rho g} \tag{10-35}$$

式中：H_s'——离心泵的允许吸上真空度，单位为 m；

p_a——当地大气压强，单位为 Pa；

p_1——泵吸入口处允许的最低绝对压强，单位为 Pa。

允许安装高度指泵的吸入口中心线与吸入贮槽液面间可允许达到的最大垂直距离，一般以 H_g 表示。故：

$$H_g = H_s' - \frac{u_1^2}{2g} - \sum H_{f0-1} \tag{10-36}$$

式中：u_1——泵入口处液体流速，单位为 m/s；

$\sum H_{f0-1}$——吸入管路压头损失，单位为 m。

一般铭牌上标注的 H_s' 是在 $10 \, mH_2O$ 的大气压下，以 20℃清水为介质测定的，若操作条件与上述实验条件不符，可按下式校正，即

$$H_s = \left[H_s' + (H_a - 10) - \left(\frac{p_v}{807 \times 10^3} - 0.24 \right) \right] \frac{1000}{\rho} \tag{10-37}$$

式中：H_s——操作条件下输送液体时的允许吸上真空度，单位为米液柱；

H_a——当地大气压，单位为 mH_2O；

P_v——操作条件下液体的饱和蒸气压，单位为 Pa；

10——实验条件下大气压强，单位为 mH_2O；

0.24——20℃下水的饱和蒸气压，单位为 Pa；

1000——实验温度下水的密度，单位为 kg/m^3；

ρ——操作温度下液体的密度，单位为 kg/m^3。

2. 汽蚀余量 汽蚀余量指为防止汽蚀现象发生，离心泵入口处的静压头与动压头之和必须大于被输送液体在操作温度下的饱和蒸气压头的数值，用 Δh 表示：

$$\Delta h = \left(\frac{p_1}{\rho g} + \frac{u_1^2}{2g} \right) - \frac{p_v}{\rho g} \tag{10-38}$$

离心泵发生汽蚀的临界条件是叶轮入口附近（截面 1—1）的最低压强等于液体的饱和蒸气压 p_v，此时，泵入口处（1—1 截面）的压强必等于某确定的最小值 $p_{1,min}$，故，

$$\frac{p_{1,min}}{\rho g} + \frac{u_1^2}{2g} = \frac{p_v}{\rho g} + \frac{u_k^2}{2g} + \sum H \tag{10-39}$$

整理得

$$\Delta h_c = \frac{p_{1,min} - p_v}{\rho g} + \frac{u_1^2}{2g} = \frac{u_k^2}{2g} + H \tag{10-40}$$

式中：Δh_c——临界汽蚀余量，m。

为确保离心泵正常操作，将测得的 Δh_c 加上一定安全量后称为必需汽蚀余量 Δh_r，其值可由泵的样本中查得。

离心泵的允许安装高度也可由汽蚀余量求得：

$$H_g = \frac{p_a - p_v}{\rho g} - \Delta h_r - \sum H_{f0-1} \qquad (10-41)$$

六、离心泵的类型与规格

根据实际生产的需要，离心泵的种类很多。按泵输送的液体性质不同可分为清水泵、油泵、耐腐蚀泵、杂质泵等；按叶轮吸入方式不同可分为单吸泵和双吸泵；按叶轮数目不同可分为单级泵和多级泵等。下面介绍几种主要类型的离心泵。

1. 清水泵　清水泵应用广泛，一般用于输送清水及物理、化学性质类似于水的清洁液体。

IS 型单级单吸式离心泵系列是我国第一个按国际标准（ISO）设计、研制的，结构可靠，效率高，应用最为广泛。以 IS50-32-200 为例说明型号中各符号的意义：IS——国际标准单级单吸清水离心泵；50——泵吸入口直径，单位为 mm；32——泵排出口直径，单位为 mm；200——叶轮的名义直径，单位为 mm。

当输送液体的扬程要求不高而流量较大时，可以选用 S 型单级双吸离心泵。当要求扬程较高时，可采用 D、DG 型多级离心泵，多级离心泵是在一根轴上串联多个叶轮，被输送液体在串联的叶轮中因多次接受能量而获得高压强和高流速，最后达到较高的扬程。

2. 耐腐蚀泵（F 型）　用于输送酸、碱等腐蚀性的液体，其系列代号为 F。以 150F-35 为例，150——泵入口直径，单位为 mm；F——悬臂式耐腐蚀离心泵；35——设计点扬程，单位为 m。主要特点是与液体接触的部件是用耐腐蚀材料制成。

3. 油泵（Y 型）　用于输送不含固体颗粒、无腐蚀性的油类及石油产品，以 80Y100 为例说明型号中各符号的意义：80——泵入口直径，单位为 mm；Y——单吸离心油泵；100——设计点扬程，单位为 m。

4. 杂质泵　采用宽流道、少叶片的开式或半开式叶轮，用来输送悬浮液和稠厚浆状液体。

5. 屏蔽泵　叶轮与电机连为一体密封在同一壳体内，无轴封装置，用于输送易燃易爆或有剧毒的液体。

6. 液下泵　垂直安装于液体贮槽内浸没在液体中，常用于高温液体、腐蚀性液体或油品的输送。

七、离心泵的选用

根据被输送液体的物理化学性质、操作条件、输送要求和设备布置方案等实际情况，初步确定泵的类型；根据管路系统的输液量，计算管路要求的扬程、有效功率和轴功率；确定离心泵的类型、材料以及规格，并选定配套电机或其他原动机的规格；校核泵的特性参数，若几种型号的泵都能满足操作要求，应当选择经济且在高效区工作的泵。一般情况下均采用单泵操作，在重要岗位可设置备用泵。

八、往复泵

往复泵是一种典型的容积式液体输送机械。依靠泵内运动部件的位移，引起泵内容积变化而吸入和排出液体，并且运动部件直接通过位移挤压液体做功，这类泵称为容积式泵（或称正位移泵）。

1. 往复泵的基本结构　如图 10-23 所示，往复泵是由泵缸、活塞、活塞杆、吸入阀和排出阀构成的一种正位移泵。活塞由曲柄连杆机构带动做往复运动。

2. 往复泵的工作原理　当活塞向右移动时，泵缸的容积增大形成低压，排出阀受排出管中液体压强作用而被关闭，吸入阀被打开，液体被吸入泵缸。当活塞向左移动时，由于活塞挤压，泵缸内液体压强增大，吸入阀被关闭，排出阀被打开，泵缸内液体被排出，完成一个工作循环。可见，往复泵是利用活塞的往复运动，直接将外功以提高压强的方式传给液体，完成液体输送作用。活塞在两端间移动的距离称为冲程。图 10-23 所示为单动泵，即活塞往复运动一次，只吸入和排出液体各一次。它的排液是间歇的、周期性的，而且活塞在两端间各位置上的往复运动并非等速，故排液量不均匀。

图 10-23　往复泵工作原理图
1——泵缸；2——活塞；3——活塞杆；
4——排出阀；5——吸入阀

为改善单动泵排液量的不均匀性，可采用双动泵。活塞左右两侧都装有阀室，可使吸液和排液同时进行，这样排液可以连续，但单位时间的排液量仍不均匀。往复泵是靠泵缸内容积扩张造成低压吸液的，因此往复泵启动前不需灌泵，能自动吸入液体。

3. 往复泵的理论平均流量

单动泵

$$Q_{\mathrm{T}} = ASn \tag{10-42}$$

双动泵

$$Q_{\mathrm{T}} = (2A - a)Sn \tag{10-43}$$

式中：Q_{T}——往复泵的理论流量，单位为 $\mathrm{m^3/min}$；

A——活塞截面积，单位为 $\mathrm{m^2}$；

S——活塞的冲程，单位为 m；

n——活塞每分钟的往复次数；

a——活塞杆的截面积，单位为 $\mathrm{m^2}$。

在实际操作过程中，由于阀门启闭有滞后，阀门、活塞、填料函等处又存在泄漏，故实际平均输液量为

$$Q = \eta Q_{\mathrm{T}} \tag{10-44}$$

式中 η 为往复泵的容积效率，一般在 70%以上，最高可超过 90%。

4. 往复泵的流量调节　由于往复泵的流量 Q 与管路特性无关，并且若在启动和运转过程中完全关闭出口阀，会使泵内压强急剧升高，因而造成泵体、管路和电动机损坏，故流量调节不能采取调节出口阀门开度的方法，一般可采取以下的调节手段：①旁路调节，如图 10-24 所示，使泵出口的一部分液体经旁路分流，从而改变了主管中的液体流量，调节比较简便，但不经济。②改变原动机转速，从而改变活塞的往复次数。③改变活塞的冲程。

图 10-24　往复泵旁路
流量调节示意图
1——安全阀；2——旁路阀

九、齿轮泵

齿轮泵主要由椭圆形泵壳和两个外啮合齿轮组成，如图10-25所示，其中一个为主动齿轮由传动机构带动，当两齿轮按图中箭头方向旋转时，上端两齿轮的齿向两侧分离而形成低压并吸入液体，下端齿轮在啮合时容积减小，于是压出液体并由下端排出。液体的吸入和排出是在齿轮的旋转位移中发生的。齿轮泵是正位移泵的一种，它适合于输送小流量、高黏度的液体，但不能输送含有固体颗粒的悬浮液。

图10-25 齿轮泵工作原理示意图

十、旋涡泵

旋涡泵是一种特殊类型的离心泵，其结构如图10-26所示，它由叶轮和泵壳构成。泵壳呈圆形，叶轮是一个圆盘，四周由凹槽构成的叶片以辐射状排列。泵壳与叶轮间有同心的流道，泵的吸入口与排出口由间壁隔开。

其工作原理也是依靠离心力对液体做功，液体不仅随高速叶轮旋转，而且在叶片与流道间做多次运动。所以液体在旋涡泵内流动与在多级离心泵中流动效果类似，在液体出口时可达到较高的扬程。旋涡泵在启动前需灌泵，并且在启动泵时出口阀和旁路阀必须全开；流量调节方法与正位移泵相同。它适用于小流量、高扬程和低黏度的液体输送。其结构简单，使用方便，效率一般较低，为20%~50%。

图10-26 旋涡泵工作原理示意图
1——间壁；2——叶轮；3——叶片；
4——泵壳；5——流道

第三节 气体输送机械

输送和压缩气体的设备统称气体输送机械。气体输送机械主要用于克服气体在管路中的流动阻力和管路两端的压强差以输送气体或产生一定的高压或真空以满足各种工艺过程的需要。

气体输送机械与液体输送机械的结构和工作原理大致相同，其作用都是向流体做功以提高流体的静压强。但是由于气体具有可压缩性且密度较小，对输送机械的结构和形状都有一定影响，其特点是对一定质量的气体，由于气体的密度小，体积流量就大，因而气体输送机械的体积大。气体在管路中的流速要比液体流速大得多，输送同样质量流量的气体时，其产生的流动阻力要多，因而需要提高的压头也大。由于气体具有可压缩性，压强变化时其体积和温度同时发生变化，因而对气体输送和压缩设备的结构、形状有特殊要求。

气体输送机械一般以其出口表压强（终压）或压缩比（指出口与进口压强之比）的大小分类：通风机：出口表压强不大于15kPa，压缩比为1~1.15；鼓风机：出口表压强为15~300kPa，压缩比小于4；压缩机：出口表压强大于300kPa，压缩比大于4；真空泵：用于产生真空，出口压强为大气压。

一、离心式通风机

工业上常用的通风机有轴流式和离心式两种。轴流式通风机的风量大，但产生的风压小，一般只用于大流量通风换气的场合，而离心式通风机则应用广泛。

离心式通风机的结构和工作原理与离心泵相似。图 10-27 是离心通风机的简图，它由蜗形机壳和多叶片的叶轮组成。叶轮上的叶片数目虽多但较短。蜗壳的气体通道一般为矩形截面。

选用离心式通风机时，首先根据气体的种类（清洁空气、易燃气体、腐蚀性气体、含尘气体、高温气体等）与风压范围，确定风机类型；然后根据生产要求的风量和风压值，从产品样本上查得适宜的风机型号规格。

图 10-27　低压离心通风
机工作原理图

1——排出口；2——机壳；
3——叶轮；4——吸入口

二、离心式鼓风机

离心式鼓风机的工作原理与离心式通风机相同，结构与离心泵相同，蜗壳形通道的截面为圆形，但是外壳直径和宽度都较离心泵大，叶轮上的叶片数目较多，转速较高。单级离心鼓风机的出口表压一般小于 30kPa，所以当要求风压较高时，均采用多级离心鼓风机。为达到更高的出口压力，要用离心压缩机。

三、旋转式鼓风机

旋转式鼓风机，如罗茨鼓风机是最常用的一种，其工作原理和齿轮泵类似，如图 10-28 所示。机壳中有两个转子，两转子之间、转子与机壳之间的间隙均很小，以保证转子能自由旋转，同时减少气体的泄漏。两转子旋转方向相反，气体由一侧吸入，另一侧排出。

图 10-28　罗茨鼓风机
工作原理示意图

罗茨鼓风机的风量与转速成正比，在一定的转速时，出口压力增大，气体流量大体不变（略有减小）。流量一般用旁路调节。风机出口应安装安全阀或气体稳定罐。罗茨鼓风机工作时应注意降温，以防止转子因热膨胀而卡住。

四、离心式压缩机

离心式压缩机又称透平压缩机，其工作原理及基本结构与离心式鼓风机相同，但叶轮级数多，在 10 级以上，且叶轮转速较高，因此它产生的风压较高。由于压缩比高，气体体积变化很大，温升也高，故压缩机常分成几段，每段由若干级构成，在段间要设置中间冷却器，避免气体温度过高。离心式压缩机具有流量大，供气均匀，机内易损件少，运转可靠，容易调节，方便维修等优点。

五、往复式压缩机

往复式压缩机的结构及工作原理与往复泵相似。如图 10-29 所示，它依靠活塞的往复运动将气体吸入和压出，主要部件为气缸、活塞、吸气阀和排气阀。但由于压缩机

图 10-29　往复式压缩机工作原理图

的工作流体为气体，其密度比液体小得多，因此在结构上要求吸气和排气阀门更为轻便而易于启闭。为移除压缩放出的热量来降低气体的温度，必须设冷却装置。

六、真空泵

在化工生产中要从设备或管路系统中抽出气体，使其处于绝对压强低于大气压强状态，所需要的机械称为真空泵。下面仅就常见的形式进行介绍。

1. 水环真空泵　如图 10-30 所示，其外壳呈圆形，外壳内有一偏心安装的叶轮，上有辐射状叶片。泵的壳内装入一定量的水，当叶轮旋转时，在离心力的作用下将水甩至壳壁形成均匀厚度的水环。水环使各叶片间的空隙形成大小不同的封闭小室，叶片间的小室休积由小而大、又由大而小的变化。当小室增大时，气体由吸入口吸入，当小室从大变小时，小室中的气体即由压出口排出。

图 10-30　水环真空泵简图
1——排出口；2——外壳；3——水环；
4——吸入口；5——叶片

水环真空泵属湿式真空泵，吸入时可允许少量液体夹带，最高可达到 $83.4×10^3$ Pa 的真空度。水环真空泵的特点是结构紧凑，易于制造和维修，但效率较低，一般为 30%~50%。泵在运转时要不断充水以维持泵内的水环液封，并起到冷却作用。

2. 喷射真空泵　喷射泵属于流体动力作用式的流体输送机械。如图 10-31 所示，它是利用工作流体流动时静压能转换为动能而造成真空将气体吸入泵内的。

图 10-31　单级蒸汽喷射泵
工作原理图
1——工作蒸气入口；2——气体吸入口；
3——混合室；4——压出口

这类真空泵当用水作为工作流体时，称为水喷射泵；用水蒸气作工作流体时，称为蒸汽喷射泵。单级蒸汽喷射泵可以达到90%的真空度，若要达到更高的真空度，可以采用多级蒸汽喷射泵。喷射泵的结构简单，无运动部件，但效率低，工作流体消耗大。

第四节　固体输送机械

制药生产中常用到的固体输送机械是指沿给定线路输送散粒物料或成件物品的机械。固体输送机械设备可分为机械输送设备和气流输送设备，其中机械输送设备又可分为带式输送机、斗式运输机和螺旋式运输机三种，气流输送又可分为吸引式输送和压送式输送。

一、带式输送机

带式输送机属于连续式输送机械，适用于块状、颗粒及整件物料进行水平方向或倾斜方向的运送，还可作为清洗和预处理操作台等。

1. 带式输送机的主要结构　带式输送机的主要结构部件有环形输送带、机架和托辊、驱动滚筒、张紧装置等，如图 10-32 所示。

（1）**输送带**　常用输送带有橡胶带（常用）、各种纤维织带、钢带及网状钢丝带、塑料带。对输送带的要求是强度高、挠性好、本身重量小、延伸率小、吸水性小、对分层现象的抵抗性能好、耐磨性好。

图 10-32 带式输送机结构图

1——驱动滚筒；2——输送带；3——上托辊；4——缓冲托辊；5——漏斗；6——导料槽；7——改向滚筒；8——尾架；9——螺旋张紧装置；10——空段清扫器；11——下托辊；12——中间架；13——弹簧清扫器；14——头架；15——头罩

①橡胶带　橡胶带由 2~10 层（由带宽而定）棉织品或麻织品、人造纤维的衬布用橡胶加以胶合而成。上层两面附有优质耐磨的橡胶保护层为覆盖层。衬布的作用是给予皮带以机械强度和用来传递动力。覆盖层的作用是连接衬布，保护其不受损伤及运输材料的磨损，防止潮湿及外部介质的侵蚀。

②钢带　钢带机械强度大、不易伸长、耐高温、不易损伤（烘烤设备中），造价高、黏着性很大，用于灼热的物料对胶带有害的时候。

③网状钢丝带　网状钢丝带强度高，耐高温，具有网孔（孔大小可选择），故适用于一边输送，一边用水冲洗的场合。

④塑料带　塑料带耐磨、耐酸碱、耐油、耐腐蚀，适用于温度变化大的场合，已推广使用。其分为多层芯式（类似橡胶带）和整芯式（制造简单，生产率成本低，质量好，但挠性差）。

⑤帆布带　帆布带的抗拉强度大，柔性好，能经受多次反复折叠而不疲劳。

（2）机架和托辊　机架多用槽钢、角钢和钢板焊接而成。托辊作用是支承运输带及其上面的物料，减少输送带下垂度，保证带子平稳运行。

（3）驱动滚筒　驱动滚筒是传递动力的部件，靠输送带的运行滚筒间的摩擦力而运行。滚筒的宽度比带宽大 100~200mm，驱动滚筒做成鼓形，可自动纠正胶带的跑偏。

（4）张紧装置　张紧装置作用是补偿带因工作的松弛，保持输送带有足够的张力，防止带于驱动滚筒间的打滑。

2. 带式输送机的主要特点　带式输送机与其他运输设备相比，工作速度快（0.02~4.0m/s）、输送距离长、生产效率高、构造简单，而且其使用方便、维护检修容易、无噪声、能够在全机身中任何地方进行装料和卸料。但是，带式输送机不密封，故输送轻质粉状物料时易飞扬。

二、斗式提升机

斗式提升机是利用均匀固接于环形牵引构件上的一系列料斗，将物料由低处提升到高处的连续输送机械。

1. 斗式提升机的主要结构　斗式提升机结构见图 10-33，主要由环形牵引带或链、滚筒、料斗、驱动轮（头轮）、改向轮（尾轮）、传动装置、张紧装置、导向装置、加料和卸料装置、机壳等部件构成。

工作时料斗把物料从下面的储藏斗中舀起，随着输送带或链提升到顶部，绕过顶轮后向下翻转，将物料倾入接受槽内。斗式提升机的提升能力与料斗的容量、运行速度、料斗间距及斗内物料的充满程度有关。

2. 斗式提升机的主要特点　斗式提升机具有提升高度高（一般输送高度最高可达 40 米），

运行平稳可靠，占地面积小等优点；缺点是输送物料的种类受到限制，结构复杂，输送能力低，不能超载，必须均匀给料。故其适用于垂直或大角度倾斜时输送粉状、颗粒状及小块状物料。

图 10-33　斗式提升机结构示意图

1——驱动轮；2——改向轮；3——挠性牵引构件；
4——料斗；5——底座；6——拉紧装置

三、螺旋输送机

螺旋输送机的主要结构如图 10-34 所示，螺旋输送机主要结构为机槽、螺旋转轴、驱动装置、机壳等。工作时由具有螺旋片的转动轴在一封闭的或敞开口的料槽内旋转，利用螺旋的推进原理使料槽内的物料沿料槽向前输送。螺旋输送机的装载和卸载比较方便，可以是一端进料另一端卸料，或两端进料中间卸料，或中间进料两端卸料。螺旋输送机一般为水平输送，也可以有较大倾斜角度输送，甚至可以直立输送。常用于较短距离内运输散状颗粒或小块物料。由于它能够较准确地控制单位时间内的运输量，因而也常被用于定量供料或出料装置，如气力输送系统中的螺旋式加料器等。螺旋叶片有实体式、带式、桨叶式、齿形等。

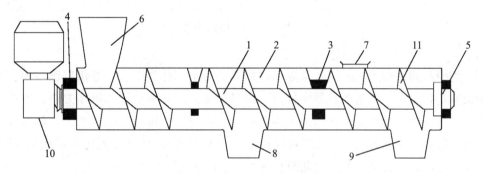

图 10-34　螺旋输送机示意图

1——轴；2——料槽；3——中间轴承；4——首端轴承；5——末端轴承；6——装载漏斗；
7——中间装载口；8——中间卸载口；9——末端卸载口；10——驱动装置；11——螺旋片

螺旋输送机的主要优点是结构简单，操作方便，占地面积小，可同时向相反两个方向输送物料，输送过程中可进行搅拌、混合、加热、冷却等操作，可调节流量，密封性好。缺点是单位物料动力消耗高。有强烈磨损，易发生堵塞。故其适用于输送小块状和粉状物料。不适于输送易黏附和缠绕转轴的物料。

扫一扫，查阅本章数字资源，含PPT、音视频、图片等

第十一章
中药固体制剂成型设备

固体制剂是指以固体形式给药，可供口服或外用的药物制剂，在临床运用中常作为首选剂型。中药固体制剂与其他制剂相比，具有物理、化学稳定性好，便于服用及携带方便等特点。并且在制备过程中生产成本相对较低，适宜大规模生产。因此，固体制剂目前在临床上应用广泛。常见的固体剂型包括散剂、颗粒剂、片剂、胶囊剂、丸剂等。在固体制剂的生产过程中，设备的应用水平直接决定了物料的成型程度及最终所得制剂质量的好坏，因此，生产设备的选择是十分重要的。

固体制剂生产过程中，一般需要将药物粉末与其他辅助成分等充分混合，再进行剂型所需操作，最后制得所需的固体制剂。因此，固体制剂生产涉及物料干燥设备、粉碎设备、混合设备、颗粒制造设备、成型设备、包衣设备以及包装设备等。

第一节　丸剂成型过程与设备

丸剂是指原料药物与适宜的辅料制成的球形或类球形固体制剂，一般供口服应用，其特点：基质容纳液态药物量大、工艺条件易于控制、设备简单、工艺周期短、操作方便、生产效率高、质量稳定、剂量准确、增加易氧化和挥发性药物的稳定性等。按辅料的种类，丸剂可分为蜜丸、水丸、糊丸、蜡丸以及浓缩丸等。丸剂可以从直径 0.5~1.0mm 的微丸到每丸重达 9g 的大蜜丸，因此，其制备方法各不相同。常用的丸剂制备方法有塑制法、泛制法和滴制法。

一、塑制法制丸过程和设备

（一）塑制法制丸过程

塑制法是指药材细粉加适宜的黏合剂，混合均匀，制成软硬适宜、可塑性较大的丸块，再依次制丸条、分粒、搓圆而成丸粒的一种制丸方法。多用于蜜丸、糊丸、蜡丸、浓缩丸、水蜜丸的制备。

1. 原辅料的准备　原辅料的准备是指按照处方将所需的药材挑选清洁、炮制合格、称量配齐、干燥、粉碎、过筛。蜂蜜黏稠，使蜜丸在胃肠道中逐渐溶蚀释药，故作用持久，常用作塑制法制丸的黏合剂。使用时，须按照处方药物的性质，炼成程度适宜的炼蜜备用。一般嫩蜜适用于含较多油脂、黏液质、胶质、糖、淀粉、动物组织等黏性较强的饮片细粉的制丸工艺；中蜜适用于黏性中等的饮片细粉制丸工艺，绝大部分蜜丸采用中蜜；老蜜适合于黏性差的矿物性和纤维性饮片细粉制丸工艺。

2. 制丸材、分粒和搓圆　药物细粉混合均匀后，加入适量黏合剂，充分混匀，制成湿度适宜、软硬适度的可塑性软材，即丸块，称为"合坨"，是塑制法的关键，丸块的软硬程度及黏稠度，直接影响丸粒成型和在贮存中是否变形。优良的丸块应能随意塑型而不开裂，手搓捏而不粘手，不黏附器壁。生产一般用捏合机进行。丸块取出后应立即搓条；若暂时不搓条，应保存好，防止干燥。

将丸块制成粗细适宜的条形以便于分粒。制备小量丸条可用搓条板。但是由于搓条板所制取的丸条重量不精确，从而可能导致最终的丸重偏差较大，目前搓条板已被机器代替，只是用于教学中给学生实验演示。制丸条时，将丸块按每次制成丸粒数称取一定质量，置于搓条板上，手持上板，两板对搓，施以适当压力，使丸块搓成粗细一致且两端齐平的丸条，丸条长度由所预定成丸数决定。大量生产时可用制丸条机。

3. 干燥　一般成丸后应立即分装，以保持丸药的滋润状态。有时为了防止丸剂的霉变，可进行干燥。

（二）塑制法制丸设备

将药物细粉混合均匀后，加入适量的辅料，制成丸剂，分手工和机械两种方法。随着中药现代化、规模化的发展，中药蜜丸的生产也越来越科学化、机械化。

1. 捏合机　捏合机是通过一对互相啮合和旋转的桨叶产生强烈剪切作用而使半干状态的物料迅速混合从而获得均匀物料的混合搅拌机。捏合机可以根据需求设计成加热和不加热形式，它的换热方式通常有：电加热、蒸汽加热、循环热油加热、循环水冷却等。捏合机由金属槽及两组强力的S形桨叶构成，槽底呈半圆形，两组桨叶转速不同，且沿相对方向旋转，根据不同的工艺可以设定不同的转速，最常见的转速是 42~28r/min。由于桨叶间的挤压、分裂、搓捏及桨叶与槽壁间的研磨等作用，可形成不粘手、不松散、湿度适宜的可塑性丸块。丸块的软硬程度以不影响丸粒的成型以及在储存中不变形为度。

2. 丸条机　丸条机用于大量丸条的制备，分螺旋式和挤压式两种。丸条机的设备结构如图 11-1 所示。螺旋式丸条机工作时，丸块从漏斗加入，由轴上叶片的旋转将丸块挤入螺旋输送器中，丸条即由出口处挤出。出口丸条管的粗细可根据需要进行更换。挤压式出条机工作时，将丸块放入料筒，利用机械能推进螺旋杆，使挤压活塞在药料筒中不断前进，筒内丸块受活塞挤压由出口挤

螺旋式　　　　　　挤压式

图 11-1　丸条机示意图
1——加料口；2——螺旋杆；3——出条口；4——挤压活塞

出，呈粗细均匀状。可通过更换不同直径的出条管来调节丸粒质量。目前企业生产过程中，一般都在丸条机模口处配备丸条微量调节器，以便于调整丸条直径，来控制丸重，从而达到保证丸粒的重量差异在药典规定范围内的目的。

3. 轧丸机　大量生产丸剂时使用轧丸机，有双滚筒式和三滚筒式，其中以三滚筒式最为常见，其设备结构如图 11-2 所示，可用于完成制丸和搓圆的过程。双滚筒式轧丸机主要由两个半圆形切丸槽的铜制滚筒组成。两滚筒切丸槽的刀口相吻合。两滚筒以不同的速度做同一方向的旋转，转速一快一慢，分别为 90r/min 和 70r/min 左右。操作时将丸条置于两滚筒切丸槽的刀口上，

滚筒转动将丸条切断，并将丸粒搓圆，由滑板落入接受器中。

双滚筒式轧丸机　　　　　　　　　三滚筒式轧丸机

图 11-2　滚筒式轧丸机示意图

三滚筒式轧丸机主要结构：滚筒槽呈三角形排列，底下的一只滚筒直径较小，是固定的，转速约为 150r/min，上面两只滚筒直径较大，式样相同，靠里边的一只也是固定的，转速约为 200r/min，靠外边的一只定时移动，转速 250r/min。工作时将丸条放于上面两滚筒间，滚筒转动即可完成分割与搓圆工序。操作时在上面两只滚筒间宜随时揩拭润滑剂，以免软材粘连滚筒。其适用于蜜丸的成型工艺，通过更换不同槽径的滚筒，可以制得丸重不同的蜜丸。所得成型丸粒呈椭圆形，药丸断面光滑，冷却后即可包装。但是此设备不适于生产质地较松的软材丸剂。

目前药厂多用联合制丸机，由制丸条和分粒、搓圆两大部分组成，一般采用双光电限位控制来协调各部分动作。通过控制第一光电信号来控制丸条的长度，通过第二光电信号来控制丸条的位置，从而达到控制丸重的目的。该机械可一次完成制丸材、轧丸、搓圆的工艺，在生产中极为方便实用。常用的制丸机有大蜜丸机和小蜜丸机。大蜜丸机用于制作 3~9g 的蜜丸，它包括两个部分：一部分是丸条机，利用在圆形壳体内水平旋转的螺旋推进器将坨料加压，随着螺旋推进器的推进压力逐渐升高，坨料由最前端的模口被压挤成长条推出；另一部分是轧丸机，丸条到达轧辊另一端时，被切断落到轧辊上，利用轧辊凹槽的凸起刃口将丸条轧割成丸。小蜜丸机用于直径 3.5~13mm 小丸的生产，它工作时将已经混合的药坨置于料斗内，由螺旋推进器通过条嘴挤出数个药条，药条经控制导轮送入制丸刀中，在刀辊的圆周运动和直线运动下制成药丸。

丸剂设备在应用过程中具有产生的粉尘量大，物料长时间暴露在空气中污染概率高，物料损耗大，设备部件及生产环境不易清洗的特点。而用于制作丸径小的中药丸的滚筒式搓丸机已经被联合制丸机所取代。

二、泛制法制丸过程和设备

（一）泛制法制丸过程

泛制法是指在适宜的容器或机械中，将药材细粉与赋形剂交替润湿、撒布，并不断翻滚，使丸料逐渐增大的一种制丸方法。主要用于水丸、水蜜丸、糊丸、浓缩丸、微丸的制备。泛制法制丸过程包括原材料的准备、起模、成型、盖面和干燥等过程。

1. 原辅料的准备　泛制法制丸时，药料的粉碎程度要求比塑制法制丸时更为细些，一般宜用 100 目左右的细粉。某些纤维性成分较多或黏性过强的药物（如大腹皮、丝瓜络、灯心草、生姜、葱、红枣、桂圆、动物胶、树脂类等），不易粉碎或不适泛丸时，须先制汁做润湿剂泛丸；

动物胶类如龟甲胶等，先加水加热熔化，稀释后泛丸；树脂类药物如乳香、没药等，用黄酒溶解作润湿剂泛丸。

2. 起模　起模是泛丸成型的基础，是制备水丸的关键。泛丸起模是利用水的湿润作用诱发出药粉的黏性，使药粉相互黏着成细小的颗粒，并在此基础上层层增大而成丸模的过程。起模应选用方中黏性适中的药物细粉，包括药粉直接起模和湿颗粒起模两种。

3. 成型　将已筛选均匀的球形模子，逐渐加大至接近成丸的过程。若含有芳香性或特殊气味或刺激性较大的药物，最好分别粉碎后，泛于丸粒中层，可避免挥发，掩盖不良气味。

4. 盖面　盖面是指使表面致密、光洁、色泽一致的过程，可使用干粉、清水或清浆进行盖面。盖面是泛丸成型的最后一个环节，作用是使整批投产成型的丸粒大小均匀、色泽一致，提高其圆整度及光洁度。

5. 干燥　控制丸剂的含水量在9%以内。一般干燥温度为80℃左右，若丸剂中含有芳香挥发性成分或遇热易分解变质的成分时，干燥温度不应超过60℃。采用流化床干燥，可降低干燥温度，缩短干燥时间，并提高水丸中的毛细管和孔隙率，有利于水丸的溶解。

（二）泛制法制丸设备

泛制法多用于水丸的制备，而水丸大生产只能用泛制法，多用手工操作，但具有周期长、占地面积大、崩解及卫生标准难控制等缺点。近年则多用机械制丸，可克服上述缺点，如应用泛制法制丸的小丸连续成丸机。小丸连续成丸机的设备结构如图11-3所示，包括进料、成丸、筛选等工序。它由输送、喷液、加粉、成丸、筛丸等部件相互衔接，构成机组。工作

图11-3　小丸连续成丸机
1——喷液泵；2——喷头；3——加料斗；4——粉斗；5——成丸锅；
6——滑板；7——圆筒筛；8——料斗；9——吸尘器

时，罐内的药粉由压缩空气运送到成丸锅旁的加料斗内，经过配制的药液存放在容器中，然后由振动机、喷液泵或刮药机把粉、液依次分别撒入成丸锅内成型。药粉由底部的振动机或转盘定量均匀连续地进入成丸锅内，使锅内的湿润丸粒均匀受粉，逐步增大。最后，通过圆筛筛选合格丸剂。

三、滴制法制丸过程和设备

（一）滴制法制丸过程

滴制法指药材或提取物与适宜的基质制成溶液或混悬液，滴入一种与之不相混溶的液体冷凝剂中，冷凝而成丸粒的一种制丸方法。

1. 基质的制备与药物的加入　先将基质加温熔化，若有多种成分组成时，应先熔化熔点较高的，后加入熔点较低的，再将药物溶解、混悬或乳化在已熔化的基质中。

滴丸的基质要满足以下要求：不与主药发生作用，不破坏主药的疗效；熔点较低或加一定量的热水（60~100℃）能溶化成液体，而遇骤冷后又能凝固成固体（在室温下仍保持固体状态），并在加进一定量的药物后仍保持上述性质；对人体无害。

2. 保温脱气　药物加入过程中往往需要搅拌，会带入一定量的空气，若立即滴制则会把气体带入滴丸中，而使剂量不准，故需保温（80~90℃）一定时间，以使其中空气逸出。

3. 滴制　经保温脱气的物料，经过一定大小管径的滴头，等速滴入冷凝液中，凝固形成的丸粒徐徐沉于器底或浮于冷凝液表面，即得滴丸。取出，除去冷凝液即可。

同样，冷却剂也不能与主药、基质相混溶，也不与主药、基质发生作用，不破坏疗效；同时要有适当的密度，即与液滴密度要相近，以利于液滴逐渐下沉或缓缓上升；有适当的黏度，使液滴与冷却剂间的黏附力小于液滴的内聚力而收缩成丸。脂肪性基质常用水或不同浓度的乙醇作为冷却剂，水溶性基质可用液体石蜡、植物油、煤油或它们的混合物作为冷却剂。

4. 选丸、包衣与包装　将制得的丸粒进行筛选，用适宜的药筛筛选均匀一致的丸粒，符合标准的进行后续的包衣、包装，即可完成丸剂的制备。

（二）滴制法制丸设备

滴丸机的设备结构如图 11-4 所示，主要由滴管、保温设备、控制冷却剂温度的设备、冷却剂容器等组成。目前常用的是由上向下滴的小滴丸机，有 20 个滴头，药液液位稳定，每个滴头都可调速，能自动测定滴速，冷却剂不流动，可在需要时随时出丸。凡与药液、滴丸接触部分都用不锈钢或玻璃材料制成，以防药物变质。工作时，将药粉与基质放入调料罐的料桶内，通过加热、搅拌制成滴丸的混合药液，经送料管道输送到滴罐、滴头。当温度满足设定值后，机器打开滴嘴，药液由滴嘴小孔流出，在端口形成液滴后，滴入下面冷却缸的石蜡油（冷却剂）中，药滴在表面张力作用下成型（圆球

图 11-4　滴丸机示意图
1——输送管道；2——搅拌电机；3——调料罐；
4——加热层；5——保温层；6——冷却缸；7——滴罐；
8——滴头；9——螺旋冷却管；10——分离机构；
11——分离箱；12——压缩机；13——冷却磁力泵

状）。石蜡油在冷却磁力泵的作用下形成从冷却缸内侧的上部向下部的流动，滴丸随着石蜡油从螺旋冷却管下端向上端流动，并在流动中降温定型，最后在螺旋冷却管的上端出口落到分离机构上，滴丸被传送带送出分离箱。石蜡油落到分离箱上部的过滤装置，经过滤装置处理后流回分离箱。

第二节　制粒生产过程与设备

一、概述

制粒是把粉末、熔融液、水溶液等状态的物料经加工制成具有一定形状与大小粒状物的操作，是使细粒物料团聚为较大粒度产品的加工过程，它几乎与所有的固体制剂相关。制粒物可能是中间体也可能是最终产品，在散剂、颗粒剂、胶囊剂中的颗粒是产品，在片剂生产中颗粒是中间体。制粒的目的是：①改善物料的流动性，便于分装和压片；②防止粉尘飞扬和粘壁；③调整堆密度，改善溶解性能；④改善物料在压片过程中压力传递的均匀性；⑤防止各组分因粒度、密度差异而离析；⑥便于服用，方面携带，提高商品价值等。

制粒方法不同，即使是同样的处方，不仅所得颗粒的形状、大小、强度不同，而且崩解性、

溶解性也不同，从而会影响药效。因此，应根据物料的性质和所需颗粒的特性选择适宜的制粒方法。在医药生产中广泛应用的制粒方法可分为四大类。即湿法制粒、干法制粒、流化制粒和喷雾制粒。其中，以湿法制粒应用最为广泛。

二、湿法制粒过程与设备

湿法制粒是在药物粉末中加入黏合剂（有时采用中药提取的稠膏），依靠黏合剂的架桥或黏结作用使粉末聚结在一起而制备颗粒的方法。湿颗粒法制造工艺适用于受湿和受热不起化学变化的药物。湿法制粒主要包括制软材料、制湿粒、湿颗粒干燥及整粒等过程。其中，制软材和制湿粒有时在同一台机器中完成，生产工艺：混合—制软材—过筛—干燥。湿法制粒的主要方法有挤压制粒、转动制粒、高速搅拌制粒及流化制粒等。

（一）湿法制粒过程

湿法制粒首先是黏合剂中的液体将药物粉粒表面润湿，使粉粒间产生黏着力，然后在液体架桥与外加机械力作用下形成一定形状和大小的颗粒，经干燥后最终以固体桥的形式固结。

1. 液体的架桥原理 当把液体加入到粉末中时，由于液体的加入量不同，液体在粉末颗粒间存在的状态也不同而产生不同的作用力。液体在粉粒间的存在状态：①悬摆状。液体加入的量很少时，颗粒内的空气为连续相，液体为分散相，粉粒间的作用力来自于架桥液体的气液界面张力。②索带状。适当增加液体量时，空隙变小，空气成为分散相，液体成为连续相，粉粒间的作用力取决于架桥液的界面张力与毛细管力。③毛细管状。当液体量增加刚好充满全部颗粒内部空隙，而颗粒表面没有润湿液体时，毛细管负压和界面张力产生强大的粉粒间的结合力。④泥浆状。当液体充满颗粒内部与表面时形成泥浆状。此时，粉粒间的结合力消失，靠液体的表面张力来保持形态。

一般情况下，在颗粒内液体以悬摆状态存在时颗粒松散，以毛细管状存在时颗粒发黏，索带状存在时得到的颗粒较好。可见液体的加入量对湿法制粒起着决定性作用。

2. 从液体架桥到固体架桥的过渡 主要有以下三种形式。①部分溶解和固化。将亲水性药物粉末进行制粒时，粉粒之间的液体架桥将接触的表面部分溶解，在干燥过程中将部分溶解的物料析出而形成固体架桥。②黏合剂的固结。水不溶性药物进行制粒时，加入黏合剂溶液作架桥，靠黏性使粉末聚结成粒；干燥时，黏合剂中的溶剂蒸发，残留的黏合剂固结架桥。③药物溶质的析出。小剂量药物制粒时，常将药物溶解于适宜液体架桥剂中制粒以便药物能均匀混合在颗粒中，干燥时溶质析出而形成固体架桥。

（二）湿法制粒设备

湿法制粒的主要方法有挤压制粒、转动制粒、高速搅拌制粒及流化制粒等。

1. 挤压制粒机 挤压制粒机的基本原理是利用滚轮、圆筒等将物料强制通过筛网挤出，通过调整筛网孔径，得到需要的颗粒。制粒前，按处方调配的物料需要在混合机内制成适于制粒的软材，挤压制粒要求软材必须黏松适当，太黏挤出的颗粒成条不易断开，太松则不能成颗粒而变成粉末。目前，基于挤压制粒而设计的制粒机主要有摇摆式颗粒机、旋转挤压制粒机和螺旋挤压制粒机，结构如图11-5所示。

（1）摇摆式颗粒机 摇摆式颗粒机是目前国内常用的制粒设备，结构简单，操作方便，生产能力大且安装拆卸方便，所得颗粒的粒径大小分布较为均匀。但在使用过程中，需要注意安装筛网的松紧作用、材质及效果。由于摇摆式颗粒机是通过滚筒对筛网的挤压而得到的颗粒，因此，

（a）YK160型摇摆式制粒机　　（b）JZL型旋转挤压制粒机　　（c）螺旋挤压制粒机

图 11-5　挤压式制粒机示意图

1——七角滚轮；2——筛网；3——挡板；4——刮板；5——螺杆

物料对筛网的摩擦力和挤压力较大，则使用尼龙筛网非常容易破损需经常更换。使用金属筛网则需要注意清洁以防止污染物料，或使金属脱落。结构如图 11-6、图 11-7 所示。

图 11-6　YK160 摇摆式颗粒机结构示意图

1——底座；2——电机；3——传动皮带；4——蜗轮蜗杆；
5——齿条；6——七角滚轮；7——料斗；8——转轴齿轮；9——挡块盖

　　摇摆式颗粒机的主要构造是在一个加料斗的底部用一个七角滚轮，借机械动力做摇摆式往复转动，模仿人工在筛网上用手搓压而使软材通过筛孔而成颗粒。筛网具有弹性，可通过控制其与滚轴接触的松紧程度来调节制成颗粒的粗细。摇摆式颗粒机工作时七角滚轮由于受到机械作用而进行正反转的运动，筛网不断紧贴在滚轮的轮缘上往复运动，软材被挤入筛孔，将原孔中的原料挤出，得到湿颗粒。工作时，电动机带动胶带轮转动，通过曲柄摇杆使滚筒做往复摇摆式转动。在滚筒刮刀挤压与剪切作用下，湿物料挤过筛网形成颗粒，并落于接收

图 11-7　颗粒机挤压作用图

1——手柄；2——棘爪；3——管夹；4——七角滚轮；
5——筛网；6——软材；7——料斗

盘中。摇摆式颗粒机虽然工作原理及操作都简单，但对于前期物料的性能有一定的要求，即混合所得的软材要适合制粒、松软得当。太松则不能通过设备挤压形成颗粒，太软则会使挤出的颗粒

成条状不易断开。

影响摇摆式颗粒机所制得颗粒质量的因素主要是筛网和加料量。加料过多，或筛网过松，则制得颗粒粗且紧密；加料过少，或筛网较紧，则制得颗粒细且疏松。摇摆式颗粒机所制得颗粒成品粒径分布均匀，利于湿颗粒的均匀干燥；而且机器运转平稳，噪声小，易清洗。由于挤压所出的制粒产品水分较高，必须具有后续干燥工艺，为了防止刚挤出的颗粒堆积在一起发生粘连，多对这些颗粒采用高温热风式干燥，使颗粒表面迅速脱水，然后再用振动流化干燥。

（2）旋转制粒机　旋转制粒机适合于黏性较大的物料，可避免人工出料所造成的颗粒破损，具有颗粒成型率高的特点。由底座、加料斗、颗粒制造装置、动力装置、齿条等部分组成。颗粒制造装置为不锈钢圆筒，圆筒两端各备有不同筛号的筛孔，一端的孔径比较大，另一端的孔径比较小，以适于粗细不同颗粒的制备。圆筒的一端装在固定底盘上，所需大小的筛孔装在下面，底盘中心有一个可以随电动机转动的轴心，轴心上固定有十字形四翼刮板和挡板，两者的旋转方向不同。制粒时，将软材放在转筒中，通过刮板旋转，将软材混合切碎并落于挡板和圆筒之间，软材在挡板的转动下被压出筛孔而成为颗粒，落入颗粒接收盘而由出料口收集。结构如图11-5（b）所示。

（3）螺旋挤压制粒机　螺旋挤压制粒机分为单螺杆及双螺杆挤压造粒机，同样具有操作方便、易于清洗的特点。其工作原理与摇摆式颗粒机和旋转挤压制粒机相似，只在转子的形状上有所不同，螺旋挤压制粒机通过螺杆将物料压出。结构如图11-5（c）所示。

螺旋挤压制粒机虽然有其优点，但是由于制粒的生产工序复杂，劳动强度大，生产环境的粉尘噪声大，清场困难等，在企业的大生产中已越来越多被高效混合的一步制粒机所取代，其更多地应用于小型企业及实验室中试。

（4）转动制粒机　转动制粒是在物料中加入一定量的黏合剂或湿润剂，通过搅拌、振动和摇动完成微核形成、微核长大、微丸形成这一过程，最后得到一定机械强度、大小的球形颗粒。

转动制粒机又称为离心制粒机，如图11-8所示。物料加入后，在高速旋转的圆盘带动下做离心旋转运动，从而集中到器壁上。然后，从圆盘周边吹出的空气流使物料向上运动，而黏合剂从物料层斜面上部喷入，与物料相结合，靠物料的激烈运动使物料表面均匀湿润，并使散布的粉末均匀附着在物料表面，层层包裹，形成颗粒。颗粒最终在重力作用下落入圆盘中心，落下的粒子重新受到圆盘的离心旋转作用，从而使物料不停地做旋转运动，有利于形成球形颗粒。如此反复操作可以得到所需大小的球形颗粒。颗粒形成后，调整气流的流量和温度可对颗粒进行干燥。

（a）圆筒旋转制粒机　　　（b）倾斜旋转锅　　　（c）离心制粒机

图11-8　转动制粒机
1——喷嘴；2——转盘；3——粒子层；4——通气孔

转动制粒机的优点是处理量大，设备投资少，运转率高。缺点是颗粒密度不高，难以制备粒径较小的颗粒。在希望颗粒形状为球形、颗粒致密度不高的情况下，大多采用转动制粒。但是由于其同样存在着粉尘及噪声大、清场困难的缺点，因此目前制药企业的大生产中应用较少，多用于实验室中试样品制备及教学演示。

（5）高速搅拌制粒机　是通过搅拌器混合以及高速造粒刀的切割作用而将湿物料制成颗粒的装置，是一种集混合与造粒功能于一体的高效制粒设备，在制药工业中有着广泛应用。高速搅拌制粒机主要由盛料器、搅拌桨、切割刀和动力系统组成，其结构如图11-9所示。其工作原理是将粉料和黏合剂放入容器内，利用高速旋转的搅拌器迅速完成混合，并在切割刀作用下制成颗粒。搅拌桨主要使物料上下左右翻动并进行均匀混合，切割刀则将物料切割成粒径均匀的颗粒。搅拌桨安装在锅底，能确保物料分散成半流动的翻滚状态，并达到充分混合。而位于锅壁水平轴的切割刀与搅拌桨旋转运动产生涡流，使物料被充分混合、翻动及碰撞，同时切割刀可将团状物料充分打碎成颗粒。此时，处于三维运动的物料颗粒之间存在挤压、碰撞、磨擦、剪切和捏合等相互作用，使颗粒磨擦更均匀、细致，最终形成稳定的球状颗粒，从而形成潮湿均匀的软材。

高速搅拌制粒机操作：先将原辅料按处方比加入盛料筒，启动搅拌电机将干粉混合1~2分钟，待混合均匀后，加入黏合剂，再将湿物料搅拌4~5分钟即成为软材。然后，启动造粒电机，利用高速旋转的切割刀将湿物料切割成颗粒。因物料在筒内快速翻动和旋转，使每一部分的物料在短时间内均能经过切割刀部位被切割成大小均匀的颗粒。药粉和辅料在搅拌桨的作用下混合、翻动、分散形成大块颗粒；然后，大块颗粒被切割刀绞碎、切割，并配合搅拌桨，使颗粒得到强大的挤压、滚动而形成大小适宜、致密均匀的颗粒；部分结合力弱的大颗粒被搅拌器或切割刀打碎，碎片作为核心颗粒经过包层进一步增大，最

图11-9　高速搅拌制粒机结构简图
1——盛料器；2——搅拌桨；3——盖；4——切割刀；
5——控制器；6——制粒电机；7——搅拌电机；8——传动皮带；
9——机座；10——控制出料门

终形成适宜的颗粒。其中，颗粒目数大小受物料的特性、制料刀的转速和制粒时间等因素制约，改变搅拌桨的结构、调节黏合剂的用量及操作时间可改变制备颗粒的密度和强度。

高速搅拌制粒机是在一个容器内进行混合、捏合和制粒，8~10分钟即可得到大小均匀的颗粒，与传统的槽形混合机相比，可节约15%~25%的黏合剂用量，且配方不需要大改动即可用该设备制备，具有省工序，操作简单，快速等优点。同时，该设备处理物料量大，制粒又是在密闭容器中进行，工作环境好，设备清洁比较方便，清场容易，能够达到GMP的要求。该设备制成的颗粒大小均匀、质地结实、细粉少。虽然搅拌混合制粒设备存在着高耗能、高耗时的缺点，但是与其他湿法制粒的设备相比，工人劳动强度明显减小，工序工时也相对减少。因此，搅拌混合制粒设备目前为较常用的制粒设备。

三、干法制粒过程与设备

（一）干法制粒过程

干法制粒是将粉末在干燥状态下压缩成型，再将压缩成型的块状物破碎制成颗粒。制粒过程

中，需要将混合物料先压成粉块，然后再制成适宜颗粒，也称大片法。干法制粒可分压片法和滚压法。压片法是将活性成分、稀释剂（如必要）和润滑剂混合，这些成分中必须具有一定黏性。在压力作用下，粉末状物料中含有的空气被排出，形成相当紧密的块状，然后将大片碎裂成小的粉块。滚压法与压片法的原理相似，不同之处在于滚压法应用压缩磨压片，在压缩前预先将药物与赋形剂的混合物通过高压滚筒将粉末压紧，排出空气，然后将压紧物粉碎成均匀大小的颗粒。该法使用的压力较大，才能使某些物质黏结，但有可能会导致药物的溶出速率延缓。

（二）干法制粒设备

图 11-10 所示干法造粒工艺设备。将粉料投入原料仓中，经螺旋输送机定量、连续地送入原料筛，筛除粗粒子；粉料进入脱气槽，脱除空气及其他惰性气体后，以确保压片致密；压片操作主要靠一对表面具有条形花纹的压辊滚压完成。连续压出来的薄片，在脱辊时形成大小不均匀的碎片，经粉碎、整粒后，再经筛分得到粒度均匀、密度较大的粒状制品；筛出的细粉再返回去压片。这种工艺造粒均匀，质量好。干法辊压式造粒装置的操作采用全自动化，但装置结构复杂，转动部件多，维修护理工作量大，造价较高。

四、流化制粒过程与设备

流化床制粒系指物料粉末粒子在原料容器（流化床）中受到经过净化后的加热空气预热和混合，呈环流化状态，黏合剂溶液雾化喷入后，使若干粒子聚集成含有黏合剂的团粒，由于空气对物料不断干燥，使团粒中水分蒸发，黏合剂凝固，此过程不断重复进行，形成均匀的多微孔球状颗粒。流化床制粒广泛应用于粉体制粒及粉体、颗粒、丸的肠溶剂、缓控释薄膜包衣制备。

图 11-10 干法造粒工艺设备
1——原料仓；2——原料输送机；3——原料筛；4——脱气槽；
5——搅拌器；6——螺旋输送机；7——压片机；8——成品筛；
9——二次整粒机；10——成品仓；11——一次整粒机；
12——粉碎机；13——螺旋加料器；14——粗筛分料机

（一）流化床制粒过程

1. 流化床制粒机理 流化造粒机理有三种情况。第一种情况是，以黏合剂溶液为媒体，以粉体为核心，粉体相互接触附着凝集形成颗粒；第二种情况是，用与粉体物料同质的溶液利用喷嘴喷射，在粉体上凝集使其长大的造粒方法；第三种情况是，把熔融的液体在同质的粉粒流化床中进行喷雾，在粉体上发生凝固干燥的造粒过程。在颗粒形成过程中，起作用的是黏合剂溶液与颗粒间的表面张力，以及负压吸力。在这些力的作用下形成如图 11-11 所示的交联过程，即在粉体间由液体交联架桥形成凝集现象。粉体经液体交联变成固态骨架，经干燥即得多孔的颗粒产品。

操作时，把物料粉末与各种辅料装入容器中，适宜温度的气流从床层下部通过筛板吹入，使物料呈流化状态并且混合均匀，并均匀喷入黏合剂液体，粉末开始聚结成粒，经过反复的喷雾和干燥，颗粒不断长大，当颗粒的大小符合要求时停止喷

图 11-11   粉体间的液体交联过程

雾，然后继续送热风将床层内形成的颗粒干燥，最后收集制得颗粒，送至下一步工序。该设备的运转特点是粉末受到下部热空气的作用而呈流态化，然后定量喷入黏合剂，物料在床层内不断翻滚运动，使粉料在流态化的同时团聚得到颗粒。

2. 影响颗粒物性的因素   流态化造粒机理是相当复杂的，由于粉体的物性不同，黏合剂溶液的组成不同，所得颗粒性质也是千差万别的；即使是同一种物料和黏合剂，若操作条件不同，颗粒产品的物性差别也是相当大的。影响颗粒物性的有如下因素：

（1）空气温度   在颗粒形成过程中，随气体温度的升高，颗粒假密度变小，生成脆性的小颗粒。当流化颗粒用的空气温度上升时，增加了水溶性黏合剂的蒸发量，因而使黏合剂润湿粉末的能力以及黏合剂的浸透百分率都降低了，在相当高的温度下造粒时，则变成了黏合剂溶液的喷雾干燥，因而不能形成颗粒；另一种情况，在常温下造粒时，由于黏合剂溶液对于粉末的过度润湿，造成粉末过早凝集，这就很难维持流化床的流动状态。

（2）黏合剂雾化速度   随着喷雾速度的增加，颗粒脆性下降，而平均粒径却增高。这是因为当喷雾速度增加时，黏合剂的润湿能力和浸透能力也增加的结果。而浸透能力的增加又促使颗粒的假密度增加。但粒子的密度、空隙率、流动率等却变化不大。

（3）喷雾液滴   喷雾装置一般是气流式喷嘴。利用喷嘴内空气压力以及气液比，来调节黏合剂溶液的雾化程度，控制雾滴大小。空气压力增加，雾滴直径变小；气液比增大，雾滴也变小。因为雾化空气压力以及气液比增大，都可使雾化能量增大，使雾滴变小。

（4）喷嘴位置   流态化造粒过程中，喷嘴的位置对所造颗粒的平均粒径及粒子的脆性都有影响，但对颗粒的流动性能及假密度则影响不大。喷嘴越靠近流化床层，雾化的黏合剂溶液越能有效地增加对粉体的润湿与浸透能力，从而促进颗粒的形成。在设计喷嘴的位置时，必须考虑粉末的密度、黏合剂溶液的蒸发速度。当喷嘴的位置离流化床层过近时，有可能在喷嘴的前缘出现喷射障碍。反之，若喷嘴离流化床层过高，将使黏合剂溶液在与粉体接触之前即已干燥，则不能得到颗粒产品。

（5）黏合剂及其浓度   黏合剂的种类及其浓度将决定其黏性，当黏合剂溶液的浓度增加时，颗粒的流动能力下降。对浓度相同的各黏合剂溶液，其黏性的差异也将引起颗粒直径和脆性的差异。在流态化造粒过程中，由于粉体是处于悬浮状态下凝集成颗粒产品的，所以黏合剂的选择是十分重要的。不同的黏合剂溶液对粉末润湿浸透力的影响有很大差别。

（6）造粒物料   不同种类的物料对流化床造粒过程影响不同。

①吸湿性物料：当物料中含有 50% 以上的吸湿性物料时，易与喷雾液中的水亲和，发生团聚现象；当吸湿性物料比较少的情况下喷雾时，颗粒产品则与喷雾干燥类似。

②亲水性物料：粉体与黏合剂溶液相互融合易凝集形成粒子。亲水性物料在流化床中是最容

易造粒的，采用其他方法造粒也是比较容易的。

③疏水性物料：此类物料的造粒，黏合剂的选择非常困难。黏合剂在粒子间形成液体交联现象，当其慢慢蒸发后，则变成固体交联而形成颗粒。

（二）流化制粒设备

流化床制粒装置主要由容器、气体分布装置（如筛板等）、喷嘴、气固分离装置（如袋滤器）、空气进口和出口、物料排出口组成，如图11-12所示。盛料容器的底是一个不锈钢板，布满直径1~2mm筛孔，开孔率为4%~12%，上面覆盖一层120目不锈钢丝制成的网布，形成分布板。在上部的喷雾室中，物料受气流及容器形态的影响，产生由中心向四周的上下环流运动。黏合剂由喷枪喷出。粉末物料受黏合剂液滴的黏合，聚集成颗粒，受热气流的作用，带走水分，逐渐干燥。流化床制粒装置从结构上可分成四部分：第一部分是空气过滤加热部分；第二部分是物料沸腾喷雾和加热部分；第三部分是粉末收集、反吹装置及排风结构；第四部分是输液泵、喷枪管路、阀门和控制系统。该设备需要电力、压缩空气、蒸汽三种动力源。电力供给引风机、输液泵、控制柜。压缩空气用于雾化黏合剂，脉冲反吹装置、阀门和驱动汽缸。蒸汽用来加热流动的空气，使物料得到干燥。

图11-12 流化床制粒装置示意图
1——空气出口；2——袋滤器；3——喷嘴；
4——筛板；5——空气进口；6——产品出口

喷射装置可分为顶喷、底喷和切线喷三种：顶喷装置喷枪的位置一般置于物料运动的最高点上方，以免物料将喷枪堵塞；底喷装置的喷液方向与物料方向相同；切线喷装置的喷枪装在容器的壁上。

流化制粒根据处理量和用途不同，有间歇式流化沸腾制粒器和强制循环型流化床制粒器两种作业形式。如果期望得到粒径为数百微米的产品，可采用批次作业方式的间歇式流化沸腾制粒器，如图11-13所示。该设备的运转特点是先将原料粉流态化，然后定量喷入黏合剂，使粉料在流化状态下团聚形成合适粒径的微粒。当处理量较大时，则应选用连续式流化制粒设备，这类装置多由数个相互连通的流化室组成，药粉经过增湿、成核、滚球、包覆、分级、干燥等过程形成颗粒。它是在原料粉处于流态化时连续地喷入黏合剂，使颗粒不断翻滚长大得到适宜粒径后排出机外。可通过优化多室流化床的工艺条件，使颗粒形成的不同阶段都处在最佳操作条件下完成。

图11-13 间歇式流化造粒机
1——过滤室；2——喷雾室；
3——原料容器

流化床制粒机适用于热敏性或吸湿性较强的物料制粒，且要求所用物料的密度不能有太大差距，否则难以制成颗粒。由于其可直接完成制粒过程中的多道工序，减少了企业的设备投资，并且降低了操作人员的劳动强度。因此，该设备具有生产流程自动化，生产效率高、产量大的特点。但是由于该设备动力消耗较大、对厂房环境的建设要求较高，在厂房设计及应用时需注意到这一点。

五、喷雾制粒过程与设备

喷雾制粒是将药物溶液或混悬液用雾化器喷雾于干燥室的热气流中，使水分迅速蒸发以直接制成干燥颗粒的方法。该法在数秒钟内即完成料液的浓缩、干燥、制粒过程，制成的颗粒呈球状。料液含水量可达70%~80%以上。以干燥为目的的过程称喷雾干燥；以制粒为目的的过程称喷雾制粒。

（一）喷雾制粒过程

喷雾制粒是通过机械作用，将原料液用雾化器分散成雾滴，分散成很细的像雾一样的微粒，增大水分蒸发面积，加速干燥过程，并用热空气（或其他气体）与雾滴直接接触，在瞬间将大部分水分除去，使物料中的固体物质干燥成粉末而获得粉粒状产品的过程。溶液、乳浊液或悬浮液，以及熔融液或膏状物均可作为喷雾干燥制粒的原料液。根据需要，喷雾干燥制粒设备可得到粉状、颗粒状、空心球状或团粒状的颗粒。

喷雾制粒过程分为三个基本阶段：第一阶段，原料液的雾化。雾化后的原料液分散为微细的雾滴，水分蒸发面积变大，能够与热空气充分接触，雾滴中的水分得以迅速汽化而干燥成粉末或颗粒状产品。雾化程度对产品质量起决定性作用，因此，原料液雾化器是喷雾制粒的关键部件。第二阶段，干燥制粒。雾滴和热空气充分接触、混合及流动，进行干燥制粒。干燥过程中，根据干燥室中热风和被干燥颗粒之间运动方向可分为并流型、逆流型和混流型。第三阶段，颗粒产品与空气分离。喷雾制粒的产品采用从塔底出粒塔顶出气，但需要注意废气中夹带部分细粉。因此在废气排放前必须回收细粉，以提高产品收率，防止环境污染。

喷雾制粒的优点：由液体直接得到粉状固体颗粒；热风温度高，但雾滴比表面积大，干燥速度快（通常需要数秒至数十秒），物料的受热时间极短，干燥物料的温度相对低，适用于热敏性物料；粒度范围在三十微米至数百微米，堆密度在200~600kg/m³的中空球状粒子较多，具有良好的溶解性、分散性和流动性。喷雾制粒的缺点：设备高大、汽化大量液体，设备费用高、能量消耗大、操作费用高；黏性较大料液容易粘壁而使用受到限制，且需用特殊喷雾干燥设备。

近年来这种设备在制药工业中得到广泛的应用与发展，如抗生素粉针的生产、微型胶囊的制备、固体分散体的研究以及中药提取液的喷雾制粒都是利用喷雾制粒技术。

（二）喷雾制粒设备

喷雾制粒设备结构如图11-14所示，由原料泵、雾化器、空气加热器、喷雾干燥制粒器等部分构成。制粒时原料液经过滤器由原料泵输送到雾化器雾化为雾滴，空气由鼓风机经过滤器、空气加热器及空气分布器送入喷雾干燥制粒器的顶部，热空气与雾滴在干燥制粒器内接触、混合，进行传热与传质，得到干燥制粒产品。

雾化器是喷雾制粒的关键部件，要保证溶液的喷雾干燥制粒过程是在瞬间完成的，

图11-14 喷雾干燥制粒设备示意图
1——原料罐；2——过滤器；3——原料泵；4——空气分布器；
5——雾化器；6——空气加热器；7——空气过滤器；
8——鼓风机；9——引风机；10——旋风分离器；11——产品

必须最大限度地雾化分散原料液，增加单位体积溶液的表面积，雾滴越细，其表面积越大，才能使传热和传质过程加速，利于干燥制粒的进行。根据雾滴形成的方式可将雾化器分为气流式雾化器、压力式雾化器和旋转式雾化器。一般情况下，气流式雾化器所得雾滴较细，而压力式和旋转式雾化器所得雾滴较粗。因此，常选用压力式或旋转式雾化器制备较大颗粒产品，而气流式雾化器常用于较细的粉状产品。

喷雾干燥制粒设备具有部件易清洗、生产效率高、操作人员少的特点。并且在整个过程中物料都处于密闭状态，避免粉尘的飞扬，确保生产环境的洁净度要求。但是由于喷雾干燥制粒设备装置复杂，耗能高，占地面积大，企业的一次性投资成本较大。而且设备中的关键部件雾化器及粉末回收装置价格较高，因此，喷雾干燥制粒设备并不是中小制药企业选择制粒设备的首选。

第三节 片剂成型过程与设备

片剂始创用于19世纪40年代，随着压片机械的出现得以迅速发展。由于片剂的剂量准确，使用、运输和携带方便，价廉，产量高等优点，已无可争议地成为临床应用的首选药物剂型。近十几年来，片剂生产技术与机械设备方面也有较大的发展，如流化制粒、粉末直接压片、半薄膜包衣、新辅料、新工艺以及生产联动化等。随着工艺技术的不断改进，片剂的质量逐渐提高，功能日益多样化，促进了医学事业的进步，为患者带来更多的便利。

一、片剂的生产过程

片剂通常系指将药物或中药材提取物、药材提取物加药材细粉或药材细粉与适宜辅料混匀压制而成的圆片状或异形片状的固体制剂。

片剂的生产需要经过以下工艺：原辅料—粉碎—过筛—物料配料—混合—制粒—干燥—压片—包装—储存。

1. 粉碎与过筛 粉碎主要是借机械力将大块固体物料碎成适宜大小的过程，固体药物粉碎是制备各种剂型的首要工艺。对于药物所需的粉碎度，要综合考虑药物本身性质和使用要求，例如当主药为难溶性药物时，必须有足够的细度以保证混合均匀及溶出度符合要求。药物粉碎后，需要通过过筛使粗粉与细粉分离，并通过控制筛孔的大小得到需要的药物粉末。粉碎后药物表面积增大，溶解与吸收加强，生物利用度提高。

2. 配料混合 在片剂生产过程中，主药粉与赋形剂根据处方称取后必须经过几次混合，以保证充分混匀。主药粉与赋形剂并不是一次能全部混合均匀的，首先加入适量的稀释剂进行干混，而后再加入黏合剂和润湿剂进行湿混，以制成松软适度的软材。大量生产时采用混合机、混合筒或气流混合机进行混合。对于小剂量药物，主药与辅料量相差较悬殊，可用等体积递增配研法混合；如果含量波动较大，不易混合，可采用溶剂分散法，即将量小的药物先溶于适宜的溶剂中再与其他成分混合，通常可以混合均匀。

3. 制粒和干燥 干燥是利用热能除去固体物质或膏状物中所含的水分或其他溶剂，获得干燥物品的工艺操作，已制好的湿颗粒应根据主药和辅料的性质于适宜温度（一般控制在50~60℃）尽快通风干燥。加快空气流速，降低空气湿度或者真空干燥，均能提高干燥速度。干燥后的颗粒往往会粘连结块，应当再进行过筛整粒，整粒时筛网孔径应与制粒用筛网孔径相同或略小。

除某些结晶性药物或可供直接压片的药粉外，一般粉末状药物均需事先制成颗粒才能进行压片，以保证压片过程中无气体滞留，药粉混合均匀，同时避免药粉积聚、黏冲等。制粒的目的在于改善粉末的流动性及片剂生产过程中压力的均匀传递，防止各成分离析及改善溶解性能。

4. 压片 压片是片剂成型的关键步骤，通常由压片机完成。压片机的基本机械单元是两个钢冲和一个钢冲模，冲模的大小和形状决定了片剂的形状。压片机工作的基本过程为：填充—压片—推片，这个过程循环往复，从而自动地完成片剂的生产。

5. 包衣 片剂包衣是指在素片（或片芯）外层包上适宜的衣料，使片剂与外界隔离。包衣后可达到以下目的：①隔离外界环境，增加对湿、光和空气不稳定药物的稳定性；②改善片剂外观，掩盖药物的不良气味，减少药物对消化道的刺激和不适感；③控制药物释放速度和部位，达到缓释、控释的目的，如肠溶衣，可避开胃中的酸和酶，在肠中溶出；④防止复方成分发生配伍变化。根据使用的目的和方法的不同，片剂的包衣通常分糖衣、肠溶衣及薄膜衣等数种。糖衣层由内向外的顺序为隔离层、粉衣层、糖衣层、有色糖衣层、打光层。包衣层所使用材料应均匀、牢固、与药片不起作用，崩解时限应符合《中国药典》片剂项下的规定，不影响药物的溶出与吸收；经较长时期贮存，仍能保持光洁、美观、色泽一致，并无裂片现象。包衣方法有锅包衣法、空气悬浮包衣法、压制包衣法以及静电包衣法、蘸浸包衣法等。

6. 包装 包装系指选用适当的材料或容器，利用包装技术，对药物半成品或成品批量经分（灌）、封、装、贴签等操作，对药品在应用和管理过程中提供保护，使用方便的一种加工过程的总称。包装中有单件包装、内包装、外包装等多种形式。药品包装的首要功能是保护作用，起到阻隔外界环境污染及缓冲外力的作用，并且避免药品在贮存期间，可能出现的氧化、潮解、分解、变质；其次要便于药品的携带及临床应用。

二、压片过程与设备

片剂的成型设备称为压片机，通常是将物料置于模孔中，用冲头进行压制形成片状的设备。片剂的生产方法有粉末压片法和颗粒压片法两种。粉末压片法是直接将均匀的原辅料粉末置于压片机中压成片状，这种方法对药物和辅料的要求较高，只有片剂处方成分中具有适宜的可压性时才能使用粉末直接压片法；颗粒压片法是先将原辅料制成颗粒，再置于压片机中冲压成片状，这种方法通过制粒过程使药物粉末具备适宜的黏性，大多片剂的制备均采用这种方法。片剂成型是药物和辅料在压片机冲模中受压，当到达一定的压力颗粒间接近到一定的程度时，产生足够的范德华力，使疏松的颗粒结合成整体的片状。压片机基本结构是由冲模、加料机构、填充机构、压片机构、出片机构等组成。压片机又分为单冲冲撞式压片机、旋转式压片机和高速旋转式压片机等。此外，还有二步（三步）压片机和多层片压片机等。

1. 电动单冲冲撞式压片机 电动单冲冲击压片机设备结构如图 11-15 所示，是由冲模（模圈、上冲、下冲）、饲料装置（饲料靴、加料斗）及调节器（片重调节器、出片调节器、压力调节器）组成的。单冲压片机的压片过程是自加料、压片至出片自动连续进行的。这个过程中，下冲杆首先降到最低，上冲离开模孔，饲料靴在模孔内摆动，颗粒填充在模孔内，完成加料。然后饲料靴从模孔上面移开，上冲压入模孔，实现压片。最后，上冲和下冲同时上升，将药片顶出冲模。接着饲料靴转移至模圈上面把片剂推下冲模台而落入接受器中，完成压片的一个循环。同时，下冲下降，使模内又填满了颗粒，开始下一组压片过程，如是反复压片出片。单冲压片机每分钟能压制 80~100 片。

单冲压片机所制片剂的质量和硬度（即受压大小）受模孔和冲头间的距离影响，可分别通过片重调节器和压力调节部分调整。下冲杆附有上、下两个调节器，上面一个为调节冲头使与模圈

图 11-15 电动单冲冲撞式压片机
1——加料斗；2——上冲；3——下冲；4——出片调节器；
5——片重调节器；6——电动机；7——偏心轮；8——手柄

相平的出片调节器，下面一个是调节下冲下降深度（即调节片剂重量）的片重调节器。片重轻时，调节片重调节器使下冲杆下降，增加模孔的容积，借以填充更多的物料，使片重增加。反之，上升下冲杆，减小模孔的容积可使片重减轻。冲头间的距离决定了压片时压力的大小，上冲下降得愈低，上、下冲头距离愈近，则压力愈大，片剂越硬。反之，片剂越松。

单冲压片机结构简单，操作和维护方便，可方便地调节压片的片重、片厚以及硬度，但是，单冲压片机压片时是一种瞬时压力，这种压力作用于颗粒的时间极短，而且存在空气垫的反抗作用，颗粒间的空气来不及排出，会对片剂的质量产生影响。因此，单冲压片机制得的片剂容易松散，大规模生产时质量难以保证，而且产量也太小。因此，单冲压片机多作为实验室里做小样的设备，用于了解压片原理和教学。

2. 旋转式压片机 单冲压片机的缺点限制了其在大规模片剂生产中的应用，目前的片剂生产多使用旋转式压片机，旋转式压片机对扩大生产有极大的优越性。旋转式压片机是基于单冲压片机的基本原理，又针对瞬时无法排出空气的缺点，在转盘上设置了多组冲模，绕轴不停旋转，变瞬时压力为持续且逐渐增减压力，从而保证了片剂的质量。

旋转式压片机的核心部件是一个可绕轴旋转的三层圆盘，上层装有上冲，中层装有模圈，下层装有下冲。圆盘位于绕自身轴线旋转的上、下压轮之间，此外还有片重调节器、出片调节器、刮料器、加料器等装置。图 11-16 左图是常见的旋转式多冲压片机的结构示意图，右图是工作原理示意图，图中将圆柱形机器的一个压片全过程展开为平面形式，以更直观地展示压片过程中各冲头所处的位置。

工作时，圆盘绕轴旋转，带动上冲和下冲分别沿上冲圆形凸轮轨道和下冲圆形凸轮轨道运动，同时模圈做同步转动。此时，冲模依次处于不同的工作状态，分别为填充、压片和退片。处于填充状态时，颗粒由加料斗通过饲料器流入位于其下方置于不停旋转平台之中的模圈中，这种充填轨道的填料方式能够保证较小的片重差异。圆盘继续转动，当下冲运行至片重调节器上方时，调节器的上部凸轮使下冲上升至适当位置而将过量的颗粒推出。通过片重调节器调节下冲的高度，可调节模孔容积，从而达到调节片重的目的。推出的颗粒则被刮料板刮离模孔，并在下一

图 11-16 旋转式压片机示意图

1——加料斗；2——旋转盘；3——上压轮；4——上冲；5——中模；6——下冲；7——下压轮；8——片重调节器；
9——栅式加料器；10——下冲下行轨道；11——重量控制用凸轮；12——上冲上行轨道；13——下冲上行轨道

次填充时被利用。接着，上冲在上压轮的作用下下降并进入模孔，下冲在下压轮的作用下上升，对模圈中的物料产生较缓的挤压效应，将颗粒压成片，物料中空气在此过程中有机会逸出。最后，上、下冲同时上升，压成的片子由下冲顶出模孔，随后被刮片板刮离圆盘并滑入接收器。此后下冲下降，冲模在转盘的带动下进入下一次填充，开始下一次工作循环。下冲的最大上升高度由出片调节器来控制，使其上部与模圈上部表面相平。

旋转式压片机的多组冲模设计使得出片十分迅速，且能保证压制片剂的质量。目前，多冲压片机的冲模数量通常为 19、25、33、51 和 75 等，单机生产能力较大。如 19 冲压片机每小时的生产量为 2 万~5 万片，33 冲为 5 万~10 万片，51 冲约为 22 万片，75 冲可达 66 万片。多冲压片机的压片过程是逐渐施压，颗粒间容存的空气有充分的时间逸出，故裂片率较低。同时，加料器固定，运行时的振动较小，粉末不易分层，且采用轨道填充的方法，故片重较为准确均一。

目前国内制药企业常用的旋转式压片机为 ZP-33B 型，与 ZP-33 型相比，ZP-33B 型压片设备改善了其前身压力小、噪声高、粉尘大、不能换冲模压制异型片的缺点。设备的生产能力也有进一步提高，可以达到 4 万片~11.8 万片/小时，并且配备了断冲、超压等自我保护系统。但是由于与高速旋转式压片机相比，存在生产效率低、粉尘大、操作复杂、设备及生产环境清洁困难等缺点，旋转式压片机目前仅仅应用于大企业的生产工艺中试、产量要求不高的中小企业或实验室的教学演示。

3. 高速旋转式压片机 传统敞开压片工序的不连续所导致的压片间粉尘和泄漏等问题，在国内大型制药企业中也屡见不鲜，而这已经不能满足目前 GMP 对于压片间的洁净度要求了。随着制药工程的进步，通过增加冲模的套数，装设二次压缩点，改进饲料装置等，旋转式压片机已逐渐发展成为能以高速度旋转压片的设备。以 ZPYG500 系列的高速旋转式压片机为例，设备在工作时，压片机的主电机通过交流变频无级调速器，并经涡轮减速后带动转台旋转。转台的转动使上、下冲头在导轨的作用下产生上、下相对运动。颗粒经充填、预压、主压、出片等工序被压成片剂。并且，设备配备有间隙式微小流量定量自动润滑系统，可自动润滑上下轨道、冲头，降低轨道磨损。同时配备有传感器压力过载保护装置，当压力超压时，能保护冲头，自动停机。

但是，高速旋转式压片机由于填料迅速，位于饲料器下的模孔的装填时间不充分，如何确保模圈的填料符合规定是最主要的问题。现在已设计出许多动力饲料方法，这些方法可在机器高速运转的情况下迅速地将颗粒重新填入模圈。这样有助于颗粒的直接压片，并可减少因内部空气来不及逸出所引起的裂片和顶裂现象。

三、包衣过程与设备

一般药物经压片后，为了保证片剂在储存期间质量稳定或便于服用及调节药效等，有些片剂还需要在表面包以适宜的物料，该过程称为包衣。片剂包衣后，素片（或片芯）外层包上了适宜的衣料，使片剂与外界隔离，可达到增加对湿、光和空气不稳定药物的稳定性，掩盖药物的不良臭味，减少药物对消化道的刺激和不适感，靶向及缓控释药，防止复方成分发生配伍变化等目的。

合格的包衣应达到以下要求：包衣层应均匀、牢固、与药片不起作用，崩解时限应符合药典片剂项下的规定；经较长时期贮存，仍能保持光洁、美观、色泽一致，并无裂片现象；且不影响药物的溶出与吸收。根据使用的目的和方法不同，片剂的包衣通常分糖衣、薄膜衣及肠溶衣等数种。包糖衣的一般工艺为：包隔离层、粉衣层、糖衣层、有色糖衣层及打光。

1. 喷雾包衣机　喷雾包衣机设备结构如图 11-17 所示，主要由喷雾装置、铜制或不锈钢制的糖衣锅体、动力部分和加热鼓风吸尘部分。

糖衣锅体的外形为荸荠形，锅体较浅，开口很大，各部分厚度均匀，内外表面光滑，这种锅体设计有利于片剂的快速滚动，相互摩擦机会较多，而且散热及液体挥发效果较好，易于搅拌；锅体可根据需要采用电阻丝、煤气辅助加热器等直接加热或者热空气加热；锅体倾斜安装，下部通过带轮与电动机相连，为糖衣锅体提

图 11-17　喷雾包衣机示意图
1——包衣锅；2——喷雾系统；3——搅拌器；4——控制器；
5——风机；6——热交换器；7——排风管；8——集尘过滤器

供动力，做回转运动。糖衣锅的转速、温度和倾斜角度均可随意调整。片剂在锅中不断翻滚、碰撞、摩擦，散热及水分蒸发快，而且容易用手搅拌，利用电加热器边包层边对颗粒进行加热，可以使层与层之间更有效地干燥。

喷雾装置分为"有气喷雾"和"无气喷雾"，有气喷雾是包衣溶液随气流一起从喷枪口喷出，适用于溶液包衣。有气喷雾要求溶液中不含或含有极少的固态物质，黏度较小。一般有机溶剂或水溶性的薄膜包衣材料应用有气喷雾的方法。包衣溶液或具有一定黏性的溶液、悬浮液在压力作用下从喷枪口喷出，液体喷出时不带气体，这种喷雾方法称为无气喷雾法。当包衣溶液黏度较大或者以悬浮液的形式存在时，需要较大的压力才能进行喷雾，因此无气喷雾时压力较大。无气喷雾不仅可用于溶液包衣，也可用于有一定黏度或者含有一定比例的固态物质的液体包衣，例如用于含有不溶性固体材料的薄膜包衣以及粉糖浆、糖浆等的包衣。

2. 高效包衣机　高效包衣机由包衣机、包衣浆贮罐、高压喷浆泵、空气加热器、吸风机、控制台等主辅机组成。片心在包衣机洁净密闭的旋转转筒内，不停地做复杂轨迹运动，翻转流畅，交换频繁。恒温包衣液经高压泵，同时在排风和负压作用下从喷枪喷洒到片心。由热风柜供给的 10 万级洁净热风穿过片心从底部筛孔经风门排出，包衣介质在片心表面快速干燥，形成

薄膜。

高效包衣机的锅型结构大致可以分成间隔网孔式、网孔式、无孔式三类。网孔式高效包衣机如图 11-18（左）所示。它的整个圆周都带有 1.8~2.5mm 圆孔。整个锅体被包在一个封闭的金属外壳内，经过预热和净化的气流通过右上部和左下部的通道进入和排出。气流从锅的右上部通

图 11-18　高效包衣机示意图
1——进气管；2——锅体；3——片心；4——排风管；5——风门

过网孔进入锅内，热空气穿过运动状态的片心间隙，由锅底下部的网孔穿过再经排风管排出。这种气流运行方式称为直流式，在其作用下片心被推往底部而处于紧密状态。热空气流动的途径可以是逆向的，即从锅底左下部网孔穿入，再经右上方风管排出，称为反流式。反流式气流将积聚的片心重新分散，处于疏松的状态。在两种气流的交替作用下，片心不断地变换"紧密"和"疏松"状态，从而不停翻转，充分利用热源。

间隔网孔式外壳的开孔部分不是整个圆周，而是按圆周的几个等分部位，如图 11-18（右）所示。在转动过程中，开孔部分间隔地与风管接通，处于通气状态，达到排湿的效果。这种间隙的排湿结构使热量得到更加充分地利用，节约了能源；而且锅体减少了打孔的范围，制作简单，减轻了加工量。

无孔式锅体结构则是通过特殊的锅体设计使气流呈现特殊的运行轨迹，在充分利用热源的同时，巧妙地排出，锅体上没有开孔，不仅简化了制作工艺，而且锅体内光滑平整，对物料没有任何损伤。

3. 流化床包衣设备　流化床包衣设备与流化制粒、流化干燥设备的工作原理相似，通过将包衣液喷在悬浮于一定流速空气中的片剂表面，同时，加热空气使片剂表面溶剂挥发而成膜。不同之处在于干燥和制粒时由于物料粒径较小，比重轻，易于悬浮在空气中，流化干燥与制粒设备只要考虑空气流量及流速的因素；而包衣的片剂、丸剂的粒径大，自重大，难以达到流化状态，因此流化床包衣设备中加包衣隔板，减缓片剂的沉降，保证片剂处于流化状态的时间，达到流化包衣的目的。

流化式包衣机是一种常用的薄膜包衣设备，具有包衣速度快、对素片形状无要求的优点，但是由于在流化式包衣过程中药片做悬浮运动时，碰撞较强烈，因此成片的颜色不佳且外衣易碎，需要通过在包衣过程中调整包衣物料比例和减小锅速、锅温来解决。

第四节　胶囊剂成型过程与设备

胶囊剂系指药物装于空心硬质胶囊或密封于弹性软质胶囊中而制成的固体制剂，具有掩盖药物不良气味，使液态药物固体化，提高药物稳定性，药物体内起效快，缓释和定位释药的特点。胶囊剂可分为硬胶囊剂和软胶囊剂（亦称胶丸）两类。硬胶囊剂系将固体药物填充于空硬胶囊中制成。硬胶囊呈圆筒形，由上下配套的两节紧密套合而成，其大小用号码表示，可根据药物剂量的大小而选用。硬胶囊剂的制备分为空胶囊制备和药物填充。软胶囊剂又称胶丸剂，系将油类或

对明胶等囊材无溶解作用的液体药物或混悬液封闭于软胶囊中而成的一种圆形或椭圆形制剂。软胶囊剂又可分有缝胶丸和无缝胶丸，分别采用压制法和滴制法制成。由于胶囊壳的主要成分是水溶性明胶，胶囊在体内溶化后，局部药量很大，因此，水溶液和稀醇溶液的药物、易溶性的刺激性药物、易风干、易潮解的药物不能制成胶囊剂。

一、硬胶囊剂成型过程与设备

（一）硬胶囊剂成型过程

硬胶囊剂是将粉状药物、颗粒状药物、片剂或液体药物直接灌装于胶壳中而成。能达到速释、缓释、控释等多种目的，胶壳有掩味、遮光等作用，利于刺激性、不稳定药物的生产。根据药物剂量的大小，可选用000、00、0、1、2、3、4、5号8种规格的硬胶囊。硬胶囊剂的溶解时限优于丸剂、片剂，并可通过选用不同特性的囊材以达到定位、定时、定量释放药物的目的，如肠溶胶囊、直肠用胶囊、阴道用胶囊等。

1. 硬胶囊的原料　空胶囊的主要成囊材料为明胶。明胶是由骨、皮水解而制得的，分为A型与B型两种。由酸水解所制得的明胶被称为A型明胶，等电点pH值7~9；由碱水解所制得的明胶被称为B型明胶，等电点pH值4.7~5.2。以骨骼为原料所制得的骨明胶，质地坚硬，透明度差且质脆；以猪皮为原料所制得的猪皮明胶，透明度好，富有可塑性。因此，为兼顾胶囊壳的强度和可塑性，采用骨、皮的混合胶较为理想。同时，为了进一步增加明胶的可塑性，通常还需加入甘油、山梨醇、CMC-Na、HPC、油酸酰胺磺酸钠等增塑剂，以及增稠剂琼脂、遮光剂二氧化钛（2%~3%）、着色剂食用色素、防腐剂尼泊金等辅料。但是以上组分并不是任何一种空胶囊都必须具备的，而应根据具体情况加以选择。

2. 胶囊的型号　空胶囊的规格由大到小分为000、00、0、1、2、3、4、5号共8种，一般常用的是0~5号，相对应的容积分别为0.75mL、0.55mL、0.40mL、0.30mL、0.25mL、0.15mL。

3. 胶壳（空胶囊）的制备　空胶囊的制作过程可分为溶胶、蘸胶制坯、干燥、拔壳、截割及整理等六个工序，主要由自动化生产线完成。空胶囊应贮存在密闭的容器中，环境温度不应超过37℃（15~25℃最适宜），RH（相对湿度，Relative humidity）不得超过40%（30%~40%最适宜），即应阴凉干燥处避光保存备用。

4. 填充　若药料的粒度适宜，能够满足硬胶囊剂的填充要求，即可直接填充。但是若由于药物流动性差等原因，则需加一定的稀释剂、润滑剂等辅料。胶囊有平口与锁口两种，生产中一般使用平口胶囊，待填充后封口，以防其内容物泄漏。

（二）硬胶囊剂的填充设备

硬胶囊填充设备按主轴传动工作台运动方式分为两大类：一类是连续式，另一类是间歇式。按填充形式又可分为：重力自流式和强迫式两种。按计量及填充装置的结构可分为冲程法、插管式定量法、填塞式。不同充填方式的充填机适应于不同药物的分装，要根据药物的流动性、吸湿性、物料状态（粉状或颗粒状、固态或液态）选择填充方式。

现以间歇回转式全自动胶囊填充机为例，介绍硬胶囊填充机的结构和工作原理。硬胶囊填充的一般工艺过程依次为空心胶囊自由落料、空心胶囊的定向排列、胶囊帽和胶囊体的分离、剔除未被分离的胶囊、胶囊的帽体进行水平分离、胶囊体中被填充药料、胶囊帽体再次套合及封闭、填充后胶囊成品被排出机外。

胶囊的内容物可以是粉末、颗粒、微粒，甚至连固体药物及液体药物都可进行填充。填充粉末及颗粒的方法如下图 11-19 所示：①冲程法，即依据药物密度、容积和剂量之间的关系，直接将粉末及颗粒填充到胶囊中定量。可通过变更推进螺杆的导程，调节充填机速度来增减填充时的压力，从而控制分装重量及差异。半自动填充机就是采取这种填充方式，它对药物的适应性较强，一般的粉末及颗粒均适用此法。②填塞式定量法，即用填塞杆逐次将药物装粉夯实在定量杯里，达到所需填充量后药粉冲入胶囊定量填充。定量杯由计量粉斗中的多组孔眼组成。工作时，药粉从锥形贮料斗通过搅拌输送器直接进入计量粉斗的定量杯中，并经填塞杆多次夯实；定量杯中药粉达到定量要求后充入胶囊体。充填重量可通过调节压力和升降填充高度来调节。这种填充方式装量准确，对流动性差和易粘连的药物也能达到定量要求。③插管式定量法，即将空心计量管插入贮料斗中，使药粉充满计量管，并用计量管中的冲塞将管内药粉压紧，然后计量管旋转到空胶囊上方，通过冲塞下降将孔里药料压入胶囊体中；每副计量管在计量槽中连续完成插粉、冲塞、提升，然后推出插管内的粉团，进入囊体。填充药量可通过计量管中冲杆的冲程来调节。

图 11-19 填充定量方法示意图

（a）冲程法：1——充填装置；2——囊体；3——囊体盘；4——药粉
（b）填塞式定量法：1——计量盘；2——定量杯；3——药粉；4——填塞杆
（c）间歇插管式定量法：1——药粉；2——冲杆；3——计量管；4——囊体
（d）连续插管式定量法：1——计量槽；2——计量管；3——冲塞；4——囊体

微粒的填充主要依据容积定量法，具体方法有逐粒充填法及双滑块定量法等。

硬胶囊剂填充机是硬胶囊剂生产的关键设备，由机架、胶囊回转机构、胶囊送进机构、粉剂搅拌机构、粉剂填充机构、真空泵系统、传动装置、电气控制系统、废胶囊剔出机构、合囊机构、成品胶囊排出机构、清洁吸尘机构、颗粒填充机构组成。

硬胶囊填充机工作时，首先由胶囊送进机构（排序与定向装置）将空胶囊自动地按小头（胶囊身）在下，大头（胶囊帽）在上的状态，送入模块内，并逐个落入主工作盘上的囊板孔中。然后，拔囊装置利用真空吸力使胶囊帽留在上囊板孔中，而胶囊体则落入下囊板孔中。接着，上囊板连同胶囊帽一起被移开，胶囊体的上口则置于定量填充装置的下方，药物被定量填充装置填充进胶囊体。未拔开的空胶囊被剔除装置从上囊板孔中剔除出去。最后，上、下囊板孔的轴线对正，并通过外加压力使胶囊帽与胶囊体闭合。出囊装置将闭合胶囊顶出囊板孔，进入清洁区，清洁装置将上、下囊板孔中的胶囊皮屑、药粉等清除，胶囊的填充完成，进入下一个操作循环。由于每一工作区域的操作工序均要占用一定的时间，因此主工作盘是间歇转动的。

二、软胶囊剂成型过程与设备

（一）软胶囊剂成型过程

软胶囊剂俗称胶丸，系将一定量的药液直接包封于球形或椭圆形的软质囊中制成的制剂。其生产过程要求在洁净的环境下进行，且产品质量与生产环境密切相关。一般来说，要求其生产环境相对的湿度为30%～40%，温度为21～24℃。软胶囊囊材由明胶、甘油、增塑剂、防腐剂、遮光剂、色素和其他适宜的药用材料制成。其大小与形态有多种，有球形（0.15～0.3mL）、椭圆形（0.10～0.5mL）、长方形（0.3～0.8mL）及筒形（0.4～4.5mL）等，可根据临床需要制成内服或外用的不同品种，由于胶囊壳的弹性大，故又称为弹性胶囊剂或称胶丸剂。

软胶囊的制备工艺包括配料、化胶、滴制或压制、干燥等过程。首先是原辅料的混合过程，如果药物本身是油类的，只需加入适量抑菌剂，或再添加一定数量的玉米油（或PEG400），混匀即得。固态药物需要粉碎过100～200目筛，再与玉米油混合，经胶体磨研匀，或用低速搅拌加玻璃砂研匀，使药物以极细腻的质点形式均匀地悬浮于玉米油中。软胶囊壳主要含明胶、阿拉伯胶、增塑剂、防腐剂（如山梨酸钾、尼泊金等）、遮光剂和色素等成分，其中明胶、甘油、水以1∶0.3～0.4∶0.7～1.4的比例为宜。根据生产需要和药物的性质，选择适宜的辅料，将以上物料混合、搅拌、加热、溶化，保温过滤，制成胶浆备用。

软胶囊的制法有两种：滴制法和压制法。滴制法和丸剂的滴制法相似，冷却液必须安全无害，与明胶不相混溶，一般为液体石蜡、植物油、硅油等。制备过程中必须控制药液、明胶和冷却液三者的密度以保证胶囊有一定的沉降速度，同时有足够的时间冷却。滴制法设备简单，投资少，生产过程中几乎不产生废胶，产品成本低。但目前因胶囊筛选及去除冷却剂的过程相对复杂困难，滴丸法制备软胶囊在大规模生产过程中受到一定的限制。

软胶囊制备常采用压制机生产，将明胶用甘油、水等溶解制成胶板，再将药物置于两块胶板之间，调节好出胶皮的厚度和均匀度，并用钢模压制而成。压制法产量大，自动化程度高，成品率也较高，计量准确，工业化大生产较为适合。

（二）软胶囊剂的生产设备

成套的软胶囊生产设备包括明胶溶胶设备、药液配制设备、软胶囊压（滴）制设备、软胶囊干燥设备、回收设备。目前，常用的软胶囊生产设备有滴制式软胶囊机（滴丸机）和旋转式压囊机。

1. 滴制式软胶囊机（滴丸机）　滴丸机是滴制法生产软胶囊的设备，其基本工作原理是将原料药与适当熔融的基质混合、分散后，物料从滴头快速、连续地滴入冷凝介质中，液滴在冷却过程中受表面张力和内应力的作用形成圆整、均匀的软胶囊。

全自动滴丸机工作时，首先将药液加入料斗中，明胶浆加入胶浆斗中，当温度满足设定值后（一般将明胶液的温度控制在75～80℃，药液的温度控制在60℃左右为宜），机器打开滴嘴，根据胶丸处方，调节好出料口和出胶口，由剂量泵定量。胶浆、药液应当在严格同心的条件下先后有序地从同心管出口喷出，由于明胶喷出时间较长，药液喷出过程位于明胶喷出过程的中间时段，依靠明胶的表面张力将药滴完整包裹。滴入下面冷却缸内的冷却剂（通常为液体石蜡，温度一般控制在13～17℃）中，在冷却磁力泵的作用下，冷却剂从上部向下部流动，并在流动中降温定型，逐渐凝固成软胶囊。滴制出的软胶囊经酒精清洗，去除表面的液体石蜡，烘干后即成为合格的软胶囊制剂。

2. 压囊机 软胶囊的大规模生产多由压囊机完成。压囊机的设备示意图如图 11-20 所示，主要由贮液槽、填充泵、导管、楔形注入器和滚模构成。

图 11-20 自动旋转压囊机示意图
1——贮液槽；2——填充泵；3——导管；
4——楔形注入器；5——明胶带；6——滚模；7——斜槽

模具由左右两个滚模组成，并分别安装于滚模轴上。滚模的模孔形状、尺寸和数量可根据胶囊的具体型号进行选择。两根滚模轴做相对运动，带动由主机两侧的胶皮轮和明胶盒共同制备得到的两条明胶带向相反方向移动，相对进入滚模压缝处，一部分已加压结合，此时药液通过填充泵经导管注入楔形喷体内，借助供料泵的压力将药液及胶皮压入两个滚模的凹槽中，由于滚模的连续转动，胶带全部轧压结合，使两条胶皮将药液包封于胶膜内，剩余的胶带切断即可。

工作时，将配制好的明胶液置于机器上部的明胶盒中，由下部的输胶管分别通向两侧的涂胶机箱。明胶盒由不锈钢制成，桶外设有可控温的夹套装置，一般控制明胶桶内的温度在 60℃ 左右。预热的涂胶机箱将明胶液涂布于温度为 16~20℃ 的鼓轮上。随着鼓轮的转动，并在冷风的冷却作用下，明胶液在鼓轮上定型为具有一定厚度且均匀的明胶带。由于明胶带中含有一定量的甘油，因而其塑性和弹性较大。两边所形成的明胶带被送入两滚模之间，下部被压合。同时，药液通过导管进入温度为 37~40℃ 的楔形注入器中，并被注入旋转滚模的明胶带内，注入的药液体积由计量泵的活塞控制。当明胶带经过楔形注入器时，其内表面被加热而软化，已接近于熔融状态，因此，在药液压力的作用下，胶带在两滚模的凹槽（模孔）中即形成两个含有药液的半囊。此后，滚模继续旋转所产生的机械压力将两个半囊压制成一个整体软胶囊，并在 37~40℃ 发生闭合而将药液封闭于软胶囊中。随着滚模的继续旋转或移动，软胶囊被切离胶带，制出的胶丸，先冷却固定，再用乙醇洗涤去油，干燥即得。

压囊机分为平板模式和滚模式两种，其中以滚模式应用较为普遍。而平板模式软胶囊压制机与滚模式相比，生产能力可提高 50%。其工作原理是通过往复冲压平模，在连续生产过程中可以做到自动对胶皮，完成物料的灌装，并且直接冲切成软胶囊。

第十二章
液体制剂生产过程与设备

液体制剂临床应用广泛，根据临床用药的需求不同，其对制备工艺条件要求也不尽相同。液体制剂系指药物分散在适宜分散介质中制成的液体形态制剂。通常是将药物以不同的分散方法和不同的分散程度分散在适宜的分散介质中制成的液体分散体系，可供内服或外用。液体制剂的理化性质、稳定性、药效甚至毒性等均与药物粒子分散度的大小有密切关系。所以研究液体制剂必须着眼于制剂中药物粒子分散的程度。液体制剂的品种繁多，研究它们的性质和制备工艺就显得格外重要。

第一节　制药工艺用水生产设备

制药工艺用水是指药品生产工艺中使用的水，因其使用的范围不同而分为饮用水、纯化水、注射用水和灭菌注射用水。

制药用水的原水通常为饮用水。

纯化水为原水采用离子交换法、反渗透法、蒸馏法或其他适宜的方法制得供药用的水，不含任何附加剂。

注射用水为纯化水经蒸馏所得的水，是不含热原的纯水，必须符合《中国药典》的要求。注射用水必须在防止内毒素产生的设计条件下生产、贮藏和分类。

注射用水常以去离子水、电渗析水再经蒸馏才能使用。当水源水质较好时，部分国家规定反渗透法制得的水可以直接作为注射用水。

一、去离子法

去离子法是利用离子交换树脂将水中溶解的盐类、矿物质及溶解性气体等去除。由于水中杂质种类繁多，故在做离子交换除杂时，既备有阴离子树脂也备有阳离子树脂，或是在装有混合树脂的离子交换器中进行。由于颗粒状的离子交换树脂多是装在有机玻璃管内使用，所以通常俗称为离子交换柱。产水量 $5m^3/h$ 以下常用有机玻璃制造，其柱高与柱径之比为 $5 \sim 10$。产水量较大时，材质多为钢衬胶或有机玻璃，其高径比为 $2 \sim 5$。树

图12-1　离子交换柱结构示意图
1——进水口；2——上排污口；3——上布水器；
4——树脂进料口；5——树脂放出口；
6——下布水器；7——下排污口；8——出水口

脂层高度约占圆筒高度的 60%。上排污口工作期间用以排空气，在再生和反洗时用以排污。下排污口在工作前用以通入压缩空气使树脂松动，正洗时用以排污。图 12-1 是离子交换柱结构的示意图。

由于树脂床层可能有微生物生存，导致水中含有热原。另外，树脂本身可能释放有机物质，如低分子量的胺类物质及一些大分子有机物（腐殖土、鞣酸等）均可能被树脂吸附和截留，而使树脂毒化，这是去离子法进行水处理时可能引起水质下降的原因。

二、电渗析法

在外加直流电场作用下，利用离子交换膜对溶液中离子的选择性透过，使溶液中阴阳离子发生离子迁移，分别通过阴阳离子交换膜而达到除盐或浓缩的目的。其结构原理如图 12-2 所示。

离子交换膜结构分为均相膜、半均相膜、导相膜 3 种；按膜的活性基团不同可分为阳膜、阴膜和特种膜。纯水用膜都用导相膜，它是将离子交换树脂粉末与尼龙网在一起热压，固定在聚乙烯膜上。阳膜是聚乙烯苯乙烯磺酸型，阴膜是聚乙烯苯乙烯季胺型，阳膜只允许通阳离子，阴膜只允许通过阴离子，膜厚 0.5mm。由于电渗析器是由多层隔室

图 12-2　电渗析结构及工作原理示意图

组成，淡化室中阴阳离子迁移到相邻的淡化室，达到除盐淡化目的。

由于阳极的极室中有初生态氯产生，对阴膜有毒害作用，故贴近电极的第一张膜宜用阳膜，因为阳膜价格较低且耐用。因在阴极的极室及阴膜的浓缩室侧易有沉淀，故电渗析每运行 4~8 小时需倒换电极，此时原浓缩室变为淡化室，逐渐升到工作电压，以防离子迅速转移使膜生垢。电渗析器的组装方式是用"级"和"段"表示，一对电极为一级，水流方向相同的若干隔室为一段。增加段数可增加流程长度，所得水质较高。极数和段数的组合由产水量及水质确定。

三、反渗透法

反渗透是用一定的大于渗透压的压力，使盐水经过反渗透器，其中纯水透过反渗透膜，同时盐水得到浓缩，因为它和自然渗透相反，故称反渗透（RO）。

通常的渗透概念是指一种浓溶液向一种稀溶液的自然渗透。但是反渗透是靠外界压力使原水中的水透过膜，而杂质被膜阻挡下来，原水中的杂质浓度将越来越高。其原理如图 12-3。图中 π

（a）正常渗透　　　（b）渗透平衡　　　（c）反渗透

图 12-3　反渗透原理

为溶液渗透压，P 为所加外压。反渗透膜不仅可以阻挡截留住细菌、病毒、热原、高分子有机物，还可以阻挡盐类及糖类等小分子。反渗透法制纯水时没有相变，故能耗较低。反渗透膜能使水透过的机制有许多假说，一般认为是反渗透膜对水的溶解扩散过程，水被膜表面优先吸附溶解，在压力作用下水在膜内快速移动，溶质不易被膜溶解，而且其扩散系数也低于水分子，所以透过膜的水远多于溶质。

反渗透装置与一般微孔膜滤过装置的结构完全一样，主要包括由多级高压泵、反渗透膜元件、膜壳（压力容器）、支架等组成。其主要作用是去除水中的杂质，使出水满足使用要求。只是由于它需要较高的压力（一般在 2.5~7MPa），所以结构强度要求高。由于水透过膜的速率较低，故一般反渗透装置中单位体积的膜面积要大。工业生产中使用较多的反渗透装置是螺旋卷绕式及中空纤维式。

应用反渗透法时都需备有高压泵来提供原水的压力。目前主要采用柱塞泵。柱塞泵的扬程高、流量小，同时提供原水的流量总有起伏脉动，常用双柱塞式或三柱塞式泵以减小流量脉动幅度。其主要的特点为除盐、除热原效率高；制水过程为常温操作，对设备不会腐蚀，也不会结垢；设备体积小，操作简单，单位体积产水量高；能源消耗低。

反渗透膜使用条件较为苛刻，比如原水中悬浮物、有害化学元素、微生物等均会降低膜的使用效果，所以原水的预处理较为严格。当水源水质较好时，反渗透法制得的水可以直接作为注射用水。

四、蒸馏法

蒸馏法是目前国际上通用的注射用水制备方法。获得的蒸馏水质量与水源、原水的处理、蒸馏器的材质结构以及水的贮存有密切的关系。蒸馏法常采用去离子水、电渗析水、反渗透水作原水，如果用蒸馏水作原水，则可以生产出重蒸馏水。蒸馏器有塔式蒸馏器、气压式蒸馏水机及多效蒸馏水机等。利用多效（分三级、四级、五级）蒸馏设备不仅节省蒸汽耗量，而且产量大，并能直接获得无热原注射用水，在小量生产时，多选用塔式蒸馏器，在大量生产时，多选用多效蒸馏水器或气压式蒸馏水机。

（一）塔式蒸馏器

塔式蒸馏器是一类老式蒸馏水机，以一次蒸馏水为水源，以蒸汽为热源，如图 12-4 所示。其原理是先将蒸发器内放入蒸馏水，蒸汽经除沫后进入蛇管，放出热量，大部分冷凝为回气水进入废气排出器中，废气从废气排出器上方排出，回气水流回蒸发器内，过量部分则由溢流管排出。蒸发器内原水蒸发，二次蒸汽上升遇到捕沫器将雾滴捕集，蒸汽绕过挡水罩使液滴再一次被阻留分离后进入塔顶 U 形冷凝器，冷凝水落于挡水罩上并汇集到挡水罩周围的凹槽，流入第二冷凝器，

图 12-4 塔式蒸馏器示意图

1——排气孔；2——第一冷凝器；3——收集器；
4——隔沫装置；5——废气排出器；6——溢流管；
7——水位管；8——加热蛇管；9——蒸馏水；
10——蒸汽选择器；11——蒸汽进口；12——第二冷凝器

继续冷却成重蒸馏水。不凝性气体从塔顶排出。

这种单效蒸馏水机结构简单，但效率低，出水量为 50~400L/h，只用于小规模生产中，并且产品质量不稳定。

（二）气压式蒸馏水机

气压式蒸馏水机又称热压式蒸馏水机，是将已达饮用水标准的原水进行处理，其原理如图 12-5 所示。原水自进水管引入预加热器后由泵打入蒸发冷凝器的管内，受热蒸发。蒸汽自蒸发室上升，进入捕雾器后引入压缩机。蒸汽被压缩成过热蒸汽，在蒸发冷凝器的管间，通过管壁与进水换热，使进水受热蒸发，自身放出潜热冷凝，再经泵打入换热器使新进水预热，并将产品自出口引出。蒸发冷凝器下部设有蒸汽加热管及辅助电加热器。叶片式转子压缩机是该机的关键部件，过热蒸汽的加热保证了蒸馏水中无菌、无热原的质量要求。这种蒸馏水机的优点还在于运转费用低，仅是多效蒸馏水机的 15%。

图 12-5 气压式蒸馏水机原理示意图

1——进水管；2——换热器（预加热器）；3——泵；
4——蒸发冷凝器；5——蒸发室；6——捕雾器；
7——压缩机；8——加热蒸汽进口；9——电加热器；
10——冷凝水出口；11——浓缩水出口；12——蒸馏水出口

（三）多效蒸馏水器

为了节约加热蒸汽，可利用多效蒸发原理制备蒸馏水。多效蒸馏水器是由多个蒸馏水器串接而成，各蒸馏水器之间可以垂直串接，也可水平串接。多效蒸馏水器按换热器的结构不同可分为列管式、盘管式和板式三种形式。列管式多效蒸馏水器加热室的结构与列管换热器类似，各蒸馏水器之间多水平串接；盘管式多效蒸馏水器加热室的结构与蛇管换热器类似，各蒸馏水器之间多垂直串接；板式蒸馏水器应用较少。

1. 列管式多效蒸馏水器 列管式多效蒸馏水器主要由列管式加热室、分离室、圆筒形壳体、除沫装置、冷凝器、机架、水泵、控制柜等构成，采用多效蒸发的原理制备蒸馏水，其蒸发室都是列管式结构，但气液分离装置有所不同，图 12-6（a）的气液分离装置为螺旋板式除沫器；

（a）降膜式　　（b）升膜式　　（c）外循环管式　　（d）内循环管式

图 12-6 列管式多效蒸馏水器的蒸发器

1——原水进口；2——加热蒸汽进口；3——冷凝水出口；4——排水口；
5——纯蒸汽；6——发夹型换热器；7——分离筒；8——除沫器

（b）（c）及（d）的气液分离装置为丝网式除沫器。螺旋板式除沫器除去雾沫、液滴及热原的效果较好，重蒸馏水的水质更佳。

图 12-6（a）的结构是目前我国较常用的列管式降膜多效蒸馏水器，其工作原理：经过预热的原水从 1 进入列管管束的管内，被从 2 进入到管间的加热蒸汽加热沸腾汽化，加热蒸汽冷凝后由 3 排出，产生的二次蒸汽先在蒸发器的下部汇集，再沿内胆与分离筒间的螺旋叶片旋转向上运动，蒸汽中夹带的雾滴被分离，雾滴在分离筒 7 的壁面形成液层，从分离筒 7 与外壳形成的疏水通道向下汇集于器底，从排水口 4 排出，干净的蒸汽继续上升至分离筒顶端，从蒸汽出口 5 排出，其蒸发室中还附有发夹式换热器 6 用以预热进料水。

图 12-6（b）是升膜式蒸馏水器，其丝网除沫器置于蒸发室的下部作为气液分离装置；图 12-6（c）及（d）分别为外循环长管式蒸发器及内循环短管式蒸发器，其丝网除沫装置都置于蒸发室的上部。

图 12-7　水平串接式五效蒸馏水器工作原理示意图

1~5——五效降膜列管式蒸发器；6——冷凝水出口；7——加热蒸汽进口；8——纯蒸汽；9——放空口；
10——冷凝器；11——纯化水进口；12——冷却水进口；13——冷却水出口；14——浓缩水出口；15——纯蒸汽冷凝水

图 12-7 为五效列管降膜式蒸馏水器结构示意图，该设备由五座圆柱型蒸馏塔水平串接组成，是常用的多效蒸馏水器，其工作流程：进料水（去离子水）先进入末效冷凝器（也是预热器），被由蒸发器 5 产生的纯蒸汽预热，然后依次通过各蒸发器的发夹形换热器进行预热，被加热到 142℃后进入蒸发器 1 中，并在列管的管内由上向下呈膜状分布。外来的加热生蒸汽（约 165℃）由蒸发器 1 的蒸汽进口进入列管的管间，生蒸汽与管内的进料水进行间壁式换热，将进料水加热沸腾汽化，其冷凝液由蒸发器 1 底部的冷凝水排放口排出，蒸发器 1 中的进料水约有 30%被加热汽化，生成的二次蒸汽（约 141℃）由蒸发器 1 的纯蒸汽出口排出，作为加热热源进入蒸发器 2 列管的管间，蒸发器 1 内其余的进料水（约 130℃）也从其底部排出再从蒸发器 2 顶部进料水口进入其列管的管内。在蒸发器 2 中，进料水再次被蒸发，而来自蒸发器 1 的纯蒸汽被全部冷凝为蒸馏水并从蒸发器 2 底部的排放水口排出，蒸发器 3~5 均以同一原理进行工作。最后蒸发器 5 产生的纯蒸汽与从蒸发器 2~5 底部排出的蒸馏水一同进入末效冷凝器，被冷却水及进料水冷凝冷却后，从蒸馏水出口排出（97~99℃），进料水经五次蒸发后其含有杂质的浓缩水由蒸发器 5 的底部排出，末效冷凝器的顶部也需排出不凝气体。

2. 盘管式多效蒸馏水器　盘管式多效蒸馏水器属于蛇管降膜式蒸发器，各蒸发器多垂直串接，一般由 3~5 种功效蒸发器组成 3~5 效。该设备的外部多为圆筒形，内部的加热室由多组蛇形管组成，蛇管上方设有进料水分布器，辅助设备包括冷凝冷却器、气液分离装置、水泵及贮罐等。

图 12-8 所示为三效盘管蒸馏水器，其工作流程：进料水（去离子水）经泵升压后，进入冷凝冷却器 5 预热后，再经蒸发器 1 的蛇形预热器预热后进入蒸发器 1 的液体分布器，进料水经液体分布器均匀喷淋到蒸发器 1 的蛇形加热管的管外，蛇形加热管的管内通入由锅炉送来的生蒸汽，通过间壁式换热，蛇管内的生蒸汽将管外的进料水加热至沸腾汽化，生蒸汽被冷凝为冷凝水并经疏水器排出，进料水在蛇管外被部分蒸发，产生的二次蒸汽经过气液分离装置后，作为加热热源进入蒸发器 2 蛇形加热管内，而在蒸发器 1 中未被蒸发的进料水进入蒸发器 2 的液体分布器，喷淋到蒸发器 2 蛇管的管外并被部分蒸发，蛇管内的

图 12-8　垂直串接盘管三效蒸馏水器工作示意图
1~3——三效蒸发器；4——重蒸水贮罐；5——冷凝器；
6——气液分离器；7——预热器；8——纯化水贮罐；
9——泵；10——冷凝水；11——加热蒸汽；12——进料水

蒸汽冷凝液作为蒸馏水排出，依此类推。蒸发器 3 产生的二次蒸汽与蒸发器 2 及蒸发器 3 的蒸馏水一同进入冷凝冷却器中冷凝冷却，并作为蒸馏水采出（95~98℃），未被蒸发的含有杂质的浓缩水由蒸发器 3 底部排出，部分通过循环泵作为进料水使用，冷凝冷却器上应设有不凝气体的排放口。

多效蒸馏水器性能取决于加热生蒸汽的压力及蒸发器的效数，生蒸汽的压力越大，蒸馏水的产量越大；效数越多，热能利用率越高，一般 3~5 效为宜。多效蒸馏水器的制造材料均选择无毒、耐腐蚀的 316L 或 304L 不锈钢，且整台设备为机电一体化结构，采用微机全自动控制，符合 GMP 要求。多效蒸馏水器操作简便，运行稳定，可大大节约加热蒸汽及冷却水的用量，能耗低，热利用率高，产水量高。用多效蒸馏水器制备的蒸馏水，能有效地去除细菌、热原，水质稳定可靠，各项指标均可达到《中国药典》的要求，是制备注射用水的理想设备。

第二节　液体制剂生产设备

药物以分子状态分散在介质中，形成均相液体制剂，如溶液剂、高分子溶液剂等；药物以微粒状态分散在介质中，形成非均相液体制剂，如溶胶剂、乳剂、混悬剂等。

均相液体制剂应是澄明溶液，非均相液体制剂的药物粒子应分散均匀。液体制剂浓度应准确。口服的液体制剂应外观良好，口感适宜；外用的液体制剂应无刺激性。液体制剂应有一定的防腐能力，保存和使用过程不应发生霉变；包装容器应适宜，方便患者携带和使用。

一、液体制剂的制备工艺

溶液剂的制备通常有三种方法：即溶解法、稀释法和化学反应法。

1. 溶解法　系指将固体药物直接溶于溶剂的方法。其操作较为简便，适用于较稳定的化学药物。制备过程为：称重、溶解、过滤、包装、质检等。

2. 稀释法　系指将高浓度溶液或易溶性药物的浓储备液稀释至治疗浓度范围内的方法。用稀释法制备溶液剂时应注意浓度换算，挥发性药物浓溶液稀释过程中应注意挥发损失，以免影响浓度的准确性。

3. 化学反应法　系指利用化学反应制备溶液的方法，适用于原料药物缺乏的情况。

二、液体制剂制备注意事项

有些药物虽然易溶，但溶解缓慢，药物在溶解过程中应采用粉碎、搅拌、加热等措施；易氧化的药物溶解时，宜将溶剂加热放冷后再溶解药物，同时应加适量抗氧剂，以减少药物氧化损失；对易挥发性药物应在最后加入，以免因制备过程而损失；处方中如有溶解度较小的药物，应先将其溶解后再加入其他药物；难溶性药物可加入适宜的助溶剂或增溶剂使其溶解。

三、搅拌反应器

溶解、反应设备广泛地用于液体制剂的溶解、稀释等多种传递过程或化学反应过程。为了使分散相在连续相中充分分散，保持均匀的悬浮或乳化，加快溶解，强化相与相之间的传质、传热等，设备上设有搅拌装置及加热装置（如夹套、盘管等）。典型的溶解、反应器以立式搅拌釜为例，其总体结构如图 12-9。搅拌反应器主要由搅拌装置、轴封和搅拌罐三大部分组成。

（一）搅拌反应器安装

搅拌反应器根据容器的形状分为立式和卧式两种；按照搅拌装置的安装位置不同又可分为中心搅拌反应器、偏心搅拌反应器、底搅拌反应器及旁入式搅拌反应器等。图 12-9 所示为普遍使用的立式中心搅拌反应器，其特点是将搅拌装置安装在立式设备顶部的中心线上。

图 12-9 立式搅拌釜结构图
1——搅拌器；2——罐体；3——夹套；
4——搅拌轴；5——压出管；6——支座；
7——人孔；8——轴封；9——传动装置

按搅拌速度不同可划分为低速、中速和高速搅拌，搅拌轴转速小于 100r/min 的为低速，100~400r/min 的为中速，大于 400r/min 的为高速。图 12-10 为偏心式搅拌反应器示意图。搅拌轴心偏离容器中心，使流体在釜内所处的各点压力不同，因而使液层间的相对运动加剧，搅拌效果明显提高，但偏心式搅拌容易引起振动，一般多用于小型设备。

对于简单圆筒形或方形敞开的立式设备，可将搅拌装置直接安装在器壁的上缘，搅拌轴斜插入筒体内，如图 12-11 所示，也称为倾斜式搅拌反应器。这类反应器搅拌装置小巧、轻便、结构简单、操作容易、应用广泛。一般使用一层或两层搅拌桨叶。适用于药品的稀释、溶解、分散、调和及 pH 值的调整等。

图 12-10 偏心式搅拌
反应器示意图

搅拌装置安放在反应器底部的称为底搅拌反应器，如图 12-12 所示。其优点是搅拌轴短而细，轴的稳定性好，降低了安装要求，所需安装、检修的空间比较小。由于传动装置安放在地面基础上，从而改善了罐体上封头的受力状态，而且也便于维修。搅拌装置安装在底部方便了罐体上封头接管的排布与安装，特别是上封头需带夹套时更为有利。底搅拌有利于底部出料，它可使底部出料处得到充分搅动，使输料畅通。大型反应器常采用此种搅拌装置。底搅拌的缺点是轴封困难，另外搅拌器下部至轴封处的轴表面常有固体物料粘积，一旦脱落变成小团物料混入产品中会影响产品的质量，为此常需定量、定温地注入溶剂，以防止颗粒沉积结块，而且检修搅拌反应器及轴封时一般需将釜内物料排净。

图 12-11　倾斜式搅拌反应器　　　　图 12-12　底搅拌式反应器

（二）搅拌反应器的结构

　　搅拌器是搅拌过程中的工作件，又称搅拌桨或叶轮。它的功能是提供搅拌过程所需要的能量和适宜的流动状态，以达到使物料混匀和乳化的目的。

　　通过搅拌器自身的旋转把机械能传递给流体，一方面使搅拌器附近区域的流体造成高湍流的充分混合区；另一方面产生一股高速射流推动全部液体沿一定途径在罐内循环流动，如图 12-13 所示。

图 12-13　搅拌设备中的宏观混合模型
1——充分混合区；2——很少混合的缓慢流动

　　根据搅拌器所产生的流向可以分为轴向流和径向流两类。搅拌器常用的搅拌器桨叶结构分为桨式、框式、锚式、涡轮式及推进式等。桨叶分为叶面与旋转平面互相垂直的平直叶及叶面与旋转平面成一倾斜角度（一般 45° 或 60°）的折叶两种，如图 12-14、图 12-15 所示。平直叶主要使物料产生切线方向的流动，釜内壁面加挡板可产生一定的轴向搅拌效果，折叶与平直叶相比轴向分流略多。

图 12-14　桨式搅拌器
D——桨叶直径；B——桨叶宽度；θ——页面与旋转平面夹角

　　在料液层比较高的情况下，为了使物料搅拌均匀常装几层桨叶，相邻两层桨叶常交叉成 90° 安装。桨式搅拌器的直径约为反应器釜内径的 1/3~2/3，这类搅拌桨转速偏低，一般为 1~100r/min，圆周速度在 1.0~5.0m/s。

框式和锚式搅拌器可视为桨式的变形，由水平的桨叶与垂直的桨叶连成一体，成为刚性的框架，结构比较坚固。当这类搅拌器底部形状和反应器釜体底部封头的形状相似时，常称为锚式搅拌器。

图 12-15 框式和锚式搅拌器
D——桨叶直径；*B*——桨叶宽度

为了增大对高黏度物料的搅拌范围，提高桨叶的刚性，还常常要在框式、锚式搅拌器上加一些立叶和横梁，这将使框式、锚式搅拌器有许多结构的变形。

框式、锚式桨叶的桨宽与桨径之比通常为 0.07~0.1，桨高与桨径之比为 0.5~1.0，桨径一般为反应器釜内径的 2/3~9/10。这类搅拌器的转速不高，一般为 1~100r/min，线速度为 1.0~5.0m/s。多用于高黏性液体药剂的制备。

涡轮式搅拌器形式很多，有开启式和圆盘式，桨叶又分为平直叶、弯叶和折叶。如图 12-16、图 12-17 所示。

开启平直叶涡轮式　　开启弯叶涡轮式　　开启折叶涡轮式

图 12-16 开启涡轮式搅拌器
D——桨叶直径；*B*——桨叶宽度；*θ*——页面与旋转平面夹角；*α*——桨叶后弯角度

开启涡轮式搅拌器结构较为简单，而圆盘涡轮式搅拌器的结构比开启式复杂。这类搅拌器搅拌速度较快，为 10~300r/min，平叶的线速度为 4~10m/s，折叶的线速度为 2~6m/s。其通用尺寸，桨径 *D*、桨叶长 *L*、桨叶宽 *B* 之比为 20：5：4，搅拌器直径 *D* 约取反应器釜体内径的 1/3，叶数以 6 叶为好。

涡轮式搅拌器能使流体均匀地由垂直方向变成水平方向的流动。自涡轮流出的高速液流沿轮缘的切线方向散开，整个釜内液体得到激烈的搅动，这种搅拌器广泛用于高速溶解和乳化操作。

圆盘弯叶涡轮式　　圆盘平直叶涡轮式

图 12-17 圆盘涡轮式搅拌器
D——桨叶直径；*L*——桨叶长度；*α*——桨叶后弯角度

推进式搅拌器也称为旋桨式搅拌器（见图 12-18），这种搅拌器多为整体铸造，加工较复杂。制造时应做静平衡试验。推进式搅拌器的直径 D 约取反应器内径的 $1/4 \sim 1/3$，转速 $100 \sim 500 r/min$，甚至更高些，切向线速度可达 $3 \sim 15 m/s$。一般小直径取高转速，大直径取较低转速。

推进式搅拌器使物料在反应器内以容积循环为主，剪切作用小，上下翻腾效果好。当需要有更大的流速和液体循环时，则应安装导流筒，见图 12-19。除上述类型搅拌器外，还有一些其他形式的搅拌器，如螺杆式、螺带式等。

图 12-18　推进式搅拌器

D——桨叶直径

图 12-19　推进式搅拌器的导流筒

D_i——容器直径；D——桨叶直径；H——液面高度；
H_1——容器高度；H_2——容器直壁高度；d'——导流筒直径

四、机械分散胶体磨

胶体磨属于混合、分散机械，它的作用是把较粗大的固体粒子或液滴分散、细化以便于微粒分散体系的形成，它广泛用于胶体溶液、混悬液、乳浊液等液体药剂的制备过程。

胶体磨是由电动机通过皮带传动带动转齿（或称为转子）与相配的定齿（或称为定子）做相对的高速旋转，其中一个高速旋转，另一个静止，被加工物料通过本身的重量或外部压力（可由泵产生）加压产生向下的螺旋冲击力，透过定、转齿之间的间隙（间隙可调）时受到强大的剪切力、摩擦力、高频振动、高速旋涡等物理作用，使物料被有效地乳化、分散、均质和粉碎，达到物料超细粉碎及乳化的效果。

胶体磨分立式、卧式两种规格。如图 12-20 及图 12-21 所示其主机部分由壳体、定子、转子、调节机构、冷却机构、电机等组成。其主要零件均采用不锈钢制造，耐腐蚀，无毒。卧式胶体磨高度低，立式高。卧式要考虑设计轴向定位，以防电动机轴轴向串动碰齿，最好是电机前设端盖轴承，如此设计将电机转子和轴的轴向热膨胀从电机前轴承键向电机后轴承方向移动，以减小对磨头间隙的影响。立式胶体磨因

图 12-20　直立式胶体磨

1——贮液筒；2——管；3——阀门；4、8——卸液管；
5——调节盘；6——冷却水入口；7——冷却水出口；
9——研磨器；10——上研磨器（定子）；11——钢齿；
12——斜沟槽；13——下研磨器（转子）

电机垂直安装，电机转子自重会使电机轴不会发生轴向串动，因此可以不考虑轴向定位。卧式胶体磨因水平安装如出料口向上应在出料口下方设置放料阀以便长时间停机把胶体磨内物料放尽，防污盘设计要考虑污料自重回流；立式则不用。

图 12-20 所示为一台立式胶体磨，由于研磨过程会产热而影响料液的稳定性，通常在研磨器外层设有夹层，以便通入冷却水冷却。研磨器分上下两部分，上研磨器内孔壁上设有凹槽，下研磨器的上端面有钢齿凸起，并带有斜沟槽，下研磨器在电机的带动下做高速运转，上下研磨器间隙可根据标尺调节。轴封采用机械密封。工作室，原料由贮液桶加入经由分布漏斗向下流入研磨面，研磨后由卸液管流出。通过开关阀门 3 可以反复研磨原料至预期粒度大小的胶体溶液。

图 12-21　卧式胶体磨

1——进料口；2——工作面；3——转子；4——定子；
5——卸料口；6——锁紧装置；7——调整环；8——皮带轮

胶体磨是高速精密机械，为了达到良好的研磨效果，研磨齿之间的间隙可根据需要调节，装配精度要求高。为防止启动电机时电流过大，应采用空转启动后投料，停车前须将磨腔中的物料排净，否则影响二次启动。

五、乳匀机

乳匀机（均质机）是将已经制成的乳剂进一步粉碎分散、均匀细化的机械。形式多样，常见的有手摇乳匀机、高压乳匀机等。其工作原理是将初步混合的液体或乳剂加压，强迫其由一个极小的孔中高速喷出，靠高速流体剪切力来达到乳匀的目的。

图 12-22 是手摇式乳匀机的示意图。常用于小剂量乳剂的制备。大批量生产通常采用高压乳匀机。它是由一个 3.5~35MPa 的柱塞泵和一个使液体通过的小空隙组成的。两种液体在高压下强迫其混合物通过阀芯与阀座构成的细小空隙（图 12-23）。冲下有强力弹簧支持的均化器阀芯。当压力增大时，弹簧被压缩，液体在阀芯与阀座间的空隙溢出，形成强烈的湍流并产生静压剪切力，在两者的作用下使两种液体充分混合，转动手柄，调整弹簧的预紧力，可以改变分散压力及阀芯与阀座的间隙从而达到最佳的匀化效果。

图 12-22　手摇式乳匀机

图 12-23　一种均化器的
典型示意图

　　高速旋转叶轮加压离心式轴流均质机常用于批量生产中。结构如图 12-24 所示。其结构特征是，在一个导流筒座上安装了一个轴流叶轮，叶轮与电机直连做高速旋转，使用时将其安装在容器的底部，浸于需要乳化的液体中。由于叶轮的高速旋转，不断地将分散液体由均质器底部吸入，增压加速后向上高速喷出，利用旋转叶轮的高速剪切力及加压后液体高速流过导流筒座的冲切力产生匀化作用。

图 12-24　离心式轴流均质器
1——导流筒；2——叶轮毂；3——叶片；4——轴

图 12-25　真空乳化釜
1——挡流板；2——刮板；3——框式搅拌桨；
4——均质器；5——乳化釜；
6——夹套；7——保温材料；
8——中间搅拌桨（固定）；9——温度传感器

　　图 12-25 所示为采用了离心式轴流均质器的真空乳化釜，用于液-液两相的分散乳化过程。均质器 4 装于釜体的底部，叶轮由位于釜体下方的电机驱动，其转速可达 3500r/min。料液由釜底部被吸入均化器，经加压增速后沿轴向向上喷出，从而完成一次均化。在靠近釜内液面处安装有一个圆盘型的挡流板 1，其作用是避免液面流体剧烈翻腾造成雾沫夹带，兼有除沫消泡作用。为了适应乳化过程，独特设计了搅拌装置，它由一个低速转动（10~80r/min）的框式桨 3 和两层中间固定的折叶平桨 8 组成，为了防止分散相在釜侧壁和底部积聚，在框桨 3 的周边依照釜内壁的形状，间断地安装了许多刮板 2，夹套 6 的热交换作用可以维持釜内稳定的乳化操作温度。考虑到医药卫生的要求，凡与原料接触的部分均采用不锈钢制造。这种乳化设备的特点是工艺先进，乳化效果好，操作方便等。

六、液体制剂联动生产线

　　液体制剂联动线是将液体制剂生产过程中的各台生产设备有机地连接起来形成的生产线。主要包括洗瓶机、灭菌干燥设备、灌封设备、贴签机等。在生产过程中，若单机操作，从洗瓶机到灌封机，都必须人工搬运，如人体触碰、空瓶等待灌封时在空气中的暴露等因素，使药液很难避免不受污染，因此，采用联动线灌装液体制剂可保证产品质量达到 GMP 要求，并且，还可减少人员数量和劳动强度，使设备布置更加紧密，车间管理也得以改善。

　　如图 12-26 所示，液体制剂联动方式分为串联方式和分布式联动方式。串联方式指每台单机在联动线中只有一台，要求各单机的生产能力要相互匹配，该方式适用于中等产量的情形。在串联式的联动线中，高生产能力的单机受低生产能力单机的制约，当其中一台单机发生故障时，整条生产线就会停产。分布式联动线是将同一种工序的单机布置在一起，完成工序任务后产品集中在一起，送入下一工序，该方式能够根据各单机的生产能力和需求进行任务分配，避免了因一台单机故障而导致的全线停产，分布式联动线适用于产量较大的品种。

（a）串联式联动方式

（b）分布式联动方式

图 12-26　液体制剂联动线联动方式

下面介绍两种工业生产中常用的液体制剂洗灌封联动设备。

1. BXKF 系列洗烘灌轧联动机　由超声波洗瓶机、灭菌隧道烘箱、口服液灌轧机组成，其工作原理是将液体制剂空瓶放入瓶盘中，推入翻盘装置中，在可编程逻辑控制器（Programmable Logic Controller，PLC）程序控制下，翻盘将瓶口朝下的瓶子经过旋转使瓶口朝上，将瓶子注满水且浸没在水中进行超声波清洗，一定时间（可设定）后翻盘自动恢复到初始状态，瓶口朝下。由推盘将瓶送到冲淋装置中进行内外壁冲洗，有针管一对一插入瓶中，进行若干次（可调）水-气交换冲洗。完成粗洗后自动进行第二次清洗即精洗（原理同粗洗）过程。精洗完毕后自动进入分瓶装置，即瓶与瓶盘分开，再由出瓶汽缸把瓶推入隧道烘箱。进入烘箱后，在 PLC 程序控制下，瓶子随网带依次进入预热区、高温区、冷却区，完成烘干、灭菌和冷却。网带速度、层流风速、温度等因素均可调节和监控。干燥灭菌后的瓶子自动进入液体灌装加塞机，按顺序进入变螺旋距送瓶杆的导槽内，被间歇性送入等分盘的 U 型槽内，进行药液灌装和轧盖，在拨杆作用下进入出瓶轨道。自此，自动完成了洗瓶、干燥灭菌、灌装轧盖的工作流程。

例如，BXKF10/30Ⅱ型口服液洗烘灌轧联动机组由 QCX 系列超声波洗瓶机、SZA420/27 型隧道式灭菌干燥机、DGZ8A 或 DGZ12A 型口服液灌轧机组成，可完成超声波清洗、冲水、冲气、灭菌、烘干、灌装、轧盖等工序，可用于生产 5~30mL/瓶容量的液体制剂，生产能力 60~300 瓶/分钟，主要用于口服液及小剂量液体的联线生产。

2. YLX8000/10 系列液体制剂自动灌装联动线　该联动线是目前工业生产中常见的口服液灌封联动装置，如图 12-27 所示。口服液瓶被送入洗瓶机，清洗干净后推入灭菌干燥机隧道，随着隧道内的传送带，瓶子至出口处的振动台，再由振动台送入灌封机入口处的输瓶螺杆，进入灌装机进行药液灌装、封口，再由输瓶螺杆送到出口处，进入贴签机进行贴签。目前与贴签机连接有两种方式，一种是直接和贴签机相连完成贴签，另一种是由瓶盘将灌封好药液的瓶子装走，进行外表面的清洗和烘干，送入灯检带进行检查，检查是否含有杂质，再送入贴签机进行贴签。贴签后即可装盒、装箱。

图 12-27 YLX8000/10 系列液体制剂自动灌装联动线
1——洗瓶机；2——烘干灭菌机组；3——灌装轧盖机组

第三节 注射剂生产过程与设备

注射剂系指药物与适宜的溶剂或分散介质制成的供注入人体内的溶液、乳状液或混悬液及供临用前配制或稀释成溶液或混悬液的粉末或浓溶液的无菌制剂。由于直接注入人体，合格的液体灭菌制剂应安全稳定、无菌、无热原、无可见异物，有与血液相近的渗透压和 pH 值。注射剂的生产工艺、质量控制应严格按《药品生产质量管理规范》（GMP）的各项规定执行，以保证质量，防止变质与污染微生物、热原等。

各类注射剂中应用最广泛的是水溶性注射剂，又称水针剂，它是最具代表性的一类注射剂。注射剂的生产有无菌和灭菌两种工艺。无菌生产工艺由符合无菌生产要求的原料及辅料开始，生产成品的每个工序都要实行无菌处理，各工序的设备和人员也必须有严格的无菌消毒措施，以确保产品无菌；特点是生产成本较高，常用于热敏性药物注射剂的生产。灭菌生产工艺原料及辅料生产成品的过程是带菌的，生产出的产品经最终高温灭菌后达到无菌要求；特点是工艺设备简单，生产成本较低，但药品必须能够承受灭菌时的高温。

目前我国水针剂生产大多采用灭菌工艺，典型的工艺过程主要包括制水、药液配制、精制、容器处理、灌封、灭菌检漏、灯检和包装等。本节以水针剂的生产工艺过程为主线介绍液体制剂生产设备。

一、药液配制设备

不锈钢配液装置通常装配有搅拌器，夹层可通蒸汽加热，也可通冷水冷却，实际生产应用广泛。具体配制操作如下：①开启阀门，根据生产工艺的用水量，往配制罐内通入定量的注射用水，然后关闭阀门；②打开投料孔盖，从投料孔处依次投原料和辅料，投料完毕关闭孔盖；③启动搅拌电机，开始搅拌；④如果药液配制需要加热，则打开蒸汽输送管路阀门，往夹层通入蒸汽进行加热（如无须加热，此步骤可以省略）；⑤当药液达到工艺要求时，关闭蒸汽阀，关闭搅拌电机即可。

高效配液装置是集浓配和稀配于一体的先进配制设备，由自动配料控制器和配液自动称量装置组成。自动配料控制器采用称重法，由控制器按预先输入的配方量控制与料斗连接的加料阀门，准确加料至设定值，保证可靠连续的配料顺序，能迅速精确地控制配料过程，并且记录配料全过程，出现故障自动报警，自动打印。高效配液设备原辅料自动输送，自动称量，微机程控进料阀，计量精确，密闭生产，高效节能，符合 GMP 要求。

二、药液精制设备

注射剂生产中药液主要精制手段是过滤，过滤指将固液混合物强制通过多孔性介质，使液体通过而固体沉积或截留在介质上，从而达到固、液分离的操作。过滤机理有表面过滤和深层过滤两种方式。具体滤器有微孔滤膜、砂滤棒、垂熔玻璃漏斗、石棉滤过板、多孔陶瓷等。实际生产采用的过滤方法及滤器应视注射液量的多少和生产设备条件等具体情况来确定，有效的过滤应除去注射剂中的病毒、微生物和其他不溶物质。下面从过滤器和过滤装置两个方面加以叙述。

（一）过滤器

滤器按截留能力可分为粗滤器和精滤器。粗滤器包括砂滤棒、钛滤器、板框式压滤器等；精滤滤器包括垂熔玻璃滤器、微孔膜滤器、超滤膜滤器等。

1. 砂滤棒　砂滤棒多是二氧化硅、氧化铝、黏土、白陶土等材料在 1200℃ 高温下烧制而成的棒形滤器。砂滤棒具有价廉易得、滤速快等优点；但易于脱砂，对药液吸附性强，吸留药液多，难于清洗，且可能改变药液 pH 值等。注射剂生产中一般用作粗滤。

2. 钛滤器　钛滤器分钛滤片与钛滤棒，是将钛粉末用冶金工艺加工制成。钛滤器过滤阻力小，滤速快，抗热性能好，强度大，重量轻，不易破碎，在注射剂生产中多用于预滤。

3. 板框压滤器　板框压滤器是由中空的框和支撑过滤介质的实心板组装而成。过滤时，药液经泵加压输送入板框上药液通道中，这些通道与滤框内侧小孔相通，故药液同时并行进入各滤框与两侧的过滤介质所构成的滤室中；经过滤介质过滤后，药液在滤板的沟槽中汇集并流入滤板底部与滤液通道相通的小孔中，然后由滤液通道引出。板框压滤器过滤面积大，截留固体量多，经济耐用，可以任意选择滤材，适于大生产使用；但安装和清洁较为麻烦，如果安装不好，容易滴漏，主要用作粗滤，注射剂生产中一般作预滤用。

4. 垂熔玻璃滤器　垂熔玻璃滤器是采用中性硬质玻璃均匀微粒烧结而成孔径均匀的滤板，再经粘连制成，有垂熔玻璃漏斗、滤球和滤棒等多种。垂熔玻璃滤器化学稳定性好，除强碱与氢氟酸外几乎不受化学药品的腐蚀，不影响药液的 pH 值；滤过时对药物无吸附作用，无渣脱落；可热压灭菌，且易于清洗；在注射剂生产中常作精滤或微孔膜滤前的预滤。

5. 微孔膜滤器　微孔滤膜是一种高分子薄膜滤材，孔径从 0.025μm 到 14μm，有醋酸纤维滤膜、硝酸纤维滤膜、醋酸纤维与硝酸纤维混合酯滤膜、聚酰胺滤膜、聚酰胺硝化纤维素滤膜、聚四氟乙烯滤膜等多种材料和规格。微孔滤膜孔径小，截留微粒能力强，能截留砂滤棒、垂熔玻璃漏斗等常规滤器不能截留的微粒，可以提高注射剂的澄明度。将膜滤器串联在常规滤器后作为末端的滤过，用于需要热压灭菌的水针剂、大输液的生产，微孔滤膜孔径 0.8~0.65μm；用于热敏药物的除菌滤过，微孔滤膜孔径为 0.3μm 或 0.22μm。微孔滤膜滤器常用的有圆盘形膜滤器和圆筒形膜滤器两种。圆筒形膜滤器是将微孔滤膜直接装在滤筒内，微孔滤筒可有 1 只、3 只或多只，滤过面积大，适用于大生产。圆盘形膜滤器由微孔滤膜、多孔筛板、底盘垫圈、底盘、盖板垫圈及盖板等部件所组成。滤膜安装前放在 70℃ 注射用水中浸润 12 小时以上。微孔膜滤器具有过滤精度高，过滤速度快，滤膜吸附性小，不滞留药液，没有滤过介质的迁移，不影响药液的 pH，不泄露，操作方便等优点，能除去注射用水及药液中的细菌和微粒，清洗时可反冲，根据不同需求可以组成二、三、四级过滤器，以达到最佳过滤效果，广泛应用于医药生产实践中。

6. 超滤膜滤器   超滤膜是用高分子聚合物制成的多孔膜，能截留溶液中的高分子及胶体微粒，并可除热原。通常以截留的分子量来表示超滤膜的孔径，如分子量截留值为 1 万的超滤膜，是指能截留溶液中分子量 1 万以上的高分子及大小相当的胶体微粒或热原。

（二）过滤装置

常用的过滤装置有高位静压过滤装置、加压过滤装置和减压过滤装置。

1. 高位静压过滤装置   高位静压过滤装置是利用液位差所产生的压力进行滤过的装置。特点是压力稳定、质量好，但滤速较慢，适用于小量生产，也可用于楼上配液通过管道到楼下滤过灌封的情况。

2. 加压过滤装置   加压过滤装置是采用离心泵或齿轮泵加压，使药液通过滤器进行滤过的装置。本装置压力大而稳定，滤速快；密闭性好，全部装置处于正压，空气中杂质、微生物等不易进入；药液可反复连续滤过，滤过质量好；适于大量生产。

3. 减压过滤装置   减压过滤装置是采用真空泵抽真空形成负压，使药液通过滤器进行过滤的装置。本装置压力不稳定，操作不当，易使滤层松动，影响质量。一般在实验室制备小样时应用。

三、注射剂容器处理设备

注射剂容器一般由硬质中性玻璃制成，也有采用无毒聚氯乙烯、聚乙烯、聚丙烯等材料的容器。水针剂使用的玻璃小容器称为安瓿，是应用最广泛的注射剂容器。目前制造安瓿的玻璃根据其组成分为中性玻璃、含钡玻璃和含锆玻璃三种。中性玻璃是低硼硅酸盐玻璃，化学稳定性较好，可作为 pH 值接近中性或弱酸性注射剂的容器；含钡玻璃的耐碱性较好，可作为碱性较强的注射剂的容器，如磺胺嘧啶钠注射液容器；含锆的中性玻璃为含有少量的氧化锆的玻璃，化学稳定性好、耐酸碱性更高，不易受药液侵蚀，并有利于澄明度的检查，此种玻璃安瓿可用于乳酸钠、碘化钠、酒石酸锑钾等注射液。安瓿按体积分为 1mL、2mL、5mL、10mL 及 20mL 等 5 种规格；颜色多为无色，也有琥珀色安瓿，含氧化铁可滤除紫外线，适用于光敏感的药物。在新国标 GB2637—1995 中规定水针剂使用的安瓿一律为曲颈易折安瓿，以前使用的直颈安瓿和双联安瓿等均已淘汰。

易折安瓿有两种，即色环易折安瓿和点刻痕易折安瓿。色环易折安瓿是将一种膨胀系数高于安瓿玻璃两倍的低熔点粉末熔固在安瓿颈部成环状，冷却后由于两种玻璃膨胀系数不同，在环状部位产生一圈永久应力，用力一折即会平整断裂，不易产生玻璃碎屑和微粒。点刻痕易折安瓿是在曲颈部分刻有一微细刻痕的安瓿，在刻痕上方中心标有直径 2mm 的色点，折断时，施力于刻痕中间的背面，折断后断面应平整。

在注射剂生产过程中，首先必须对容器进行反复的洗涤，常见的洗涤方法有甩水洗涤法、加压喷射气水洗涤法和超声波洗涤法。

甩水洗涤法是用喷淋机将安瓿灌满水，再用甩水机甩出，如此反复即可。该法设备简单，劳动强度低，生产效率高，但耗水量大，占用场地大，洗涤质量不如加压喷射气水洗涤法好，一般适用于 5mL 以下的安瓿。

加压喷射气水洗涤法是将加压水与压缩空气，由针头交替喷入安瓿内，靠水与压缩空气交替数次强烈冲洗。冲洗的顺序为：气—水—气—水—气。为防止压缩空气污染，必须经过净化处理，以免污染安瓿。

超声波洗涤法是浸没在清洗液中的安瓿在超声波发生器的作用下，安瓿与液体接触的界面处于剧烈的超声振动状态，产生"空化"作用，将安瓿内外表面的污垢冲击剥落，从而达到清洗安瓿的目的。所谓"空化"是指在超声波作用下，在液体内部产生无数微气泡（空穴），空穴在超声波作用下逐渐长大，当尺寸适当时产生共振而闭合。在微气泡（空穴）受压缩崩裂而湮灭的瞬时自中心向外产生冲击波在其周围产生上千个大气压。数百度的高温，利用闭合时的爆炸冲击波破坏不溶性污物而使它们分散在清洗液中，达到净化目的；且空穴间的激烈摩擦产生电离，引起放电、发光现象；空穴附近的微冲流增强了流体搅拌及冲刷作用。"空化"作用所产生的搅动、冲击、扩散和渗透等一系列机械效应有利于安瓿的清洗。

（一）安瓿超声波洗瓶机

安瓿超声波洗瓶机是实现连续生产的较为先进的安瓿洗瓶设备，当将安瓿浸没在超声波清洗槽中时，在超声振荡作用下，水与物体的接触表面将产生空化现象，可以保证安瓿外壁洁净和内部无尘、无菌，从而达到洁净指标，这是其他清洗方法不能完成的。运用超声清洗技术与针头单支清洗技术相结合的原理就构成了连续回转超声洗瓶机，可以进行连续操作，实现大规模处理安瓿的要求。

图 12-28 是 18 工位连续回转超声波洗瓶原理示意图。连续回转超声洗瓶机由装瓶斗、推瓶器、针盘（18 排针）、圆盘、上下瞄准器、水箱、出瓶器和输送带等部分组成。整个针盘有 18 个工位，每个工位有 9 针或 18 针，针盘绕轴间歇旋转，当主轴转过一周则针盘转过 1/18 周，一个工位。与针盘相对的固定盘上，于不同工位上配置有不同的水、气管路接口，在针盘转动时，各排针头座依次与循环水、压缩空气、新鲜蒸馏水等接口相通，可安排多支安瓿同时进行清洗。

图 12-28　18 工位连续回转超声波洗瓶原理示意图

1——引盘；2——注循环水；3、4、5、6、7——超声清洗；8、9——空位；10、11、12——循环水冲洗；13——吹气排水；14——注新鲜注射用水；15、16——压气吹净；17——空位；18——吹气送瓶；19——安瓿斗；20——循环水；21——新鲜蒸馏水；22——空气；A、B、C、D——过滤器；E——循环泵；F——吹除玻璃屑；G——溢流回收

洗瓶时，将安瓿排放在成 45°倾斜的装瓶斗，经推瓶器推入针盘的第 1 个工位。当安瓿被针管带动转至第 2 个工位时，瓶底紧靠圆盘瓶底座，并灌满水。从第 2 个工位至第 7 个工位，安瓿

在水箱内接受超声波空化清洗，水温控制在 60~65℃，使污物振散、脱落或溶解，这一阶段称为粗洗。安瓿被旋转带出水面后，空两个工位，当转到第 10 工位，针管喷出净化压缩空气将安瓿内部污水吹净。然后经两个工位（11、12 工位）的循环水倒置冲洗，进行一次空气吹除（13 工位），于第 14 工位用洁净的注射用水再次对安瓿内壁进行冲洗，于第 15 工位用空气吹净，安瓿洗涤干净，这一阶段称为精洗。当安瓿转到 18 工位时，处于水平位置的安瓿由洁净的压缩空气从针管架上推离出来，再由出瓶器送入输送带。

（二）气水喷射式安瓿洗瓶机组

气水喷射式安瓿洗瓶机组主要由洗瓶机、供水系统、压缩空气及过滤系统等三大部分组成，如图 12-29 所示是利用洁净的洗涤水及经过过滤的压缩空气，通过喷嘴交替喷射安瓿内外壁，将安瓿洗干净。整个机组的关键设备是洗瓶机，洗瓶机由进瓶斗、移瓶机构、水汽阀、出瓶斗、电动机及减速箱等构件组成。洗涤时，安瓿加入进瓶斗后，在拨轮、槽板作用下，落入移动齿板上；气水开关与针头架的动作配合协调，当针头架下移时，针管插入安瓿，气水开关打开，分别向安瓿内注水或喷气；当针头架上移时，针管移离安瓿，气水开关关闭，停止向安瓿供水供气；依次注水—注水—喷气—喷气，从而完成二水二气的洗瓶工序。气水喷射式洗瓶机组采用经过过滤处理过的压缩空气及洗涤用水用针头注入待洗安瓿进行逐支单个清洗，设备较复杂，但洗涤效果好，符合 GMP 要求，适用于大规格安瓿和曲颈安瓿的洗涤。

图 12-29　气水喷射式安瓿洗瓶机组工作原理示意图

1——贮水罐；2、3——双层涤纶袋滤器；4——喷水阀；5——喷气阀；6——偏心轮；7——脚踏板；
8——洗气罐；9——木炭层；10——瓷圈层；11——安瓿；12——针头；13——出瓶斗；14——针头架；
15——气水开关；16——进瓶斗；17——拨轮；18——槽板；19——移动齿板；20——压缩空气进口

（三）喷淋式安瓿洗瓶机组

安瓿喷淋式洗瓶机组由喷淋机、甩水机、蒸煮箱、过滤器及水泵等组成。如图 12-30 所示喷淋机主要由传送带、淋水板及水循环系统三部分组成。工作时，安瓿以口朝上的方式整齐排列于安瓿盘内，将安瓿盘放置在传送带上，由传送带送入箱体内，逐一通过淋水板的下方，水以一定的压力和速度由顶部淋水板上的多孔喷头喷出，将瓶内外的脏物污垢冲净，同时使安瓿内部灌满水。在洗涤过程中，从淋水板上淋下的脏物污垢将随水一起汇入水箱。在淋水板和水泵之间安装有水过滤器，不断对洗涤水过滤净化，同时经常调换水箱的水，从而保证洗涤水的洁净。

安瓿经冲淋并注满水后，送入蒸煮箱通入蒸汽加热约 30 分钟，蒸煮消毒；随即趁热将

图 12-30　喷淋式安瓿洗瓶机组工作原理示意图
1——多孔喷头；2——尼龙网；3——盛安瓿的铝盘；4——链轮；5——止逆链轮；
6——链条；7——偏心凸轮；8——垂锤；9——弹簧；10——水箱；11——过滤缸；
12——涤纶滤袋；13——多孔不锈钢胆；14——调节阀；15——离心泵；16——电动机

蒸煮后的安瓿送入甩水机，将安瓿内的积水甩干。蒸煮箱可用普通消毒箱改制而成。甩水机主要由外壳、离心架框、固定杆、不锈钢丝网罩盘、机架及动力系统组成，蒸煮后的安瓿送入甩水机，离心架框上的压紧栏杆将安瓿盘固定，然后利用离心力将水甩脱干净。然后再送往喷淋机上冲淋，经蒸煮箱蒸煮消毒，用甩水机将安瓿内积水甩干，如此反复洗涤 2~3 次以达到清洗要求。

喷淋式洗瓶机组结构简单，生产效率高，曾广为采用；但耗水量多，占用场地大，而且洗涤效果欠佳，不适宜于曲颈安瓿，目前已较少使用。

四、安瓿烘干灭菌机

容器干燥、灭菌。安瓿洗净后要进行干燥和灭菌，通常放入烘箱中 120~140℃ 干燥；用于无菌分装或低温灭菌的安瓿则须用 180℃ 干热灭菌 1.5 小时。目前大量生产多采用隧道式安瓿烘干灭菌机，隧道内平均温度 200℃ 以上，采用高温短时方法进行干燥、灭菌，有利于连续自动化生产。安瓿干燥、灭菌后要密闭保存，防止污染，并且存放时间不得超过 24 小时。

安瓿烘干灭菌机是将洗净的安瓿进行干燥并杀灭细菌和除去热原的设备，主要有干热灭菌柜和隧道式烘干灭菌机。隧道式烘干灭菌机有红外线烘干灭菌机和热空气烘干灭菌机两种形式。红外线烘干灭菌机是利用红外线进行加热。热空气烘干灭菌机采用热空气平行流灭菌方式，将高湿热空气流经高效空气过滤器过滤，获得洁净度为 A 级的平行流空气，然后直接对安瓿加热，进行干燥灭菌。这种灭菌方法具有传热速度快，加热均匀，灭菌充分，温度分布均匀，无尘埃污染源的优点，是目前国际公认的先进方法。

（一）电热隧道灭菌烘箱

此种烘箱的基本结构为隧道式，可与超声波安瓿清洗机和安瓿拉丝灌封机配套组成联动生产线使用。隧道加热分三段：预热段、灭菌段及降温段，预热段内安瓿由室温升至 100℃ 左右，大部分水分在这里蒸发，灭菌段为高温干燥灭菌区，温度达 300~450℃，残余水分进一步蒸干，细菌及热原被杀灭，降温区是由高温降至 100℃ 左右。

烘箱由传送带、加热器、层流箱、隔热机架等组成，如图 12-31 所示，各部分机构作用原理如下。

图 12-31　电热隧道灭菌烘箱结构示意图

1——中效过滤器；2——送风机；3——高效过滤器；4——隔热层；5——电热石英管；
6——水平网带；7——排风；8——安瓿；9——预热区；10——灭菌区；11——冷却区

1. 清洗好的瓶口朝上的盘装安瓿由隧道的进口一端用传送带送进烘箱。传送带由三条不锈钢丝编织的网带组成，水平传送带宽 400mm，两侧的垂直带高 60mm，三者同步移动，将安瓿水平运送至烘箱，并能防止安瓿滑出传送带外面。

2. 该机组的前后均提供 A 级净化的层流空气形成垂直气流空气幕，其目的是保证隧道的进、出口与外部环境的隔离以及保证出口处安瓿的冷却降温。外部的空气经过送风机前后两级过滤而达到 A 级洁净级别要求。在烘箱中段的灭菌区域的湿热气体经另外一个可调风机排出箱体，但灭菌干燥区内应保持正压，必要时由 A 级净化空气补充。

3. 多根电热石英加热管顺隧道长度的方向安装，在隧道横切面上呈包围安瓿盘的状态。电热丝安装在有反射层的石英管内，热能经反射聚集到安瓿上。电热丝分为两组，一组为电路常通的基本加热丝，另一组为调节加热丝，根据烘箱内预定温度控制其自动接通或断电。

4. 在隧道下部装有排风机，并设有调节阀门，控制排出的空气量。在排气管的出口处设有玻璃收集装置，以减少废气中玻璃细屑的含量。

5. 为确保灭菌质量，保证箱体内的温度要求，整机或联动机组的协调运转功能，均由电路控制实现。如层流箱未开启或不正常时，电热器不工作；平行流风速低于设定流速时，自动停机，待层流正常时才能开机；箱体内温度不够时，传送带不工作，甚至洗瓶机也不能开机；生产完毕后，灭菌区缓缓降温，当温度下降至设定值（通常设为 100℃）时，风机会自动停机。

（二）远红外隧道式烘箱

远红外线是指波长大于 5.6μm 的红外线，是以电磁波形式直接辐射至被加热的物体上，不需要其他介质的传递，因此，加热迅速、热量损失小，能快速实现干燥灭菌。

不同物质由于原子、分子结构不同，对红外线的吸收能力也不相同，如显示极性分子结构的物质不吸收红外线，而水、玻璃及绝大多数有机物和高分子物质均能吸收红外线，而且能够强烈地吸收红外线，对这些物质采用红外线加热，效果更好。有实验证明，物质在近红外区和远红外区均有吸收红外峰，且远红外区的峰值更宽，表明能强烈地吸收远红外辐射能量，因此，均选用远红外加热。

隧道式远红外烘箱由远红外发生器、传送带和保温排气罩等组成，结构如图12-32。

图12-32 远红外隧道烘箱结构示意图
1——排风管；2——罩壳；3——远红外发生器；4——盘装安瓿；5——传送链；
6——煤气管；7——通风板；8——喷射器；9——铁铬铝网

为保证烘箱的干燥速率，在隧道顶部设有强制抽风系统，能及时将湿热的气体排出；并在隧道上方的罩壳上部保持5~20Pa的负压，保证远红外发生器的燃烧状态稳定。

操作及检修时的注意事项：

1. 安瓿规格要和隧道尺寸相匹配，且安瓿顶部和远红外发生器面的距离为15~20cm，以保持最高烘干效率，否则，应及时调整距离。

2. 根据煤气成分不同而调节调风板的开启度。每只辐射器在开机前需要逐一调节调风板，在燃烧器赤红无焰时拧紧固定调风板。

3. 防止远红外发生器回火。压紧发生器内网的周边不得漏气，以防止火焰自周边缝隙窜入发生器内部引起发生器或引射器内燃烧，即回火。

此外，需要定期清扫隧道并加油润滑，保持运转部位正常运转。

五、注射剂灌封设备

注射剂生产过程中，滤液经检查合格后进行灌装和封口，即为灌封。过滤后的注射液应立即进行灌封，以免被污染。安瓿灌封的工艺过程一般包括：安瓿的排整、灌注、充氮（或二氧化碳）、封口等工序，灌封操作在安瓿灌封机上完成。封口的方法分拉封和顶封两种。封口要求不漏气，顶端圆整光滑，无尖头、焦头及小泡，由于拉封封口严密，不会像顶封那样易出现毛细孔，目前大多采用拉丝方式封口工艺。

（一）安瓿拉丝灌封机

目前国内药厂所采用的安瓿灌封设备主要是安瓿拉丝灌封机，主要执行机构由送瓶机构、灌装机构、拉丝封口机构组成。灌封过程为：安瓿从进瓶斗经梅花盘和移瓶齿板传送到灌装工位，随即灌液针头下降，插入安瓿中，由针筒内针筒芯将药液定量地通过灌液针头压入安瓿内。若因故空缺安瓿时，通过缺瓶止灌机构自动控制停止注入药液，不使药液流出污染机器和浪费。灌装药液后的安瓿被移瓶齿板传送到封口工位火焰加热，拉丝钳将瓶口熔融玻璃向上拉断熔封。最后移瓶齿板将熔封安瓿传送至出瓶斗。根据安瓿的规格大小，安瓿拉丝灌封机分为 1～2mL、5～10mL 和 20mL 三种机型，除送瓶机构外，其结构形式基本相同。下面以 1～2mL 安瓿拉丝灌封机为例进行介绍。

1. 送瓶机构 洗净灭菌后的安瓿放置到进瓶斗内，进瓶斗与水平呈 45°倾角，底部设有由链条带动的梅花盘，盘上开有横截面尺寸与安瓿外径相当的轴向直槽。梅花盘每旋转 1/3 周即可将 2 支安瓿拨入固定齿板上。固定齿板由上、下两条齿板构成，每条齿板的上端均设有三角形槽，安瓿上下端恰好被搁置其上而固定，并使安瓿仍与水平保持 45°倾角，口朝上，以便灌注药液。移瓶齿板由上、下两条与固定齿间距相同的齿形板构成，齿形为椭圆形，以防在送瓶过程中将瓶撞碎。移瓶齿板通过连杆与偏心轴相连，并在偏心轴带动向下运动，移瓶齿板先将安瓿从固定齿板上托起，然后超过其三角形槽的齿顶，接着前移二个齿距并将安瓿重新放入固定齿板中，然后移瓶齿板空程返回。偏心轴每转动一周，安瓿将向前移动两格，如此反复动作，安瓿将不断前移，依次通过灌药和封口二个工位，进行灌封过程，最后将安瓿送入出瓶斗，完成送瓶的动作。完成灌封的安瓿在进入出瓶斗时仍与水平呈 45°倾斜，由于移动齿板推动的惯性力作用及安装在出瓶斗前的一块呈一定角度斜置的舌板的作用，安瓿在舌板处转动 40°，并呈竖立状态进入出瓶斗。在送瓶过程中偏心轴旋转一周的周期内，前 1/3 个周期用来使移瓶齿板完成托瓶、移瓶和放瓶动作；在后 2/3 个周期内，安瓿在固定齿板上滞留不动，以便完成药液的灌注和安瓿的充氮、封口等工序操作。见图 12-33。

图 12-33 安瓿拉丝灌封机送瓶机构的结构与工作原理
1——进瓶斗；2——安瓿；3——固定齿板；4——出瓶斗；5——梅花转盘；6——移动齿板；7——偏心轴

2. 灌装机构 安瓿拉丝灌封机灌装机构有三个分支机构：凸轮-杠杆机构、注射灌液机构和缺瓶止灌机构。见图 12-34。

凸轮-杠杆机构主要由凸轮、扇形板、顶杆、顶杆座和压杆等部件组成，功能是完成针筒内针筒芯的上、下往复运动。当灌装工位有安瓿时，凸轮的连续转动，通过扇形板转换为顶杆的上、下往复移动。上升的顶杆顶在电磁阀伸入顶杆座的部分，使与电磁阀连在一起的顶杆座上升，从而使压杆一端上升，另一端下降。当顶杆下降时，压簧可使压杆复位，使凸轮的连续转动被转换为压杆的上下摆动，最终转换为针筒芯在针筒内的上下往复移动，将药液从贮液罐中吸入针筒内并输向针头进行灌装。

注射灌液机构主要由针头、针头托架、针头托架座、单向玻璃阀及压簧、针筒芯和针筒等部件组成，功能是完成针头进出安瓿灌注药液的动作。针头固定在托架上，并随托架沿托架座的圆

图 12-34　安瓿灌封机灌装机构结构与工作原理

1——凸轮；2——扇形板；3——顶杆；4——电磁阀；5——顶杆座；6——压杆；7——针筒；8、9——单向玻璃阀；
10——针头；11——压簧；12——摆杆；13——安瓿；14——行程开关；15——拉簧；16——螺丝夹；17——贮液罐；
18——针头托架；19——针头托架座；20——针筒芯；21——电磁感应探头

柱导轨上下滑动，使针头伸入或离开安瓿。针筒的上、下端各装有一个单向玻璃阀，针筒芯在压簧作用下向上运动时，针筒的下部产生真空，下端单向玻璃阀开启，药液罐中的药液被吸入针筒。当压杆摆动而使针筒芯向下运动时，下端单向玻璃阀关闭，针筒下部的药液通过底部的小孔进入针筒上部。筒芯继续上移，上单向阀受压而自动开启，药液经管路及伸入安瓿内的针头注入安瓿，完成药液灌装操作。此外，灌装药液后的安瓿常需充入氮气或其他惰性气体，以增加制剂的稳定性。充气针头与灌液针头并列安装于同一针头托架上，一起动作，灌装后随即充入气体。

缺瓶止灌机构主要由摆杆、拉簧、行程开关和电磁阀组成，功能是灌液工位出现缺瓶时，能自动停止灌液。当送瓶机构因某种故障致使在灌液工位出现缺瓶时，拉簧将摆杆下拉，并使摆杆触头与行程开关触头接触。行程开关闭合，致使开关回路上的电磁阀开始动作，将伸入顶杆座的部分拉出，使顶杆失去对压杆的上顶动作，不能完成压杆动作，从而达到止灌的目的，以免药液的浪费和污染。

3. 拉丝封口机构　安瓿拉丝灌封机拉丝封口机构由压瓶机构、加热机构和拉丝机构等分支机构组成。见图 12-35。

加热机构的主要部件是燃气喷嘴，所用燃气是由煤气、氧气和压缩空气组成的混合气燃烧而得，火焰的温度可达 1400℃左右。

压瓶机构主要由压瓶滚轮、拉簧、摆杆、压瓶凸轮和蜗轮蜗杆箱等部件组成。压瓶滚轮的作用是防止拉丝钳拉安瓿颈丝时安瓿随拉丝钳移动。

拉丝机构的动作包括拉丝钳的上下移动及钳口的启闭，按其传动形式可分为机械拉丝和气动拉丝两种。机械拉丝是通过连杆-凸轮机构带动钢丝绳从而控制钳口的启闭，特点是无污染，无噪声，但其结构复杂，制造精度要求高，适用于无气源的场所。气动拉丝是借助于气阀凸轮控制压缩空气进入拉丝钳管路而使钳口启闭，特点是结构简单，造价低，维修方便，但存在噪声大并有排气污染等缺点。气动拉丝装置主要由钳座、拉丝钳、气阀和凸轮等部件组成。钳座上设有导轨，拉丝钳可沿导轨上下滑动。借助于凸轮和气阀，可控制压缩空气进入拉丝钳管路，进而可控制钳口的启闭。

图 12-35　安瓿灌封机封口部分结构与工作原理

1——拉丝钳；2——吹嘴；3——安瓿；4——压瓶滚轮；5——摆杆；6——压瓶凸轮；7——拉簧；8——涡轮蜗杆箱；
9——拉丝钳座；10——偏心凸轮；11——启动气阀；12、13——压缩空气入口；14——煤气入口；15——氧气入口

气动拉丝封口过程如下：当灌好药液的安瓿被移瓶齿板送至封口工位时，其颈部靠在固定齿板的齿槽上，下部放在涡轮蜗杆箱的滚轮上，底部则放在呈半球形的支头上，由于压瓶凸轮、摆杆机构的作用，被压瓶滚轮压住不能移动。而涡轮转动带动滚轮旋转，从而使安瓿在固定位置绕自身轴线做缓慢转动，同时瓶颈受到来自喷嘴火焰的高温加热而呈熔融状态，拉丝钳张口沿钳座导轨下移，当到达最低位置时，拉丝钳收口，将安瓿颈部钳住，随后拉丝钳向上移将安瓿熔化丝头抽断，从而使安瓿闭合。当拉丝钳运动至最高位置时，钳口启闭两次，将拉出的玻璃丝头拉断并甩掉。安瓿封口后，压瓶凸轮-摆杆机构使压瓶滚轮松开，移瓶齿板将安瓿送出。

4. 灌封过程中常见问题及解决措施

（1）冲液　冲液是指在药液注入过程中，药液从安瓿内冲起溅在瓶颈上方或冲出瓶外。冲液的发生造成药液容量不准、药液浪费以及封口出现焦头、封口不牢等问题。

解决冲液问题的主要措施有：注入液体的针头出口采用三角形的开口，中间并拢，使药液在注入时沿着安瓿瓶身进液，而不会直冲瓶底，减少药液注入瓶底的反冲力；调节针头进入安瓿的位置使其恰到好处；凸轮的设计使针头吸液及注液的行程延长，不给药液时的行程缩短，保证针头出液先急后缓。

（2）束液　束液是指注液结束时，针头上不得有液滴沾留挂在针尖上，若束液不好则液滴容易弄湿安瓿颈，使注射剂容量出现偏差，且封口时会出现焦头或瓶颈破裂等问题。

解决束液不良现象的主要措施有：灌液凸轮设计，使其在注液结束时迅速返回；单向玻璃阀设有毛细孔，使针筒在注液完成后对针筒内的药液有微小的倒吸作用；在生产时常在贮液罐和针筒连接的导管上夹一个螺丝夹，靠乳胶管的弹性作用控制束液。

（3）封口火焰调节　影响封口质量的直接因素为封口火焰的温度，若火焰过大，拉丝钳还未下来，安瓿丝头已经被火焰加热熔化下垂，拉丝钳无法拉丝；火焰过小，则拉丝钳下来时安瓿瓶颈玻璃还未完全熔融，有可能拉不动，或者将整支安瓿拉起，生产操作受到影响。此外，还可能产生"瘪头""泡头""尖头"等问题。

①瘪头：瓶口有药液痕迹，拉丝后因瓶口液体挥发，压力降低，外界压力大而瓶口倒吸形成平头、瘪头。解决措施：可调节灌装针头的位置和大小，杜绝药液外冲；另外，回火火焰不能过

大，以免已圆好口的瓶口出现重熔。

②泡头：产生泡头的原因和解决措施为：煤气太大、火力太旺导致药液挥发所致，这时需要调小煤气；预热火头太高所致，可适当降低火头位置；拉丝钳位置过低，造成钳去的玻璃太多，玻璃瓶内药液受热挥发，压力增加，而成泡头，此时需要将拉丝钳位置调高。

③尖头：产生尖头的原因和解决措施分别为：预热火焰和加热火焰过大，使拉丝时丝头过长，此时可适当调小煤气量；压缩空气压力过大，造成火力较急，温度低于软化点，此时可将压缩空气量适当调小；火焰喷枪距离瓶口过远，加热温度过低，此时应调节中层火头，对准安瓿瓶口，距瓶为3~4mm。

可见，封口质量好坏的首要因素是封口火焰的调节，封口温度由煤气和氧气压力控制，一般调节在1400℃，煤气压力大于0.98kPa，氧气压力为0.02~0.05MPa。火焰头部距安瓿瓶颈最佳距离为10mm。生产中常用预热火焰将安瓿瓶颈加热至微红，再移入拉丝火焰熔化拉丝，也有些灌封机在封口火焰后还设有保温火焰，防止安瓿突然遇冷发生爆裂。

（二）安瓿洗灌封联动线

注射剂生产时，安瓿的清洗、灌注、封口等设备基本上都是在不能密闭或不能完全密闭的单机设备上完成的，很容易造成产品的污染或混淆。目前已研制开发成功新型的安瓿洗、烘、灌封生产联动线，实现了洗瓶、烘干、灌液、封口等多道工序生产联动，做到生产过程密闭、连续，关键工序 A 级层流保护，缩短了工艺过程，减少了安瓿间的交叉污染，明显提高了生产效率和生产质量，使注射剂的生产水平跨上了一个新的高度。见图 12-36。

图 12-36　安瓿洗灌封联动线示意图
1——中效过滤器；2——高效过滤器；3——风机；4——高效过率器；5——加热原件；6——充气灌装；7——拉线；
8——熔封；9——单向流保护区；10——加热高温灭菌区；11——冷却单向保护区；12——单向流保护区；
13——安瓿超声清洗机；14——安瓿烘干灭菌机；15——安瓿拉丝灌封机

安瓿洗、烘、灌封联动线一般由安瓿超声波洗瓶机、安瓿烘干灭菌机、安瓿拉丝灌封机 3 台单机组成；3 台单机组成一体可联动生产，每台单机还可以根据工艺需要，进行单独的生产操作。安瓿洗、烘、灌、封联动线的工艺流程为：安瓿进瓶→注循环水→超声波洗涤→压缩空气吹干→冲循环水 2 次→压缩空气吹干→冲注射用水→压缩空气吹净→预热→高温灭菌→冷却→螺杆分离进瓶→前充气→灌药→后充气→预热→拉丝封口→计数→出成品。

安瓿洗、烘、灌、封联动机采用先进的超声波清洗、多针水气交替冲洗、热空气层流烘干灭菌、层流净化、多针灌装和拉丝封口等先进生产工艺和技术，全机结构清晰、明朗、紧凑，节省了车间、厂房，减少了半成品的中间周转，使药物受污染的可能降低到最小限度，具有生产能力高、产品质量好、符合 GMP 要求等优点。但安瓿洗、烘、灌、封联动机价格昂贵，部件结构复杂，对操作人员的管理知识和操作水平要求较高，维修也较困难。

六、质检包装设备

注射剂的异物检查（亦称澄明度检查）是确保质量的关键。经灭菌检漏后的安瓿通过一定照度的光线照射，用人工或光电设备可进一步判别是否存在破裂、漏气、装量过满或不足等问题。空瓶、焦头、泡头或有色点、浑浊、结晶、沉淀以及其他异物等不合格的安瓿可得到剔除。可见异物检查法有灯检法、光电法两种，目前国内药厂多采用灯检法。

（一）异物检查设备

1. 灯检法　灯检法即人工目测法，主要依靠待测安瓿被振摇后药液中微粒的运动从而达到检测目的。检查方法为：取供试品 20 支，除去容器标签，擦净容器外壁，必要时将药液转移至洁净透明的专用玻璃容器内；置供试品于遮光板边缘处，供试品至人眼的观测距离为 25cm，分别在黑色和白色背景下，手持供试品颈部轻轻旋转和翻转容器使药液中存在的可见异物悬浮（注意不使药液产生气泡），用目检视。无色供试品溶液，检查时的光照度应为 1000～1500lx；用透明塑料容器包装或有色供试品溶液，光照度应为 2000～3000lx；混悬型供试品为便于观察，光照度为 4000lx。灯检法的结果判定：不得检出金属屑、玻璃屑、长度或最大粒径超过 2mm 的纤毛和块状物等明显外来的可见异物，并在旋转时不得检出烟雾状微粒柱。

灯检法是一项劳动强度较大的工作，眼睛极易疲劳，而且操作时还必须谨慎，避免可能产生的气泡干扰。此外，由于操作人员个体体能上的差异，检出效果差异较大。异物（澄明度）检查设备逐渐向机械化、自动化的方向发展。

2. 光电法　通过安瓿光电检查仪实现，采用将待测安瓿高速旋转随后突然停止的方法，通过光电系统将动态的异物和静止的干扰物加以区别，从而达到检出异物的目的。其检出原理分为散射光法和透射光法两种。散射光法是利用安瓿内动态异物产生散射光线的原理检出异物；透射光法是利用安瓿内动态异物遮掩光线产生投影的原理检出异物。

（二）印字包装设备

注射剂的印字和包装是注射剂生产的最后工序，整个过程包括安瓿印字、装盒、加装说明书、贴标签、捆扎等多道工序。包装对保证注射剂在贮存期的质量具有重要作用。

我国制剂生产企业多采用人工操作和机器配合的半机械化安瓿印包生产线进行生产，该生产线由印字机、开盒机、贴签机、捆扎机 4 台单机组成。印字机的作用是印上注射剂的品名、规格、批号、有效期及生产企业等标记。开盒机的作用是将堆放整齐的贮放安瓿的空纸盒盒盖翻开，以供贮放印好字的安瓿。贴签机的作用是在放安瓿的纸盒盒盖上粘贴印制好的产品标签（有的标签在印包前已粘贴好），标明注射剂品名、内装支数、每支装量、主药含量、批号、生产日期与失效日期、生产企业名称及商标、批准文号、应用范围、用量、禁忌、贮藏方法等。捆扎机的作用是将贴好标签的纸盒，10 盒一扎捆扎起来。4 台单机可组成一体流水线生产，也可根据需要使用其中的几台单机。

第十三章
其他制剂生产设备

扫一扫，查阅本
章数字资源，含
PPT、音视频、
图片等

本章选取了栓剂、外用膏剂、气雾剂，分别从其分类特点、制备过程和常用设备进行概述。不同的制剂工艺过程对应有特定的制剂设备，均需要严格按照 GMP 规定的要求进行合理选用。

第一节　栓剂成型过程与设备

栓剂又称坐药或塞药，其形状和重量与施用腔道有关。栓剂在常温时为固体，在用药腔道处迅速软化、熔融或溶解，与腔道分泌物混合，逐渐释药而产生局部或者全身治疗作用。其特点有：①在腔道起润滑、消炎、抗菌、收敛、止痒、杀虫、止痛等局部作用；②起全身作用时，药物不受胃液、肠道和酶的破坏作用，有利于提高疗效，且避免对胃肠的刺激性，提高患者的适应性；③避免了肝脏的首过效应，降低药物的毒副作用。

栓剂按不同的使用腔道分为肛门栓、阴道栓、喉道栓、耳用栓、尿道栓、鼻道栓等。目前使用较为广泛的栓剂有肛门栓和阴道栓，但每种栓剂的形状各异。肛门栓有鱼雷形、圆柱形、圆锥形等，一般成人栓剂每颗重量约 2g，儿童约为 1g；阴道栓有鸭嘴形、球形等，每颗栓剂的重量 2~15g。

一、栓剂的生产技术

1. 栓剂的基质　栓剂的基质既赋予了栓剂的形状，同时也影响着药物的治疗作用。栓剂的基质主要分为两类，即油脂性基质和水溶性基质。油脂性基质的常用原料有可可豆脂、半合成椰油酯、半合成山苍子油、硬脂酸丙二醇酯等；水溶性基质的常用原料有甘油明胶、泊洛沙姆、聚乙二醇、聚氧乙烯单硬脂酸酯类等。

2. 栓剂的添加剂　在处方中，根据不同的目的而加入添加剂。栓剂常用的添加剂种类及代表原料有：①硬化剂常用白蜡、巴西棕榈蜡、鲸蜡醇、硬脂酸等；②增稠剂常用单硬脂酸甘油酯、氢化蓖麻油等；③吸收促进剂常用油溶氮酮、乙酰醋酸酯类、氨基酸乙胺衍生物等；④着色剂可选择脂溶性和水溶性着色剂；⑤抗氧剂常用叔丁基对甲酚等；⑥防腐剂常用尼泊金类、对羟基苯甲酸酯类等。

3. 栓剂的制备方法　栓剂制备的基本方法主要有两种，即冷压法和热熔法。水溶性基质只能采用热熔法，油溶性基质两种方法皆可。因此，热熔法广泛用于生产中。

冷压法：将锉末基质与药物放入冷却的容器中混合均匀后，手工搓捏或制栓机压制成一定形状的栓剂。冷压法在药厂已经很少使用。

热熔法：少量制备时现将栓剂模具洗净擦干，涂抹少量润滑剂，倒置模具使多余的润滑剂流出。将配方量的基质锉末，在适宜温度的水浴上加热（注意控制温度不宜过高），将药物加入基质中，分散均匀后，倒入模具中，使液体溢出模口为限，冷却凝固，刮去溢出部分。打开模具，取出栓剂，用包装材料包装好，阴凉干燥处贮藏。少量制备时采用模具制备，大生产采用自动化制栓机。

二、栓剂生产设备

栓剂大量生产主要采用热熔法，设备以自动化制栓机为主。如图 13-1 所示。其主要结构由饲料装置、加料斗、旋转式冷却台、栓剂抛出台、

图 13-1　自动化制栓机示意图
1——饲料装置及加料斗；2——旋转式冷却台；3——栓剂抛出台；
4——刮削设备；5——冷冻剂入口及出口

刮削设备等。自动化制栓机工作时，现将栓剂的半成品加入加料斗中，加料斗中恒温搅拌，然后将软材灌注到刷涂或喷涂润滑剂的模具内直至满盈。软材在旋转冷却台的作用下冷却，消去多余部分。当凝固的栓剂转到抛出位置时，栓模即打开，栓剂被推杆退出，栓模又闭合。栓模转至喷雾装置处再次被润滑，开始新的制栓过程。温度和生产速度可按能获得最适宜的连续自动化的生产要求来调整，一般为 3500~6000 粒/h。

第二节　外用膏剂成型过程与设备

膏剂作为一种外用的"透皮给药系统"，在我国传统的中药中应用十分广泛，例如硬膏剂、膏药、糊剂、搽剂等，历史悠久，品种繁多。现代药剂学中的膏剂是指采用适宜的基质将药物制成专供外用的半固体或近似固体的一类制剂。膏剂可涂布、粘贴于皮肤、黏膜或创面上，透过皮肤或黏膜吸收，不仅可以保护创面、润滑皮肤、起局部治疗作用，还可以进行全身治疗，减少口服给药时出现的不良反应。

膏剂可分为软膏剂和硬膏剂。软膏剂是将药物与油脂性、水溶性或乳剂型基质混合制成均匀的半固体制剂。软膏剂制备简单，包括称量、配置、搅拌、灌装等工艺。硬膏剂系指药材提取物、药材或化学药物与适宜的基质和基材制成的供皮肤贴敷，可产生局部或全身性作用的一类片状外用制剂。硬膏剂的生产设备包括涂布设备和切割设备。

一、软膏剂的生产过程与设备

软膏剂是指药物与适宜基质均匀混合制成的具有适当稠度的半固体外用制剂。软膏剂虽然外用于皮肤或创伤面，却可起到局部或全身治疗作用，有润湿和保护作用，可以避免"肝脏首过效应"，降低药物毒副作用。基质既是软膏剂药物的载体，又是软膏剂的赋形剂，主要有油溶性基质、水溶性基质和乳剂型基质。软膏剂基质中油脂性基质常用的有凡士林、石蜡、液状石蜡、硅油、蜂蜡、硬脂酸、羊毛脂等，水溶性基质主要有聚乙二醇，软膏剂常用的乳化剂可分为水包油型乳化剂（钠皂、三乙醇胺皂类、十二烷基硫酸钠和聚山梨酯类等）和油包水型乳化剂（钙皂、

羊毛脂、单甘油酯、脂肪醇等）。其中乳剂型基质的软膏称为乳膏剂，这种基质对油、水均有一定亲和力，药物释放及穿透性较好，能吸收创面分泌液，易清洗，对皮肤有保护作用。

软膏剂的生产过程主要为配制和灌封，常用真空乳化搅拌机和全自动软膏灌封机完成。工作时，分别加入油相基质和水相基质，控制温度在 70~80℃，加热搅拌，使油相熔化并充分搅拌均匀，水相基质完全溶解在处方量的纯水中；根据剂型设计和药物性质，在配制水相、油相时或乳化操作时加入。然后，将油相、水相通过带过滤网的管路压入乳化锅中，启动搅拌器、真空泵、加热装置。乳化完全后，搅拌降温至室温，停止搅拌，真空静置 24 小时，送检，合格后称重，送至灌封工序。

软膏剂基质应均匀、细腻，涂于皮肤或黏膜上应无刺激性，应具有适当的黏稠度，应易涂布于皮肤或黏膜上，不融化，黏稠度随季节变化应很小。除另有规定外，软膏剂应遮光密闭贮存，乳膏剂应密封，置 25℃ 以下贮存，不得冷冻。

二、硬膏剂的生产过程与设备

常见的硬膏剂按其基质组成可分为铅硬膏、橡胶硬膏、凝胶膏剂和透皮贴剂等。其中，橡胶膏剂黏着力强，不预热可直接贴于皮肤，携带使用方便，而且性质稳定，易储存，在膏剂中应用比较广泛。

橡胶膏剂系指药材提取物和化学药物与橡胶等基质混合均匀后，涂布在背衬材料上制成的贴膏剂。制备橡胶膏剂常用的方法有溶剂法和热压法。常用的溶剂有汽油、正己烷，常用的基质有橡胶、松香、松香衍生物、凡士林、羊毛脂和氧化锌等。也可以用其他适宜的溶剂和基质。

橡胶膏剂的生产工艺包括药材的提取、制备膏料、涂布膏料、切割加衬、包装等过程。膏料的制备方法有溶剂法和热压法两种。首先，将生胶洗净，在 50~60℃ 加热干燥或晾干，切成适宜大小的条块，在炼胶机中塑炼成网状胶片。采用溶剂法时，浸入适量的溶剂汽油中，浸泡至完全溶胀成凝胶状，移入打膏桶内搅拌 3~4 小时后，依次加入凡士林、羊毛脂、松香、氧化锌等制成基质，再加入药物，继续搅拌约 4 小时，待已成均匀膏浆时，以七号筛滤过，滤出的膏浆即膏料。采用热压法时，先加入油脂性药物，然后将其他药物炼压均匀。膏料制备完成后，即可加入涂布设备，进行涂布。

图 13-2 涂布头示意图
1——涂布辊；2——涂布材料；3——蘸胶辊；
4——胶料；5——刮刀

目前常用的涂布机组，按涂布方式可分为刮刀式和辊式两种。刮刀式涂布机主要由滑轴、刮刀、计量表等机构组成。工作时，膏料置于加料器中，通过滑轴的滚动，由刮刀将膏料均匀地涂布在胶布上。涂布厚度通过计量器调节。辊式涂布机工作时，可将胶涂在硅胶纸或聚酯膜上，经两辊压合使胶转移至弹力布或无纺布上。涂布量可通过计量辊间压力进行调节，压力加强，涂料的通过量减少，涂布量也就减少。如图 13-2 所示。

涂布后，经过切割加衬和包装等工艺即可完成橡胶膏剂的制备。

第三节　气雾剂成型过程与设备

一、概述

气雾剂常用于肺部吸入或直接喷至腔道黏膜、皮肤的制剂。

(一) 气雾剂的特点

气雾剂置于密闭容器内易于保持洁净，避免污染，而且使用方便、剂量小、奏效快，便于局部给药。如运动员的临时性肌肉损伤，止痛及时。咳喘病人用气雾剂喷施喉部，喘咳等症状能立即得以缓解，使用消毒气雾剂可杀灭电话机隐蔽部位的微生物。

气雾剂因需使用专门的耐压容器、精密阀门及特殊生产设备，故售价较高，而且在遇热及撞击时容易由于内压的释放发生炸裂，当抛射剂出现泄漏时，也会造成失效。

(二) 气雾剂的组成

气雾剂的基本组成是药物、附加剂和抛射剂。药物可以是液体、半固体或固体粉末。附加剂多为溶剂或增加溶质在抛射剂中溶解度的潜溶剂，如乙醇、丙三醇、聚乙二醇和表面活性剂。先将药物与附加剂配制成浓溶液，再将其与抛射剂混溶成液相。抛射剂主要是液化气体，作为喷射药物的动力源，又可以是主药的溶剂或稀释剂。抛射剂在常压下沸点低于室温。因此需装入耐压容器中，由阀门系统控制。在阀口开启时，借抛射剂的压力将容器内药液以雾状喷出。抛射剂的喷射能力直接受其种类和用量的影响。对抛射剂的要求：常温下的蒸气压大于大气压；无毒、无致敏性和无刺激性；惰性，不与药物发生反应；不易燃易爆；无色、无臭、无味。往往一个抛射剂不能同时满足以上全部要求，应根据用药目的适当选择。

氟代烷烃是现今公认的最有前景的氟利昂替代物，目前国际上采用的主要替代抛射剂为四氟乙烷（HFA-134a）和七氟丙烷（HFA-227ea）。亦有选择二甲醚（DME）等用作气雾剂的抛射剂。HFA-134a 不含氯，臭氧消耗潜能值（ODP）为 0，是一种化学惰性氢氟烃，对大气层没有破坏作用，而且是非易燃品。

利用压力及低温使抛射剂成液态，当阀门打开，药物与抛射剂处于室温、常压下，此时抛射剂立即气化。这种液化气体和含有活性成分的药物混合液在压力容器内始终保持其气化性能，不管容器内充满物料时还是直到存有最后一滴时总表现为恒压。其压力值是依拉乌尔定律计算出的混合蒸气压。当打开阀门时，蒸气压使混合液通过阀门喷向空气中，抛射剂气化，药物则遗留于患处。

药物与抛射剂的混溶情况不同时，可以制得两相或三相不同的气雾剂。溶液型气雾剂，在容器内有气、液两相存在，是当前气雾剂生产的主要类型；混悬型三相气雾剂，又称粉末气雾剂，药物及附加剂均是微粉（<10μm），混悬于抛射剂中，所以容器内包括气、液、固三相，打开阀门时，抛射剂气化，药粉被带出留于患处，由于粉末药物易凝聚、结块，易堵塞阀门，而使计量不准，常需加入卵磷脂、羊毛脂或其衍生物活化剂，将不溶物分散于液化抛射剂中；乳浊型三相气雾剂，它以药物水溶液（又称水相）与液化抛射剂（又称油相）制成乳浊液，当抛射剂为内相时，药物在外（表示为 O/W），喷出物呈稳定、持久的泡沫；如抛射剂为外相时，药物被包在内（表示为 W/O），喷出后呈雾状或是很快破裂的泡沫，乳浊液具有较大的油水界面，属于热力

学不稳定体系。在静置时，乳剂中的小液滴会因密度不同而自然分层，振荡后又可成为乳剂，凡混悬型或乳浊型气雾剂在使用前均应略加摇动。气雾剂的类型如图 13-3 所示。

（三）气雾剂的包装

这里所说包装不是一般的外包装，而是指构成气雾剂所必需的药物容器及其阀门。

装气雾剂药物（指主药、附加剂和抛射剂的总称）的容器均需承受抛射剂的液化压力，又常称为耐压容器。气雾剂耐压容器要有一定的强度，其制造及测试均有安全性要求规定，通常要求在 50℃ 下能承受 1MPa 压力不变形。

图 13-3　气雾剂的类型
1——气相；2——液相；3——固相

气雾剂用容器通常以马口铁、不锈钢或铝等金属制作，也可以用玻璃及塑料等非金属制作。

气雾剂罐口的阀门是控制气雾剂向外喷射的关键部分，要求制造精度高，机械性能可靠、启闭灵活，当气雾剂要求任意连续喷雾时，使用不定量阀门。还有一种定量阀门，它每次启闭只能喷出一定剂量的药物。

（四）质量要求

《中国药典》规定定量气雾剂应进行每揿喷量、递送剂量均一性、喷射速率等检查，非定量气雾剂进行喷出总量检查，中药吸入用混悬型气雾剂进行粒度检查，非定量气雾剂进行最低装量检查，用于烧伤的气雾剂进行无菌检查，其他按要求进行微生物限度检查。

二、气雾剂的制备过程

气雾剂的制备过程主要包括四大部分。第一部分是容器及阀门的洁净处理，金属制容器成形及防腐处理后，需按常规洗净、干燥或气流吹净备用。阀门在组装前，无论是铝盖、橡胶制品、塑料零件及弹簧均需用热水冲洗干净，尤其是弹簧需用碱水煮沸后以热水冲洗干净。冲洗干净后的零件置于一定浓度的乙醇中备用。第二部分是配制药液和在无菌条件下灌入容器中。第三部分是在容器上安置阀门和轧口。第四部分是在压力条件下将液化的抛射剂压入容器中。此外，还需经过检测其是否耐压与泄漏情况。试喷检测阀门使用效果。最后还有加套防护罩、贴标签、装盒、装箱等工序。

（一）气雾剂的容器

用马口铁制的气雾剂容器是由主体、顶盖及底盖三个部分组成的，如图 13-4 (a) 所示，马口铁是两面镀锡的薄钢板，三个部分均为板材冲制

图 13-4　金属制气雾剂容器的结构形式

下料成形，再经折边焊封接口，图中卷边处均属夸大示出，实际压折后应密而无隙。顶盖上所留小孔用以装配喷雾阀门，有的还需要涂以内衬。内衬是由两层树脂组成，底层多为坚韧的乙烯基树脂，内层则用环氧树脂涂敷。

不锈钢制的容器，多直接用薄不锈钢板冲制出带底的主体，再加封顶盖，如图 13-4（b），由于不锈钢耐腐蚀性能好，内壁不必涂用防腐内衬，其价格相对较贵。

铝可经挤压和拉伸制成无缝容器，外表光滑美观，其应用最为广泛。但由于铝的化学性质活泼，会在包装含有乙醇的药品时缓慢放出氢气，进而造成容器内压力升高，或出现铝的部分溶解，结果会出现容器的破裂现象，其化学反应如下：

$$2Al+6C_2H_5OH（无水）\rightarrow 2（C_2H_5O_3）_3Al+3H_2\uparrow$$

常需加 2%～3%水，且对铝做阳极极化处理，以达到防腐的安全措施。

使用玻璃容器其结构造型灵活，价格低廉，且耐腐蚀。但从保证强度方面考虑，常需外涂塑料的附加层，以保证安全使用。

塑料的气雾剂容器多是以聚丁烯对苯二甲酸酯树脂和乙缩醛共聚树脂为材料最为理想。

使用玻璃或塑料制作气雾剂的容器时，多需利用模具使瓶口的造型满足安装喷雾阀门的形状，以便安装喷嘴。

（二）喷雾阀门

因为喷雾阀门的精确度直接影响气雾剂的使用质量，所以喷雾阀门的制作及装备要求十分精细，质量要求严格。图 13-5 所示为定量阀门的结构原理，对于剂量小、作用强的药物，每次仅要求喷出一定量（如 0.1mL）的药液时，可使用这种定量阀门。

当用手按压按钮时，阀杆下行，弹簧压缩，如图 13-5（b），阀杆上部的孔道通过其侧向的小孔与定量杯的空间相通，此时定量杯中的药液将与大气相通，液化气减压气化，进入阀杆上部的孔道，阀杆上部的孔道又称膨胀室，气化后的气体在此

图 13-5　喷雾定量阀门的结构示意图
1——容器接口；2——引液管；3——橡胶密封圈；
4——弹簧；5——定量杯；6——金属密封；7——阀杆；8——按钮

充分膨胀、雾化，膨胀室的体积越大，雾化效果越好，这样药物就从按钮的小孔中喷向患处，这时由于定量杯下端橡胶密封环的作用，引液管与定量杯的空间是隔离的，阀杆下端的引液槽不起作用，引液管一直通到容器底部，当松开按钮时，弹簧使阀杆自动上升，如图 13-5（a），定量杯上部的橡胶密封圈使定量杯与大气隔离，阀杆上升后，阀杆下端的引液槽使引液管与定量杯的空间彼此相通，引液管内的压力是抛射剂的饱和蒸气压，远大于刚与大气相通的定量杯内的气体压力，故将容器内的药液压入定量杯，定量杯容积一定，故每次喷出的药液量一定。金属封盖多用阳极化处理的铝材制成，它将阀内的各零件固封于容器的接口上，由于铝材塑性好，只需在接口处制作一个极小的卷边，就可以确保连接牢固。

如果阀杆上的引液槽更长些，或是在定量杯下方不装密封圈，则当按钮按下阀杆时，小孔使定量杯与大气相通，引液槽又使管中的药液与定量杯空间相通，就可以构成不定量的阀门，届时

按钮压下多长时间，即可喷雾多长时间，可任意控制用药量。

三、气雾剂的灌装设备

从气雾剂的制备工艺可以知道，将气雾剂向容器中灌装是分两步进行的。主药液是在常压下装入容器的，一般是在喷雾阀门未安装前进行。抛射剂是液化气体，需要在一定压力下才能保持液态，在灌入容器后仍需保持一定压力，所以必须在安装喷嘴后，保证容器密封的状态下，方能灌装抛射剂。抛射剂的灌装方式则依据其温度及压力条件不同，分有低温灌装及加压灌装两种。低温灌装是指将装了药液的容器预先冷却至−20℃左右，将抛射剂冷却至沸点以下 5℃，灌注到容器中，容器上部的空气随抛射剂的蒸发而被排出，然后立即安置阀门并轧口，低温灌装需有一个冷冻系统，技术上要求严格，生产中较少采用，多为实验室使用。加压灌装是在室温下，利用 1.2MPa 压缩空气推动气缸活塞，将抛射剂灌入容器，或直接将抛射剂钢瓶加温至 50℃，令其蒸气压升高至 1.2~1.5MPa，再灌入容器，这种灌装方式要求在密闭条件下进行，其灌装设备的结构与一般液体药物灌装机唯一的区别是在喷嘴阀门安装后，灌装器的灌注接口与喷嘴口对接，并在保持足够的密封条件下定量灌注。

气雾剂的灌装机应具备以下功能（或工位）：

（1）吹气　以洁净的压缩空气或氮气，吹除容器内的尘埃。

（2）灌药　定量灌装调制好的浓药液，其剂量体积一般在 0~100mL 或 0~300mL，范围内可调。

（3）驱气　在灌装浓药液的同时，通入适量的氟利昂，待其部分挥发时，可带走容器内的空气。

（4）安置阀门　将预先组装好的阀门插入容器内。

（5）轧盖　在真空或常压下轧压阀门封盖。

（6）压装抛射剂　定量灌装抛射剂，使灌装体积可调节。

（7）装置按钮。

在各工位上依产量需要，不同机型配置有个数不同的气、液注入口。再灌药及压装抛射剂的工位上还应同时设有自动监测装置（如无容器到位时可自动停止灌药，如未安置阀门时不灌注抛射剂等）。

气雾剂灌装结构也多采用一个水平装置的间歇运转的主工作圆盘，用以拖动数组气雾剂容器间歇停位于各工位上，在主工作圆盘的上部机架上依次装置有各工位的功能机构，各工位的功能动作都是在主工作圆盘回转停歇的时间间隔内完成的，因此各功能机构与主盘的回转也都是通过一个工作主轴集中转动，以确保动作的相互协调关系。

第十四章

药品包装与包装机械

药品包装是药品生产过程中的重要环节，其包装不仅是药品质量优劣的外在表现，而且影响药品的内在质量。一方面，包装保证药品免受外在光线、空气、水分等的干扰，保持其内在活性成分、浓度、纯度等不被破坏；另一方面，包装也是防伪的一个有效措施，在意外情况下，进行药品召回、仓库和销售统计、防止人为掺入污染物等，包装也起到了积极的作用。不同剂型的药物，其对包装的要求差别很大。现在市场上药品包装材料主要有玻璃材料、高分子材料、金属材料、纸质材料和复合材料，针对具体药品该选择何种包装材料，是每个制药企业都面临的共同问题，也是制药从业者必须学习的内容。本章将具体介绍药品包装的功能作用，阐述不同包装材料的特性、用途、与生产，以及包装机械的分类、结构及其原理和应用。

第一节　包装分类与作用

药品的包装系指选用适当的材料或容器，利用包装技术对药物制剂的半成品或成品进行灌装、分封、贴签等操作，它可以为药品提供品质保护等信息。

我国的国家标准 GB4122-83《包装通用术语》对包装的定义为：在流通过程中保护产品、方便储运、促进销售，按一定技术方法而采用的容器、材料和辅助物品的总称；也指为了达到上述目的，在采用容器、材料和辅助物的过程中施加一定技术方法等的操作活动。

一、包装的分类

药品包装对保证药品质量、保证人民用药安全起着至关重要的作用。不合适的包装会给药品带来种种问题。阻隔性差的包装材料会导致药品受潮发霉；化学性质不稳定的包装材料会与药品发生反应，产生杂质；缺少防伪措施的包装，容易被伪冒或掺假。因此作为制药工作者，我们要对药品包装给予足够的重视，选择不同的划分标准，充分认识包装的不同类别。

1. 从包装容器形状的不同来分类：可分为包装箱、包装桶、包装袋、包装包、包装筐、包装捆、包装坛、包装罐、包装缸、包装瓶等。

2. 从包装材料的不同来分类：可分为木制品包装、纸制品包装、金属制品包装、玻璃包装、陶瓷制品包装和塑料制品包装等。

3. 从包装货物种类的不同来分类：可分为食品包装、医药包装、轻工产品包装、针棉织品包装、家用电器包装、机电产品包装和果菜类包装等。

4. 从安全目的的不同来分类：可分为一般货物包装和危险货物包装等。

5. 从包装智能程度的不同来分类：传统包装和智能包装（如自冷式饮料罐）。

6. 从包装形式的不同来分类：手提袋、包装盒、食品包装、饮料包装、礼盒包装、化妆品瓶体、洗涤用品包装、酒类包装、红酒包装、啤酒包装、葡萄酒包装、OTC 药品包装、非 OTC 药品包装、保健品包装、软件包装、CD 包装、电子产品包装、日化产品包装、进出口商品包装等。

7. 从产品内容的不同来分类：日用品类、食品类、烟酒类、化妆品类、医药类、文体类、工艺品类、化学品类、五金家电类、纺织品类、儿童玩具类、土特产类等。

8. 从产品性质的不同来分类：销售包装、储运包装、军需品包装等。

9. 从包装材料的环保程度不同来分类：重复再用（如玻璃瓶）和再生的包装材料（如 PET）、可食性包装材料（可食性包装膜）、可降解材料、纸材料。

10. 从包装功能的不同来分类：运输包装、贮藏包装和销售包装。

11. 从包装技术方法的不同来分类：防震包装、防霉包装、防湿包装、防锈包装等。

12. 从包装容器软硬程度的不同来分类：硬包装、半硬包装、软包装等。

13. 从产品经营方式的不同来分类：内销产品包装、出口产品包装、特殊产品包装等。

14. 从包装使用次数的不同来分类：一次用包装、多次用包装、周转包装等。

二、包装的作用

包装的作用通常被认为是，具有保护被包装商品的作用，在药品的生产、运输、贮存、使用过程中，经历的时间较长，合适的包装材料和包装方法能保证药品物理性质及化学性质的稳定，以避免药品疗效降低、失效或产生不良反应；具有满足消费者方便携带的作用，同时还有适应运输过程中的仓库储存、摆放、货架陈列的方便等作用，特别是对耐受储运过程中的震荡和压力，保护不致破碎损失；具有辨别作用，药品包装和药品说明书是提供药品信息的重要工具，药品包装上必须注明批准文号，国家药品监督管理局还规定，规范的药品说明书必须注明生产企业名称、地址、邮政编码、电话号码、传真号码、网址等，便于患者联系以辨真假；具有促进销售作用，药品包装的装潢设计很重要，艺术包装可以提升品牌的形象魅力，人性化的包装兼顾了消费者的心理因素，能突出品牌的人性关怀。

第二节　包装材料

药品包装材料是指直接接触药品的包装材料和容器，主要包括各种材料制作的瓶、袋、内塞等包装容器，以及触及药物的充填物、衬垫等物质，简称药包材。药包材可吸收药品的有效成分而降低其含量，也有可能释放有害物质而损害人体健康，因此药包材与一般物品的包装材料不同，有严格的质量要求。

一、药品包装材料的性能要求及选择原则

包装材料在药品包装中有着十分重要的作用，首先药品包装材料是药品包装的物质基础，在现代包装工业中，特别是药品的包装中，药品包装材料更是包装整体质量的决定性因素，是制约医药包装工业的发展速度和水平的主要因素。其次，药品包装材料是实现药品保护功能的重要保证。优质的包装材料可以有效地减少药品的破损，提高对药品的保护功能，确保药品的有效期。因此，对不同的药品应合理地选择恰当的药品包装材料和包装形式，才有可能真正实现药品包装材料的保护功能。此外，新型包装材料的出现并应用于药品包装中，更进一步促进了药品包装的

技术、包装机械和药品包装装潢设计水平的提高和发展。目前，众多的新型药品包装材料，如：收缩包装、真空充气包装、蒸煮袋、冷冲压成型包装等，已经应用于药品生产，并大力促进了药品包装新技术、新工艺的改革，更推动包装设计装潢在造型、印刷、构件等方面的全面革新，成为药品包装发展的重要推动因素。

（一）药品包装材料的性能要求

对药品包装材料的性能要求主要包括物理性能、化学稳定性、力学性能、成型性能、卫生性和环保性六个方面。

物理性能：药品包装材料的物理性能主要包括密度、耐热性、耐寒性、吸湿性、阻隔性等。其中，密度是药品包装材料评价的重要参数指标，其不仅有助于判断这些药品包装材料的紧密度和多孔性，而且对于实际生产时原料的投料量计算、价格性价比的衡量都很重要。

化学稳定性：化学稳定性主要指药品包装材料在外界条件下，不易发生老化、锈蚀等化学问题的性能。其中老化多针对高分子材料而言，锈蚀是指金属药用包装材料的稳定性问题。

力学性能：药品包装的力学性能主要包括弹性、塑性、韧性、强度和脆性。力学性能对于药品包装材料有着重要的意义，例如，弹性决定了包装材料缓冲性能的优劣，塑性决定了药品包装受到外力侵犯后，是否能够保持原有良好的外形，无破裂、破损等现象。

成型性能：药品包装材料的成型性能的好坏，决定了包装的外形能够达到设计图的效果，对该产品的市场推广具有重要的意义。

卫生性：卫生性又称为生物安全性，是指药品包装材料必须是无毒、无菌、无放射的安全材料。简单的归纳就是，其必须对人体不产生伤害、对药品无污染、对治疗无影响，要具有极高的生物惰性功能。

环保性：环保性要求药品包装材料对自然界无污染、能自然分解且易于回收再利用。目前世界各国都开始重视这一性能的监管，对于一些会造成环节损害的包装垃圾、白色污染材料已经明确禁止使用。

（二）药品包装材料选择原则

药品包装材料选择原则应符合对等性原则、适应性与协调性原则、美学性原则、相容性原则和无污染原则等五大原则。

对等性原则：指选择包装材料时，除了考虑保证药品的质量外，还要考虑药品的品性和相应的价值，既不能出现过度包装也不能出现高价药低档包装。

适应性与协调性原则：即药品的包装应与该包装所承担的功能相协调。药品包装因能满足药品在有效期内能保护药品的质量稳定。药品的包装要满足药品对其包装的需求。

美学性原则：要求药品的包装设计符合美学，从一定角度上来说美学原则往往会影响一个药品的销售命运。

相容性原则：即指药品包装材料与药物相容性。广义上二者的相互影响或迁移包括物理相容、化学相容和生物相容。特别强调的是，选用对药物无影响、对人体无害的药品包装材料，必须是建立在大量的实验基础上，不能仅凭经验摸索。

无污染原则：要求不仅要重视包装保护药物的功能，还要关注材料一经使用后，后续处理是否困难等问题。寻找使用可降解的药品包装材料是制药工作者、药品包装材料生产企业应该且付诸实施的发展方向，也是包装材料选择的重要原则之一。

目前、制药企业常用的药包材根据其材料组成主要有以下几类：玻璃、高分子材料、金属、纸质、复合材料。

二、玻璃容器

玻璃材料为最常用的药包材，具有化学性质稳定、阻隔性好、不能穿透、坚固、有刚性、不受大气影响，且化学性质和耐辐射性质可调整等优点，对于药物制剂具有良好的保护作用。而且价格低廉、透明美观、可回收利用，所以普遍用作粉针剂、注射液、口服液等的包装容器。玻璃也有它的缺点，密度大，容易碎。

（一）玻璃的组成

玻璃的成分复杂，含有硅、铝、钙、钾、铁、钛、锰、铅、铜、钡、磷、硫、钠、氟、氯等离子。其中硅元素含量最高，二氧化硅是玻璃的主要成分，质地轻脆，融化温度高，不能满足所有药用包装的基本要求，所以常需添加一定量的附加剂。不同的附加剂会赋予玻璃不同的性能，加入 CuO、CoO 使玻璃呈现蓝色；微量的铅可赋予玻璃透明度与光彩；适量氧化钾、氯化钠能使玻璃的熔点降低易于熔融；脆碎度太大的玻璃加入氧化铝可增强其耐磨性、抗化学性、润滑性和着色性。BaO、K_2O、CaO、PbO、Bi_2O_3 是助熔剂氧化物，可降低玻璃的熔融温度，譬如对于浮法玻璃的融化和澄清，Bi_2O_3 是一种非常有效的助熔剂；氧化硼可使玻璃耐磨，抗热抗震，增强机械强度。因此，根据实际需要，可添加不同附加剂或改变主要成分的比例赋予玻璃不同的性质，以达到想要的效果。此外，不同的钢化工艺对钠钙硅玻璃的弹性性能有不同影响，化学钢化可以提高玻璃的弹性性能约 6%，而物理钢化却会降低玻璃的弹性性能约 4%。Nb_2O_5 使玻璃网络结构松弛而膨胀，有利于 Li^+ 的迁移，因而使耐酸性降低、电导率上升。紫外激发光条件下，引入大量 Tb_2O_3、Gd_2O_3，能激发 Tb^{3+} 的绿光。

（二）玻璃的种类

玻璃的种类很多，通常是按加工处理方法，按玻璃的化学组成，按玻璃的材质、性能，按所包装药品的种类分类，下面将逐一进行叙述。

1. 按加工处理方法分类

（1）平板玻璃　指未经过其他加工的平板状玻璃制品，也称白片玻璃或净片玻璃。厚度不同用途不一，3~4mm 玻璃主要用于画框表面；5~6mm 玻璃主要用于外墙窗户、门扇等小面积透光造型中；7~9mm 玻璃主要用于室内屏风等较大面积又有框架保护的造型之中。

（2）钢化玻璃　是普通平板玻璃经过加工处理而成的一种碎后无尖刃锐口玻璃。钢化玻璃具有较好的机械性能和热稳定性，较普通平板玻璃强度更高，抗拉度、抗冲击力更强；不容易破碎，且破碎时以无锐角的颗粒形式碎裂，对人体无害。广泛用作建筑物的门窗、隔墙、幕墙、橱窗、家具等。

（3）磨砂玻璃　是在普通平板玻璃上面磨砂加工而成。主要应用于屏风、桌面家具、洗手间的浴室、办公室门。

（4）喷砂玻璃　是在普通平板玻璃上面喷砂加工而成。主要用于室内隔断、装饰、屏风、浴室、家具门窗。

（5）压花玻璃　是采用压延方法制造的一种增厚玻璃，透光不透明，主要用于洗手间的装修门板。

（6）**夹丝玻璃**　是将金属丝或金属网嵌入玻璃内部制成的一种具有抗击力的平板玻璃。主要用于高层楼宇及震荡性强的厂房。

（7）**中空玻璃**　是双层玻璃保持一定间隔，中间是干燥的空气，周边再密封而成。主要用于隔音要求的装修工程中。

（8）**热弯玻璃**　是指将平板玻璃加热软化后，在磨具中成型，再经退化制成的曲面玻璃。主要用于高级装修中。

（9）**夹层玻璃**　是由两片普通平板玻璃和玻璃之间的有机胶层构成。多用于安全要求较高的装修中。

2. 按玻璃的化学组成分类

（1）**钠玻璃**　钠玻璃主要由氧化硅、氧化钠、氧化钙组成，又名钠钙玻璃或普通玻璃，含有铁杂质，使制品带有浅绿色。钠玻璃的力学性质、热性质、光学性质及热稳定性较差，用于制造普通玻璃和日用玻璃制品。

（2）**钾玻璃**　钾玻璃是以氧化钾代替钠玻璃中的部分氧化钠，并适当提高玻璃中氧化硅含量制成的玻璃。它硬度较大，光泽好，又称硬玻璃。钾玻璃多用于制造化学仪器、用具和高级玻璃制品。

（3）**铝镁玻璃**　铝镁玻璃是以部分氧化镁和氧化铝代替钠玻璃中的部分碱金属氧化物、碱土金属氧化物及氧化硅制成的玻璃。它的力学性质、光学性质和化学稳定性都有所改善，用来制造高级建筑玻璃。

（4）**铅玻璃**　铅玻璃又称铅钾玻璃、重玻璃或晶质玻璃。它由氧化铅、氧化钾和少量氧化硅制成。这种玻璃透明性好，质软，易加工，光折射率和反射率较高，化学稳定性好，用于制造光学仪器、高级器皿和装饰品等。

（5）**硼硅玻璃**　硼硅玻璃又称耐热玻璃，它由氧化硼、氧化硅及少量氧化镁制成。它有较好的光泽和透明性，力学性能较强，耐热性、绝缘性和化学稳定性好，用来制造高级化学仪器和绝缘材料。

（6）**石英玻璃**　石英玻璃是由纯净的氧化硅制成，具有很强的力学性质，热性质、光学性质、化学稳定性也很好，并能透过紫外线，用来制造高温仪器灯具、杀菌灯等特殊制品。

3. 按玻璃的材质、性能分类

（1）**Ⅰ类玻璃**　是中性玻璃，或称硼-硅玻璃，也称为国际中性玻璃。Ⅰ类玻璃是氧化硼（B_2O_3）含量 > 8%的硼硅玻璃，包括膨胀系数 $\alpha = 3.2 \sim 3.4 \times 10^{-6} K^{-1}$（20~300℃）的中性玻璃和 $\alpha = 4.0 \sim 5.0 \times 10^{-6} K^{-1}$（20~300℃）的中性玻璃，后者也称为1号中性玻璃。化学稳定性和热稳定性较优异。适用于盛装碱性溶液与注射液，常用于制造管制瓶、卡式瓶、玻璃磨制瓶及预灌封注射器，一般多用于灌装疫苗、强酸强碱水针制剂、血液制品及生物制品等。$\alpha = 3.2 \sim 3.4 \times 10^{-6} K^{-1}$（20~300℃）的中性玻璃特别适用于盛装冻干制剂。

（2）**Ⅱ类玻璃**　是钠钙玻璃，膨胀系数 $\alpha = 7.6 \sim 9.0 \times 10^{-6} K^{-1}$（20~300℃），其内表层富含硅酸，具有耐水性，适用于盛装弱酸性或中性输液，且仅限于一次性使用的输液容器。

（3）**非Ⅰ非Ⅱ型玻璃**　是我国特有的低硼硅玻璃，膨胀系数 $\alpha = 6.2 \sim 7.5 \times 10^{-6} K^{-1}$（20~300℃），也称为2号中性玻璃，适用于盛装一般的口服剂、粉针剂和大输液。

4. 按所包装药品分类

（1）**输液剂包装**　玻璃输液瓶外表美观、光洁透明、耐高温、耐侵蚀、易消毒且没有吸附性，是普通输液剂的首选包装。

（2）合剂包装 多为保健品的包装，主要是棕色、白色及磨制的棕色玻璃药瓶。

（3）胶囊剂、片剂包装 玻璃瓶在片剂、胶囊剂的包装仍有一定的发展空间。

（4）粉针剂包装 主要是指抗生素的包装，包括模制注射剂瓶和管制注射剂瓶。

（5）水针剂包装 玻璃安瓿是其主要包装形式。

无色透明的广口玻璃瓶耐酸碱，密闭性好，不透水汽和空气，价廉物美，是药品包装中最常用的。但是考虑到紫外线会对药品的稳定性造成一定影响，常采用棕色或红色瓶。美国药典规定，避光玻璃可阻隔 290~450nm 的光线，棕色玻璃能符合此要求。但棕色玻璃的附加剂氧化铁易渗入药品中，若药物成分对铁不稳定，加入一定量 TiO_2，有助于提高玻璃化学稳定性，有效保护瓶内药品质量，延长药品保质期。

（三）玻璃容器的特性

玻璃容器目前仍是输液剂的首选包装。玻璃容器具有众多优点：光洁透明，易消毒，耐侵蚀，耐高温，容易洗涤，密封性能好，无透湿性，无透药香性及无透气性；良好适宜的化学稳定性，化学惰性，耐水性，耐溶剂性；容易洗涤、灭菌、干燥；透明有光泽；抗拉强度大，不变形；原料容易得到，且可再生；价格便宜；容易成型。玻璃包装容器尚存在一些不足：玻璃瓶缺乏良好适宜的机械强度，易碎，使用时间短，而且微小的玻璃颗粒和玻璃纤维脱落，混入药液中影响药物的质量；密度大；耐热冲击性低；在截断、黏结等高精细加工方面比较困难。

石英砂、长石、纯碱、石灰石、硼酸是玻璃生产的常用主要原料，为加速熔制过程或达到某种效果，玻璃生产中常加入辅助原料如着色剂、氧化剂、还原剂、澄清剂等。配料、熔制、成型与退火是玻璃生产工艺的四个主要工序。

配料即加料，分主要原料和辅助原料。

玻璃的熔制与成型是一个连续的过程。熔制时，玻璃原料在熔炉中熔融成玻璃液，玻璃液再经过制瓶机或拉管机拉制成一定形状制品。玻璃熔窑一般有两种，分池窑和坩埚窑，熔制时温度为 1500~1600℃。熔制过程主要包括五个阶段：硅酸盐形成阶段、玻璃形成阶段、澄清阶段、均化阶段和冷却阶段。

成型时，玻璃在做机械运动的同时，与周围介质进行连续的热传递，由于温度不断下降，玻璃形态由液态向固态转变，最后变成脆性固态。生产玻璃制品的过程可以分为两个阶段：玻璃成型阶段及定型阶段。

成型即赋予制品一定形状，定型即把制品形状固定下来。

玻璃在生产过程中，经受了激烈的不均匀温度变化，这些变化使玻璃表面和内部产生应力，这些应力会大大降低玻璃制品的热稳定性和机械强度，制品形状难以保持，甚至破裂。消除玻璃中热应力的方法就是退火。退火工艺包括四个阶段：加热阶段、保温阶段、缓慢降温阶段、快速降温阶段。

三、高分子材料

高分子材料是以高分子化合物为基础的材料，通常分子量大于 10000，包括橡胶、塑料、涂料、纤维等。高分子材料按来源分为天然、半合成（改性天然高分子材料）和合成高分子材料。天然高分子是生命起源和进化的基础，所有生命体都可视为高分子的集合体。人类社会一开始就利用天然高分子材料作为生活资料和生产资料，并掌握了其加工技术。早在公元前 3500 年，埃及人就用棉花纤维、马鬃缝合伤口。公元前 500 年的中国和埃及的墓葬中发现有假牙、假鼻、假耳。19 世纪 30 年代末期，进入天然高分子化学改性阶段，出现半合成高分子材料。现代，高分子材料已与金属材料、无机非金属材料相同，成为科学技术、经济建设中的重要材料。

（一）橡胶材料

橡胶属于高弹性的高分子材料，分为天然橡胶和合成橡胶两种。1839 年，美国人查尔斯·固特异开发的橡胶硫化技术让橡胶成为一种稳定而且不粘合的材料，5 年后他获得了硫化橡胶的发明专利权。随后，甲基橡胶的问世标志着合成橡胶的诞生。随着科学技术的发展，新的加工技术方法不断出现，橡胶制品越来越被广泛地应用于工业和生活中。

1. 橡胶的种类　橡胶可以分成天然橡胶和合成橡胶两类。

（1）天然橡胶　是从 *Hevea* 属的橡胶树中得到的胶乳，是一种胶体混悬液。其成分以橡胶烃为主，含少量水分、无机盐、树脂酸、糖类、蛋白质等。其综合性能优于多数合成橡胶，延伸强度高，弹性大，电绝缘性和抗撕裂性优良，耐旱性和耐磨性好，易于加工，方便与其他材料黏合。橡胶也有其缺陷：容易老化变质，耐油耐溶剂性不好，抗氧化性差，耐热性差，耐酸碱性能差等。适用温度范围：−60～+80℃。

（2）合成橡胶　是由人工合成的高弹性聚合物，也称合成弹性体，是三大合成材料之一，产量仅次于合成树脂、合成纤维。其种类很多，按照使用特性分为通用型橡胶和特种橡胶。

通用型橡胶是合成橡胶的主要品种，如丁苯橡胶、异戊橡胶、顺丁橡胶等。丁苯橡胶，是苯乙烯与丁二烯在肥皂液中乳化聚合而成的弹性体。性能接近天然橡胶，在合成橡胶中产量最大。其质地较天然橡胶均匀，耐老化耐热性超过天然橡胶。但是抗屈挠、抗撕裂性能差，弹性小，加工性能差，生胶强度低，自黏性差。使用温度范围：−50～+100℃。主要用以代替天然橡胶。

天然橡胶的聚合链约含异戊间二烯单体 1000～40000，合成橡胶链具双键，故在空气中和光线下能迅速氧化。橡胶分子一般卷曲成圈，并相互交叉，当加强力时大分子断开，链间滑动而产生变形，强力一经解除而恢复原状。

特种橡胶有丁腈橡胶、聚硫橡胶、氯丁橡胶、氟橡胶与硅橡胶等。具有耐高温、耐油、耐臭氧、耐老化、高气密性等优点。一般用于特殊场合。

硅橡胶：是主链含有硅、氧原子的特种橡胶，硅元素起主要作用。既耐高温（最高温度 300℃），又耐低温（最低温度−100℃）是其主要特点，使用温度范围−60～+200℃。电绝缘性优良，耐臭氧性良好。缺点是耐油性差，耐酸碱性差，较难硫化，价格昂贵。天然橡胶与合成橡胶分子的交联是加硫共热而成，聚硫橡胶链内的硫是加氧化锌共热而交联的。

天然橡胶经硫化后，质地坚韧，其氧敏感性亦下降，能在有机溶剂中膨胀而不溶，且具有较高的弹性。为改变橡胶的硬度与其他力学性质，也可在橡胶混合物中加入一些增强剂如白土、碳酸镁和氧化锌等。这些填充剂可能与聚合链结合或嵌于其中。此外还常加辅料，起美观和吸收紫外线的作用。

2. 橡胶包装材料的特性　橡胶制品在医药上的应用十分广泛。其中丁基橡胶、卤化丁基橡胶、丁腈橡胶、乙丙橡胶、天然橡胶和顺丁橡胶都可用来制造医药包装系统的基本元素——药用瓶塞。橡胶的固有特性是：高弹性，可获得良好的密封性能和再密封性能；低的透气和透水性；良好的物理和化学性能；耐灭菌；和药品的相容性好。这些都是医药包装对瓶塞最重要的要求。

天然橡胶的弹性最好，但由于天然胶需要高含量的防老剂，如含硫化合物，硫会在生产药品中产生不需要的高硫残存，而影响药品质量。因此，天然胶塞已被列入淘汰的行列。

丁腈橡胶具有优异的重密封性能和耐油、耐有机溶剂性能，因而被广泛应用于药品包装，如兽药耐油瓶塞、气雾泵的计量阀等。

丁基橡胶具有对气体的低渗透性，优异的耐热、耐老化、低频率下的高减振性，耐低温，耐臭氧，耐化学，耐水及蒸气，耐油等性能及较强的回弹性等特点。而这些特点又是理想的药用胶塞必须具备的，这也是丁基橡胶广泛应用于医药包装领域的主要原因。

卤化丁基胶与丁基橡胶有着共同的性质和特点，但由于卤元素——氯或溴的存在，使胶料的硫化活性和选择性更高，易与不饱和橡胶共硫化，消除了普通丁基橡胶易被橡胶污染的弊病；在硫化过程中可以选择多种硫化体系，可以不用硫黄或用少量硫黄体系进行硫化，可以不用或用少量 ZnO 进行硫化。卤化丁基橡胶的特性，决定了它是当前药用瓶塞最理想的材料。药品包装上使用最多的是氯丁基橡胶。

3. 橡胶包装材料的沥漏与吸收　天然胶塞是从橡胶树上收集的天然乳胶，为赋予其一定的理化性质，常加入附加剂如促进剂二硫化四甲基秋兰姆、β-巯基苯骈噻唑，防老剂 N-苯基 β 萘胺，填充剂碳酸钙、氧化锌、硫化物、双酚单丙烯酸酯类等。由于组分复杂，化学稳定性差，屏蔽性差，密封性能差，当与液体药物接触时，必然会影响药品的外观性状、澄明度等。甚至与药物起化学反应，产生对人体有害的物质。如异性蛋白是人体致敏原，其溶出的吡啶类化合物是致癌、致畸、致突变的确定因素。橡胶塞还可吸附溶液中的主药和抑菌剂，导致抑菌剂效能降低。

基于天然橡胶塞的以上缺点，我国自 2002 年起，已经明令禁止使用天然橡胶塞作为包装，推广使用丁基橡胶塞。丁基橡胶塞不经处理直接使用，仍然会有脱屑问题，不能解决输液澄明度问题。

为了防止橡胶包装物影响制剂质量，尤其影响注射用药品的稳定性，橡胶在使用前需要用稀酸、稀碱液煮、洗，以除去微粒，或者采用涤纶薄膜作为胶塞与输液的隔离介质。

（二）塑料材料

塑料是一种人工合成的高分子化合物，又称高分子或巨分子树脂。是利用单体原料以合成或缩合反应聚合而成的材料，由合成树脂及填料、增塑剂、稳定剂、润滑剂、色料等添加剂组成。与玻璃、纸、金属等相比，塑料包装有其独特的优点。塑料包装可以做成形式多种多样、大小不同的瓶、罐、袋、管，亦可做成泡罩包装等等。塑料包装是包装业中四大材料之一，纸及纸板占30%，塑料占25%，金属占25%，玻璃占15%。塑料包装业每年按5%的速度在发展，而其他包装材料金属、玻璃等只以2%的速度在增长，因此塑料有逐步取代部分金属容器和玻璃容器的趋势。

1. 塑料的基本组成　塑料是以合成或天然的高分子树脂为主要材料，添加各种助剂后，在一定的温度和压力下具有延展性，冷却后可以固定其形状的一类材料。塑料根据其自身的性能来分，可以分成热塑性塑料和热固性塑料。热塑性塑料是指可以多次反复进行熔融成型加工而基本能保持其特性的塑料（如聚丙烯、聚氯乙烯、聚乙烯）；热固性塑料是指只能进行一次熔融成型的塑料（如酚醛塑料、环氧树脂塑料）。为达到某种效果，塑料包装中常加入一定量的附加剂，如稳定剂，可以减慢反应，保持化学平衡，降低表面张力，防止光、热分解或氧化分解、老化等；塑料中加入些金属氧化物与脂肪酸盐类，可以阻止或延缓塑料在光线或高热作用下发生降解或变色，但时间过久，稳定剂会渗透到表面而致使塑料变性，且又污染药品；润滑剂用以降低摩擦时的摩擦阻力，减缓其磨损的润滑介质；抗氧剂，可阻止氧化而防止高聚物分子链的降解，防止交联度和外观性能的降低；防腐剂可抑制微生物的生长和繁殖，以延长食品的保存时间，抑制物质腐败；着色剂，赋予塑料一定的颜色，要求具有较高的着色强度和艳度，良好的透明性或者遮盖性、分散性、耐光性、热稳定性、化学稳定性；阻燃剂，延迟或防止塑料尤其是高分子类塑料的燃烧，使其点燃时间增长，点燃自熄，难以点燃；光稳定剂，减少塑料因为光照带来的自我氧化，减缓塑料的降解，从而避免降解物质给药品带来的污染；增塑剂，可以使其柔韧性增强，容易加工，如邻苯二甲酸二（2-乙基）己酯释放到患者体内，对机体多个系统都有危害性，对处于发育早期和分化发育敏感阶段的孕妇和儿童危害尤其大。邻苯二甲酸酯为最常用的增塑剂之一。

2. 常用塑料的种类 聚氯乙烯、聚苯乙烯、聚乙烯、聚丙烯、丙烯多聚物（聚腈），如丙烯腈是常用的医药包装塑料。也是世界五大通用塑料。各种塑料的性能与特点如下：

（1）聚乙烯（PE） 通式为 $(—CH=CH—)_n$，是乙烯经聚合制得的一种热塑性树脂。其主要加工产品是各种薄膜。聚乙烯无臭，无毒，手感似蜡，具有优良的耐低温性能（最低使用温度可达-100~-70℃），化学稳定性好，能耐大多数酸碱的侵蚀（不耐具有氧化性质的酸），常温下不溶于一般溶剂，吸水性小，电绝缘性能优良。分为三大类，低密度聚乙烯（LDPE）、高密度聚乙烯（HDPE）和中密度聚乙烯（MDPE）。高密度聚乙烯是一种结晶度高、非极性的热塑性树脂。外表呈乳白色，在微薄截面呈一定程度的半透明状。它具有很好的电性能，特别是绝缘介电强度高。中到高分子量等级具有极好的抗冲击性，在常温甚至在-40℃低温度下均如此。低密度聚乙烯分子链中含有较多的长短支链（每1000个碳链原子中含有的支链平均数21），所以结晶度较低（45%~65%），密度较小（0.910~0.925），质轻，柔软，耐低温性、耐冲击性较好。高密度聚乙烯分子中支链少，结晶度高（85%~90%），密度高（0.941~0.965），具有较高的使用温度，硬度、力学强度和耐化学药品性较好。

（2）聚氯乙烯（PVC） 其通式为 $[—CH_2—CHCl—]_n$，简称PVC，由氯乙烯在引发剂作用下聚合而成的热塑性树脂。聚氯乙烯本色为微黄色半透明状，有光泽。透明度胜于聚乙烯、聚丙烯，差于聚苯乙烯，随助剂用量不同，分为软、硬聚氯乙烯，软聚氯乙烯柔而韧，手感黏，硬聚氯乙烯的硬度高于低密度聚乙烯，而低于聚丙烯，在屈折处会出现白化现象。对光和热的稳定性差，在100℃以上或经长时间阳光曝晒，就会分解而产生氯化氢，并进一步自动催化分解，引起变色，物理机械性能也迅速下降，在实际应用中必须加入稳定剂以提高对热和光的稳定性。常用的稳定剂有有机锡化合物如二辛基巯基醋酸锡、铅化合物，如三碱式硫酸铅、二碱式亚磷酸铅；金属皂类，如硬脂酸钙与锌硬脂酸钡、硬脂酸镉、新型稳定剂锑稳定剂。

（3）聚丙烯（PP） 通式 $[—CH_2—CH(CH_3)—]_n$，是由丙烯聚合而制得的一种热塑性树脂。聚丙烯的结晶度高，结构规整，因而具有优良的力学性能。聚丙烯最突出的性能就是抗弯曲疲劳性，但在室温和低温下，由于本身的分子结构规整度高，所以冲击强度较差。聚丙烯具有良好的耐热性，是唯一能在100℃以上温度进行消毒灭菌的塑料，在不受外力的条件下，150℃也不变形。脆化温度为-35℃，在低于-35℃会发生脆化，耐寒性不如聚乙烯。几乎耐受所有类型的化合物，包括强酸、强碱与大多数有机化合物。

（4）聚苯乙烯（PS） 通式为 $[—CH_2—CH(C_6H_5)—]_n$，是一种无色透明的热塑性塑料，具有高于100℃的玻璃转化温度，最高工作温度为60~80℃，不能高温使用。能耐酸碱但不耐强氧化性酸，主要用于盛装固体制剂。具有比HDPE优越的防潮、防水性能，硬度高，普通聚苯乙烯抗冲击力差。

（5）丙烯多聚物（聚腈） 丙烯多聚物类塑料的特点是对气体有极高的屏障力，抗化学性能好，有优良的机械强度，能安全焚化处理。当其他塑料不适应时可用丙烯多聚物。如常用以盛装汽水，热装食品，对氧气敏感的制品等，特别有利于包装食品。本品耐油，不改味，制成的容器相当清澈。

（6）聚酯　是多元醇和多元酸缩聚而得的聚合物总称。主要指聚对苯二甲酸乙二酯（PET）。目前应用的 PET 为线性聚酯，它是热塑性材料中硬度最高的品种。耐磨性能和热稳定性好，而且耐蠕变性能和刚性都优于多种工程塑料，熔点 255~260℃。PET 吸水性低，透气性比聚偏氯乙烯大。吸水率、毒性小于 PVC；机械强度、耐菌性、耐寒性、透明性优于聚氯乙烯。PET 作为泡罩包装基材的热封片材，安全性高，更适合药品在潮湿环境下保存。

3. 塑料包装容器的一般特性　塑料包装容器每年以 5% 的速度在发展，显示出强大的生命力，必有其独特的优点。一般来说，塑料包装容器具有以下特点：密度小，质轻，可透明也可不透明；包装效果好，塑料品种多，易于着色，色泽鲜艳，可根据需要制作成不同种类的包装容器，取得最佳包装效果；易于成型加工，只要更换模具，即可得到不同品种的容器，并容易形成大批量生产；有较好的耐腐蚀、耐酸碱、耐油、耐冲击性能；并有较好的机械强度。

4. 塑料包装存在的问题　研究表明，塑料包装材料对药品质量具有一定影响，主要表现在对药物的吸附性、透气透湿性、添加剂的浸出、存在降解产物等。此外，塑料在高温下易变形，故使用温度受到限制；容器表面硬度低，易于磨损或划破。

（1）吸附性　聚氯乙烯材质的输液容器对药物的吸附性很强，导致药物浓度下降，活性成分降低，疗效降低。报道指出，聚氯乙烯输液器对生物制剂中的胰岛素、免疫调节剂环孢素、心血管类药物硝酸甘油、中药制剂莪术油等的吸附作用导致临床疗效降低。而玻璃输液容器则可改善吸附性的缺陷。

（2）透气透湿性　多数塑料容器具明显透气、透光和透水汽的性能，药品的挥发性成分逸散出去后，难以保证药物浓度。水蒸气、氧气接触药品加速药物的氧化，稳定性降低，保质期变短。

（3）沥漏性　聚氯乙烯是国内使用最多的软包装材料，但由于其材料较硬，制成腹膜透析袋、输液袋时常需加入增塑剂，如邻苯二甲酸二（2-乙基）己酯（diethylhexyl phthalate，DEHP）是最常用的。在注射剂生产、运输、贮存过程中，DEHP 会释放到药液中，使药液中的颗粒物增多，导致注射液澄明度下降。此外，研究表明，DEHP 对人体存在潜在危害性，尤其是妇女和儿童，DEHP 具有发育和生殖毒性。

（4）变形性　聚乙烯对紫外线敏感，易氧化、老化，热收缩变化较大，甚至发生降解。油能使聚乙烯瓶软化，冬季寒冷时塑料薄膜变脆而且破裂。聚苯乙烯耐热性低，不能在沸水中使用，不方便杀菌消毒。

（5）化学反应　塑料包装中常加入各种附加剂，这些附加剂释放后，与药品接触会与药物发生化学反应，带来一系列的不良反应。聚氯乙烯的增塑剂邻苯二甲酸二辛酯是致癌成分。为此，新型 PVC 环保增塑剂值得推广，诸如乙酰柠檬酸三丁酯、二苯甲酸酯类、环氧大豆油、己二酸酯类等。

四、金属材料

金属包装材料广泛应用于工业产品包装、运输包装和销售包装，正成为各种包装容器的主要材料之一。美国包装消费中金属材料比塑料包装多，仅次于纸和纸板，约占第二位。日本和欧洲各国，在各种包装材料中金属包装占 15% 左右，仅次于纸和塑料包装，占第三位。我国的金属包装材料占包装材料总量的 20% 左右，仅次于塑料包装材料。金属的水蒸气透过率很低，完全不透光，能有效地避免紫外线的有害影响。其阻气性、防潮性、遮光性和保香性大大超过了纸、塑料等其他类型的包装材料。因此，金属包装能长时间保持商品的质量。

目前国内金属包装材料每年以2%的速度在发展，对金属包装材料的需求处于上升趋势。新的金属加工技术、环保金属材料、防腐方法还在不断发展之中。在铝中添加少量锰、镁、铜形成的合金铝板耐腐蚀性能强；激光焊接作为一种新型的焊接技术，具有焊缝宽度小、焊接速度快、焊缝强度高、定位精度高等优点，应用于金属包装及制罐领域可产生良好的社会和经济效益。

（一）金属包装材料的分类

金属包装材料多按照下面两种方法进行分类：

1. 按材料厚度分类　金属材料厚度大于或等于 0.2mm 的叫板材，主要用于运输包装，制造集装箱、金属桶、捆扎材料等，也用于销售包装，制造金属盒、金属罐等；厚度小于 0.2mm 的叫箔材，用于制造商品包装，复合材料的组分等。

2. 按材质分类　金属材料按材质可分钢系和铝系。钢系主要有低碳薄钢板、镀锌薄钢板、镀锡薄钢板、镀铬薄钢板等；铝系主要有铝合金薄板和铝箔。

（二）金属包装材料的主要性能

金属材料广泛用于粉针剂包装的铝盖，膏剂及气雾剂的瓶身、药罐、气罐，以及铝塑泡罩包装的药用铝箔等。此外，金属材料具有坚固、不透气、不易破碎等优势，是一种理想的高压容器材料。

金属包装材料的主要优点是：优良的力学性能，刚性好，强度高，机械强度优于其他包装材料，其容器可大型化或薄壁化，适合危险品的包装；综合保护性能好，极好的阻隔性能，能有效地避免紫外线等有害因素的影响，货架期长；具有自己独特的金属光泽，印刷装潢美观；加工性能好，且工艺较成熟，适于连续自动化生产，制罐充填生产率高；资源丰富，作为主要金属包装材料的铁和铝，蕴藏量极为丰富；废弃物处理性好，金属包装容器一般可以回炉再生，循环使用，减少环境污染。

（三）常用金属材料

1. 铝　铝是最常用的金属包装材料，不生锈，氧化物无毒，不易污染药品；防水性好，阻气性优良，遮光性好，能有效防止紫外线对药品的加速降解；加工性能好，无磁性，无回弹性，易开封，导热性大，光泽度好，既耐热又耐寒，加工容易，易与塑料、纸复合，经过处理后的铝具有很好的密封性和延展性，能够充分保护药物，尤其是化学稳定性差的药物，铝材料包装能延长药物的保质期。但是铝制包装也有其缺点，容易被腐蚀，且铝制品制造成本较其他材料高。

2. 锡　锡是一种富有延展性的银白色金属，常包附在很多金属的表面，如镀锡薄钢板，用于罐头的包装。锡元素并非人体的必须元素，也未证实其明确的生物作用，所以锡包装中镀锡含量不宜过高。

电镀锡薄钢板俗称马口铁，具有良好的抗腐蚀性能，有一定的强度和硬度，成型性好又易焊接，能防止铁溶进被包装物，且表面光亮，印制图画可以美化商品。主要用于食品罐头工业，其次用于化工油漆、油类、医药等包装材料。镀锡板按生产工艺分为热镀锡板和电镀锡板。

五、纸质材料

纸是从悬浮液中将植物纤维、动物纤维、化学纤维、矿物纤维或这些纤维的混合物沉积到专门的成型设备上，经过干燥制成的平整均匀薄叶片状物。其制作工艺通常包括：打浆—加填—施胶—呈白—净化—筛选—成型—脱水压榨—干燥—压光—制成纸卷。常被用作包装材料，具有易加工，成本低，适于印刷，重量轻，可折叠，无毒，无味，无污染等特点。常见有牛皮纸、玻璃纸、纸袋纸、羊皮纸等。

1. 牛皮纸　牛皮纸呈棕黄色，坚韧耐水，柔韧结实，耐破度高，能承受较大拉力且承受压力不破裂。常用于制作纸袋、信封、卷宗、砂纸等。

2. 玻璃纸　玻璃纸透明，无毒无味，是以棉浆、木浆等天然纤维为原料制成的再生纤维型的薄膜，对商品的保鲜十分有利。具有一定的抗潮性、伸长率。适于彩色印刷，透明性高，有光泽，不透气，不透水，不透油，密封性较好。常用于食品、药材、茶叶、电池、烟草等商品的优质包装，也可用作装潢材料。

3. 纸袋纸　纸袋纸类似于牛皮纸，色泽棕褐，防水性能良好，纸质强韧，不易破裂，并有一定的透气度，可以防止装袋或装卸时的破损。大多以针叶木硫酸盐纸浆来生产，国内也有掺用部分竹浆、棉秆浆、破布浆生产的，因此纸袋纸机械强度很高。一般用来制作农药、水泥、化肥及其他工业品的包装袋。

4. 羊皮纸　羊皮纸又称工业羊皮纸，结构紧密，防油性强，防水，湿强度大，不透气，弹性较好。经过羊皮化，具有高强度及一定的耐折度。是一种半透明的包装纸，可作半透膜，也可用于包装仪表、机器零件、化工药品等。

5. 铜版纸　铜版纸纸张表面光滑，白度较高，纸质纤维分布均匀，厚薄一致，伸缩性小，有较好的弹性和较强的抗水性能和抗张性能，对油墨的吸收性与接收状态良好。主要用于印刷高级书刊的封面和插图、彩色画片、各种精美的商品广告、样本、商品包装、商标等。

6. 真空镀铝纸　真空镀铝纸无毒，无气味，符合美国 FDA 标准。此外，镭射喷铝纸能够起到防伪效果。现广泛应用于烟、酒、食品、药品和日用品的包装。

7. 防锈纸　防锈纸兼具防锈与包装双重功效；实现无油包装，无涂抹及脱脂、清洗程序，省工省时，节约成本；无害无毒，干净清洁；与真空包装相比，费用低廉，使用简单。适合包装表观复杂的金属件。

8. 石蜡纸　石蜡纸即表面涂蜡的加工纸，具有极高的防潮抗水性能和防油脂渗透性能。涂布前原纸应保持足够的干度，以保证蜡液的浸透。用石蜡纸包裹东西，可以防潮。

9. 白板纸　白板纸是一种正面呈白色且光滑，背面多为灰底的纸板，质地比较紧密，厚薄也比较均匀，较洁白而平滑，具有较均匀的吸墨性，表面脱粉与掉毛现象较少，纸质较强韧而具有较好的耐折度，但其含水量较高。这种纸板主要用于单面彩色印刷后制成纸盒供包装使用，亦可用于设计、手工制品。

10. 箱板纸　箱板纸具有较高的耐压、耐折、抗张、耐磨、耐戳穿等性能，有一定的耐水性，纸质坚挺而富有韧性，同时还有良好的外观性能及适印性能。

11. 瓦楞原纸　瓦楞原纸纤维结合强度好，纸面平整，有较好的紧度和挺度，有一定的弹性，可以保证制成的纸箱有防震和耐压能力。可单独用作易碎物品的包装用纸。

12. 瓦楞纸板　瓦楞纸板具有较好的机械强度，在平面上也能承受一定的压力，并富有弹性，缓冲作用好；它可根据需要制成各种形状大小的衬垫或容器，比塑料缓冲材料要简便、快捷；受温度影响小，遮光性好，受光照不变质，一般受湿度影响也较小，但不宜在湿度较大的环境中长期使用，会影响其强度。

六、复合膜材

复合膜包装材料是将多种包装材料采用复合手段整合在一起所形成的一种新型包装材料。避光性能好，不透气，不透光，不透湿，有利于延长产品的保质期；挺度好，易印刷，有光泽漂亮的外观，更能迎合消费者的喜好。

（一）复合膜的基本组成

复合膜是使用黏合体系将基材和聚乙烯薄膜组合起来的多层结构。药品用复合膜一般由基材、胶黏剂、阻隔材料、热封材料、印刷墨层与保护层涂料组成，常用的结构为：表层/胶黏剂层/阻隔层/胶黏剂层/热封层。

（1）表层　常用的表层材料有 PET（Polyethylene terephthalate）、BOPP（Biaxially Oriented Polypropylene）、PT、PAPER 等，表层材料应当具有优良的印刷装潢性，较强的耐热性，一定的耐摩擦、耐穿刺等性能，对中间层起保护作用。

（2）胶黏剂　胶黏剂涂布于两层材料之间，借助表面黏结力及本身的强度，使相邻两种材料黏结在一起。

（3）中间阻隔层　一般要求具有较好的避光性、良好的阻隔性，并且靠近内容物。常用材料有铝箔、镀铝膜、聚偏二氯乙烯、双向拉伸尼龙薄膜等，能很好地阻止内外气体或液体的渗透。

（4）热封层　常用材料有聚乙烯（polyethylene，PE）、聚丙烯（polypropylene，PP）、乙烯-醋酸乙烯共聚物（ethylene vinyl acetate copolymer，EVA）等，一般要求无毒性，化学性能稳定，热封性能好，机械强度和摩擦系数较高，且耐热耐寒。

（5）保护性涂料　保护性涂料一般是指在表印之后的印刷层表面涂布一层无色透明的上光油，干燥后起到保护印品及增加印品光泽度的作用。

（二）复合膜的加工工艺

（1）干式复合法　是使用一种胶黏剂在基材上涂布后，先进行干燥，挥发去溶剂，提高了胶的初黏力和黏结力后再同另一种基材进行压贴复合。生产工艺流程为：面膜放卷→凹眼辊涂胶→干燥烘道干燥→复合辊压贴合层→成品获取→热化分切制袋。

（2）湿式复合法　将水溶性黏合剂（明胶、淀粉）、水分散性黏合剂（醋酸乙烯乳胶等）涂布于基材表面，在湿润状态下与其他材料复合，然后用辊压复合干燥。复合时，黏结剂中含有溶剂和水，利用复合基材的多孔性，使溶剂和水被空隙吸收透过而挥发。其工艺流程一般为：复合基材原料→复合辊→复合基材→涂胶辊→烘道烘干→复卷→黏合→成品。湿式复合与干式复合的差别：一是前者是先复合再干燥，后者是先干燥后复合；二是前者使用水溶性黏合剂，后者使用溶剂型黏合剂；三是前者最少要求一层为透气性复合基材，后者对材料无特殊要求。

（3）热熔复合法　将热熔融黏合剂加热熔解成流动状态后涂覆，并立即压粘其他薄膜以进行复合。其工艺流程为：复合基材原料→复合辊→冷却辊→复合基材→黏合剂黏合→成品。与干式复合和湿式复合相比，其优点是无须热烘道干燥，复合时间短，节省能源，成本低，并且无溶剂公害。适用于纸、塑料和铝箔等复合。热熔复合法的黏合剂一般要求黏结力强，加热熔融后分解物少，熔融后黏度较低，对复合基材的湿润性好。常用的有乙烯-醋酸乙烯共聚物（ethylene-vinyl acetate copolymer，EVA）、乙烯-丙烯酸共聚物（ethylene-vinyl acetate copolymer-propylene，EEA）及聚烯烃等。

（4）挤出复合法　是通过挤出机将某种热塑性塑料经加热熔融后作为黏合剂，与一种或几种复合基材复合在一起，经冷却后形成。其工艺流程一般为：复合基材原料→导辊→鼓形辊→烘箱烘干→挤出机→复合基材→复卷成品。挤出复合法的黏合剂涂布量少，仅为干式复合法的1/10，诸如LDPE、EVA、PP等；热塑性塑料既为黏合剂层，又为复合层，所以挤出复合材料价格便宜；环境污染小。PVA、PVC、PT、纸、铝箔等都可以通过这种方式进行复合，有二层、三层、四层甚至五层、六层等结构。

（5）共挤出复合法　是采用两台或两台以上挤出机共用一个复合模头，生产出多层复合薄膜的工艺。共挤出复合法只能选用具有相容性的热塑性塑料，若塑料间不能相容，则需加入另一种与这些塑料都能相容的黏结性树脂；生产出的复合薄膜只能进行表面印刷；生产成本比干式复合法和挤出复合法都低；控制各层薄膜的厚度较困难；环保无污染。

（6）无溶剂复合法　是采用100%固体的无溶剂型黏合剂，在无溶剂复合机上，将两种基材复合在一起的方法，也称反应型复合。其使用的黏合剂是100%固体，没有挥发性物质存在，主要指单组分和双组分聚氨酯黏合剂。除了无须烘干装置以外，无溶剂复合法与干式复合法装置基本相同。

（三）常用复合膜

（1）普通复合膜　典型结构为PET/Al/PE，其生产工艺为干式复合。产品特点：①良好的印刷适性，有利于提高产品档次；②良好的气体、水蒸气阻隔性。广泛应用于一般药品如片剂、颗粒剂、散剂的包装，也可作为其他剂型药品的外包装。

（2）药用条状易撕包装材料　典型结构为PT/PE/Al/PE，其生产工艺为挤出复合。产品特点：①具有良好的易撕性，方便消费者取用药品；②良好的气体、水蒸气阻隔性，保证药品较长的保质期；③良好的降解性，有利于环保。适用于泡腾剂、涂剂、胶囊等药品的包装。

（3）纸铝塑复合膜　典型结构为PAPER/Al/PE，其生产工艺为挤出复合。产品特点：①具有良好的印刷适应性，适宜个性化印刷，有利于提高产品档次；②具有良好的挺度，保证了产品良好的成型性；③对气体或水蒸气具有良好的阻隔性，可以保证药品较长的保质期；④具有良好的降解性，有利于环保。主要应用于片剂、胶囊、散剂、颗粒剂等剂型药品的包装。

（4）高温蒸煮膜　典型结构为PET/CPP（聚对苯二甲酸乙二酯类塑料/流延聚丙烯薄膜）或PET/Al/CPP（聚对苯二甲酸乙二酯类塑料/铝薄膜/聚丙烯薄膜），其生产工艺为干式复合。产品特点：①基本能杀死包装内所有的细菌；②可常温放置乳品包装，无须冷藏；③对水蒸气和气体有良好的阻隔性，耐高温蒸煮；④可以里印，具有良好的印刷适应性。主要应用于输液袋、血液袋等液体的包装。

（5）木材　木材力学强度高，具有一定韧性，不易碎，性质稳定、遮光、轻便，易于写字、着色、粘贴，但木材价昂，多作贵重物品运输包装。

（6）陶瓷　是采用天然无机物作原料，混合成型经烧制固化而成。作包装容器不但光泽好、美观、陈列价值高，且具有很好的耐热性、耐酸性、耐碱性、耐磨性、遮光性、绝缘性，所以名贵药品，尤其易吸潮变质的药品多选用陶瓷容器。但由于陶瓷容器体质沉重，受震动或冲击容易龟裂（裂缝）或破碎，属易碎品，存在贮存、运输不便等不足。

第三节 包装机械

包装机械是指完成全部或部分包装过程的机器。包装过程包括成型、充填、封口、裹包等主要包装工序，以及清洗、干燥、杀菌、贴标、捆扎、集装、拆卸等前后包装工序。

包装机械是包装工业的重要基础，在轻工机械行业中占有重要的地位。包装机械为包装业提供重要的技术保障，对包装业的发展起着重要的作用，同时在食品、医药、日用品、化工产品等生产中也起着重要的作用。包装机械是使产品包装实现机械化、自动化的根本保证。能大幅度地提高生产效率，加快产品的不断更新；能节约材料，降低成本，保护环境；能降低劳动强度，改善劳动条件；有利于被包装产品的卫生，提高产品质量，增强市场销售的竞争力；能延长产品的保质期，方便产品的流通。

一、包装机械分类

根据分类的标准不同包装机械的分类方式主要有三种：按包装机械的功能分类、按包装机械的自动化程度分类、按包装产品的类型分类。其中，按包装机械的功能分类为主要分类方式。此外，为了在生产、销售、使用等环节的便利性，习惯性将包装机械按照自动化程度和包装产品类型进行分类。

（一）按包装机械的功能分类

包装机械分类的基本原则是要能够揭示机器的主要功能。国家标准中，把包装机械分为 12 类，其名称和代号如下：

1. 充填机械　将产品按预定量充填到包装容器内的机器称为充填机，代号 C。

2. 裹包机械　用挠性材料全部或局部裹包产品的机器称为裹包机，代号 B。

3. 灌装机械　将液体产品按预定量充填到包装容器内的机器称为灌装机，代号 G。

4. 封口机　将容器的开口部分封闭起来的机器称为封口机，代号 F。

5. 多功能包装机　能完成两个或两个以上包装工序的机器称为多功能包装机。常以其能完成的包装工序联合命名，但也有以其主要功能命名的，代号 D。

6. 贴标机械　在产品或包装件上加贴标签的机器称为贴标机，代号 T。

7. 水洗机械　清洗包装材料、包装件等，使其达到预期清洗程度的机器，代号 Q。

8. 干燥机械　减少包装材料、包装件等的水分，使其达到顶期干燥程度的机器称为干燥机，代号 Z。

9. 杀菌机械　清除或杀死包装材料、产品或包装件上的微生物，使其降到允许范围内的机器称为杀菌机，代号 S。

10. 捆扎机械　通过捆扎或结扎封闭包装容器的机器称为捆扎机，代号 K。

11. 整装机械　将若干个产品或包装件集合包装而形成一个销售或搬运单元的机器称为集装机，代号 J。

12. 辅助包装设备　凡是完成对产品、包装材料、包装件有关的作业，而又不能编入上述第 1 部分至第 11 部分的包装机械和设备，都归属于此类，代号 U。

（二）按包装机械的自动化程度分类

1. 全自动包装机　是指能够自动提供包装材料和内容物，并能自动完成其他包装工序的机器。

2. 半自动包装机　半自动包装机是指包装材料和内容物的供送必须由人工完成，机器可自动完成其他包装工序的机器。

3. 手动包装机　是指由人工供送包装材料和内容物，并通过手动操作机器完成包装工序的机器。

（三）按包装产品的类型分类

1. 专用包装机　是专门用于包装某一种产品的机器。

2. 多用包装机　可以包装两种或两种以上同一类型药品，一般是通过调整或更换有关工作部件，实现多品种包装的机器。如：同一种片剂但直径大小不同。

3. 通用包装机　是指在指定范围内适用于包装两种或两种以上不同类型药品的机器。

二、包装机械的基本结构

包装机械的基本结构通常包括七个主要部分，它们是计量与供送装置、整料与供送系统、物料传送系统、包装执行机构、输出机构、机械控制系统和动力传输系统。

1. 药品的计量与供送装置　指对被包装的药品进行计量、整理、排列，并输送到预定工位的装置系统。

2. 包装材料的整理与供送系统　指将包装材料进行定长切断或整理排列，并逐个输送至锁定工位的装置系统。

3. 主传送系统　指将被包装药品和包装材料由一个包装工位顺序传送到下一个包装工位的装置系统。

4. 包装执行机构　指直接进行裹包、充填、封口、贴标、捆扎和容器成型等包装操作的机构。

5. 成品输出机构　将包装成品从包装机上卸下、定向排列并输出的机构。

6. 控制系统　由各种自动和手动控制装置等组成。它包括包装过程及其参数的控制、包装质量、故障与安全的控制等。

7. 动力传动系统与机身等

三、热成型包装机

热成型包装机是在加热条件下对热塑性片状包装材料进行深冲，形成包装容器，然后进行充填和封口的机器。在热成型包装机上能分别完成包装容器的热成型/包装物料的充填（定量）、包装封口、裁切、修整等工序。

热成型包装机用于包装片剂、胶囊剂、包衣片剂、针剂、栓剂等药品。包装品成泡罩状，又有泡罩包装或水炮眼包装之称；国外也有称为压穿式包装，简称为水包眼包装（press through package，PTP）。

铝塑泡罩包装机主要用于包装胶囊、片剂、胶丸、栓剂等固体药品，采用了内加热形式，是目前国内外最小最先进价格较低的机型。本机适用于胶囊剂、素片、包衣片、胶丸、针剂以及医疗器材等的泡罩密封包装。

（一）泡罩包装机的结构组成

泡罩包装机由加热部（薄膜与加热部接触，使其加热）、成型部（采用压缩空气或真空成型）、充填部（自动充填或手动充填）、封合部、机械驱动部、薄膜盖板［卷筒（铝箔、纸）薄膜进给］和机身组成。如图14-1所示。

图14-1　泡罩式包装机各部件功能图
1——移动张力滚柱；2——PVC薄膜卷筒；3——加热成型模；4——料斗；5——送料器；
6——缺片（件）检测；7——封合模；8——色标检测；9——张力滚柱；10——覆盖薄膜卷筒；
11——传送机械；12——加紧机构；13——冲切膜；14——废料回收滚筒；15——成品输送带

1. 加热部分　加热部分是利用一定的加热装置对塑料薄膜加热使之达到成型加工所需要的热融软化状态的部件。按热源不同，可将其分成两类，即热气流加热和热辐射加热。热气流加热系用高温热气流直接喷射到被加热材料表面，这种方式加热效率不高，且不够均匀；热辐射加热是用加热器产生的辐射热来加热材料的，其辐射能来自光谱的红外线段电磁波，塑料材料对一些远红外线波长的波有强烈的吸收作用，加热效率高，所以热成型包装机大都采用远红外加热装置。如果按加热器与材料接触的方式来分，加热部分有直接加热和间接加热两种方式。直接加热是使薄片与加热器接触而加热，加热速度快，但不均匀，只适合加热较薄材料；间接加热是利用辐射热，靠近薄片加热，加热透彻而均匀，但速度较慢，对厚薄材料均适用。

2. 成型部分　成型部分可分为压塑成型与吸塑成型两种。压缩成型是用压缩空气或机械方式将软化的薄片压向模具而成型，采用平板型，一般为间歇式传送，也可用连续式传送，成型质量好，对深浅泡罩和空穴均能适应；吸塑成型是负压成型，是用抽真空的方式使软化薄片紧贴在模具上而成型，多用于连续传送的滚筒型，因真空所产生的吸力有限，加上成型后泡罩脱离滚筒的角度受到限制，故只适合较浅的泡罩和较薄的材料。

3. 封合部分　封合部分有平板式和滚筒式两种，平板式多用于间歇传送，滚筒式多用于连续传送。

泡罩包装设备工艺：

泡罩包装设备的类型很多，其工艺过程见图14-2。首先，卷筒塑料薄片被输送到加热器下面加热软化；软化的薄片输送到成型器，然后从上到下向模内充入压缩空

图14-2　泡罩包装设备工艺图
1——卷筒塑料薄片；2——定量充填器；3——加热器；4——推送杆；
5——成型器；6——衬底材料；7——热封器；8——输送带；
9——裁切器；10——单个包装件

气，使薄片紧贴于阴模壁上而形成泡罩或空穴等（如泡罩不深、薄膜不厚时，也可采用抽真空的方法，从成型器底部抽气而吸塑成型）；成型后的泡罩用推送杆送进，由定量充填器充填被包装物品，经检验后，盖以印制好的衬底材料，用热封器将衬底与泡罩封合，由裁切器冲切成单个包装件，从传送带输出。

（二）泡罩包装机种类及其应用

泡罩包装机从总体结构上可分为平板式泡罩包装机、辊式泡罩包装机、辊板式泡罩包装机。

1. 平板式泡罩包装机　平板式泡罩包装机的包装原理：成型膜经平板式加热器加热软化，在平板式成型器中应用紧缩空气将软化的薄膜吹塑成泡罩，充填器将被包装物充填入泡罩内，然后送至平板式封合器中，在适宜的温度及压力下将掩盖膜与成型膜封合，再经打字压印机打印上批号及压出折断线，最终冲切器冲切出规定尺寸的包装板块。平板式泡罩包装机包装原理如图14-3所示。

图14-3　平板型泡罩式典型包装机原理图

1——PVC薄膜卷筒；2——紧夹器；3——导辊；4——薄膜成型模；5——预热；6——充填部位；
7——冷却模；8——色标检测；9——热封模；10——铝箔卷筒；11——废料回收卷筒；
12——成品；13——输送带；14——主动导辊；15——预割或打印；16——冲切模

工作过程为：PVC硬薄膜自卷筒引出，经导辊导向进入平板式可控硅钢片组间辐射预热软化，再进入平板式凹模由压缩空气（0.4MPa）吹制成泡型，随后出模冷却定形，再进入充填物料，经模拟机械手完成成品药的装填后，进入检验区；随后与已印刷（或刚印刷过）的单面涂胶黏剂的铝箔合二为一，利用热封模压纹热封，热封后冷却，再进入打批号和压"易撕格"，接着进入冲裁台冲裁，成品输出，废料卷起。整机包装过程均为步进式，由主动导辊牵引，用夹紧器拉紧，保证间歇同步，尺寸准确。全部执行元件均为平板式，只有原料辊、导向辊、废料回收辊、主动导辊等为辊式。

平板式泡罩包装机的特点：①热封时，上、下模具平面接触，为了保证封合质量，要有足够的温度和压力以及封合时间，不易实现高速运转；②热封合消耗功率较大，封合牢固程度比辊筒式封合效果好，适用于中小批量药品包装和特殊形状物品包装；③泡窝延伸比大，泡窝深度可达35mm，能满足大蜜丸及异形药物包装之需要。

近年来，由于国外先进技术的引进，平板式泡罩包装机有了新的发展，这主要体现在其生产的产品尺寸规格和生产能力上。如250-L型平板式泡罩包装机产品最大成型面积及深度最大面积达：铝/塑245mm×112mm×18mm，铝/铝245mm×112mm×16mm；生产能力达：4~10万粒/时；冲裁频率可以变频调速：15~25次/分钟。

2. 辊式泡罩包装机　辊式泡罩包装机原理：成型膜经加热器加热软化，在辊筒式成型模辊上用真空负压吸出泡罩，充填器将被包装物充填入泡罩内，然后经辊筒式热封合，即将单面涂有黏合剂的掩盖膜封合在带有被包装物的泡罩内。再经打字、压印机，打印上批号及压出折断线，最终冲切成规定尺寸的包装板块。工作原理如图 14-4、图 14-5 所示。

图 14-4　辊式泡罩包装机

1——薄胶卷筒（成型膜）；2——机体；3——料斗；4——远红外加热器；5——成型装置；
6——监视平台；7——热封合装置；8——薄膜卷筒（复合膜）；9——冲裁装置；10——打字装置；
11——可调式导向辊；12——游辊；13——输送机；14——压紧辊；15——间歇进样辊；16——废料辊

图 14-5　连续式 PTP 自动化包装生产线示意图

1——成型滚筒；2——加热器；3——成型用塑料片材；4——热封辊；5——传送辊；6——调节辊；7——充填装置；
8——覆盖用片材；9——打孔压花装置；10——冲切装置；11——边角斜卷筒；12——包装件

　　辊式泡罩包装机的工作过程为：成型薄膜被加热器辐射加热后，在真空滚筒上成型为泡状容器，在运动过程中冷却。经过料斗下方时进行物料冲填，再到热封辊处与复合膜热封。然后经过游辊运动到打印装置进行打印，再经过导向辊轴与压紧辊运动到冲裁部位进行裁剪，成品输出，余料被废料辊卷起回收。该机的成型、装料、热封都是在连续运动中进行的，但冲裁是间歇进行的，因此设导向辊与压紧辊作为缓冲区。这种包装机的工作速度可达 7m/min，包装物料速度达 3000 粒/分钟，适合于单一品种的大批量包装。

　　辊式泡罩包装机的特点：①真空吸塑成型，连续包装，生产效率高，适合大批量包装作业；②瞬间封合，线接触，消耗动力小，传导到药片上的热量少，封合效果好；③适合片剂、胶囊剂、胶丸等剂型的包装；④具有结构简单、操作维修方便等优点。

　　这种包装机常见有 JYB-81 型和 LSB-W-1 型两种机型。如图 14-6、图 14-7 所示。两种机型的主要区别在于加热部分，JYB-81 型采用的是辐射加热法，而 LSB-W-1 型采用热气流加热，前者属于间接加热，后者为直接加热，前者加热效率较高，所以现在热成型包装机多采用远红外辐射加热法。

图 14-6 JYB-81 型包装机结构示意图

1——机体；2——主动辊；3——储料装置；4——加热器；5——吸塑辊；6——监视平台；
7——热压辊；8——铝箔筒；9——冲裁装置；10——打印装置；11——导向辊轴（可调式）；
12——油辊；13——运输带；14——压紧辊；15——间歇进给辊；16——废料辊

图 14-7 LSB-W-1 型包装机结构示意图

1——塑料辊；2——塑料检测张紧辊；3——塑料续接装置；4——塑料加热辊；5——成型辊；6——油辊；
7——振荡充填料斗；8——操作盒；9——热压传动辊；10——张紧辊；11——铝箔辊；12——热压辊；
13——铝箔检测张紧辊；14——输送辊；15——仪表箱；16——格线及批号装置；17——位置调节器；
18——传送辊；19——张紧辊；20——压紧轮；21——进给辊；22——冲切装置；23——配电箱

（1）JYB-81 型卧式滚筒型泡罩包装机　JYB-81 型采用远红外线加热器的形式加热。远红外线加热器由七支远红外石英玻璃加热管（400W/220V）并联连接，七支加热管呈弧形沿吸塑成型辊外缘，利用辐射热源对 PVC（绕于成型辊面）预热，调压器调节其软化温度，一般保持在 200±20℃，气动装置联机控制其离合。

（2）LSB-W-1 型卧式滚筒型泡罩包装机　LSB-W-1 型机采用加热辊加热，加热辊靠近圆周（端面）处均布六支电热管，电热管外罩陶瓷绝缘管，两端螺钉伸出；采用串联连接。输入输出导线通过半空轴与滑环连接；并且加热辊上配有一支 WRK 型镍铬-考铜热电偶测量电热辊的温度，产生热电动热（温差电动热），电热辊温度由可控硅电路控制，辊上温度一般恒定在 170~210℃。加热辊预热 PVC 硬片，成型辊使其成型。加热辊轴上偏心环及手柄控制成型辊的离合。

分离位置时，加热辊上的齿轮脱开啮合，离开成型辊；接合位置时，加热辊上的齿轮与成型辊的齿轮同步啮合传动。

3. 辊板式泡罩包装机 又称为滚板式铝塑泡罩包装机。是由辊式、平板式泡罩包装机衍变而来，即采用平板式成型安装吹塑成型辊筒式封合安装封合，它的道理与平板式泡罩包装机一样。辊式泡罩包装机原理：成型膜经平板式加热安装加热软化，在平板式成型安装中应用紧缩空气将软化的薄膜吹塑成泡罩，然后经辊筒式热封合安装，在适宜的温度及压力下将单面涂有黏合剂的掩盖膜封合在带泡罩资料外表，并将被包装物窗封在泡罩内。目前这3种机型中，辊板式高速泡罩包装机是最节能、包材节省率最高的。

辊板式泡罩包装机工作原理如图14-8、图14-9、图14-10所示，其工作过程为：PVC薄膜自卷筒引出，经导辊导向进入平板式可控硅钢片组间辐射预热软化，再进入平板式凹模由压缩空气吹制成泡型，出模、冷却定型、运动到上料机下方时，经模拟机械手完成药物成品的装填后，经过PVC送片装置，随后热压辊将PVC薄片与铝箔热封，热封后冷却，经过张紧辊到达打印装置进行打印，接着经过压痕装置和步进辊到达冲裁装置，开始冲裁，成品输出。

图14-8 辊板式泡罩包装机

1——步进辊；2——成型下模；3——加热工作台；4——PVC送片装置；5——机架；6——张紧辊；7——打字装置；8——压痕装置；9——冲裁装置；10——步进辊；11——PVC支架；12——张紧辊；13——充填台；14——成型上模；15——上料机；16——上加热器；17——铝箔支架；18——热压辊；19——仪表盘

图14-9 高速铝塑泡罩包装机

1——气动系统；2——PVC步进；3——传动系统；4——电气系统；5——平台装置；6——预热、成型装置；7——铝箔放卷轮；8——充填上料机；9——架体；10——冲裁前步进轮；11——输送机；12——PVC放卷装置；13——主动辊；14——断裂线装置；15——热封辊；16——冲裁装置

图 14-10　间歇式 PTP 自动包装生产线示意图

1——塑料片材卷筒；2——成型器；3——输送器；4——调节辊；5——加热器；6——充填装置；
7——覆盖用材料卷筒；8——热封辊；9——输送器；10——打孔压花装置；11——冲切装置

四、冷成型包装机

有些药物对避光要求严格，可采用两层铝箔包封（称为双铝包装），即利用一种厚度为 0.17mm 左右的稍厚的铝箔代替塑料（PVC）硬膜，使药物完全被铝箔包裹起来。工作原理如图 14-11 所示。利用这种稍厚的铝箔时，由于铝箔较厚具有一定的塑性变形能力，可以在压力作用下，利用模具形成罩泡。此机的成型材料为冷成型铝复合膜，泡罩是利用模具通过机械方法冷成型而获得，又称为延展成形或深度拉伸。

图 14-11　高速铝铝泡罩包装机

1——成型铝膜放卷装置；2——成型装置；3——导向平台；4——调整辊；5——检测装置；
6——加料斗；7——热封装置；8——覆盖铝膜；9——打字装置；10——冲裁装置

五、自动制袋包装机

制袋成型充填封口包装系指将卷筒状的挠性包装材料制成袋，充填物料后，进行封口切断。常用于包装颗粒冲剂、片剂、粉状以及流体和半流体物料。工艺流程为直接用卷筒状的热封包装材料，自动完成制袋、计量和充填、排气或充气、封口和切断。

1. 自动制袋包装机的分类　自动制袋装填包装机广泛用于片剂、冲剂、粉剂等生产包装中。按包装机的外形不同，可分为立式和卧式两大类；按制袋的运动形式不同，可分为间歇式和连续式两大类。立式自动制袋装填包装机又包括：立式间歇制袋中缝封口包装机、立式连续制袋三边封口包装机、立式双卷膜制袋、立式单卷膜、立式分切对合成型制袋四边封口包装机等。

2. 立式连续制袋装填包装机的结构和原理 立式连续制袋装填包装机整机包括七大部分：传送系统、膜供送系统、袋成型系统、纵封装置、横封及切断装置、物料供给装置以及电控检测系统。立式连续制袋装填包装机结构如图14-12所示。

立式连续制袋装填包装机机箱内安装有动力装置及传动系统，驱动纵封滚轮和横封辊转动，同时传送动力给定量供料器使其工作供料。卷筒薄膜在牵引力作用下，薄膜展开经导向辊（用于薄膜张紧平整以及纠偏），平展输送至制袋成型器。

图14-12 立式连续制袋装填包装机结构示意图
1——制袋成型器；2——纵封滚轮；3——横封滚轮；4——切刀

制袋成型器：使薄膜平展逐渐形成袋型，其设计形式多样，如：三角形成型器、U形成型器、缺口平板式成型器、翻领式成型器、象鼻式成型器。

纵封装置：依靠一对相对旋转的、带有圆周滚花的、内装加热元件的纵封滚轮的作用下相互压紧封合。后利用横封滚轮进行横封，再经切断等工序即可。

纵封滚轮作用：①对薄膜进行牵引输送；②对薄膜成型后的对接纵边进行热封合。这两个作用是同时进行的。

横封滚轮作用：①对薄膜进行横向热封合，横封辊旋转一周进行一至两次的封合动作（即当封辊上对称加工有两个封合面时，旋转一周，两辊相互压合两次）。②切断包装袋，这是在热封合的同时完成的。在两个横封辊的封合面中间，分别装嵌有刀刃及刀板，在两辊压合热封时能轻易地切断薄膜。在一些机型中，横封和切断是分开的，即在横封辊下另外配置有切断刀，包装袋先横封再进入切断刀分割。

物料供料器：均为定量供料器。①粉状及颗粒物料，采用量杯式定容计量。②片剂、胶囊可用计数器进行计数。③量杯容积可调，多为转盘式结构，内由多个圆周分布的量杯计量，并自动定位漏底，靠物料自重下落，充填到袋形的薄膜管内。

其他：①电控检测系统，可以按需要设置纵封温度、横封温度以及对印刷薄膜设定色标检测数据等。②印刷、色标检测、打批号、加温、纵封和横封切断。③防空转机构（在无充填物料时薄膜不供给）。

六、自动装瓶机

自动装瓶机是装瓶生产线的一部分。生产线一般包括理瓶机构、输瓶轨道、计数机构、理盖机构、旋盖机构、封口装置、贴签机构、打批号机构、电器控制部分等九大部分组成。

1. 输瓶机构 在装瓶生产线上的输瓶机构是由理瓶机和输瓶轨道组成，多采用带速可调的直线匀速输送带，或采用梅花轮间歇旋转输送机构输瓶。由理瓶机送至输送带上的瓶相互具有间隔，在落料口前不会堆积。在落料口处设有挡瓶定位装置，间歇地挡住空瓶或满瓶。

2. 计数机构 目前制药企业广泛使用的数粒（片、丸）计数机构主要有两类，一类为传统的模板式计数机构，另一类为先进的光电计数机构。

（1）模板式计数机构 模板式计数机构是机械式的固定计数机构，也叫作转盘式数片机构，如图 14-13 所示。一个与水平成 30°倾角的带孔转盘，盘上开有几组（3~4 组）小孔，每组的孔数依每瓶的装量数决定。在转盘下面装有一个固定不动的托板，托盘不是一个完整的圆盘，而具有一个扇形缺口，其扇形面积只容纳转盘上的一组小孔。缺口的下边紧连着一个落片斗，落片斗下口直抵装药瓶口。转盘的围墙具有一定高度，其高度要保证倾斜转盘内可存积一定量的药片或胶囊。转盘上小孔的形状应与待装药粒形状相同，且尺寸略大，转盘的厚度要满足小孔内只能容纳一粒药的要求。当转盘不停旋转时，其速度不能过高（约 0.5~2r/min），一则转速要与输瓶带上瓶子的移动频率匹配，不可能太快，二则太快的转速将产生过大离心力，不能保证转盘转动时，药粒在盘上靠自重而滚动。当每组小孔随转盘旋至最低位置时，药粒将埋住小孔，并滚满小孔。当小孔随转盘向高处旋转时，小孔上面叠堆的药粒靠自重将沿斜面滚落到转盘的最低处。为了保证各组小孔均落满药粒和使多余的药粒自动滚落，常需使转盘不是保持匀速旋转。为此利用图中的手柄搬向实线位置，使槽轮沿花键滑向左侧，与拨销配合，同时将直齿轮及时脱开。拨销轴受电机驱动匀速旋转，而槽轮则以间歇变速旋转，因此引起转盘抖动着旋转，以利于计数准确。

图 14-13 转盘式数片机构示意图

1——带孔转盘；2——托板；3——落片斗；4——药瓶；5——输瓶带；6——定瓶器；7——手柄；8——蜗杆；
9——直齿轮；10——槽轮；11——拨销；12——小直齿轮；13——蜗轮；14——大涡轮；
15——凸轮；16——摆动杆；17——电机

为了使输瓶带上的瓶口和落片斗下口准确对位，利用凸轮带动一对撞针，经软线传输定瓶器动作，将到位附近的药瓶定位，以防药粒散落瓶外。

当改变装瓶粒数时，更换带孔转盘（多用有机玻璃制作）即可。还可以将几个模板式数片机构并列安装，或错位安装，可以同时向数个输瓶带上的药瓶内装药。

（2）光电数粒机构　光电数片机构是利用一个旋转平盘，将药粒抛向转盘周边，在周边围墙开缺口处，药粒将被抛出转盘。在药粒由转盘滑入药粒溜道时，溜道上设有光电传感器，如图14-14所示，通过光电系统将信号放大并转换成脉冲电信号，输入到具有"预先设定"及"比较"功能的控制器内。当输入的脉冲个数等于人为预选的数目时，控制器向磁铁发生脉冲电压信号，磁铁动作，将通道上的翻板翻转，药粒通过并引导入瓶。

图14-14　光电计数机构示意图
1——料桶；2——下料溜板；3——光电传感器；4——药粒溜道；5——药瓶；6——控制器面板；
7——围墙；8——旋转平盘；9——回形拨杆；10——光电传感器；11——翻板；12——磁铁

这种计数机构也可以制成双斗装瓶机构，药粒通道上的翻板对着分岔的两个出料口，翻板停在一侧，有一个出料口打开，另一个出料口关闭。当控制器发出的下一个脉冲电压使磁铁动作时，翻板翻动，关闭原来的出料口，打开另一个出料口。这样可以利用一个计数器控制向传送带上的两排间隔输送来的药瓶完成装瓶工作。

对于光电计数装置，根据光电系统的精度要求，只要药粒尺寸足够大（比如>8mm），反射的光通量足以起动信号转换器就可以工作。这种装置的计数范围远大于模板式计数装置，在预选设定中，根据瓶装要求（如1～999粒）任意设定，不需更换机器零件，即可完成不同装量的调整。

（3）振动电子数粒机构　如图14-15所示，通过初始调整振动送料板，使料斗内药粒沿着振动板轨道连续不断向前振动，直到从前面的光电检测通道落下并触动光电传感器开始工作、计数，当药粒达到预定数量后，由可编程逻辑控制器（PLC）给电气阀信号关闭下料口，数好的药粒落在出口的瓶子上，来实现数粒计数功能，机械部分是伺服电机以及气缸控制。

这种设备振动式下料、特有的翻板分装机构不损伤药品，智能化程度高，具有无瓶不数、故障自检等多项检测报警控制功能，兼容性强、准确率高、适用范围广，可用于对片剂（包括异型片）、胶囊、软胶囊、丸剂进行计数装瓶。

3. 转盘转速控制器　一般转速为0.5～2r/min，注意检查：①输瓶带上瓶子的移动频率相是否匹配。②是否因转速过快产生过大离心力，导致药粒在转盘转动时，无法靠自身重力而滚动。③为了保证每个小孔均落满药粒和使多余的药粒自动滚落，应使转盘保持非匀速旋转，在缺口处的速度要小于其他处。

图 14-15 振动电子数粒机示意图
1——料斗；2——震动装置；3——控制系统；4——螺旋推进器；5——输送带

4. 拧盖机构 拧盖机是在输瓶轨道旁，设置机械手将到位的药瓶抓紧，由上部自动落下扭力扳手，先衔住对面机械手送来的瓶盖，再快速将瓶盖拧在瓶口上，当旋拧至一定松紧时，扭力扳手自动松开，并回升到上停位。

5. 空瓶止灌机构 当轨道上无药瓶时，抓瓶定位机械手抓不到瓶子，扭力扳手不下落，送盖机械手也不送盖，直到机械手有瓶可抓时，旋盖头又下落旋盖。

6. 封口机构 药瓶封口分为压塞封口和电磁感应封口两种类型。①压塞封口装置：压塞封口是将具有弹性的瓶内塞在机械力作用下压入瓶口。依靠瓶塞与瓶口间的挤压变形而达到瓶口的密封。瓶塞常用的材质有橡胶和塑料等。②电磁感应封口机：电磁感应是一种非接触式加热方法，位于药瓶封口区上方的电磁感应头，内置通以 20~100kHz 频率的交变电流有线圈，线圈产生交变磁力线并穿透瓶盖作用铝箔受热后，黏合铝箔与纸板的蜡层融化、蜡被纸板吸收，铝箔与纸板分离，纸板起垫片作用，同时铝箔上的聚合胶层也受热融化，将铝箔与瓶口黏合在一起。

7. 贴标机构 目前较广泛使用的标签有：压敏（不干）胶标签、热黏性标签、收缩筒形标签等。剥标刃将剥离纸剥开，标签由于较坚挺不易变形与剥离纸分离，径直前行与容器接触，经滚压后贴到容器表面。

七、饮片包装机

中药饮片是中药材按中医药理论、中药炮制方法，经过加工炮制后得到的，可直接用于中医临床的中药。中药饮片包装机是针对中药饮片的不规则性通过定量称量，按设定的剂量将中药饮片包装成袋的设备。现代中药饮片包装机采用称重定量生产出中药饮片小包装，改变了传统饮片包装简陋、卫生难以保障、分剂量不均匀、药物混包后难以辨认、药品错漏难以纠正等现象，是中药生产技术现代化、中药文化传播现代化和提高中药产品国际市场份额的又一成功范例。

中药饮片包装设备包括小袋饮片包装机、小剂量草类包装机、大袋饮片包装机、大剂量草类包装机以及多物料包装联动线等。中药饮片包装机的基本结构和制袋充填封口包装机一致，在此基础上还可根据各类中药饮片的特点，选择不同供料和称重定量装置，并在物料下落通道与封口程序上进行特殊的处理，如图 14-16 所示。

1. 小袋和大袋饮片包装机 果实、根茎、花叶、碎草等精致的中药饮片可采用中药饮片小袋或大袋包装。一般大袋包装机包装规格为 250g，500g，1000g 三种，小袋包装机包装则为 1~30g 多种包装规格。小袋和大袋包装机由自动供料筛粉提升机、组合称、包装机主体、出料输送带、打码机五大部分组成，其中重要的装置如下：

图 14-16 中药饮片包装机组合称结构图
1——称量斗；2——进料斗；3——振盘；4——出料口

（1）自动供料筛粉提升装置与剔除下料装置 自动供料筛粉提升装置可以在供料的同时筛除夹杂的各类细粉；剔除下料装置则用于在称重中出现异常量时，通过在下料分叉通道上安装自动气动开合门来引导异常饮片流向收集斗，起到自动剔除不合格饮片的作用。

（2）成袋器装置 成袋器装置可将薄膜平展翻折逐渐形成袋型。多采用翻领式成型器。

（3）纵封和横封装置 纵封和横封装置均由一对气缸驱动的热合模板组成完成封口。此外，横封装置还在热合模板中部，安装了由两个气缸驱动的切刀，用于在横封的同时切断。

（4）放膜步进装置 由料卷存放轴和电动拉膜对辊组成。可自动把膜从大的原料卷拉出，为成袋器供膜。

（5）拉膜装置 由左右两套电驱动的拉膜带结构组成。可自动配合把膜下拉，从而成袋。

（6）拍打与排气装置 拍打装置由一小电机带动凸轮拨板组成，可使饮片快速落到底部；排气装置位于横封刀下，在横封压合动作的同时，先用海绵结构和弹簧结构排去袋中的空气后再封口和切断。

（7）组合秤装置 组合秤是多个不同量程的称的组合，组合秤装置由中心圆振动器和圆形布置的线振动器、过渡斗、称斗、汇合料槽及电控组成，工作时可快速从多个斗中，组合出符合设定重量的几个称而达到定量值。

2. 小剂量和大剂量草类包装设备 小剂量和大剂量草类包装设备的处理对象都为草类中药。小剂量草类包装机的称重范围为 3~100g/包，大剂量草类包装机的包装范围是 500~1000g/包。其设备结构与常规制袋机无异，运行时需人工将物料倒入提升机存料斗，振动落料装置筛除细粉后，提升斗自动将物料带到组合称处自动组合、称重得到所需重量，同时下方的剔除装置自动将不合格重量剔除，称量后历经拉膜、纵封、灌装、压料、托料、拍打、横封、切断、成品输出。

随着中药现代化的研究发展，目前多种饮片混合包装的需求日益增长，多物料袋装包装线应运而生，可用于不同组合种类饮片物料同时包装的需求。多物料袋装包装线的定量称量装置为关键机构，可根据饮片的类型进行选择：如为均匀粒状饮片可通过数粒装置定量；如为堆密度均匀的粉末或颗粒饮片可用量杯来定量；如为不规则但易分离饮片可用组合称来定量；如为不易分离的多种饮片混合则用振动给料称重的方式来定量。多种称量方式柔性组合，从而满足不同饮片的同步组合包装。目前在中成药调剂、中药保健茶等中都有成功应用，为中药产业现代化提供了新的发展思路。

中药制剂工程设计主要是围绕中药企业在已有生产剂型范围及未来可能开发的剂型范围基础上开展的生产厂房、公用系统、车间工艺、各类设备仪器等的一系列设计内容。一般在厂房新建、改扩建等建设中需要中药制剂工程设计。在中药制剂工程设计中应当依据《药品生产质量管理规范》及一系列系统工程设计规范进行，属于 GMP 中的硬件建设。硬件是指合格的厂房、生产环境和设备。硬件设施是药品生产的基本条件。中药制剂工程设计依据的规范主要有《工业企业总平面设计规范》、《医药工业洁净厂房设计规范》、《药品生产质量管理规范》（2010 年修订）、《建筑设计防火规范》、《工业建筑供暖通风与空气调节设计规范》、《建筑照明设计标准》、《低压配电设计规范》、《建筑给排水设计规范》、《建筑灭火器配置设计规范》、《消防给水及消火栓系统技术规范》、《火灾自动报警系统设计规范》、制剂工艺要求等。GMP 的核心是防止药品生产中的混淆、污染和交叉污染。在中药制剂工程设计中，厂区总体布局、生产区、仓储区、质量控制区、辅助区等环节都要始终体现 GMP 核心理念的设计。

第一节　平面设计原则

一、总体设计

（一）厂址选择

　　厂址选择是工业基本建设中的一个重要环节，是一项政策性、技术性强，牵涉面广，影响面深的工作。厂址选择得当与否，关系到工厂企业的投入和建成后的运营成本，对企业的经济效益及运行影响较大。

　　厂址选择在阶段上讲属于建设前期工作中可行性研究的一个组成部分，但在有条件的情况下，在编制项目建议书阶段即可开始选厂工作，选厂报告也可以先于可行性研究报告提出，但属于预选，仍应看作是可行性研究的一个组成部分。

　　1. 厂址选择的基本原则

　　（1）厂址位置必须符合国家工业布局，城市或地区的规划要求，尽可能靠近城市或城镇原有企业，以便于生产上的协作，生活上的方便。

　　（2）厂址宜选在原料、燃料供应和产品销售便利的地区，并在储存、机修、公用工程和生活设施等方面有良好基础和协作条件的地区。

　　（3）厂址应尽可能靠近原有交通线（水运、铁路、公路），即应有便利的交通运输条件。以避免为了新建企业需修建过长的交通线，增加新企业的建厂费用和运营成本。

（4）厂址应尽可能靠近热电供应地。一般地讲，厂址应该考虑电源的可靠性，并应尽可能利用热电站的蒸汽供应，以减少新建工厂的热力和供电方面的投资。

（5）选厂应注意当地的自然环境条件，并对工厂投产后对于环境可能造成的影响做出预评价。工厂的生产区、排渣场和生活区的建设地点应同时选择。

（6）散发有害物质的工厂企业厂址，应位于城镇相邻工业企业和居住区全年最小频率风向的上风侧，且不应位于窝风地段。

（7）有较高洁净度要求的生产企业厂址，应选择在大气含尘量低，无有害气体，自然环境条件良好的区域，且应远离铁路、码头、机场、交通要道以及散发大量粉尘和有害气体的工厂、储仓、堆场等场所，这些区域有严重的空气污染、水污染、振动或噪声干扰。如不能远离有严重空气污染区时，则应位于其最大频率风向上风侧，或全年最小频率风向下风侧。

（8）厂址附近应有生产污水、生活污水排放的可靠排出地，并保证不因新厂建设致使当地受到污染和危害。

（9）厂址应具有满足建设工程需要的工程地质条件和水文地质条件。

（二）厂区划分和车间的分类

1. 厂区划分　厂区可按不同方式划分。如可按原料药生产区、制剂生产区、辅助车间区、动力设施区、仓库区、厂前区等划分；也可按行政、生活、生产、公用工程等划分。

2. 车间分类

（1）主要生产车间（制剂生产车间、原料药生产车间等）。

（2）辅助生产车间（机修、仪表等）。

（3）其他设施，包括仓库（原料、辅料、包装材料、成品库等）、动力（锅炉房、压缩空气站、变电所、配电间等）、公用工程（水塔、冷却塔、泵房、消防设施等）、环保设施（污水处理、绿化等）、全厂性管理设施和生活设施（厂部办公楼、中央化验室、研究所、计量站、食堂、医务所等）。

（三）总平面布置的原则

为满足制药生产的特点和工艺要求，在总平面布置设计时应依据政府部门下发、批复的与建设项目有关的一系列管理文件，如建设地点厂区用地规划红线图等，并结合厂区地形、地质、气象、卫生、安全、防火、施工等要求，对建（构）筑物、堆场、管线等做出合理安排，以保证生产进行。为此，总平面布置时应考虑如下原则和要求：

（1）了解厂区外部城镇区域规划与本企业的总体规划，使两者构成有机的整体。

（2）厂区布置应符合生产工艺流程的合理要求，应使厂区各生产环节具有良好的联系，保证它们之间有直接关联，且形成短捷的生产作业线，避免生产流程的交叉和迂回反复，使各种物料的输送距离为最小。

（3）生产性质相类似或工艺流程相联系的车间要靠近或集中布置。

（4）行政区、生活区应位于厂前区，并处于全年最小频率风向下风侧。

（5）生产厂房应考虑工艺特点和生产时的交叉污染，洁净厂房应位于最大频率风向的上风侧或全年最小频率风向下风侧。

（6）考虑防火防爆，注意防振防噪。

（7）运输量大的车间、仓库、堆场等布置在货运出入口及主干道附近，避免人流、物流交叉。

（8）动力设施应接近负荷量大的车间，锅炉房或对环境有污染的车间应布置在全年最小频率风向上风侧；变电所的位置考虑电力线引入厂区的便利。

（9）危险品库应设于厂区安全位置；麻醉品及剧毒药品应设专用仓库；动物房应设于僻静处，并有专用的排污与空调设施。

（10）考虑远期近期的关系，坚持"远近结合，以近为主，近期集中，远期外围，由近及远，自内向外"的布置原则，以达到近期紧凑，远期合理的目的。

（11）适应厂内外运输，道路短捷顺直。

（12）考虑施工条件，能适应建筑结构、设备基础及施工要求。

（13）考虑工厂建筑群体的空间处理及绿化环境布置，符合当地城镇规划要求。

二、车间平面布置

车间内平面布置是设计工作中很重要的一环。布置的好坏直接关系到车间建成后是否符合工艺要求，能否有良好的操作条件，使生产正常、安全地运行，设备的维护检修方便可行，以及对建设投资、经济效益等都有着很大影响。所以在进行车间布置前必须充分掌握有关生产、安全、卫生等资料，在布置时严格执行相关标准、规范，根据当地地形及气象条件，做深思熟虑，仔细推敲，进行多方案比较，以取得最佳布置。

车间布置设计是以工艺、配管为主导的专业，并在管道机械、总图、土建、电力、自控、冷冻、空调、给排水等有关专业的密切配合下，在征求建设单位的意见，最后由工艺专业集中各方面意见完成此工作。

（一）药品生产车间平面布置原则

根据生产工艺流程及 GMP 要求对生产工序合理布局，以减少净化区面积；人流、物流合理安排，避免混淆、污染和交叉污染；按工艺流程单元操作集中成不同区，减少生产流程的迂回往返，便于生产管理；合理安排生产区和公用工程区，缩短通风和公用工程管线输送距离，以降低能耗。

（二）药品生产车间的组成

医药工业洁净厂房通常由生产区域、辅助生产区域、仓储区域、公用工程区域和办公生活区域组成。

1. 生产区域　按照工艺流程各生产工序所需的洁净区、一般生产区。

2. 辅助生产区域　物料净化室，原辅料外包装清洁室，灭菌室，称量室，配料室，设备容器具清洁室，清洁工具洗涤存放室，洁净工作服清洗室，中控室，废弃物出口，消毒液配制室，模具间，不合格品暂存间等。

3. 仓储区域　原料、辅料、取样、包装材料、不合格品和成品仓等存放区或室。

4. 公用工程区域　动力室（真空泵和压缩机室），变配电室，维修保养室，空调机房，冷冻机室，循环水制备室，工艺用水制备室等。

5. 办公生活区域　雨具存放间、管理间、换鞋室、存外衣室、人员净化用室、清洁室、办公室、会议室、卫生间、淋浴室与休息室等。

（三）药品生产车间设计布置要点

1. 生产区域布置要点 车间应按一般生产区、洁净区的要求设计。为保证空气洁净度要求，应避免不必要的人员和物料流动。为此，平面布置时应考虑人流、物流要严格分开，无关人员和物料不得通过生产区。车间的厂房、设备、管线的布置和设备的安放，要从防止产品污染方面考虑，便于清扫，设备间应留有适当的便于清扫的间距。厂房必须能够防尘、防虫、防鼠类等的污染。不允许在同一房间内同时进行不同品种或同一品种、不同规格的操作。车间内应设置更换品种及日常清洗设备、管道、容器等必要的水池、上下水道等设施，这些设施的设置不能影响车间内洁净度的要求。

在满足工艺条件的前提下，为提高洁净室的净化效果，洁净室宜按下列要求布局：空气洁净度高的房间或区域宜布置在人员最少到达的地方，并宜靠近空调机房。不同洁净等级的房间或区域宜按空气洁净度的高低由里及外布置。空气洁净度相同的房间或区域宜相对集中。不同空气洁净度房间之间相互联系要有防止污染措施，如气闸室或传递窗（柜）。

2. 辅助生产区域布置要点 原材料、半成品存放室与生产区的距离要尽量缩短，以减少途中污染。原材料、半成品存放室面积要与生产规模相适应。成品存放仓库所占面积要与生产规模相适应。称量室宜靠近原辅料存放室或原辅料库，其洁净级别与配料室相同。维修保养室不宜设在洁净生产区内。清洗间为了避免清洗的容器发生再污染，要求清洗间的洁净度与使用此容器场地的洁净度相协调，与容器洗涤相配套的要设置清洁容器贮存室，容器也需有专用贮存柜存放。清洁工具间要设有清洗、消毒用的设备，还要贮存清洁用的工具、器件，包括清洁车。D级及以上区域的洁净工作服，其洗涤、干燥、整理及必要的灭菌房间应设在洁净室内，其空气洁净度等级宜与使用工作服的洁净区相同。

3. 仓储区域布置要点 制剂车间仓库位置的安排大致有两种，一种是集中式，即原辅材料、包装材料、成品均在同一仓库区，这种形式是较常见的，在管理上较方便，但要求分隔明确，收存货方便。另一种是原辅材料与成品库（附包装材料）分开设置，各设在车间的两侧。这种形式在生产过程进行路线上较流畅，减少往返路线，但在车间扩建上要特殊安排。

仓储的布置现一般采用多层装配式货架，物料均采用托板分别贮存在规定的货架位置上，装载方式有全自动电脑控制堆垛机、手动堆垛机及电瓶叉车。

4. 公用工程区域布置要点 锅炉房、变配电所、制水系统、污水处理站、空调机房、消防设施等辅助配套设施应符合国家有关专业管理部门的规定，并经验收合格。厂房内固定管线应有标明内容物及流线的醒目标志。洁净室内给排水、电气照明等应符合规定。

5. 办公生活区域布置要点 人员净化用室宜包括雨具存放室、换鞋室、存外衣室、盥洗室、洁净工作室、气闸室和空气吹淋室等。人员净化用室要求应从外到内逐步提高，洁净级别可低于生产区。对于要求严格分隔的洁净区，人员净化用室和生活用室布置在同一层。人员净化用室的入口应有净鞋设施。人员净化室和生活用室的建筑面积应合理确定。人员净化用室的净化程序见图15-1所示。

（四）车间内设备的布置

制剂车间要达到 GMP 的要求，工艺设备达标是一个重要方面，其中设备的安装是重要内容。首先，设备布局要合理，其安装不得影响产品的质量；安装间距要便于生产操作、拆装、清洁和维修保养，并避免发生差错和交叉污染。其次，设备穿越不同洁净室（区）时，除考虑固定外，

图 15-1　人员净化用室的净化程序

还应采用可靠的密封隔断装置，以防止污染。不同的洁净等级房间之间，如采用传送带传递物料时，为防止交叉污染，传送带不宜穿越隔墙，而应在隔墙两边分段传送，对送至无菌区的传动装置必须分段传送，设计或选用轻便、灵巧的传送工具，如传送带、小车、流槽、软接管、封闭料斗等，以辅助设备之间的连接。对洁净室（区）内的设备，除特殊要求外，一般不宜设地脚螺栓。对产生噪声、振动的设备，应分别采用消声、隔振装置，改善操作环境。动态操作时，洁净室内噪声不得超过 70dB。设备保温层表面必须平整、光洁，不得有颗粒状物质脱落，表面不得用石棉水泥抹面，宜采用不锈钢外壳保护。设备布局上要考虑设备的控制部分与安置的设备有一定的距离，以免机械噪声对人员的污染损伤，控制部分（工作台）的设计应符合人类工程学原理。

三、通风、空调与净化

药品生产过程中如果不对生产环境进行严格控制，很容易受到微生物、尘埃粒子等污染或交叉污染。因此，需要对药品生产过程所处的室内环境，对空气的温度、湿度、洁净度、压差、排放方式及操作人员卫生进行控制。采暖通风与空气调节系统（Heating Ventilation and Air Conditioning，HVAC），在我国 GMP 中又称为空调净化系统，空气净化系统。在 HVAC 设计中，需要关注换气次数，压差控制，压力梯度，气锁和缓冲、气流组织、送风高效过滤器位置，固体制剂车间回风的利用，单向流保护罩、双风机/单风机空气处理系统、净化更衣的设计。

（一）通风

1. 制药工业有害物的来源　粉尘；有害蒸汽和气体；余热和余湿；尘化作用，粉尘由静止状态变成悬浮于空气的过程。由静止到悬浮为一级一次尘化；由悬浮到扩散为二次尘化，造成整体空气的污染。

2. 通风种类　自然通风；机械通风。

（二）空调与净化

1. 温度与湿度　温度应适宜，使人感到舒服；湿度尽量降低。

2. 其他条件　气流速度、机械设备的温度、噪声、墙壁的装修等，都要进行控制。

3. 空气洁净度级别的确定　药品生产洁净室（区）空气洁净度分为四个等级，对空气悬浮粒子的基本要求见表 15-1 所示，对微生物限度的基本要求见表 15-2 所示。

表 15-1 洁净室（区）空气洁净度级别

洁净级别	悬浮粒子最大允许数/m³			
	静态		动态	
	≥0.5μm	≥5.0μm	≥0.5μm	≥5.0μm
A 级	3520	20	3520	20
B 级	3520	29	352000	2900
C 级	352000	2900	3520000	29000
D 级	3520000	29000	不做规定	不做规定

表 15-2 洁净室（区）微生物监测的动态标准

洁净级别	浮游菌 cfu/m³	沉降菌 cfu/4h	表面微生物	
			接触碟（直径55mm）cfu/碟	5指手套 cfu/手套
A 级	<1	<1	<1	<1
B 级	10	5	5	5
C 级	100	50	25	—
D 级	200	100	50	—

4. 空调净化系统的要求

（1）空气净化处理应采用初效、中效、高效空气过滤器三级过滤。

（2）洁净室内产生粉尘和有毒气体的工艺设备，应设局部除尘和排风装置。

（3）洁净室排风系统应有防倒灌或过滤措施，以免室外空气的流入。含有易燃、易爆物质局部排风系统应有防火、防爆措施。

（4）换鞋室、更衣室、洗刷室以及厕所、淋浴室等是易产生灰尘、臭气和水气的地方，应采取通风措施。

5. 洁净室的环境控制

（1）温度与湿度　洁净室（区）的温度和相对湿度应与药品生产工艺相适应，并满足人体舒适的要求。无特殊需要时温度控制在 18~26℃，相对湿度控制在 45%~65%。

（2）压差　对保持室内洁净度，室内需保持正压，可通过使送风量大于排风量的办法达到，并应用指示压差的装置；对于工艺过程产生大量粉尘、有害物质、易燃易爆物质及任何认为有致病作用的微生物的生产工序的洁净室，室内要保持相对负压。这时，可使走廊达到与生产车间相同的净化级别，并把静压差调高一些，使空气流向产生粉尘的车间。按照 GMP 要求，洁净区与非洁净区之间、不同级别洁净区之间的压差应当不低于 10 Pa。必要时，相同洁净度级别的不同功能区域（操作间）之间也应当保持适当的压差梯度。

（3）新鲜空气量　洁净室内应保持一定的新鲜空气量，其数值应取下列风量中的最大值：①非单向流洁净室总送风量的 10%~30%，单向流洁净室风量的 2%~4%；②补偿室内排风和保持正压值所需的新鲜空气量；③保证室内每人每小时的新鲜空气量不小于 40m³。

一般洁净区空调系统空气处理流程见图 15-2 所示：

图 15-2　一般洁净区空调系统空气处理流程

第二节　车间设计

车间设计包括工艺设计和非工艺设计。它的主要内容：方案设计、生产工艺流程设计、车间的物料衡算与能量衡算、设备选择、车间布置、工艺管路设计、非工艺设计项目、编制概算书及编制工艺设计文件等。

工艺设计主要由工艺人员进行，非工艺设计由各专业人员进行。非工艺设计的条件由工艺人员提出，配合各专业进行设计。

一、方案设计

必须要技术上先进，经济上合理，原材料来源方便及产品质量好，适合于今后的发展。在方案设计时，需对各种生产方法进行技术和经济的比较。需要比较的项目大致包括产品成本，经济效益，劳动生产率；原材料的用量及供应，产品质量；水、电、气用量及供应；对生产环境的要求；副产品的利用，"三废"的处理；生产技术先进性，设备合理性；自动化程度；占地面积，建筑面积，基本建设投资等。

二、生产工艺流程设计

生产方法确定后，就要进行生产工艺流程设计。它表示生产过程中所用的设备以及物料和能量发生的变化及其流向，它是指导设计和施工安装的重要依据。

生产工艺流程设计可分三个阶段。第一阶段为编制生产工艺草图阶段，包括设备示意图、物料管线及流向、主要动力管线及图例等。第二阶段为物料流程图阶段，包括物料组成和物料量变化的流程图。第三阶段为工艺流程图阶段，包括全部工艺设备，物料管线、阀件、辅助管线、控制点等图例。

下面列举三种常见中药剂型的生产工艺流程示意图：

（一）片剂生产工艺流程示意图

片剂生产工艺流程中粉碎、配料、混合、制粒、压片、包衣、分装等工序为洁净生产区域，其他工序为一般生产区域，洁净区洁净度要求 D 级。其工艺流程及环境区域划分如图 15-3 所示。

图 15-3　片剂生产工艺流程及环境区域划分示意图

（二）胶囊剂生产工艺流程示意图

胶囊剂包括硬胶囊剂和软胶囊剂。二者生产工艺的主要区别：硬胶囊剂是指采用适宜的制剂技术，将原料药物或加适宜辅料制成的均匀粉末、颗粒、小片、小丸、半固体或液体等，充填于空心胶囊中的胶囊剂；软胶囊剂是指将一定量的液体原料药物直接密封，或将固体原料药物溶解或分散在适宜的辅料中制备成溶液、混悬液、乳状液或半固体，密封于软质囊材中的胶囊剂。软胶囊剂可用滴制法或压制法制备，软质囊材一般是由胶囊用明胶、甘油或其他适宜的药用辅料单独或混合制成。硬胶囊剂工艺流程及环境区域划分如图 15-4 所示，软胶囊剂工艺流程及环境区域划分如图 15-5 所示。

图 15-4 硬胶囊剂生产工艺流程及环境区域划分示意图

图 15-5 软胶囊剂生产工艺流程及环境区域划分示意图

（三）可灭菌小容量注射剂工艺流程示意图

可灭菌小容量注射剂生产工艺流程包括原辅料的准备、安瓿处理、配液滤过、灌装封口、灭菌检漏、质量检查、印字包装等工序，其工艺流程及环境区域划分如图15-6所示。

图 15-6　可灭菌小容量注射剂生产工艺流程及环境区域划分示意图

三、车间的物料衡算与能量衡算

在生产工艺流程示意图确定以后，就可做车间物料衡算。通过衡算，使设计由定性转向定量。物料衡算是车间工艺设计中最先完成的一个计算项目，其结果是后续的车间能量衡算、设备工艺设计与选型、确定原材料消耗定额、进行管路设计等各种设计项目的依据。因此，物料衡算结果的正确与否将直接关系到工艺设计的可靠程度。为使物料衡算能客观地反映出生产实际状况，除对实际生产过程要做全面而深入的了解外，还必须要有一套系统而严密的分析、求解方法。

在进行车间物料衡算前，首先要确定生产工艺流程示意图，这种图限定了车间的物料衡算范围，指导工艺计算既不遗漏，也不重复。其次要收集必须的数据、资料，如各种物料的名称、组成及其含量；各种物料之间的配比等。具备了这些条件，就可以着手进行车间物料衡算。

当物料衡算完成后，再进行车间的能量衡算。能量衡算的主要目的是确定设备的热负荷。根据设备热负荷的大小、所处理物料的性质及工艺要求再选择传热面的形式，计算传热面积，确定设备的主要工艺尺寸。传热所需的加热剂或冷却剂的用量也是以热负荷的大小为依据而进行计算的。对已投产的生产车间，进行能量衡算是为了更加合理地用能。通过对一台设备能量平衡测定与计算可以获得设备用能的各种信息，如热利用效率、余热分布情况、余热回收利用等，进而从技术上、管理上制定出节能措施，最大限度降低单位产品的能耗。

四、设备选择

制药设备可分为机械设备和化工设备两大类。一般来说，药物制剂生产以机械设备为主（大部分为专用设备），化工设备为辅。目前中药制剂生产常见剂型有片剂、注射剂、胶囊剂、颗粒剂、眼用制剂、鼻用制剂、栓剂、丸剂、软膏剂、散剂、喷雾剂、搽剂、涂剂等多种剂型，每生产一种剂型都需要一套专用生产设备。

制剂专用设备又有两种形式：一种是单机生产，由操作者衔接和转运物料，完成整个生产工序，如片剂、颗粒剂等基本上采用这种生产工序；其生产规模可大可小，比较灵活，容易掌握，但受人为的影响因素较大，效率较低。另一种是联动生产线（或自动化生产线），将原料和包装材料加入，通过机械加工、传送和控制，完成生产。如注射剂等，其生产规模较大，效率高，但操作、维修技术要求较高，对原材料、包装材料质量要求高，一处出问题就会影响整个联动线的生产。

工艺设备设计与选型分两个阶段，第一阶段包括以下内容：①定型机械设备和制药机械设备的选型；②计量贮存容器的计算；③定型化工设备的选型；④确定非定型设备的形式、工艺要求、台数、主要规格。第二阶段是解决工艺过程中的技术问题，如滤过面积、传热面积、干燥面积以及各种设备的主要规格等。

设备选型应按以下步骤：首先，了解所需设备的大致情况，国产还是引进，厂家的使用情况，生产厂家的技术水平等；其次，是搜集所需资料，目前国内外生产制药设备的厂家很多，技术水平和先进程度也各不一样，要做全面比较；再次，核实与本设计所要求的是否一致；最后到设备制造厂家了解其生产条件和技术水平及售后服务等。总之，首先要考虑设备的适用性，使用能达到药品生产质量的预期要求，设备能够保证所加工的药品具有最佳的纯度、一致性。根据上述调查研究的情况和物料衡算结果，确定所需设备的名称、型号、规格、生产能力、生产厂家等，并列表登记。在选择设备时，必须充分考虑设计的要求和各种定型设备和标准设备的规格、性能、技术特征、技术参数、使用条件，设备特点、动力消耗、配套的辅助设施、防噪和减震等有关数据以及设备的价格；此外，还要考虑工厂的经济能力和技术素质。一般先确定设备的类型，然后确定其规格。

在制剂设计与选型中应注意用于制剂生产的配料、混合、灭菌等主要设备和用于原料药精制、干燥、包装的设备，其容量应与生产批量相适应；对生产中产尘量大的设备如粉碎、过筛、混合、制粒、干燥、压片、包衣等设备应附带防尘围帘和捕尘、吸粉装置，经除尘后排入大气的尾气应符合国家有关规定；干燥设备进风口应有过滤装置，出风口有防止空气倒流装置；洁净室（区）内应尽量避免使用敞口设备，若无法避免时，应有避免污染措施；设备的自动化或程控设备的性能及准确度应符合生产要求，并有安全报警装置；应设计或选用轻便、灵巧的物料传送工具（如传送带、小车等）；不同洁净级别区域传递工具不得混用，高级别洁净室（区）使用的传输设备不得穿越其他较低级别区域；不得选用可能释出纤维的药液滤过装置，否则须另加非纤维释出性滤过装置，禁止使用含石棉的滤过装置；设备外表不得采用易脱落的涂层；生产、加工、包装青霉素等强致敏性、某些甾体类、高活性、有毒害药物的生产设备必须专用等。

五、车间布置

车间布置设计的目的是对厂房的配置和设备的排列做出合理的安排，是车间工艺设计的重要环节之一。一个布置不合理的车间，基建时工程造价高，施工安装不便；车间建成后又会带来生产和管理问题，造成人流和物流紊乱，设备维护和检修不便等问题。因此，车间布置设计时应遵守设计程序，按照布置设计的基本原则，进行细致而周密的考虑。

制剂车间设计除需遵循一般车间常用的设计规范和规定外，还需遵照医药工业洁净厂房设计规范、洁净厂房设计规范、GMP、GMP 实施指南进行车间设计。

车间布置设计的任务：第一，确定车间的火灾危险类别，爆炸与火灾危险性场所等级及卫生标准；第二，确定车间建筑（构筑）物和露天场所的主要尺寸，并对车间的生产、辅助生产和行政生活区域位置做出安排；第三，确定全部工艺设备的空间位置。

六、工艺管路设计

（一）管路设计的内容

1. 管径的计算和选择　由物料衡算和能量衡算，选择各种介质管道的材料；计算管径和管壁厚度，然后根据管子现有的生产情况和供应情况做出决定。

2. 管道的配置　根据工艺流程图，结合设备布置图及设备施工图进行管道的配置，应注明：①各种管道内介质的名称、管道材料和规格、介质流动方向以及标高和坡度，标高以地平面为基准面或以楼板为基准面；②同一水平面或同一垂直面上有数种管道，安装时应予注明；③介质名称、管理材料和规格、介质流向以及管件、阀件等用代号或符号表示。

3. 提出资料　①将各种断面的地沟长度提供给土建；②将车间上水、下水、冷冻盐水、压缩空气和蒸汽等管道管径及要求（如温度、压力等条件）提供给公用系统；③各种介质管道（包括管体、管件、阀件等）的材料、规格和数量；④补偿器及管架等材料制作与安装费用；⑤管道投资概算。

4. 编写施工说明书　包括施工中应注意的问题，各种介质的管道及附件的材料，各种管道的坡度，保温刷漆等要求及安装时采用的不同种类的管件管架的一般指示等问题。

（二）管路布置原则

在管道布置设计时，首先要统一协调工艺和非工艺管的布置，然后按工艺流程并结合设备布置、土建情况等布置管道。在满足工艺、安装检修、安全、整齐、美观等要求的前提下，使投资最省、经费支出最小。

（三）公用管路布置时应该注意的问题

1. 蒸汽管路内的冷凝水应能及时用疏水器排出。

2. 上下水管路不允许布置在遇水分解、易燃、易爆等物料的贮存处，避免在电气设备、生产设备上方通过。不允许断水的供水管路至少应设两个供水系统，分别从室外环形管网的不同侧引入。

3. 为保证药品质量，车间饮用水、纯化水等管路应单独安装；不得在任何地点串接。

4. 为减少气体的压力脉动及振动，压缩机须加缓冲罐，压缩空气进入洁净区之前要充分去油、去水、去除机械杂质，并须过滤及除臭等。

七、非工艺设计项目

由工艺设计人员向建筑设计部门和其他专业部门提出非工艺设计条件，并以此为依据进行非工艺部分的设计。非工艺设计包括：建筑设计（一般建筑工程、特殊建筑物），公用工程设计（上、下水道、采暖、通风），电气设计（动力电、照明电等），自动控制设计，设备的机械设计，相关的环境保护设施的设计，技术经济设计等。

在进行完工艺设计后，需要进行概算书和工艺设计文件的编写。

第三节　中药制剂车间的工艺设计

中药厂一般都是综合性中成药生产厂，除了具有制药厂的共性特点外还具有自身的特点，例如从原药材前处理、提取、浓缩、干燥，直至各种制剂都是中药生产所特有的。因此在进行中药制剂车间工艺设计时，必须根据具体生产情况及特点进行合理设计。

中药制剂车间设计应依据相关法规要求，如 GMP、GMP 附录 5 中药制剂第四章厂房设施及 GMP 指南等项下要求。

一、中药生产工艺流程设计

（一）生产工艺的选择

中药生产是在药材或饮片作原料的基础上，经过粉碎、过筛、提取、滤过、浓缩等工艺，然后再进行其他制剂工序。前处理、提取、精制的方法直接影响制剂成品的质量。由于剂型不同，给药途经不同，即使同一味中药，提取的成分相同，采用的工艺路线和生产方法也不尽相同。

由于产品生产的工艺路线和生产方法是否先进、合理，对产品的质量和成本起着决定性的作用，因此，不论是对于设计已经大规模生产的产品，还是属于试生产或国内外首次生产的产品，在进行生产方法的选择时，都应广泛地进行调查研究，收集第一手资料，以了解国内外生产现状及发展趋势。对各种生产工艺，一定要做全面的分析比较，不仅要求技术上先进，还要经济合理。要考虑原料来源易得，产品质量稳定，流程简单，机械化水平高，便于生产控制，能量消耗少，"三废"治理措施落实，投资少，成本低等因素。

（二）生产工艺示意图的设计

流程图由物流与单元过程组合而成，若以每个方框内标示单元过程，则必有各股输入物流指向过程方框，而又有若干股产出物流自过程方框引出。一个中药产品的流程示意图总是由若干个顺序的单元过程所组成，各个方框之间由物流线相联系，前一方框的输出物流可能是后一方框的输入物流。

中药的提取方法不同，其工艺流程图也不相同。设计时要考虑实验与工业化生产之间的差异，涉及工艺过程的一切物流，包括废水、废料，都应在图上标明。

二、中药生产工艺流程图的绘制

工艺流程图，就是在图纸上具体真实地反映设备、管道与管件、仪表等实际情况。它与设备布置图、管道布置图一起构成了一整套化工类型的工艺施工图纸。

（一）生产工艺流程图的基本构成

1. 设备轮廓　需要画中代表设备特征的主、俯视图轮廓线，除封头、筒体外对减速机及搅拌器、夹套等传垫设施均应以其相应视图的轮廓表示。设备轮廓用细线画。

2. 工艺与动力　包括各种气液物料管、水蒸气、压缩空气管、氮气管、真空管、废水管、上下冷冻盐水管、排气管等管线；配置于管线上的各种阀门、仪表等。用实线表示。

3. 设备、管线的标注　设备标注是设备编号、名称；管线的标注则包括管线编号、物流名称、材质、规格等。

4. 仪表及控制　在工艺流程图上所绘制的仪表符号，文字表示仪表种类、指示及控制方式、仪表的安装标高等。

5. 标高　由于工艺流程图只在高度方向上是真实的，因此图纸上一般不出现尺寸标注。一般可画出地坪、各楼层的水平线并标示其标高。对于设置有操作平台的部位，应画出操作平台的水平线并标示其标高。

6. 图例　为了使读图者方便地阅读工艺流程图，对阀门、管件、仪表（参量及功能代号）等以图例的形式标注在标题栏的上方。

7. 固体物料　可以形象地绘制，固体物料的输送移动可用粗实箭头加文字来表示。

（二）生产工艺流程图包含的信息

1. 组成生产工艺单元过程与设备　在生产工艺流程图上可以清楚地看到构成生产工艺过程的所有单元过程；各单元过程所选用的设备形式及台数，若对照设备一览表还可以知道设备的型号、尺寸、主要性能参数等。

2. 生产工艺中物流与能量流　各单元过程、设备通过管线的联结，组成物料与能量流体系。清楚地表明进出每个单元的过程、设备的物料与能量；表明各单元过程之间、各设备之间的物料、能量流的相互关系。例如，由于生产工艺流程图在高度方向上准确地反映实际情况，因此物流是如何从一台设备到达另一台设备从图纸上一目了然。在工艺流程图上设备废气、废水的排出、副产品的回收、物流的循环套用等都能表达清楚。

3. 生产过程中的控制点与控制方法　中药生产过程中温度、压力、浓度、密度等的控制点与调控方法，在工艺流程图上一目了然，控制阀门是手动、遥控或计算机自动控制也十分清楚。

4. 管线的规格　在生产工艺流程图上，每一个工艺物料或动力管线的编号、流体名称、公称直径、壁厚、材质、流向等都已标示清楚。管线上的阀门，包括开停工时的辅助性阀门（如停工时的放水阀门）都已绘制清楚。只是读者需要记住：在工艺流程图上用比例尺量得的数据不代表该管线的真实尺寸。这是因为工艺流程图的水平方向不代表实际情况；此外，工艺流程图是两维平面图纸，而管路的实际走向是三维的。

5. 生产工艺流程图上的模拟操作　在图纸上模拟一个车间、工段或工序，包括从开工、正常运转、故障设置及处理、停车在内的生产操作很有必要。许多时候可以避免生产装置安装后试车时出现问题，将设计中出现的错误控制在出图施工之前。对于复杂的工艺流程图，在图纸上模拟操作虽然烦琐，但十分必要；在方法上可以先分后合，即先一个个工序模拟通过，然后全工段乃至全车间合成演练。

三、中药生产车间布置原则及实例

（一）前处理车间布置

1. 布置原则　前处理车间主要包括药材的拣、漂洗、切、炒、灭菌、干燥等工序。其特点是品种多，批量大小不一，炮制工艺不一，有些具有特殊加工工艺，在车间布置时应考虑以下原则。

（1）前处理厂房宜单独设置。药材前处理需人工较多，堆放面积大，车间粉尘较多，为减少对提取和制剂的相互影响，宜单独设置。若总体位置受限，可与仓库合并建设。

（2）切实做好防尘、防噪措施。在药材前处理特别是粉碎、过筛过程中，粉尘量较多，应采取隔离、排风、袋滤等防尘措施。另外，噪音较大的设备应采取减震、混音、隔音等防噪声措施。

（3）前处理车间的成品作为后一工段的原料，为保证最终成品的卫生质量，应对前处理药材的菌落数进行严格控制。除加强药材清洗灭菌外，在车间布置上应对药材灭菌后的各工序考虑净化空调措施。

（4）加强对本车间成品贮存的管理，成品贮存室应防止药粉混杂和交叉污染。

2. 前处理车间布置实例　本例所列前处理项目包括挑选，洗润切片，煅炒，蒸熏，粉碎等工序。本例为初步设计阶段方案，布置不尽完善，在施工图阶段时，可进行适当调整。

此车间单独拥有一幢楼房，整个前处理生产即在该楼房内进行。这样就避免与其他生产车间相互影响、混杂。车间内用电梯运送各类药材。

车间为三层楼房，进行车间布置时，按照工艺操作顺序，在三层布置风筛选、去毛壳、破碎、挑选整理等工序；在二层布置洗药切药、润药、灭菌、干燥等工序；在一层布置酒醋制、浸漂离心、煅炒熏药、球磨水飞等工序，这样做可以使制得的成品直接进入成品库存，减少污染。

（二）中药提取车间布置

1. 提取的生产工序　中药提取方法有水提法和醇提法，其生产流程由投料、提取、排渣、滤过、浓缩、醇沉（水沉）、干燥和粉碎等生产工序组合而成。

2. 提取车间工艺布置的要求

（1）各种药材的提取既有相似之处，又有独自的特点，故车间布置既要考虑到各品种提取操作之便，又需考虑到提取工艺的可变性。

（2）对醇提和溶媒回收等岗位采取防火、防爆措施。

（3）提取车间最后工序，其浸膏或干粉是最终产品，对这部分厂房，按原料药成品厂房的洁净级别与其生产剂型同步的要求，对这部分厂房也应按规范要求采取必要的洁净措施。

由流浸膏，浸膏制干膏、干粉、粉碎、过筛、包装等工序划为洁净区，其级别为 D 级，中药提取液浓缩以前为一般生产区。

3. 提取车间布置

（1）在洁净区内，人流通过过道，分别进入男女更衣室更衣，经风淋进入洁净区人流通道，分别进入干燥、粉筛、包装等岗位。物流（如流浸膏、浸膏）通过物流通道，经传递门进入洁净区，经冷藏或送入干燥工序。干膏、干粉进入粉筛、包装室。另外，流浸膏（浓缩液）也可通过输送泵直接输送至冷藏间和干燥间。干燥间配备喷雾干燥器和真空干燥器。

（2）设备布置的平立面图。设备布置图在绘制前可按比例剪中设备的平立面轮廓图形，然后在空白的建筑平立面图上移动摆放，直到满意，然后再进行绘制。

（3）对于中小规模的提取车间多采用单层厂房，并用操作台满足工艺设备的位差。这样可降低厂房投资，设备安装易适应生产工艺的可变性，较易采取防火、防爆措施及采取所需的洁净措施。

（4）对于大中型中药水提取车间多采用多层厂房垂直布置，将生产准备、投料工序布置在顶层，提取、蒸发、药渣输送工序布置在中间层，堆渣间、辅助设施布置在底层。其特点：投料工序隔离在顶层，可防止生产工序中粉尘飞扬。排渣口隔离在中间层，可防止汽雾的扩散；可根据设备高度的需要确定各层层高，合理使用建筑面积，可压缩车间占地面积，使厂区空间得到合理有效利用。中药提取垂直布置时可采用多层工业厂房或层次混合工业厂房。多层工业厂房其主要设备两侧排列，中间为主通道及操作区，这种布置方法，操作区比较宽敞，但车间内罐区采光通风较差。

（三）中药固体制剂车间布置

布置设计基本要求：合适的空间设计、合理的人流物流设计、恰当的隔离设计以及合适的建筑装修材料的使用。

合适的空间应满足人员操作，生产设备、生产支持系统、物流暂存及储存等的需要。对生产中设备清洁方式和日常维护因素，也要充分考虑。口服固体制剂车间一般包括的剂型：颗粒剂、片剂、胶囊剂、丸剂、茶剂。生产单元包括粉碎、配料、混合、制粒/干燥/整粒/过筛、总混、压片、包衣、胶囊充填、制丸（配料/混合/制丸/抛光/丸干燥/选丸）、分装等，以及辅助生产单元（黏合剂配制，包衣液配制，容器和模具清洗，物流走道，过程控制，气锁间等）。

附表 1 干空气的物理性质（101.33kPa）

温度 T（℃）	密度 ρ（kg/m³）	定压比热容 C_p [kJ/（kg·K）]	导热系数 $\lambda \times 10^2$ [W/（m·K）]	黏度 $\mu \times 10^5$（Pa·s）	普兰德数 Pr
-50	1.584	1.013	2.035	1.46	0.728
-40	1.515	1.013	2.117	1.52	0.728
-30	1.453	1.013	2.198	1.57	0.723
-20	1.395	1.009	2.279	1.62	0.716
-10	1.342	1.009	2.360	1.67	0.712
0	1.293	1.009	2.442	1.72	0.707
10	1.247	1.009	2.512	1.76	0.705
20	1.205	1.013	2.593	1.81	0.703
30	1.165	1.013	2.675	1.86	0.701
40	1.128	1.013	2.756	1.91	0.699
50	1.093	1.017	2.826	1.96	0.698
60	1.060	1.017	2.896	2.01	0.696
70	1.029	1.017	2.966	2.06	0.694
80	1.000	1.022	3.047	2.11	0.692
90	0.972	1.022	3.128	2.15	0.690
100	0.946	1.022	3.210	2.19	0.688
120	0.898	1.026	3.338	2.28	0.686
140	0.854	1.026	3.489	2.37	0.684
160	0.815	1.026	3.640	2.45	0.682
180	0.779	1.034	3.780	2.53	0.681
200	0.746	1.034	3.931	2.60	0.680
250	0.674	1.043	4.268	2.74	0.677
300	0.615	1.047	4.605	2.97	0.674
350	0.566	1.055	4.908	3.14	0.676
400	0.524	1.068	5.210	3.30	0.678
500	0.456	1.072	5.745	3.62	0.687
600	0.404	1.089	6.222	3.91	0.699
700	0.362	1.102	6.711	4.18	0.706
800	0.329	1.114	7.176	4.43	0.713
900	0.301	1.127	7.630	4.67	0.717
1000	0.277	1.139	8.071	4.90	0.719
1100	0.257	1.152	8.502	5.12	0.722
1200	0.239	1.164	9.153	5.35	0.724

附表 2　水的物理性质

温度 T (℃)	饱和蒸汽 压 p (kPa)	密度 ρ (kg/m³)	焓 H (kJ/kg)	定压比热容 C_p [kJ/(kg·K)]	导热系数	黏度 $\mu\times10^5$ (Pa·s)	体积膨胀 $\beta\times10^4$ 1/℃	表面张力	普兰德数 Pr
0	0.6082	999.9	0	4.212	55.13	179.21	0.63	75.6	13.66
10	1.2262	999.7	42.04	4.191	57.45	130.77	0.70	74.1	9.52
20	2.3346	998.2	83.90	4.183	59.89	100.50	1.82	72.6	7.01
30	4.2474	995.7	125.69	4.174	61.76	80.07	3.21	71.2	5.42
40	7.3766	992.2	167.51	4.174	63.38	65.60	3.87	69.6	4.32
50	12.310	988.1	209.30	4.174	64.78	54.94	4.49	67.7	3.54
60	19.923	983.2	251.12	4.178	65.94	46.88	5.11	66.2	2.98
70	31.164	977.8	292.99	4.178	66.76	40.61	5.70	64.3	2.54
80	47.379	971.8	334.94	4.195	67.45	35.65	6.32	62.6	2.22
90	70.136	965.3	376.98	4.208	67.98	31.65	0.95	60.7	1.96
100	101.33	958.4	419.10	4.220	68.04	28.38	7.52	58.8	1.76
110	143.31	951.0	461.34	4.238	68.27	25.89	8.08	56.9	1.61
120	198.64	943.1	503.67	4.250	68.50	23.73	8.64	54.8	1.47
130	270.25	934.8	546.38	4.266	68.50	21.77	9.17	52.8	1.36
140	361.47	926.1	589.08	4.287	68.27	20.10	9.72	50.7	1.26
150	476.24	917.0	632.20	4.312	68.38	18.63	10.3	48.6	1.18
160	618.28	907.4	675.33	4.346	68.27	17.36	10.7	46.6	1.11
170	792.59	897.3	719.29	4.379	67.92	16.28	11.3	45.3	1.05
180	1003.5	886.9	763.25	4.417	67.45	15.30	11.9	42.3	1.00
190	1255.6	876.0	807.63	4.460	66.99	14.42	12.6	40.8	0.96
200	1554.77	863.0	852.43	4.505	66.29	13.63	13.3	38.4	0.93
210	1917.72	852.8	897.65	4.555	65.48	13.04	14.1	36.1	0.91
220	2320.88	840.3	943.70	4.614	64.55	12.46	14.8	33.8	0.89
230	2798.59	827.3	990.18	4.681	63.73	11.97	15.9	31.6	0.88
240	3347.91	813.6	1037.49	4.756	62.80	11.47	16.8	29.1	0.87
250	3977.67	799.0	1085.64	4.844	61.76	10.98	18.1	26.7	0.86
260	4693.75	784.0	1135.04	4.949	60.84	10.59	19.7	24.2	0.87
270	5503.99	767.9	1185.28	5.070	59.96	10.20	21.6	21.9	0.88
280	6417.24	750.7	1236.28	5.229	57.45	9.81	23.7	19.5	0.89
290	7443.29	732.3	1289.95	5.485	55.82	9.42	26.2	17.2	0.93
300	8592.94	712.5	1344.80	5.736	53.96	9.12	29.2	14.7	0.97
310	9877.96	691.1	1402.16	6.071	52.34	8.83	32.9	12.3	1.02
320	11300.3	667.1	1462.03	6.573	50.59	8.53	38.2	10.0	1.11
330	12879.6	640.2	1526.19	7.243	48.73	8.14	43.3	7.82	1.22
340	14615.8	610.1	1594.75	8.164	45.71	7.75	53.4	5.78	1.38
350	16538.5	574.4	1671.37	9.504	43.03	7.26	66.8	3.89	1.60
360	18667.1	528.0	1761.39	13.984	39.54	6.67	109	2.06	2.36
370	21040.9	450.5	1892.43	40.319	33.73	5.69	264	0.48	6.80

附表 3　饱和水蒸气表（按压力排列）

绝对压力	温度 T（℃）	蒸汽的密度	焓 H（kJ/kg）		汽化热 r（kJ/kg）
			液体	蒸汽	
1.0	6.3	0.00773	26.48	2503.1	2476.8
1.5	12.5	0.01133	52.26	2515.3	2463.0
2.0	17.0	0.01486	71.21	2524.2	2452.9
2.5	20.9	0.01836	87.45	2531.8	2444.3
3.0	23.5	0.02179	98.38	2536.8	2438.1
3.5	26.1	0.02523	109.30	2541.8	2432.5
4.0	28.7	0.02867	120.23	2546.8	2426.6
4.5	30.8	0.03205	129.00	2550.9	2421.9
5.0	32.4	0.03537	135.69	2554.0	2416.3
6.0	35.6	0.04200	149.06	2560.1	2411.0
7.0	38.8	0.04864	162.44	2566.3	2403.8
8.0	41.3	0.05514	172.73	2571.0	2398.2
9.0	43.3	0.06156	181.16	2574.8	2393.6
10.0	45.3	0.06798	189.59	2578.5	2388.9
15.0	53.5	0.09956	224.03	2594.0	2370.0
20.0	60.1	0.13068	251.51	2606.4	2354.9
30.0	66.5	0.19093	288.77	2622.4	233.7
40.0	75.0	0.24975	315.93	2634.1	2312.2
50.0	81.2	0.30799	339.80	2644.3	2304.5
60.0	85.6	0.36514	358.21	2652.1	2393.9
70.0	89.9	0.42229	376.61	2659.8	2283.2
80.0	93.2	0.47807	390.08	2665.3	2275.3
90.0	96.4	0.53384	403.49	2670.8	2267.4
100.0	99.6	0.58961	416.90	2676.3	2259.5
120.0	104.5	0.69868	437.51	2684.3	2246.8
140.0	109.2	0.80758	457.67	2692.1	2234.4
160.0	113.0	0.82981	473.88	2698.1	2224.2
180.0	116.6	1.0209	489.32	2703.7	2214.3
200.0	120.2	1.1273	493.71	2709.2	2204.6
250.0	127.2	1.3904	534.39	2719.7	2158.4
300.0	133.3	1.6501	560.38	2728.5	2168.1
350.0	138.8	1.9074	583.76	2736.1	2152.3
400.0	143.4	2.1618	603.61	2742.1	2138.5
450.0	147.7	2.4152	622.42	2747.8	2125.4
500.0	151.7	2.6673	639.59	2752.8	2113.2
600.0	158.7	3.1686	676.22	2761.4	2091.1
700.0	164.0	3.6657	696.27	2767.8	2071.5

绝对压力	温度 T（℃）	蒸汽的密度	焓 H（kJ/kg）		汽化热 r
			液体	蒸汽	（kJ/kg）
800.0	170.4	4.1614	720.96	2773.7	2052.7
900.0	175.1	4.6525	741.82	2778.1	2036.2
1×10^3	179.9	5.1432	762.68	2782.5	2019.7
1.1×10^3	180.2	5.6333	780.34	2785.5	2005.1
1.2×10^3	187.8	6.1241	797.92	2788.5	1990.6
1.3×10^3	191.5	6.6141	814.25	2790.9	1976.7
1.4×10^3	194.8	7.1034	829.06	2792.4	1963.7
1.5×10^3	198.2	7.5935	843.86	2794.5	1950.7
1.6×10^3	201.3	8.0814	857.77	2796.0	1938.2
1.7×10^3	204.1	8.5674	870.58	2797.1	1926.1
1.8×10^3	206.9	9.0533	883.39	2798.1	1914.8
1.9×10^3	209.8	9.5392	896.21	2799.2	1903.0
2×10^3	212.2	10.0338	907.32	2799.7	1892.4
3×10^3	233.7	15.0075	1005.4	2798.9	1793.5
4×10^3	250.3	20.0969	1082.9	2789.8	1706.8
5×10^3	263.8	25.3663	1146.9	2776.2	1629.2
6×10^3	275.4	30.8494	1203.2	2759.5	1556.3
7×10^3	285.7	36.5744	1253.2	2740.8	1487.6
8×10^3	294.8	42.5768	1299.2	2720.5	1403.7
9×10^3	303.2	48.8945	1343.5	2699.1	1356.6
10×10^3	310.9	55.5407	1384.0	2677.1	1293.1
12×10^3	324.5	70.3075	1463.4	2631.2	1167.7
14×10^3	336.5	87.3020	1567.9	2583.2	1043.4
16×10^3	347.2	107.8010	1615.8	2531.1	915.4
18×10^3	356.9	134.4813	1699.8	2466.0	766.1
20×10^3	365.6	176.5961	1817.8	2364.2	544.9

附表 4　饱和水蒸气表（按温度排列）

温度 T（℃）	绝对压力 p（kPa）	蒸汽的密度	焓 H（kJ/kg）		汽化热 r
			液体	蒸汽	（kJ/kg）
0	0.6082	0.00484	0	2491.1	2491.1
5	0.8730	0.00680	20.94	2500.8	2479.86
10	1.2262	0.00940	41.87	2510.4	2468.53
15	1.7068	0.01283	62.80	2520.5	2457.7
20	2.3346	0.01719	83.74	2530.1	2446.3
25	3.1684	0.02304	104.67	2539.7	2435.0
30	4.2474	0.03036	125.60	2549.3	2423.7
35	5.6207	0.03960	146.54	2559.0	2412.1
40	7.3766	0.05114	167.47	2568.6	2401.1
45	9.5837	0.06543	188.41	2577.8	2389.4
50	12.340	0.0830	209.34	2587.4	2378.1
55	15.743	0.1043	230.27	2596.7	2366.4
60	19.923	0.1301	251.21	2606.3	2355.1

续表

温度 T（℃）	绝对压力 p（kPa）	蒸汽的密度	焓 H（kJ/kg）		汽化热 r
			液体	蒸汽	（kJ/kg）
65	25.014	0.1611	272.14	2615.5	2343.1
70	31.164	0.1979	293.08	2624.3	2331.2
75	38.551	0.2416	314.01	2633.5	2319.5
80	47.379	0.2929	334.94	2642.3	2307.8
85	57.875	0.3531	355.88	2651.1	2295.2
90	70.136	0.4229	376.81	2659.9	2283.1
95	84.556	0.5039	397.75	2668.7	2270.5
100	101.33	0.5970	418.68	2677.0	2258.4
105	120.85	0.7036	440.03	2685.0	2245.4
110	143.31	0.8254	460.97	2693.4	2232.0
115	169.11	0.9635	482.32	2701.3	2219.0
120	198.64	1.1199	503.67	2708.9	2205.2
125	232.19	1.296	525.02	2716.4	2191.8
130	270.25	1.494	546.38	2723.9	2177.6
135	313.11	1.715	567.73	2731.0	2163.3
140	361.47	1.962	589.08	2737.7	2148.7
145	415.72	2.238	610.85	2744.4	2134.0
150	476.24	2.543	632.21	2750.7	2118.5
160	618.28	3.252	675.75	2762.9	2037.1
170	792.59	4.113	719.29	2773.3	2054.0
180	1003.5	5.145	763.25	2782.5	2019.3
190	1255.6	6.378	807.64	2790.1	1982.4
200	1554.77	7.840	852.01	2795.5	1943.5
210	1917.72	9.567	897.23	2799.3	1902.5
220	2320.88	11.60	942.45	2801.0	1858.5
230	2798.59	13.98	988.50	2800.1	1811.6
240	3347.91	16.76	1034.56	2796.8	1761.8
250	3977.67	20.01	1081.45	2790.1	1708.6
260	4693.75	23.82	1128.76	2780.9	1651.7
270	5503.99	28.27	1176.91	2768.3	1591.4
280	6417.24	33.47	1225.48	2752.0	1526.5
290	7443.29	39.60	1274.46	2732.3	1457.4
300	8592.94	46.93	1325.54	2708.0	1382.5
310	9877.96	55.59	1378.71	2680.0	1301.3
320	11300.3	65.95	1436.07	2468.2	1212.1
330	12879.6	78.53	1446.78	2610.5	1116.2
340	14615.8	93.98	1562.93	2568.6	1005.7
350	16538.5	113.2	1636.20	2516.7	880.5
360	18667.1	139.6	1729.15	2442.6	713.0
370	21040.9	171.0	1888.25	2301.9	411.1
374	22070.9	322.6	2098.0	2098.0	0

全国中医药行业高等教育"十四五"规划教材
全国高等中医药院校规划教材（第十一版）

教材目录（第一批）

注：凡标☆号者为"核心示范教材"。

（一）中医学类专业

序号	书　名	主　编		主编所在单位	
1	中国医学史	郭宏伟	徐江雁	黑龙江中医药大学	河南中医药大学
2	医古文	王育林	李亚军	北京中医药大学	陕西中医药大学
3	大学语文	黄作阵		北京中医药大学	
4	中医基础理论☆	郑洪新	杨　柱	辽宁中医药大学	贵州中医药大学
5	中医诊断学☆	李灿东	方朝义	福建中医药大学	河北中医学院
6	中药学☆	钟赣生	杨柏灿	北京中医药大学	上海中医药大学
7	方剂学☆	李　冀	左铮云	黑龙江中医药大学	江西中医药大学
8	内经选读☆	翟双庆	黎敬波	北京中医药大学	广州中医药大学
9	伤寒论选读☆	王庆国	周春祥	北京中医药大学	南京中医药大学
10	金匮要略☆	范永升	姜德友	浙江中医药大学	黑龙江中医药大学
11	温病学☆	谷晓红	马　健	北京中医药大学	南京中医药大学
12	中医内科学☆	吴勉华	石　岩	南京中医药大学	辽宁中医药大学
13	中医外科学☆	陈红风		上海中医药大学	
14	中医妇科学☆	冯晓玲	张婷婷	黑龙江中医药大学	上海中医药大学
15	中医儿科学☆	赵　霞	李新民	南京中医药大学	天津中医药大学
16	中医骨伤科学☆	黄桂成	王拥军	南京中医药大学	上海中医药大学
17	中医眼科学	彭清华		湖南中医药大学	
18	中医耳鼻咽喉科学	刘　蓬		广州中医药大学	
19	中医急诊学☆	刘清泉	方邦江	首都医科大学	上海中医药大学
20	中医各家学说☆	尚　力	戴　铭	上海中医药大学	广西中医药大学
21	针灸学☆	梁繁荣	王　华	成都中医药大学	湖北中医药大学
22	推拿学☆	房　敏	王金贵	上海中医药大学	天津中医药大学
23	中医养生学	马烈光	章德林	成都中医药大学	江西中医药大学
24	中医药膳学	谢梦洲	朱天民	湖南中医药大学	成都中医药大学
25	中医食疗学	施洪飞	方　泓	南京中医药大学	上海中医药大学
26	中医气功学	章文春	魏玉龙	江西中医药大学	北京中医药大学
27	细胞生物学	赵宗江	高碧珍	北京中医药大学	福建中医药大学

序号	书　名	主　编		主编所在单位	
28	人体解剖学	邵水金		上海中医药大学	
29	组织学与胚胎学	周忠光	汪　涛	黑龙江中医药大学	天津中医药大学
30	生物化学	唐炳华		北京中医药大学	
31	生理学	赵铁建	朱大诚	广西中医药大学	江西中医药大学
32	病理学	刘春英	高维娟	辽宁中医药大学	河北中医学院
33	免疫学基础与病原生物学	袁嘉丽	刘永琦	云南中医药大学	甘肃中医药大学
34	预防医学	史周华		山东中医药大学	
35	药理学	张硕峰	方晓艳	北京中医药大学	河南中医药大学
36	诊断学	詹华奎		成都中医药大学	
37	医学影像学	侯　键	许茂盛	成都中医药大学	浙江中医药大学
38	内科学	潘　涛	戴爱国	南京中医药大学	湖南中医药大学
39	外科学	谢建兴		广州中医药大学	
40	中西医文献检索	林丹红	孙　玲	福建中医药大学	湖北中医药大学
41	中医疫病学	张伯礼	吕文亮	天津中医药大学	湖北中医药大学
42	中医文化学	张其成	臧守虎	北京中医药大学	山东中医药大学

（二）针灸推拿学专业

序号	书　名	主　编		主编所在单位	
43	局部解剖学	姜国华	李义凯	黑龙江中医药大学	南方医科大学
44	经络腧穴学☆	沈雪勇	刘存志	上海中医药大学	北京中医药大学
45	刺法灸法学☆	王富春	岳增辉	长春中医药大学	湖南中医药大学
46	针灸治疗学☆	高树中	冀来喜	山东中医药大学	山西中医药大学
47	各家针灸学说	高希言	王　威	河南中医药大学	辽宁中医药大学
48	针灸医籍选读	常小荣	张建斌	湖南中医药大学	南京中医药大学
49	实验针灸学	郭　义		天津中医药大学	
50	推拿手法学☆	周运峰		河南中医药大学	
51	推拿功法学☆	吕立江		浙江中医药大学	
52	推拿治疗学☆	井夫杰	杨永刚	山东中医药大学	长春中医药大学
53	小儿推拿学	刘明军	邰先桃	长春中医药大学	云南中医药大学

（三）中西医临床医学专业

序号	书　名	主　编		主编所在单位	
54	中外医学史	王振国	徐建云	山东中医药大学	南京中医药大学
55	中西医结合内科学	陈志强	杨文明	河北中医学院	安徽中医药大学
56	中西医结合外科学	何清湖		湖南中医药大学	
57	中西医结合妇产科学	杜惠兰		河北中医学院	
58	中西医结合儿科学	王雪峰	郑　健	辽宁中医药大学	福建中医药大学
59	中西医结合骨伤科学	詹红生	刘　军	上海中医药大学	广州中医药大学
60	中西医结合眼科学	段俊国	毕宏生	成都中医药大学	山东中医药大学
61	中西医结合耳鼻咽喉科学	张勤修	陈文勇	成都中医药大学	广州中医药大学
62	中西医结合口腔科学	谭　劲		湖南中医药大学	

（四）中药学类专业

序号	书名	主编		主编所在单位	
63	中医学基础	陈晶	程海波	黑龙江中医药大学	南京中医药大学
64	高等数学	李秀昌	邵建华	长春中医药大学	上海中医药大学
65	中医药统计学	何雁		江西中医药大学	
66	物理学	章新友	侯俊玲	江西中医药大学	北京中医药大学
67	无机化学	杨怀霞	吴培云	河南中医药大学	安徽中医药大学
68	有机化学	林辉		广州中医药大学	
69	分析化学（上）（化学分析）	张凌		江西中医药大学	
70	分析化学（下）（仪器分析）	王淑美		广东药科大学	
71	物理化学	刘雄	王颖莉	甘肃中医药大学	山西中医药大学
72	临床中药学☆	周祯祥	唐德才	湖北中医药大学	南京中医药大学
73	方剂学	贾波	许二平	成都中医药大学	河南中医药大学
74	中药药剂学☆	杨明		江西中医药大学	
75	中药鉴定学☆	康廷国	闫永红	辽宁中医药大学	北京中医药大学
76	中药药理学☆	彭成		成都中医药大学	
77	中药拉丁语	李峰	马琳	山东中医药大学	天津中医药大学
78	药用植物学☆	刘春生	谷巍	北京中医药大学	南京中医药大学
79	中药炮制学☆	钟凌云		江西中医药大学	
80	中药分析学☆	梁生旺	张彤	广东药科大学	上海中医药大学
81	中药化学☆	匡海学	冯卫生	黑龙江中医药大学	河南中医药大学
82	中药制药工程原理与设备	周长征		山东中医药大学	
83	药事管理学☆	刘红宁		江西中医药大学	
84	本草典籍选读	彭代银	陈仁寿	安徽中医药大学	南京中医药大学
85	中药制药分离工程	朱卫丰		江西中医药大学	
86	中药制药设备与车间设计	李正		天津中医药大学	
87	药用植物栽培学	张永清		山东中医药大学	
88	中药资源学	马云桐		成都中医药大学	
89	中药产品与开发	孟宪生		辽宁中医药大学	
90	中药加工与炮制学	王秋红		广东药科大学	
91	人体形态学	武煜明	游言文	云南中医药大学	河南中医药大学
92	生理学基础	于远望		陕西中医药大学	
93	病理学基础	王谦		北京中医药大学	

（五）护理学专业

序号	书名	主编		主编所在单位	
94	中医护理学基础	徐桂华	胡慧	南京中医药大学	湖北中医药大学
95	护理学导论	穆欣	马小琴	黑龙江中医药大学	浙江中医药大学
96	护理学基础	杨巧菊		河南中医药大学	
97	护理专业英语	刘红霞	刘娅	北京中医药大学	湖北中医药大学
98	护理美学	余雨枫		成都中医药大学	
99	健康评估	阚丽君	张玉芳	黑龙江中医药大学	山东中医药大学

序号	书名	主编		主编所在单位	
100	护理心理学	郝玉芳		北京中医药大学	
101	护理伦理学	崔瑞兰		山东中医药大学	
102	内科护理学	陈 燕	孙志岭	湖南中医药大学	南京中医药大学
103	外科护理学	陆静波	蔡恩丽	上海中医药大学	云南中医药大学
104	妇产科护理学	冯 进	王丽芹	湖南中医药大学	黑龙江中医药大学
105	儿科护理学	肖洪玲	陈偶英	安徽中医药大学	湖南中医药大学
106	五官科护理学	喻京生		湖南中医药大学	
107	老年护理学	王 燕	高 静	天津中医药大学	成都中医药大学
108	急救护理学	吕 静	卢根娣	长春中医药大学	上海中医药大学
109	康复护理学	陈锦秀	汤继芹	福建中医药大学	山东中医药大学
110	社区护理学	沈翠珍	王诗源	浙江中医药大学	山东中医药大学
111	中医临床护理学	裘秀月	刘建军	浙江中医药大学	江西中医药大学
112	护理管理学	全小明	柏亚妹	广州中医药大学	南京中医药大学
113	医学营养学	聂 宏	李艳玲	黑龙江中医药大学	天津中医药大学

（六）公共课

序号	书名	主编		主编所在单位	
114	中医学概论	储全根	胡志希	安徽中医药大学	湖南中医药大学
115	传统体育	吴志坤	邵玉萍	上海中医药大学	湖北中医药大学
116	科研思路与方法	刘 涛	商洪才	南京中医药大学	北京中医药大学

（七）中医骨伤科学专业

序号	书名	主编		主编所在单位	
117	中医骨伤科学基础	李 楠	李 刚	福建中医药大学	山东中医药大学
118	骨伤解剖学	侯德才	姜国华	辽宁中医药大学	黑龙江中医药大学
119	骨伤影像学	栾金红	郭会利	黑龙江中医药大学	河南中医药大学洛阳平乐正骨学院
120	中医正骨学	冷向阳	马 勇	长春中医药大学	南京中医药大学
121	中医筋伤学	周红海	于 栋	广西中医药大学	北京中医药大学
122	中医骨病学	徐展望	郑福增	山东中医药大学	河南中医药大学
123	创伤急救学	毕荣修	李无阴	山东中医药大学	河南中医药大学洛阳平乐正骨学院
124	骨伤手术学	童培建	曾意荣	浙江中医药大学	广州中医药大学

（八）中医养生学专业

序号	书名	主编		主编所在单位	
125	中医养生文献学	蒋力生	王 平	江西中医药大学	湖北中医药大学
126	中医治未病学概论	陈涤平		南京中医药大学	